高等学校土建类专业"十三五"规划教材

# 土木工程施工技术

张厚先 主编 张雪颖 梁培新 副主编

**第2版**

TUMU GONGCHENG

SHIGONG

JISHU

化学工业出版社

·北京·

本书是高等学校土建类专业"十三五"规划教材，包括土方工程、基础工程、砌体工程、钢筋混凝土工程、预应力混凝土工程、结构安装工程、防水工程、装饰工程、冬期雨期施工、路桥施工关键技术10章，以及模板结构计算公式、试卷样卷、课程设计任务书3个附录。全书系统介绍了建筑施工主要分项工程的方法和原理，同时介绍了施工新技术、国内现行施工质量验收规范的常用质量标准、路桥施工的关键技术。

　　本书可供土建类专业教学使用，也可供工程技术人员参考。

**图书在版编目（CIP）数据**

土木工程施工技术/张厚先主编 . —2 版 . —北京：化学工业出版社，2017.5

高等学校土建类专业"十三五"规划教材

ISBN 978-7-122-29212-4

Ⅰ. ①土… Ⅱ. ①张… Ⅲ. ①土木工程-工程施工-高等学校-教材 Ⅳ. ①TU74

中国版本图书馆 CIP 数据核字（2017）第 042911 号

责任编辑：陶艳玲　　　　　　　　　　　　　　装帧设计：张　辉
责任校对：王素芹

出版发行：化学工业出版社（北京市东城区青年湖南街 13 号　邮政编码 100011）
印　　刷：北京永鑫印刷有限责任公司
装　　订：三河市宇新装订厂
787mm×1092mm　1/16　印张 23¾　字数 589 千字　2017 年 6 月北京第 2 版第 1 次印刷

购书咨询：010-64518888（传真：010-64519686）　售后服务：010-64518899
网　　址：http：//www.cip.com.cn
凡购买本书，如有缺损质量问题，本社销售中心负责调换。

定　　价：49.00 元

# 前　言

《土木工程施工技术》（第二版）是化学工业出版社土建类专业"十三五"规划教材之一，系统介绍了建筑施工主要分项工程的方法和原理，同时介绍了施工新技术、国内现行施工规范的常用质量标准、路桥施工的关键技术。

本教材力求突出以下特色。

1. 定位于培养应用型人才，培养指导现场施工的能力，强调技术的实践性、实用性。

2. 突出复杂而多用技术，如降水、模板设计等，同时兼顾技术的全面性和系统性。

3. 贯彻少而精的原则，教材篇幅满足较少学时（如 48～64 学时）教学要求。

4. 重要计算内容均有例题、习题。

5. 遵守国家现行规范，反映新技术、新工艺。

6. 体系完整，内容精练，附图直观。

7. 模板结构计算公式、试卷样卷、课程设计任务书作为附录。

本次修订主要有以下变化：

1. 在高等学校土木工程学科专业指导委员会 2011 年 10 月公布的《高等学校土木工程本科指导性专业规范》中，表明拓宽专业口径的原则主要体现在专业基础知识的宽口径，不要求同时学习两个课群组的专业课程。本书据此选择教材内容，强化建筑施工技术，特别是依据《扣件式钢管脚手架安全技术规范》（JGJ 130—2011），加强脚手架设计内容。

2. 与新规范新图集一致，如 GB 50666—2011、16G101。

3. 修正本书第一版错误。

修订分工与本教材第一版编写分工相同，由张厚先统稿。

修订工作参考了大量文献，在此一并致谢。

由于编写水平所限，书中肯定存在不少缺点和错误，欢迎广大读者批评指正。主编张厚先 E-mail：houxianzhang@sina.com。

编者

2017 年 1 月

# 第一版前言

　　《土木工程施工技术》为"高等学校土建类专业规划教材"，系统介绍了建筑施工主要工种工程的工艺过程及其基本理论，同时介绍了施工新技术、国内现行施工质量验收规范的常用质量标准、路桥施工的关键技术。

　　本教材力求突出以下特色：

　　1. 定位于培养应用型人才，培养学生工作后指导现场施工的能力，强调技术的实践性、实用性。

　　2. 突出复杂技术的多用技术，如降水、模板设计等，同时兼顾技术的全面性和系统性。

　　3. 贯彻少而精的原则，教材篇幅满足较少学时（如 48～64 学时）教学要求。

　　4. 重要计算内容均有例题、习题。

　　5. 严格遵守国家现行规范，反映新技术、新工艺。

　　6. 体系完整，内容精练，附图直观。

　　本书编写分工如下：

　　南京工程学院张厚先编写第二章、第四章（第一、三、四、五节）、第六章、第七章、第八章、第九章、附录1、附录2、附录3、习题，南京工程学院张雪颖编写第一章、第三章、第四章第二节，南京工程学院梁培新编写第五章，南京工程学院沈正编写第十章第一节，南京工程学院臧华编写第十章第二节。全书由张厚先任主编并统稿，张雪颖、梁培新任副主编。编写工作参考了大量文献，在此一并致谢。

　　由于编写水平所限，书中可能存在不少缺点和错误，欢迎广大读者批评指正。主编张厚先 E-mail：houxianzhang@sina.com。

编著者

2011 年 3 月

# 目　录

# 第一章  土 方 工 程

## 第一节  基 坑 降 水

在基坑开挖过程中，若基坑底面低于地下水位，地下水则渗入基坑。这时如不采取有效措施排水，降低地下水位，不但会使施工条件恶化，还会因水浸泡导致地基承载力下降和边坡塌方。基坑降水常采用集水井降水和井点降水的方法。无论采用何种方法，降水工作都应持续到基础施工和回填土完毕后才可停止。

**一、集水井降水法**（或明排水法）

集水井降水法是在开挖基坑时，沿基坑两侧或四周设置具有一定坡度的排水明沟，在沟

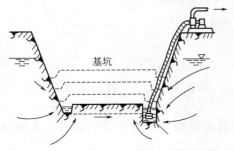

图 1-1  集水井降水法构造

底设置集水井，使地下水流入集水井内，然后用水泵抽出坑外（图 1-1）。明沟集水井排降水是一种常用的经济、简便方法，适用于土质较好且地下水位不高的基坑开挖；当土为细砂或粉砂时，易发生流砂现象。

（一）集水井降水法的构造

集水井降水法的构造见图 1-1。为了防止基底土的颗粒随水流失而使土结构受到破坏，四周的排水沟及集水井一般应设置在基础范围以外。基坑面积较大时，可在基础范围内设置盲沟排水。根据地下水量、基坑平面形状及水泵能力，集水井每隔 20～40m 设置一个。

集水井的直径或宽度，一般为 0.6～0.8m；其深度随着挖土的加深而加深，要始终低于挖土面 0.7～1.0m，井壁可用竹、木等简易加固。当基坑挖至设计标高后，井底应低于坑底 1～2m，并铺设 0.3m 碎石滤水层，以免在抽水时将泥砂抽出，并防止井底的土被搅动。坑壁必要时可用竹、木等材料加固。

（二）水泵的选用

集水明排水是用水泵从集水井中抽水，常用的水泵有潜水泵和离心水泵。一般所选用水泵的抽水量为基坑涌水量的 1.5～2 倍。

（三）流砂的发生与防治

采用集水井排水时，坑底的土粒形成流动状态随地下水渗流入基坑，称为流砂。一旦出现流砂，土完全丧失承载力，土边挖边冒，很难挖到设计深度，给施工带来极大困难，严重时还会引起边坡塌方，甚至危及邻近建筑物。

土木工程施工的土方工程主要包括：基坑开挖、基坑回填、场地平整及路基填筑等。

1. 流砂成因

图 1-2(a) 水平放置微土体由土粒和水组成，以其中匀速流动的水体为分析对象，渗流

管道截面积 $F$，微土体横截面平均孔隙率 $n$（近似等于土体孔隙率）：$\gamma_{\mathrm{w}}h_1nF$（$\gamma_{\mathrm{w}}$——水的重度）与水流方向一致，$\gamma_{\mathrm{w}}h_2nF$ 方向和水流方向相反，土体的总阻力为：$TLnF$ 向左（$T$——单位土体阻力，以土体总体积为单位）。由分析对象水平方向力的平衡条件：$\gamma_{\mathrm{w}}h_1nF-\gamma_{\mathrm{w}}h_2nF-TLnF=0$

整理，
$$T=\frac{(h_1-h_2)}{L}\gamma_{\mathrm{w}}=\gamma_{\mathrm{w}}i \tag{1-1}$$

式中，$i=(h_1-h_2)/L$ 为水头差（或水位差）$\Delta h=h_1-h_2$ 与渗流路径长度 $L$ 之比。

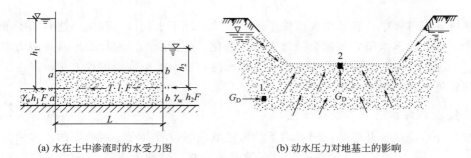

(a) 水在土中渗流时的水受力图　　　　(b) 动水压力对地基土的影响

图 1-2　动水压力原理图

1,2—土粒

水对土体的反作用力 $G_{\mathrm{D}}=T$。$G_{\mathrm{D}}$ 称为动水压力，沿水流切线方向。

$G_{\mathrm{D}}\geqslant\gamma'$ [$\gamma'$ 为土浮重度，$\gamma'=(m_{\mathrm{s}}-V_{\mathrm{s}}\gamma_{\mathrm{w}})/V$；$m_{\mathrm{s}}$ 为土粒重；$V_{\mathrm{s}}$ 为土粒体积；$V$ 为土体全体积] 时，发生流砂。

流网由流线和等势线组成（图 1-3），流线是水滴流动的轨迹，等势线上各点水头相等。平均水力坡度 $=H/L$（$L$ 为流线长或渗流路径）。

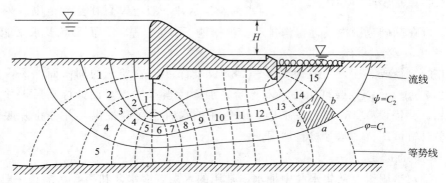

图 1-3　闸坝地基渗流流网

流砂现象容易在细砂、粉砂中产生。地基土分为岩石、碎石土、砂土、粉土、黏性土、人工填土；细砂：粒径 $>0.075\mathrm{mm}$ 的颗粒 $>85\%$；粉砂：粒径 $>0.075\mathrm{mm}$ 的颗粒 $>50\%$；粉土：粒径 $>0.075\mathrm{mm}$ 的颗粒 $\leqslant50\%$，塑性指数（等于液限 $W_{\mathrm{L}}-W_{\mathrm{P}}$ 塑限）$I_{\mathrm{P}}\leqslant10$；黏性土：$I_{\mathrm{P}}>10$；黏土：$I_{\mathrm{P}}>17$；粉质黏土：$10<I_{\mathrm{P}}\leqslant17$。

**2. 流砂防治**

防治流砂的基本途径主要是：a. 减小甚至消除动水压力，b. 平衡动水压力或 c. 改变动水压力方向，其具体做法如下。

（1）水下挖土　就是不排水施工，使坑内外和水压相平衡，不至形成动水压力，故可防止流砂发生。此法在沉井挖土下沉过程中采用。属于途径 a，$\Delta h \downarrow$。

（2）枯水期施工　因地下位低，坑内外水位差较小，所以动水压力减小。属于途径 a，$\Delta h \downarrow$。

（3）打板桩　将板桩沿基坑周围打入坑底面一定深度，增加地下水流入坑内的渗流路线，从而减小水力坡度，降低动水压力，防止流砂发生。属于途径 a，$L \uparrow$。

（4）设地下连续墙　此法是在基坑周围先浇筑一条混凝土或钢筋混凝土墙以支撑土壁截水，并防止流砂产生。属于途径 a，$L \uparrow$。

（5）抢速度施工、抛大石块镇压　如在施工过程中发生局部的或轻微的流砂现象，可组织人力分段抢挖，使挖土速度超过冒砂速度，挖至标高后，立即铺设芦席并抛大石块，增加土的压力，以平衡动水压力。已不常采用。属于途径 b。

（6）井点降低地下水位　如采用管井或轻型井点等方法，使地下水渗流向下，动水压力的方向也朝下，水不致流入坑内，又增大了土颗粒间的压力，从而有效地制止流砂现象。因此，此法采用较广亦较可靠。属于途径 c。

**（四）土、管涌、机械潜蚀**

流土：在向上水流作用下，表层土局部范围的土体或颗粒同时发生悬浮、移动的现象，即流砂。

管涌：土中的细粒土在渗透水流的作用下，从粗颗粒形成的孔隙道中被带走的现象，也称机械潜蚀。

## 二、井点降水法

井点降水法就是在基坑开挖前，预先在基坑周围埋设一定数量的井管，利用抽水设备不断抽出地下水，使地下水位降低到坑底以下，直至基础工程施工完毕。

井点降水法的井点有轻型井点、喷射井点、电渗井点、管井井点和深井井点。各种井点降水方法可按表 1-1 根据土的渗透性、降水深度等选用。其中轻型井点应用最广。

**表 1-1　各种井点降水方法的适用范围**

| 井点类型 | | 土层渗透系数/（m/d） | 降低水位深度/m |
|---|---|---|---|
| 轻型井点 | 一级轻型井点 | 0.1～50 | 3～6 |
| | 二级轻型井点 | 0.1～50 | 6～12 |
| | 喷射井点 | 0.1～5 | 8～20 |
| | 电渗井点 | <0.1 | 根据选用的井点确定 |
| 管井类 | 管井井点 | 20～200 | 3～5 |
| | 深井井点 | 10～250 | >15 |

**（一）管井井点**

管井井点（图 1-4）就是沿基坑每隔 20～50m 距离设置一个管井，一个或多个管井用一个水泵不断抽水来降低地下水位。

**（二）喷射井点**

当基坑开挖较深，采用多级轻型井点不经济时，宜采用喷射井点，其降水深度可达20m。特别适用于降水深度超过 6m，土层渗透系数为 0.1～2m/d 的弱透水层。

喷射井点根据其工作时使用液体和气体的不同，分为喷水井点和喷气井点两种。其设备

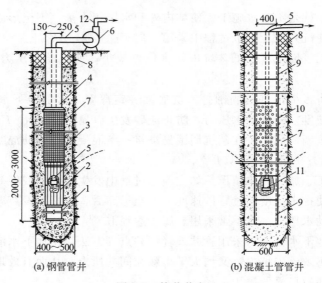

图 1-4　管井井点

1—沉砂管；2—钢筋焊接骨架；3—滤网；4—管身；5—吸水管；6—离心泵；7—小砾石过滤层；
8—黏土封口；9—混凝土实管；10—混凝土过滤管；11—潜水泵；12—出水管

主要由喷射井管、高压水泵（或空气压缩机）和管路系统组成（图 1-5）。喷射井管由内管和外管组成，在内管下端装有喷射扬水器与滤管相连。当高压水（0.7～0.8MPa）经内外管之间的环形空间通过扬水器侧孔流向喷嘴喷出时，在喷嘴处由于过水断面突然收缩变小，使工作水流具有极高的流速（30～60m/s），在喷口附近造成负压形成一定真空，因而将地下水经滤管吸入混合室与高压水汇合；流经扩散管时，由于截面扩大，水流速度相应减小，使

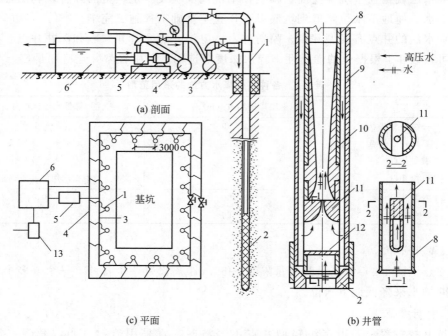

图 1-5　喷射井点设备及平面布置简图

1—喷射井管；2—滤管；3—进水总管；4—排水总管；5—高压水泵；6—水池；7—压力计；
8—内管；9—外管；10—扩散管；11—喷嘴；12—混合室；13—水泵

水的压力逐渐升高，沿内管上升经排水总管排出。

（三）电渗井点

电渗井点（图 1-6）以井点管为负极，以打入的钢筋或钢管作为正极，当通以直流电后，水自正极向负极移动而被集中排出。

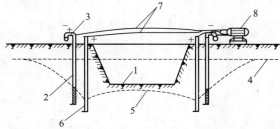

图 1-6　电渗井点降水示意图

1—基坑；2—井点管；3—集水总管；4—原地下水位；5—降低后地下水位；6—钢管或钢筋；7—线路；8—直流发电机或电焊机

（四）轻型井点

轻型井点是沿基坑四周每隔一定距离将若干直径较小的井点管埋入蓄水层内，井点管上端伸出地面，通过弯联管与总管相连并引向水泵房，利用抽水设备将地下水从井点管内不断抽出，使地下水位降至坑底以下，如图 1-7 所示。

1. 轻型井点系统组成

轻型井点系统由滤管、井点管、弯联管及总管和抽水设备组成（图 1-7）。其中，滤管、井点管、弯联管及总管统称为管路系统。

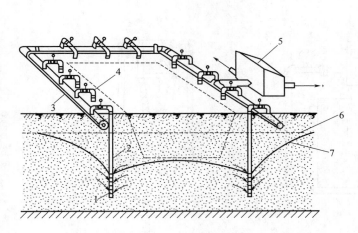

图 1-7　轻型井点系统全貌图

1—滤管；2—井点管；3—总管；4—弯联管；5—水泵房；6—原有地下水位线；7—降低后地下水位线

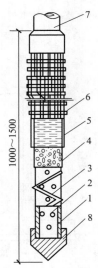

图 1-8　滤管的构造

1—钢管；2—管壁上小孔；3—缠绕的铁丝；4—细滤网；5—粗滤网；6—粗铁丝保护网；7—井点管；8—铸铁头

（1）管路系统　滤管为进水设备，通常采用长 1.0～1.5m、直径 38～50mm 的无缝钢管，管壁钻有直径为 12～18mm 的呈梅花形排列的滤孔，滤孔面积为滤管表面积的 20%～25%。骨架管外面包以两层孔径不同的滤网，内层为 30～50 孔/cm² 的黄铜丝或尼龙丝布的细滤网，外层为 3～10 孔/cm² 的同样材料粗滤网或棕皮。为使流水畅通，在骨架管与滤管之间用塑料管或梯形铅丝隔开，塑料管沿骨架管绕成螺旋形。滤网外面再绕一层粗铁丝保护网，滤管下端为一铸铁塞头，如图 1-8 所示。滤管上端与井点管连接。

井点管采用长为 5～7m，直径为 38～50mm 的钢管，可用整根或分节组成，上端用弯联管与总管相连。弯联管一般用塑料透明管或橡胶管制成，其上装有阀门，以便调节或检修井点。

总管一般用直径为 75～110mm 的无缝钢管分节连接而成，每节长 4m，每隔一定间距如 0.8～1.6m 设一个与井点管连接的短接头。按 2.5‰～5‰ 坡度坡向泵房。

（2）抽水设备　常用的有真空泵、射流泵（图 1-9、图 1-10）。

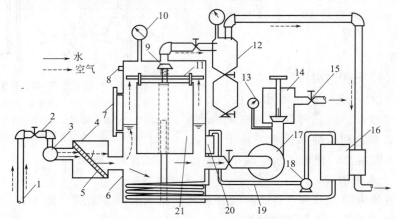

图 1-9　真空泵轻型井点抽水设备工作简图

1—井点管；2—弯联管；3—总管；4—过滤箱；5—过滤网；6—水气分离器；7—水位计；8—真空调节阀；
9—阀门；10—真空表；11—挡水布；12—副水气分离器；13—压力计；14—压力箱；15—出水管；
16—真空泵；17—离心泵；18—冷却泵；19—冷却水管；20—冷却水箱；21—浮筒

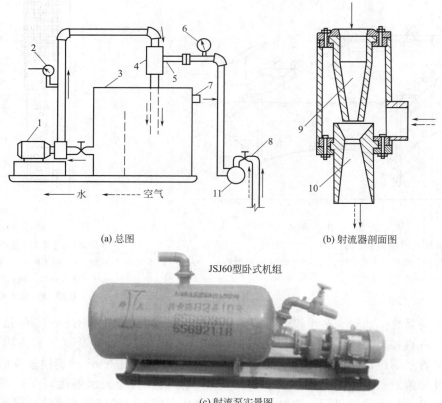

(a) 总图　　　　　　　　　　　　　　　　(b) 射流器剖面图

JSJ60型卧式机组

(c) 射流泵实景图

图 1-10　射流泵轻型井点抽水设备工作简图

1—离心泵；2—压力计；3—循环水箱；4—射流器；5—进水管；6—真空表；7—泄水口；
8—井点管；9—喷嘴；10—喉管；11—总管

2. 轻型井点的布置

轻型井点的布置，应根据基坑的大小和深度、土质、地下水位的高低与流向、降水深度要求等因素确定。设计时主要考虑平面和剖面两个方面。

（1）平面布置　当基坑或沟槽宽度小于 6m，且降水深度不超过 6m 时，可用单排井点，将井点管布置在地下水上游一侧，两端的延伸长度不宜小于该坑或槽的宽度，如图 1-11 所示。

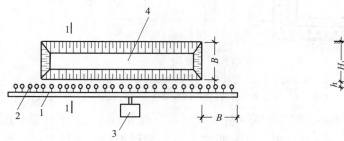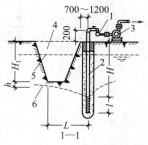

图 1-11　单排线状井点布置

1—集水总管；2—井点管；3—抽水设备；4—基坑；5—原地下水位线；6—降低后地下水位线

若基坑宽度大于 6m 或出水量大时，则宜采用双排井点。如图 1-12 所示。对于面积较大的基坑宜采用环形井点布置，如图 1-13 所示，井点管距离基坑壁不宜过小，一般取 0.7～1.2m，以防止坑壁发生漏气而影响系统中的真空度。井点管间距按计算或经验确定，一般为 0.8～1.6m。

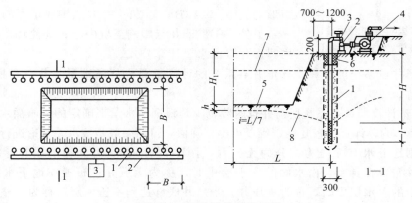

图 1-12　双排线状井点布置

1—井点管；2—集水总管；3—弯联管；4—抽水设备；5—基坑；
6—黏土封孔；7—原地下水位线；8—降低后地下水位线

（2）剖面布置　轻型井点的降水深度从理论上讲可达 10.3m，但由于抽水设备的水头损失，实际降水深度一般不大于 6m。井点管的埋设深度 $H'$（不包括滤管）可按下式计算（图 1-13）

$$H' \geqslant H_1 + h + iL \qquad (1-2)$$

式中　$H_1$——井点管埋设面到基坑底面的距离，m；

　　　$h$——基坑底面至降低后地下水位的距离，一般取 0.5～1.0m；

　　　$i$——降水坡度，可取实测值或按经验，单排井点取 1/4，环形井点取 1/12～1/10；

　　　$L$——井点管中心至基坑中心的水平距离，单排井点为至基坑另一边的距离，m。

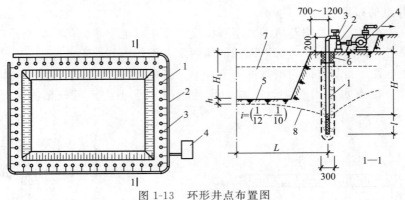

图 1-13　环形井点布置图

1—井点管；2—集水总管；3—弯联管；4—抽水设备；5—基坑；
6—黏土封孔；7—原地下水位线；8—降低后地下水位线

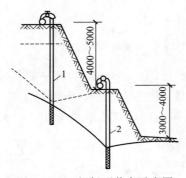

图 1-14　二级轻型井点示意图

1—1级井点管；2—2级井点管

如（$H'$＋外露长度）小于等于降水深度 6m 时，可用一级井点；（$H'$＋外露长度）稍大于 6m 时，若降低井点管的埋设面后，可满足降水深度要求时，仍可采用一级井点；当一级井点达不到降水深度要求时，可采用二级井点或其他井点，即先挖去第一级井点所疏干的土，然后在其底部埋设第二级井点（如图 1-14 所示）。

在确定井点埋置深度时，还要考虑井点管露出地面 0.2～0.3m；滤管必须埋在透水层内。

在平面布置、剖面布置之后，还应复核：①$R \geqslant B/2$〔抽水影响半径，其计算公式见式(1-4)；$B$——井点所围成矩形的宽〕；②$A/B \leqslant 5$（$A$——井点围成矩形的长）。

另外，①保证井点影响至坑中心；②使环形井点可以使用圆形井点涌水量计算公式。

（3）环形井点系统的计算　环形井点系统的计算主要包括涌水量、井点管根数与间距、抽水设备参数。

1）涌水量计算　井点系统所需井点的数量，是根据涌水量来确定的。而涌水量受诸多不易确定的因素影响，计算比较复杂，难以得出精确值，目前一般是按水井理论进行近似计算。

水井根据地下水有无压力，分为无压井〔图 1-15(a)、(b)〕和承压井〔图 1-15(c)、(d)〕。当水井布置在具有自由水面的含水层中时，称为无压井；布置在地下水面承受不透水性土层压力的含水层中时，称为承压井。当水井底部达到不透水层时称为完整井；否则称为非完整井。水井的类型不同，其涌水量的计算方法亦不相同。

对于无压完整井的环形井点系统（图 1-15），井点系统涌水量计算公式为

$$Q = 1.366K \frac{(2H-s)s}{\lg R - \lg x_0} \tag{1-3}$$

式中　$Q$——井点系统的涌水量，$m^3/d$；

　　　$K$——土的渗透系数，$m/d$；

　　　$H$——含水层厚度，$m$；

　　　$s$——坑中心水位降落值，$m$；

　　　$R$——抽水影响半径，$m$；

　　　$x_0$——环状井点系统的假想圆半径，$m$。

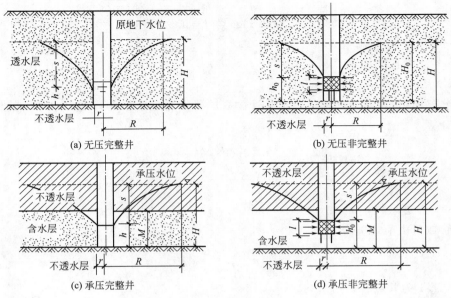

图 1-15  水井的分类

按式(1-3)计算涌水量时，需先确定 $R$、$x_0$、$K$ 值。对于矩形基坑，其长度与宽度之比不大于 5 时，$R$、$x_0$ 值可分别按下式计算

$$R = 1.95s\sqrt{HK} \tag{1-4}$$

$$x_0 = \sqrt{\frac{F}{\pi}} \tag{1-5}$$

式中  $F$——环状井点系统包围的面积，$F = AB$，$m^2$。

渗透系数 $K$ 值确定正确与否将直接影响降水效果，一般可根据地质勘探报告提供的数据或通过现场抽水试验确定。

在实际工程中往往会遇到无压非完整井的井点系统，这时地下水不仅从井的侧面流入，还从井底渗入，因此涌水量要比完整井大。为了简化计算，仍可用式(1-6)，仅将式中 $H$ 换成抽水影响深度 $H_0$。$H_0$ 可查表 1-2，当计算的 $H_0$ 大于实际含水层厚度 $H$ 时，则仍取 $H$ 值。

表 1-2  抽水影响深度 $H_0$          单位：m

| $s'/(s'+l)$ | 0.2 | 0.3 | 0.5 | 0.8 |
|---|---|---|---|---|
| $H_0$ | $1.3(s'+l)$ | $1.5(s'+l)$ | $1.7(s'+l)$ | $1.85(s'+l)$ |

注：$s'$ 为井点管中水位降落值；$l$ 为滤管长度。

承压完整井的环状井点系统的涌水量计算公式为

$$Q = 2.73K\frac{Ms}{\lg R - \lg x_0} \tag{1-6}$$

式中  $M$——承压含水层的厚度，m。

$K$、$s$、$R$、$x_0$ 与公式(1-3)相同。

承压非完整井的环状井点系统的涌水量计算公式为

$$Q=2.73K\frac{Ms}{\lg R-\lg x_0}\sqrt{\frac{M}{l+0.5r}}\sqrt{\frac{2M-l}{M}} \tag{1-7}$$

式中　$r$——井点管半径，m；

　　　$l$——滤管长度，m。

$K$、$s$、$R$、$x_0$ 与公式（1-3）相同。

2）确定井点管根数及间距　确定井管数量需要先确定单根井管的出水量，其最大出水量按下式计算

$$q=65\pi dl\sqrt[3]{K} \tag{1-8}$$

式中　$d$——滤管直径，m；

　　　$l$——滤管长度，m；

　　　$K$——渗透系数，m/d。

井点管数量由下式确定

$$n=1.1\frac{Q}{q} \tag{1-9}$$

式中，1.1 为井点管备用系数。

井点管间距为

$$D=\frac{L_1}{n} \tag{1-10}$$

式中　$L_1$——总管长度，$L_1=2(A+B)$，m。

实际采用的井点管间距应大于 1.5$d$，不能过小，以免彼此干扰，影响出水量；同时应小于 2m。并且还应于总管接头的间距（如 0.8m、1.6m）相吻合。最后根据实际采用的井点管间距，反求井点管根数。

3）抽水设备参数　抽水设备一般都已固定型号，如真空泵 W5、W6 型。采用 W5 型时，总管长度不大于 100m，采用 W6 型泵时不大于 120m。真空泵在抽水过程中所需的最低真空度 $h_k$ 可由降水深度及各项水头损失计算得到。

$$h_k=10(h_1+\Delta h) \quad(\text{kPa}) \tag{1-11}$$

式中　$h_1$——降水深度，m，近似取集水总管至滤管的深度或井点管长度；

　　　$\Delta h$——水头损失值，m，包括进入滤管的水头损失、管路阻力及漏气损失等，近似取 1~1.5m。

水泵型号按水泵流量、最小吸水扬程选择。水泵流量 $Q_1=1.1Q$，水泵的最小吸水扬程 $h_s=(h_1+\Delta h)$ （m）。

（4）井点管的埋设及使用　轻型井点的施工，大致包括下列几个过程：准备工作、井点系统的埋设、使用及拆除。

准备工作包括井点设备、动力、水源及必要材料的准备，排水沟的开挖，附近建筑物的标高观测以及防止附近建筑物沉降措施的实施。

埋设井点的程序是：先排放总管，再埋设井点管，用弯联管将井点管与总管接通，然后安装抽水设备。

井点管的埋设一般用水冲法进行，并分为冲孔 [图 1-16（a）] 与埋管 [图 1-16（b）] 两个过程。

冲孔时，先用起重设备将冲管吊起并插在井点的位置上，然后开动高压水泵，将土冲

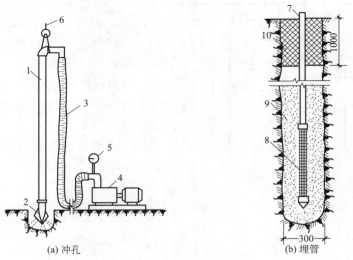

图 1-16　井点管的埋设
1—冲管；2—冲嘴；3—胶皮管；4—高压水泵；5—压力表；6—起重机
吊钩；7—井点管；8—滤管；9—填砂；10—黏土封口

松，冲管则边冲边沉。冲孔直径一般为 300mm，以保证井管四周有一定厚度的砂滤层，冲孔深度宜比滤管底深 0.5m 左右，以防冲管拔出时，部分土颗粒沉于底部而触及滤管底部。

井孔冲成后，立即拔出冲管，插入井点管，并在井点管与孔壁之间迅速填灌砂滤层，以防孔壁塌土。砂滤层的填灌质量是保证轻型井点顺利抽水的关键。一般宜选用干净粗砂，填灌均匀，并填至滤管顶上 1～1.5m，以保证水流畅通。

井点填砂后，在地面以下 0.5～1.0m 范围内须用黏土封口，以防漏气。

井点管埋设完毕，应接通总管与抽水设备进行试抽水，检查有无漏水、漏气，出水是否正常，有无淤塞等现象，如有异常情况，应检修好后方可使用。

轻型井点使用时，应保证连续不断抽水，并准备双电源。若时抽时停，滤网易于堵塞，也容易抽出土粒，使水混浊，并引起附近建筑物由于土粒流失而沉降开裂。正常出水规律是"先大后小，先混后清"。抽水时需要经常观测真空度以判断井点系统工作是否正常，真空度一般应不低于 55.3～66.7kPa；造成真空度不够的原因较多，但通常是由于管路系统漏气的原因，应及时检查并采取措施。

井点管是否淤塞，一般可从听管内水流声响，手扶管壁的振动感，夏、冬季手摸管子的夏冷、冬暖感等简便方法检查。如发现淤塞井点管太多，严重影响降水效果时，应逐根用高压水反向冲洗或拔出重埋。

地下构筑物竣工并进行回填土后，方可拆除井点系统。拔出井点管多借助于倒链、起重机等，所留孔洞用砂或土填实，对地基有防渗要求时，地面上 2m 应用黏土填实。

**例题 1-1**　地下室平面尺寸为 54m×18m，基础底面标高为 −5.20m，天然地面标高为 −0.30m，地面至 −3.00m 为杂填土，−0.30～−9.50m 为粉砂层（渗透系数 $K=4$m/昼夜），−9.50m 以下为黏土层（不透水），地下水离地面 1.70m。场地条件见图 1-17。坑底尺寸因支模需要，每边宜放出 1.0m，基坑边坡度 1∶0.5。西边靠原有房屋较近，为防止其下沉开裂，坑边打设一排板桩、不放坡。滤管直径 50mm，长度 1.20m；井点管直径

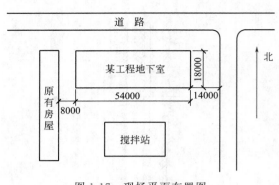

图 1-17　现场平面布置图

50mm，长度 6m，外露 0.2m；总管直径 100mm，每段长度 4.0m（每 0.8m 有一接口）。试布置、计算轻型井点系统。

**解：**① 井点布置

井点埋设面为天然地面。基坑上口尺寸为 58.45m×24.9m（54＋2＋4.9×0.5＝58.45，18＋2＋4.9×0.5×2＝24.9），按环形井点布置。井点管所围成的平面面积为 60.45m×26.9m（58.45＋2＝60.45，24.9＋2＝26.9）。

$H' \geqslant H_1 + h + IL = 4.9 + 0.5 + 1/10 \times 26.9/2 = 6.745\text{m}$，见图 1-18。

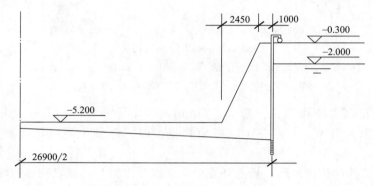

图 1-18　轻型井点系统剖面布置（埋设面在自然地面）

$H' + 0.2 > 6\text{m}$（复核 1/3，不满足）。降低埋设面 1m，井点管距坑边距离不变，则，井点管所围矩形尺寸 59.95m×25.9m（54＋2＋3.9×0.5＋2＝59.95，18＋2＋3.9×0.5×2＋2＝25.9）。

$H' \geqslant H_1 + h + IL = 3.9 + 0.5 + 1/10 \times 25.9/2 = 5.695\text{m}$，见图 1-19。实际埋深 6.0－0.2＝5.8m（复核 1/3，满足）。

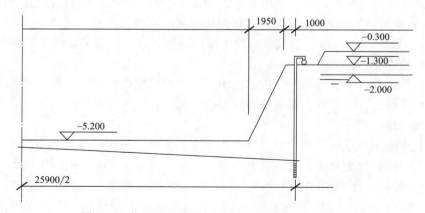

图 1-19　轻型井点系统剖面布置（降低埋设面 1m）

基坑中心降水深度 $s = (5.2 - 2) + 0.5 = 3.7\text{m}$。

滤管底距不透水层：9.5－0.3－1－(5.8＋1.2)＝1.2m，故此井点系统为无压非完整井。

井点管中水位降落值 $s' = 5.8\text{m} - 0.7\text{m} = 5.1\text{m}$。$s'/(s'+l) = 5.1/(5.1+1.2) = 0.81$，则 $H_0 = 1.85(s'+l) = 1.85 \times (5.1+1.2)\text{m} = 11.66\text{m}$，而含水层厚度 $H = 9.5 - 2 = 7.5\text{m} < H_0$，故 $H_0 = H = 7.5\text{m}$。

$R = 1.95s(H_0K)^{1/2} = 1.95 \times 3.7 \times (7.5 \times 4)^{1/2}\text{m} = 39.52\text{m} > B/2 = 25.9/2$；且井点管所围成的矩形长宽比 $A/B = 59.95/25.9 < 5$。所以不必分块布置（复核 2/3）。

② 涌水量

$$x_0 = (59.95 \times 25.9/\pi)^{1/2}\text{m} = 22.24\text{m}$$

$$Q = 1.366 \times 4 \times (2 \times 7.5 - 3.7)3.7/(\lg 39.52 - \lg 22.24)\text{m}^3/\text{d} = 915.0\text{m}^3/\text{d}$$

③ 井点管根数和间距

单根出水量

$$q = 65\pi \times 0.05 \times 1.2 \times 4^{1/3}\text{m}^3/\text{d} = 19.44\text{m}^3/\text{d}$$

所以井点管的计算数量

$$n = 1.11 \times 915/19.44 \text{ 根} = 51.8 \text{ 根}$$

则井点管的平均间距

$D = (59.95 + 26.9) \times 2/51.8\text{m} = 3.4\text{m}$，取 $D = 1.6\text{m}$。（$>1.5d$，$<2\text{m}$：复核 3/3）故实际布置：$2(59.95+26.9)/1.6 = 107$ 根（4 舍 5 入）。

④ 抽水设备参数

选择两套抽水设备，抽水设备所带动的总管长度为 $171.7/2 = 85.9\text{m}$，最低真空度为

$$h_k = 10 \times (6+1)\text{kPa} = 70\text{kPa}$$

水泵流量

$$Q_1 = 1.1Q = 1.1 \times 915/2\text{m}^3/\text{d} = 503.3\text{m}^3/\text{d} = 21.0\text{m}^3/\text{h}$$

最小吸水扬程

$$h_s = 6.0\text{m} + 1\text{m} = 7\text{m}$$

# 第二节　填土压实

在土木工程施工中，场地的平整、基坑（槽）、管沟、室内外地坪的回填、枯井、古墓、暗塘的处理以及填土地基等都需要进行填土。为了使填土满足强度及稳定性要求，就必须正确选择土料和填筑方法。

## 一、土料选择与填筑要求

（一）土料选择

填方土料应符合设计要求。如无设计要求，一般应符合下列规定。

碎石类土、砂土（使用细、粉砂时应取得设计单位的同意）和爆破石渣，可用作表层以下的填料；

含水量符合压实要求的黏性土，可用作各层填料；

碎块草皮和有机质含量大于 8% 的土，仅用于无压要求的填方。

淤泥质土，一般不能用作填料，但在软土或沼泽地区，经过处理含水量符合压实要求后，可用于填方中的次要部位。

水溶性硫酸盐大于 5% 的土不能用作回填土，在地下水作用下，硫酸盐会逐渐溶解流

失，形成孔洞，影响土的密实性。

冻土、膨胀土等不应作为填方土料。

对碎石类土或爆破石渣作填料时，其最大粒径不得超过每层铺填厚度的 2/3，铺填时大块料不应集中，且不得填在分段接头处。填土料含水量大小直接影响到压实质量，应先试验，以得到符合密实度要求的最优含水量和最小压实遍数。

（二）填筑要求

填土方工程应分层填土压实，最好采用同类土。如果用不同类土时，应把透水性较大的土层置于透水性较小的土层下面。若已将透水性较小的土填筑在下面，则在填筑上层透水性较大的土之间，将两层结合面做成中央高些、四周低的弧面排水坡度或设置盲沟，以免填土内形成水囊。绝不能将各种土混杂在一起填筑。

当填方位于倾斜的地面时，应将斜坡挖成阶梯状，以防填土滑动。回填施工前，应清除填方区的积水和杂物，如遇软土、淤泥、必须进行换土回填。回填时应分段进行，每层接缝处应做成斜坡形，辗迹重叠 0.5～1m，上下层应错开不小于 1.0m。回填基坑和管沟时，应从四周或两侧均匀地分层进行，以防止基础和管道在土压力作用下产生偏移或变形。冬雨季进行填土施工时，应采取防雨、防冻措施，防止填料（粉质黏土、粉土）受雨水淋湿或冻结，并防止出现"橡皮土"。

## 二、填土压实方法

填土的压实方法一般有碾压、夯实、振动压实；有时也可利用运土工具压实。对于大面积填土工程，多采用碾压，利用运土工具压实。对较小面积的填土工程，则宜用夯实机具进行压实。

碾压法是利用机械滚轮的压力压实土壤，使之达到所需的密实度。碾压机械有平碾、羊足碾和气胎碾。碾压法主要用于大面积的填土，如场地平整、路基、堤坝等工程。

平碾又称光碾压路机，是一种以内燃机为动力的自行式压路机。按重量等级分为轻型（30～50kN）、中型（60～90kN）和重型（100～140kN）三种，适于压实砂类土和黏性土，适用土类范围较广。轻型平碾压实土层的厚度不大，但土层上部变得较密实，当用轻型平碾初碾后，再用重型平碾碾压松土，就会取得较好的效果。如直接用重型平碾碾压松土，则由于强烈的起伏现象，其碾压效果较差。

羊足碾如图 1-20 和图 1-21 所示，一般无动力靠拖拉机牵引，有单筒、双筒两种。根据碾压要求，可分为空筒及装砂、注水等三种。羊足碾虽然与土接触面积小，但对单位面积的压力比较大，土的压实效果好。羊足碾只能用来压实黏性土。

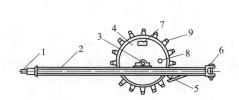

图 1-20　单筒羊足碾构造示意图

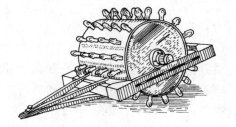

图 1-21　羊足碾实景图

1—前拉头；2—机架；3—轴承座；4—碾筒；5—铲刀；
6—后拉头；7—装砂口；8—水口；9—羊足头

气胎碾又称轮胎压路机（图 1-22），它的前后轮分别密排着四个、五个轮胎，既是行驶轮，也是碾压轮。由于轮胎弹性大，在压实过程中，土与轮胎都会发生变形，而随着几遍碾压后铺土密实度的提高，沉陷量逐渐减少，因而轮胎与土的接触面积逐渐缩小，但接触应力则逐渐增大，最后使土料得到压实。由于在工作时是弹性体，其压力均匀，填土质量较好。

用碾压法压实填土时，铺土应均匀一致，碾压遍数要一样，碾压方向应从填土区的两边逐渐压向中心，每次碾压应有 15～20cm 的重叠；碾压机械开行速度不宜过快，一般平碾不应超过 2km/h，羊足碾控制在 3km/h 之内，否则会影响压实效果。

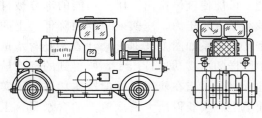

图 1-22　轮胎压路机

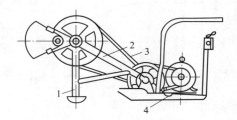

图 1-23　蛙式打夯机

1—夯头；2—夯架；3—三角胶带；4—底盘

夯实法是利用夯锤自由下落的冲击力来夯实土壤，主要用于小面积的回填土或作业面受到限制的环境下。夯实法分人工夯实和机械夯实两种。人工夯实所用的工具有木夯、石夯等；常用的夯实机械有夯锤、内燃夯土机、蛙式打夯机和利用挖土机或起重机装上夯板后的夯土机等，其中蛙式打夯机（图 1-23）轻巧灵活，构造简单，在小型土方工程中应用最广。

振动压实法是将振动压实机放在土层表面，借助振动机构使压实机振动土颗粒，土的颗粒发生相对位移而达到紧密状态。用这种方法振实非黏性土效果较好。

近年来，又将碾压和振动法结合起来而设计和制造了振动平碾、振动凸块碾等新型压实机械。振动平碾适用于填料为爆破碎石渣、碎石类土、杂填土或粉土的大型填方；振动凸块碾则适用于粉质黏土或黏土的大型填方。当压实爆破石渣或碎石类土时，可选用重 8～15t 的振动平碾，铺土厚度为 0.6～1.5m，先静压，后振动碾压，碾压遍数由现场试验确定，一般为 6～8 遍。

### 三、影响填土压实效果的主要因素

影响填土压实的因素很多，除填土的种类外主要有压实功、土的含水量、铺土厚度。

**（一）压实功的影响**

压实功指压实工具对填土做的功。填土压实后的密度与压实机械在其上所施加的功有一定的关系。当土的含水量一定，在开始压实时，土的密度急剧增加，待到接近土的最大密度时，压实功虽然增加许多，而土的密度则变化甚小（如图 1-24 所示）。实际施工中，应根据土质、压实密度要求、压实机械等来确定压实的遍数（可参见表 1-3）。此外松土不宜用重型碾压机直接滚压，否则土层会有强烈起伏现象，效率不高；如先用轻碾压实，再用重碾就可取得较好效果。

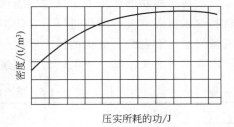

图 1-24　土的密度与压实功的关系

**表 1-3　不同压实机械分层填土虚铺厚度及每层压实遍数**

| 压实机具 | 分层虚铺厚度/mm | 每层压实遍数 | 压实机具 | 分层虚铺厚度/mm | 每层压实遍数 |
|---|---|---|---|---|---|
| 平碾 | 250～300 | 6～8 | 柴油打夯机 | 200～250 | 3～4 |
| 振动压实机 | 250～350 | 3～4 | 人工打夯 | <200 | 3～4 |

### （二）土的含水量的影响

在同一压实的作用下，填土的含水量对压实质量有直接影响。较为干燥的土，由于土颗粒之间的摩阻力大，因而不易压实。当土具有适当含水量时，水起了润滑作用，土颗粒之间的摩阻力减小，从而容易压实。土中含水量过大时，空隙中出现了自由水，压实功能不可能使气体排出，压实功能的部分被自由水抵消，减小了有效压力，压实效果反而降低。土的含水量与干密度的关系如图 1-25 所示。土在最佳含水量条件下，使用同样的压实功进行压实，所得到的密度最大。土的最佳含水量是指在使用同样的压实功进行压实的条件下，使填土压实获得最大密度时土的含水量。土的最佳含水量可参看表 1-4。

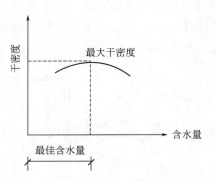

图 1-25　土的干密度与含水量关系

**表 1-4　土的最佳含水量和最大干密度参考表**

| 序　号 | 土的种类 | 最佳含水量/% | 最大干密度/(kN/m³) |
| --- | --- | --- | --- |
| 1 | 砂土 | 8～12 | 18.0～18.8 |
| 2 | 粉土 | 16～22 | 16.1～18.0 |
| 3 | 黏土 | 19～23 | 15.8～17.0 |

为了保证填土在压实过程中处于最佳含水量状态，当土过湿时，应翻松晾干，也可掺入同类干土或吸水性土料；当土过干时，则应预先洒水润湿，每 1m³ 铺就土层需补充水量 $V$ 可按下式计算：

$$V=\frac{\rho_{\mathrm{w}}}{1+\omega}(\omega_{\mathrm{op}}-\omega) \tag{1-12}$$

式中　$\rho_{\mathrm{w}}$——填土碾压前的密度，kg/m³；

$\omega$——土的天然含水量，%；

$\omega_{\mathrm{op}}$——土的最佳含水量，%。

### （三）铺土厚度的影响

土在压实功的作用下，其应力随深度增加而逐渐减小，其影响深度与压实机械、土的性质和含水量等有关。铺得过厚，要压得很多遍才能达到规定的密实度。铺得过薄，则要增加机械的总压实遍数。最优的铺土厚度应能使土方压实而机械功耗最少。根据压实工具类型、土质及填方压实的基本要求，每层填筑压实厚度具有规定数值，见表 1-5。

**表 1-5　填土的压实系数 $\lambda_{\mathrm{c}}$（密实度）要求**

| 结　构　类　型 | 填　土　部　位 | 压实系数 $\lambda_{\mathrm{c}}$ |
| --- | --- | --- |
| 砌体承重结构和框架结构 | 在地基主要持力层范围内 | ＞0.96 |
|  | 在地基主要持力层范围以下 | 0.93～0.96 |
| 简支结构和排架结构 | 在地基主要持力层范围内 | 0.94～0.97 |
|  | 在地基主要持力层范围以下 | 0.91～0.93 |
| 一般结构 | 基础四周或两侧一般回填土 | 0.9 |
|  | 室内地坪、管道地沟回填土 | 0.9 |
|  | 一般堆放物件场地回填土 | 0.85 |

填土压实后要达到一定的密实度要求。密实度要求和质量标准通常以压实系数 $\lambda_c$ 表示它的控制干密度 $\rho_d$ 与最大干密度 $\rho_{dmax}$ 之比值，一般根据土和工程结构性质、使用要求确定，如无规定，则可采用表 1-5 数值。

黏性土或排水不良的砂土最大干密度 $\rho_{dmax}$ 宜采用击实试验确定，如无试验资料，可按下式计算。

$$\rho_{dmax} = \eta \frac{\rho_w d_s}{1 + 0.01\omega_{op}d_s} \tag{1-13}$$

式中　$\eta$——经验系数，黏土、粉质黏土、粉土分别取 0.95、0.96、0.97；

　　　$\rho_w$——水的密度，$kg/m^3$；

　　　$d_s$——土粒相对密度；

　　　$\omega_{op}$——土的最佳含水量，%。

施工前，应计算出填土的最大干密度，乘以设计的压实系数，得到施工控制干密度，作为检查施工质量的依据。

对有密实度要求的填方，压实后要对每层填土质量采用环刀法或轻便初探仪锤击数测定干密度，求出密实度，符合设计要求，方可填筑上层。

# 第三节　土方工程机械化施工

由于土方工程量大、劳动繁重，施工时应尽可能采用机械化、半机械化施工，以减轻繁重的体力劳动，加快施工进度、降低工程造价。

土方工程施工机械的种类有：推土机、挖土机、铲运机、平土机、松土机、碾压及夯实机械等。在建筑工程的施工中，最常用的是推土机、挖土机、夯实机械。

## 一、推土机

推土机是土方工程施工的主要机械之一，是在履带式拖拉机上安装推土铲刀等工作装置而成的机械。按铲刀的操纵机构不同，推土机分为索式和液压式两种。索式推土机的铲刀借本身自重切入土中，在硬土中切土深度较小。液压式推土机由于用液压操纵，能使铲刀强制切入土中，切入深度较大。同时，液压式推土机铲刀还可以调整角度，具有更大的灵活性，是目前常用的一种推土机（图 1-26）。

推土机操纵灵活，运转方便，所需工作面较小、行驶速度快、易于转移，能爬 30°左右的缓坡，因此应用范围较广。适用于开挖一至三类土。多用于挖土深度不大的场地平整，开挖深度不大于 1.5m 的基坑，回填基坑和沟槽，堆筑高度在 1.5m 以内的路基、堤坝，平整其

图 1-26　液压式推土机外形图

他机械卸置的土堆；推送松散的硬土、岩石和冻土，配合铲运机进行助铲；配合挖土机施工，为挖土机清理余土和创造工作面。此外，将铲刀卸下后，还能牵引其他无动力的土方施工机械，如拖式铲运机、松土机、羊足碾等，进行土方其他施工过程的施工。

推土机的运距宜在 100m 以内，效率最高的推运距离为 40～60m。为提高生产率，可采

用下述方法。

（一）下坡推土（图 1-27）

推土机顺地面坡势沿下坡方向推土，借助机械往下的重力作用，可增大铲刀切土深度和运土数量，可提高推土机能力和缩短推土时间，一般可提高生产率 30％～40％。但坡度不宜大于 15°，以免后退时爬坡困难。

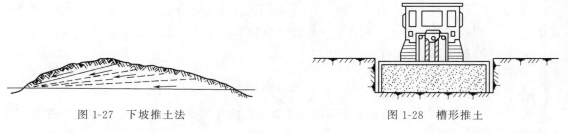

图 1-27　下坡推土法　　　　　　　　　　图 1-28　槽形推土

（二）槽形推土（图 1-28）

当运距较远，挖土层较厚时，利用已推过的土槽再次推土，可以减少铲刀两侧土的散漏（图 1-26）。这样作业可提高效率 10％～30％。槽深 1m 左右为宜，槽间土埂宽约 0.5m。在推出多条槽后，再将土埂推入槽内，然后运出。

此外，对于推运疏松土壤，且运距较大时，还应在铲刀两侧装置挡板，以增加铲刀前土的体积，减少土向两侧散失。在土层较硬的情况下，则可在铲刀前面装置活动松土齿，当推土机倒退回程时，即可将土翻松。这样，便可减少切土时阻力，从而可提高切土运行速度。

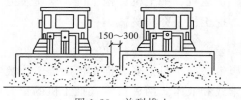

图 1-29　并列推土

（三）并列推土（图 1-29）

对于大面积的施工区，可用 2～3 台推土机并列推土。推土时两铲刀相距 15～30cm，这样可以减少土的散失而增大推土量，能提高生产率 15％～30％。但平均运距不宜超过 50～75m，亦不宜小于 20m；且推土机数量不宜超过 3 台，否则倒车不便，行驶不一致，反而影响生产率的提高。

（四）分批集中，一次推送

若运距较远而土质又比较坚硬时，由于切土的深度不大，宜采用多次铲土，分批集中，再一次推送的方法，使铲刀前保持满载，以提高生产率。

**二、铲运机**

铲运机是一种能综合完成挖土、运土、卸土、填筑、整平的机械。按行走机构的不同可分为拖式铲运机和自行式铲运机。按铲运机的操作系统的不同，又可分为液压式和索式铲运机。铲运机操作灵活，不受地形限制，不需特设道路，生产效率高。

铲运机对行驶的道路要求较低，操纵灵活，生产率较高。可在一至三类土中直接挖、运土，常用于坡度在 20°以内的大面积土方挖、填、平整和压实，大型基坑、沟槽的开挖，路基和堤坝的填筑，不适于砾石层、冻土地带及沼泽地区使用。坚硬土开挖时要用推土机助铲或用松土机配合。

在土方工程中，常使用的铲运机的铲斗容量为 2.5～8m³；自行式铲运机适用于运距

800～3500m 的大型土方工程施工，以运距在 800～1500m 的范围内的生产效率最高；拖式铲运机适用于运距为 80～800m 的土方工程施工，而运距在 200～350m 时，效率最高。如果采用双联铲运或挂大斗铲运时，其运距可增加到 1000m。运距越长，生产率越低，因此，在规划铲运机的运行路线时，应力求符合经济运距的要求。

（一）合理选择铲运机的开行路线

在场地平整施工中，铲运机的开行路线应根据场地挖、填方区分布的具体情况合理选择，这对提高铲运机的生产率有很大关系。铲运机的开行路线，一般有以下几种。

1. 环形路线

当地形起伏不大，施工地段较短时，多采用环形路线［图 1-30(a)、(b)］。环形路线每一循环只完成一次铲土和卸土，挖土和填土交替；挖填之间距离较短时，则可采用大循环路线［图 1-30(c)］，一个循环能完成多次铲土和卸土，这样可减少铲运机的转弯次数，提高工作效率。

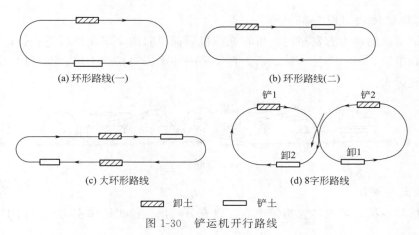

(a) 环形路线(一)　　　　　　　(b) 环形路线(二)

(c) 大环形路线　　　　　　　(d) 8字形路线

🮜🮜🮜 卸土　　　　▭ 铲土

图 1-30　铲运机开行路线

2. "8" 字形路线

施工地段较长或地形起伏较大时，多采用 "8" 字形开行路线［图 1-30(d)］。这种开行路线，铲运机在上下坡时是斜向行驶，受地形坡度限制小；一个循环中两次转弯方向不同，可避免机械行驶时的单侧磨损；一个循环完成两次铲土和卸土，减少了转弯次数及空车行驶距离，从而亦可缩短运行时间，提高生产率。

尚需指出，铲运机应避免在转弯时铲土，否则，铲刀受力不均易引起翻车事故。因此，为了充分发挥铲运机的效能，保证能在直线段上铲土并装满土斗，要求铲土区应有足够的最小铲土长度。

（二）下坡铲土

铲运机利用地形进行下坡推土，借助铲运机的重力，加深铲斗切土深度，缩短铲土时间；但纵坡不得超过 25°，横坡不大于 5°，铲运机不能在陡坡上急转弯，以免翻车。

（三）跨铲法（图 1-31）

铲运机间隔铲土，预留土埂。这样，在间隔铲土时由于形成一个土槽，减少向外撒土量；铲土埂时，铲土阻力减小。一般土埂高不大于 300mm，宽度不大于拖拉机两履带间的净距。

（四）推土机助铲（图 1-32）

地势平坦、土质较坚硬时，可用推土机在铲运机后面顶推，以加大铲刀切土能力，缩短铲土时间，提高生产率。推土机在助铲的空隙可兼作松土或平整工作，为铲运机创造作业条件。

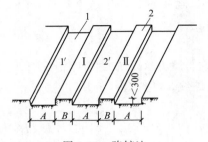

图 1-31 跨铲法
1—沟槽；2—土埂；A—铲土宽；B—不大于
拖拉机履带净距

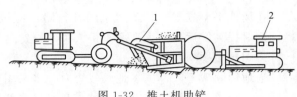

图 1-32 推土机助铲
1—铲运机；2—推土机

（五）双联铲运法（图 1-33）

当拖式铲运机的动力有富裕时，可在拖拉机后面串联两个铲斗进行双联铲运。对坚硬土层，可用双联单铲，即一个土斗铲满后，再铲另一斗土；对松软土层，则可用双联双铲，即两个土斗同时铲土。

图 1-33 双联铲运法

（六）挂大斗铲运

在土质松软地区，可改挂大型铲土斗，以充分利用拖拉机的牵引力来提高工效。

### 三、单斗挖土机

单斗挖土机是基坑（槽）土方开挖常用的一种机械。根据工作的需要，其工作装置可以更换。单斗挖土机按挖土装置的不同，分为正铲、反铲、拉铲和抓铲四种，按操纵机构不同可分为机械式和液压式。按其行走装置的不同，分为履带式和轮胎式两类。

（一）正铲挖土机

正铲挖土机的挖土特点是：前进向上，强制切土。它适用于开挖停机面以上的一至三类土，且需与运土汽车配合完成整个挖运任务，其挖掘力大，生产率高。

正铲挖土机的作业方式根据挖土机的开挖路线与汽车相对位置不同，其卸土方式有侧向卸土和后方卸土两种。

1. 侧向卸土［图 1-34（a）］

即挖土机沿前进方向挖土，运输车辆停在侧面卸土（可停在停机面上或高于停机面）。此法挖土机卸土时动臂转角小，运输车辆行驶方便，故生产效率高，应用较广。

2. 后方卸土［图 1-34（b）］

即挖土机沿前进方向挖土，运输车辆停在挖土机后方装土。此法挖土机卸土时动臂转角大、生产率低，运输车辆要倒车进入。一般在基坑窄而深的情况下采用。

（二）反铲挖土机

反铲挖土机的挖土特点是：后退向下，强制切土。其挖掘力比正铲小，能开挖停机面以

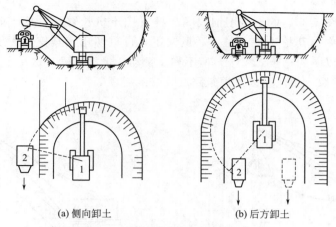

(a) 侧向卸土　　　　　　　　　　　(b) 后方卸土

图 1-34　正铲挖土机开挖及卸土方式

1—正铲挖土机；2—自卸汽车

下的一至三类土（机械传动反铲只宜挖一至二类土）。不需设置进出口通道，适用于一次开挖深度在 4m 左右的基坑、基槽、管沟，亦可用于地下水位较高的土方开挖；在深基坑开挖中，依靠止水挡土结构或井点降水，反铲挖土机通过下坡道，采用台阶式接力方式挖土也是常用方法。反铲挖土机可以与自卸汽车配合，装土运走，也可弃土于坑槽附近。

　　反铲挖土机的开挖方式可分为沟端开挖〔图 1-35(a)〕和沟侧开挖〔图 1-35(b)〕两种。

　　沟端开挖，挖土机停在基坑（槽）的端部，向后倒退挖土，汽车停在基槽两侧装上。其优点是挖土机停放平稳，装土或甩土时回转角度小，挖土效率高，挖的深度和宽度也较大。基坑较宽时，可多次开行开挖（图 1-35）。

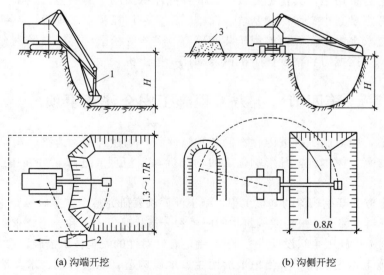

(a) 沟端开挖　　　　　　　　　　　(b) 沟侧开挖

图 1-35　反铲挖土机开挖及卸土方式

1—反铲挖土机；2—自卸汽车；3—弃土堆

　　沟侧开挖，挖土机沿基槽的一侧移动挖土，将土弃于距基槽较远处。沟侧开挖时开挖方向与挖土机移动方向相垂直，所以稳定性较差，而且挖的深度和宽度均较小，一般只在无法采用沟端开挖或挖土不需运走时采用。

（三）拉铲挖土机

拉铲挖土机（图 1-36）的土斗用钢丝绳悬挂在挖土机长臂上，挖土时土斗在自重作用下落到地面切入土中。其挖土特点是：后退向下，自重切土；其挖土深度和挖土半径均较大，能开挖停机面以下的一至二类土，但不如反铲动作灵活准确。适用于开挖较深较大的基坑（槽）、沟渠，挖取水中泥土以及填筑路基，修筑堤坝等。

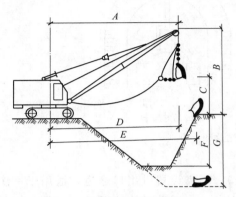 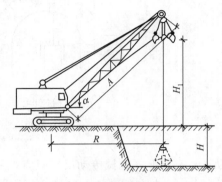

图 1-36　履带式拉铲挖土机　　　　　图 1-37　机械传动抓铲挖土机

履带式拉铲挖土机的挖斗容量有 $0.35m^3$、$0.5m^3$、$1m^3$、$1.5m^3$、$2m^3$ 等数种。其最大挖土深度由 $7.6m(W_3-30)$ 到 $16.3m(W_1-200)$。

拉铲挖土机的开挖方式与反铲挖土机的开挖方式相似，可沟侧开挖也可沟端开挖。

（四）抓铲挖土机

机械传动抓铲挖土机（图 1-37）是在挖土机臂端用钢丝绳吊装一个抓斗。其挖土特点是：直上直下，自重切土。其挖掘力较小，能开挖停机面以下的一至二类土。适用于开挖软土地基基坑，特别是其中窄而深的基坑、深槽、深井采用抓铲效果理想；抓铲还可用于疏通旧有渠道以及挖取水中淤泥等，或用于装卸碎石、矿渣等松散材料。抓铲也有采用液压传动操纵抓斗作业，其挖掘力和精度优于机械传动抓铲挖土机。

# 第四节　土方工程施工安全注意事项

（1）施工前，应对施工区域内存在的各种障碍物，如建筑物、道路、沟渠、管线、防空洞、旧基础、坟墓、树木等，凡影响施工的均应拆除、清理或迁移，并在施工前妥善处理，确保施工安全。

（2）大型土方和开挖较深的基坑工程，施工前要认真研究整个施工区域和施工场地内的工程地质和水文资料、邻近建筑物或构筑物的质量和分布状况、挖土和弃土要求、施工环境及气候条件等，编制专项施工组织设计（方案），制定有针对性的安全技术措施，严禁盲目施工。

（3）山区施工，应事先了解当地地形地貌、地质构造、地层岩性、水文地质等，如因土石方施工可能产生滑坡时，应采取可靠的安全技术措施。在陡峻山坡脚下施工，应事先检查山坡坡面情况，如有危岩、孤石、崩塌体、古滑坡体等不稳定迹象时，应妥善处理后，才能施工。

（4）施工机械进入施工现场所经过的道路、桥梁和卸车设备等，应事先做好检查和必要的加宽、加固工作。开工前应做好施工场地内机械运行的道路，开辟适当的工作面，以利安全施工。

（5）土方开挖前，应会同有关单位对附近已有建筑物或构筑物、道路、管线等进行检查和鉴定，对可能受开挖和降水影响的邻近建（构）筑物、管线，应制定相应的安全技术措施，并在整个施工期间，加强监测其沉降和位移、开裂等情况，发现问题应与设计或建设单位协商采取防护措施，并及时处理。相邻基坑深浅不等时，一般应按先深后浅的顺序施工，否则应分析后施工的深坑对先施工的浅坑可能产生的危害，并应采取必要的保护措施。

（6）基坑开挖工程应验算边坡或基坑的稳定性，并注意由于土体内应力场变化和淤泥土的塑性流动而导致周围土体向基坑开挖方向位移，使基坑邻近建筑物等产生相应的位移和下沉。验算时应考虑地面堆载、地表积水和邻近建筑物的影响等不利因素，决定是否需要支护，选择合理的支护形式。在基坑开挖期间应加强监测。

（7）在饱和黏性土、粉土的施工现场不得边打桩边开挖基坑，应待桩全部打完并间歇一段时间后再开挖，以免影响边坡或基坑的稳定性并应防止开挖基坑可能引起的基坑内外的桩产生过大位移、倾斜或断裂。

（8）基坑开挖后应及时修筑基础，不得长期暴露。基础施工完毕，应抓紧基坑的回填工作。回填基坑时，必须事先清除基坑中不符合回填要求的杂物。在相对的两侧或四周同时均匀进行，并且分层夯实。

（9）基坑开挖深度超过 9m（或地下室超过二层），或深度虽未超过 9m，但地质条件和周围环境复杂时，在施工过程中要加强监测，施工方案必须由单位总工程师审定，报企业上一级主管部门审核。

（10）基坑深度超过 14m、地下室为三层或三层以上，地质条件和周围特别复杂及工程影响重大时，有关设计和施工方案，施工单位要协同建设单位组织评审后，报市建设行政主管部门备案。

（11）夜间施工时，应合理安排施工项目，防止挖方超挖或铺填超厚。施工现场应根据需要安设照明设施，在危险地段应设置红灯警示。

（12）土方工程、基坑工程在施工过程中，如发现有文物、古迹遗址或化石等，应立即保护现场和报请有关部门处理。

（13）挖土方前对周围环境要认真检查，不能在危险岩石或建筑物下面进行作业。

（14）人工开挖时，两人操作间距应保持 2～3m，并应自上而下挖掘，严禁采用掏洞的挖掘操作方法。

（15）上下坑沟应先挖好阶梯或设木梯，不应踩踏土壁及其支撑上下。

（16）用挖土机施工时，挖土机的工作范围内，不得有人进行其他工作，多台机械开挖，挖土机间距大于 10m，挖土要自上而下，逐层进行，严禁先挖坡脚的危险作业。

（17）基坑开挖应严格按要求放坡，操作时应随时注意边坡的稳定情况，如发现有裂纹或部分塌落现象，要及时进行支撑或改缓放坡，并注意支撑的稳固和边坡的变化。

（18）机械挖土，多台阶同时开挖土方时，应验算边坡的稳定，根据规定和验算确定挖土机离边坡的安全距离。

（19）深基坑四周设防护栏杆。

## 第五节  土方工程施工常用质量标准

（1）平整场地的表面坡度应符合设计要求，如设计无要求时，排水沟方向的坡度不应小于 2‰。平整后的场地表面应逐点检查。检查点为每 $100\sim400\text{m}^2$ 取 1 点，但不应少于 10 点；长度、宽度和边坡均为每 20m 取 1 点，每边不应少于 1 点。

（2）施工过程中应检查平面位置、水平标高、边坡坡度、压实度、排水、降低地下水位系统，并随时观测周围的环境变化。

（3）土方开挖工程的质量检验标准应符合表 1-6 的规定（GB 50202—2002 第 6.2.4 条）。

**表 1-6　土方开挖工程质量检验标准**　　　　单位：mm

| 项 | 序号 | 项目 | 允许偏差或允许值 | | | | | 检验方法 |
| --- | --- | --- | --- | --- | --- | --- | --- | --- |
| | | | 柱基基坑基槽 | 挖方场地平整 | | 管沟 | 地（路）面基层 | |
| | | | | 人工 | 机械 | | | |
| 主控项目 | 1 | 标高 | −50 | ±30 | ±50 | −50 | −50 | 水准仪 |
| | 2 | 长度、宽度（由设计中心线向两边量） | +200 −50 | +300 −100 | +500 −150 | +100 | — | 经纬仪，用钢尺量 |
| | 3 | 边坡 | 设计要求 | | | | | 观察或用坡度尺检查 |
| 一般项目 | 1 | 表面平整度 | 20 | 20 | 50 | 20 | 20 | 用 2m 靠尺和楔形塞尺检查 |
| | 2 | 基底土性 | 设计要求 | | | | | 观察或土样分析 |

注：地（路）面基层的偏差只适用于直接在挖、填土上做地（路）面的基层。

（4）柱基、基坑和管沟基底的土质必须符合设计要求，并严禁扰动。

（5）填方的基底处理，必须符合设计要求或施工规范规定。

（6）填方柱基、坑基、基槽和管沟填土的土料必须符合设计要求和施工规范要求。

（7）填方和柱基、基坑、基槽及管沟的回填，必须按规定分层夯压密实。取样测定压实后的干密度，90% 以上符合设计要求，其余 10% 的最低值与设计值的差不应大于 $0.08\text{g/m}^3$，且分散。土的实际干密度用"环刀法"测定。柱基回填取样不少于柱基总数的 10%，且不少于 5 个；基槽、管沟回填取样每层按 $20\sim50\text{m}$ 取一组；基坑和室内填土取样每层按 $100\sim500\text{m}^2$ 取一组；场地平整填土压实取样每层按 $400\sim900\text{m}^2$ 取一组，取样部位应在每层压实后的下半部。

（8）填方施工结束后，应检查标高、边坡坡度、压实程度等，检验标准应符合表 1-7 的规定（GB 50202—2002 第 6.3.4 条）。

**表 1-7　填土工程质量检验标准**

| 项 | 序号 | 检查项目 | 允许偏差或允许值/mm | | | | | 检查方法 |
| --- | --- | --- | --- | --- | --- | --- | --- | --- |
| | | | 桩基基坑基槽 | 场地平整 | | 管沟 | 地（路）面基础层 | |
| | | | | 人工 | 机械 | | | |
| 主控项目 | 1 | 标高 | −50 | ±30 | ±50 | −50 | −50 | 水准仪 |
| | 2 | 分层压实系数 | 设计要求 | | | | | 按规定方法 |
| 一般项目 | 1 | 回填土料 | 设计要求 | | | | | 取样检查或直观鉴别 |
| | 2 | 分层厚度及含水量 | 设计要求 | | | | | 水准仪及抽样检查 |
| | 3 | 表面平整度 | 20 | 20 | 30 | 20 | 20 | 用靠尺或水准仪 |

# 第二章 基础工程

基础工程一般指建筑物（房屋建筑、桥梁建筑、水工建筑、地下工程等）在地面（或±0.000）以下结构部分的建设工作。基础指将结构所承受的作用传递到地基的结构部分；地基是支承基础的土体或岩体。常见基础形状有独立基础、条形基础、片筏（或筏板、筏形）基础、箱形基础、桩基础。无筋扩展基础又称为刚性基础，如砖基础、毛石基础、混凝土基础（见图2-1）；钢筋混凝土扩展基础又称为柔性基础，如钢筋混凝土独立基础（包括整浇和杯口基础，见图2-2、图2-3）、钢筋混凝土条形基础（见图2-4）、片筏式钢筋混凝土基础（见图2-5）；箱形基础（见图2-6）是由钢筋混凝土顶板、底板以及外墙、纵横内隔墙组成的空间整体结构基础，可视

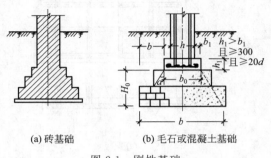

(a) 砖基础　　　　(b) 毛石或混凝土基础

图 2-1　刚性基础

为绝对刚性基础。筏板基础若在基础纵横向加肋梁，以加强底板刚度，减薄底板厚度，即为肋梁式筏板基础；无肋梁时即为平板式筏板基础。基础分为浅基础和深基础两大类，浅基和深基没有一个明确的界限，习惯上埋深以5m为界；常见基础中桩基（见图2-7）、沉井或者地下连续墙等为深基础，其余为浅基础。基础工程学研究建筑物（房屋建筑、桥梁建筑、水工建筑、地下工程等）的地基基础和挡土结构物的设计和施工以及为满足基础工程要求进行的地基处理方法。

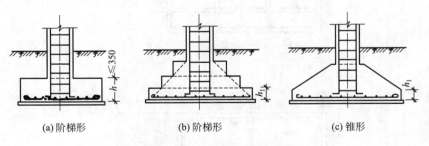

(a) 阶梯形　　　　　　(b) 阶梯形　　　　　　(c) 锥形

图 2-2　整浇钢筋混凝土独立基础

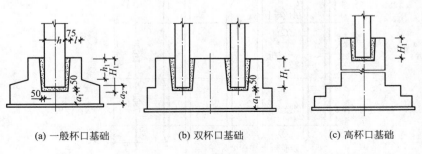

(a) 一般杯口基础　　　　(b) 双杯口基础　　　　(c) 高杯口基础

图 2-3　杯口基础

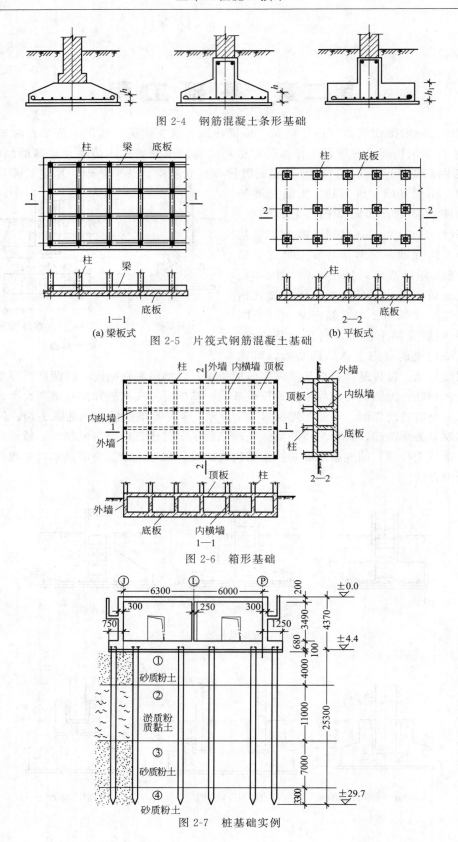

图 2-4　钢筋混凝土条形基础

(a) 梁板式　　　图 2-5　片筏式钢筋混凝土基础　　　(b) 平板式

图 2-6　箱形基础

图 2-7　桩基础实例

　　桩基础是由设置于岩土中的桩和连接于桩顶端的承台组成的基础，简称桩基。其作用是将上部结构的荷载，通过较弱土层或水传递到深部较坚硬的、压缩性小的土层或岩层。在一般房屋基础工程中，桩主要承受垂直的轴向荷载，但在河港、桥梁、高耸塔型建筑、近海钻采平台、支挡建筑以及抗震工程中，桩还要承受侧向的风力、波浪力、土压力和地震力等水平荷载。桩基础通过桩端的地层阻力和桩周土层的摩阻力来支承轴向荷载，依靠桩侧土层的侧阻力支承水平荷载。

　　早在新石器时代，人类在湖泊和沼泽地里栽木桩搭台作为水上住所，汉朝用木桩修桥，宋代用桩修殿，19世纪20年代用铸铁板桩修筑围堰和码头，20世纪初使用型钢桩特别是H型钢桩，二次大战后用无缝钢管桩，20世纪初出现钢筋混凝土桩。桩的常用截面形状有方、圆管；桩的施工方法有预制桩沉入、现场灌注；桩的直径有小（$d \leqslant$ 250mm）、中（250mm$<d<$800mm）、大（$d \geqslant$800mm）；沉桩方法有打入、压入、振入、高压水冲入或旋入；灌注桩成孔方法有钻、挖、冲、套管成孔、爆扩成孔等。

　　本章主要介绍混凝土预制桩的锤击沉入、静力压入和混凝土灌注桩施工技术。

# 第一节　混凝土预制桩施工

　　预制桩包括钢筋混凝土方桩、管桩、钢管桩和锥形桩，其中以钢筋混凝土方桩和钢管桩应用较多，其沉桩方法有锤击沉桩、振动沉桩和静力沉桩等。本节主要介绍钢筋混凝土方桩、管桩的沉桩。

## 一、混凝土预制桩的制作、运输和堆放

### （一）桩的制作

　　钢筋混凝土预制桩一般在预制厂制作，较长的桩在施工现场附近露天预制。桩的制作长度主要取决于运输条件及桩架高度，一般不超过30m。如桩长超过30m，可将桩分成几段预制，在打桩过程中接桩。混凝土预制方桩的截面边长为25～55cm。

　　钢筋混凝土预制桩所用混凝土强度等级不宜低于30MPa。混凝土浇筑工作应由桩顶向桩尖连续进行，严禁中断，并应防止另一端的砂浆积聚过多，以防桩顶击碎。桩顶和桩尖处不得有蜂窝、麻面、裂缝和掉角。桩的制作偏差应符合规范的规定。

　　钢筋混凝土预制桩主筋应根据桩截面大小确定，一般为4～8根，直径为12～25mm。主筋连接宜采用对焊或电弧焊；主筋接头配置在同一截面内的数量，当采用闪光对焊和电弧焊时，不超过50%；相邻两根主筋接头截面的间距应大于35$d$（为主筋直径），并不小于500mm。预制桩箍筋直径为6～8mm，间距不大于20cm。预制桩骨架的允许偏差应符合规范的规定。桩顶和桩尖处的配筋应加强（见图2-8）。

### （二）桩的起吊、运输和堆放

　　钢筋混凝土预制桩应在混凝土达到设计强度的70%方可起吊；达到设计强度的100%才能运输，达到要求强度与龄期后方可打桩。如提前吊运，应采取措施并经验算合格后方可进行。

　　桩在起吊和搬运时，吊点应符合设计规定。如无吊环，吊点位置的选择随桩长而异，并应符合起吊弯矩最小的原则（见图2-9）。

　　当运距不大时，可采用滚筒、卷扬机等拖动桩身运输；当运距较大时可采用小平台车运

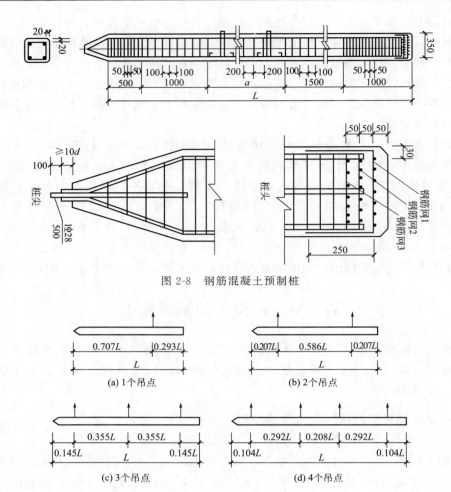

图 2-8　钢筋混凝土预制桩

图 2-9　桩的吊点位置

输。运输过程中支点应与吊点位置一致。

桩在施工现场的堆放场地应平整、坚实，并不得产生不均匀沉陷。堆放时应设垫木，垫木的位置与吊点位置相同，各层垫木应上、下对齐，堆放层数不宜超过 4 层。

## 二、锤击沉桩

### （一）打桩机械

打桩机械主要包括桩锤、桩架和动力装置三个部分。桩锤是对桩施加冲击力，将桩打入土中的机具；桩架的作用是将桩吊到打桩位置，并在打桩过程中引导桩的方向，保证桩锤能沿要求的方向冲击；动力装置包括驱动桩锤及卷扬机用的动力设备。

在选择打桩机具时，应根据地基土壤的性质、工程的大小、桩的种类、施工期限、动力供应条件和现场情况确定。

1）桩架　主要由底盘、导向杆、斜撑、滑轮组等组成。桩架应能前后左右灵活移动，以便于对准桩位。桩架行走移动装置有撬滑、拖板滚轮、滚筒、轮轨、轮胎、履带、步履等方式，履带式桩架见图 2-10。

2）桩锤　施工中用的桩锤有落锤、单动汽锤、双动汽锤（图 2-11）、柴油桩锤（图 2-12）

和振动桩锤；液压锤是最新型桩锤。桩锤的适用范围及优缺点见表 2-1。锤重与锤型选择可参考表 2-1 及经验；必要时，也可通过现场试沉桩来验证所选择桩锤的正确性。柴油桩锤最常用

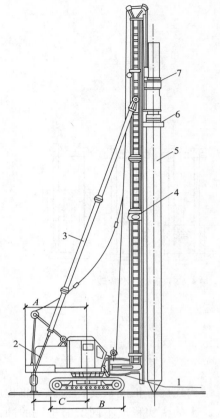

图 2-10 履带式桩架

1—立柱支撑；2—导杆；3—斜撑；4—立柱；
5—桩；6—桩帽；7—桩锤

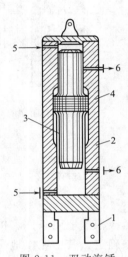

图 2-11 双动汽锤

1—桩帽；2—汽缸；3—活塞杆；4—活塞；
5—进气阀；6—泄气阀

表 2-1 桩锤适用范围

| 桩锤种类 | 适用范围 | 优缺点 | 附注 |
|---|---|---|---|
| 落锤 | 1）宜打各种桩；<br>2）土、含砾石的土和一般土层均可使用 | 构造简单、使用方便、冲击力大，能随意调整落距，但锤打速度慢，效率较低 | 落锤是指桩锤用人力或机械拉升，然后自由落下，利用自重夯击桩顶 |
| 单动汽锤 | 适于打各种桩 | 构造简单、落距短，对设备和桩头不易损坏，打桩速度及冲击力较落锤大，效率较高 | 利用蒸汽或压缩空气的压力将锤头上举，然后由锤的自重向下冲击沉桩 |
| 双动汽锤 | 1）宜打各种桩，便于打斜桩；<br>2）用压缩空气时可在水下打桩；<br>3）用于拔桩 | 冲击次数多、冲击力大、工作效率高，可不用桩架打桩，但需锅炉或空压机，设备笨重，移动较困难 | 利用蒸汽或压缩空气的压力将锤头上举及下冲，增加夯击能量 |
| 柴油锤 | 1）宜用于打木桩、钢板桩；<br>2）不适于在过硬或过软的土中打桩 | 附有桩架、动力等设备，机架轻、移动便利、打桩快、燃料消耗少，有重量轻和不需要外部能源等优点 | 利用燃油爆炸，推动活塞，引起锤头跳动 |
| 振动桩锤 | 1）宜于打钢板桩、钢管桩、钢筋混凝土和土桩；<br>2）用于砂土、塑性黏土及松软砂黏土；<br>3）卵石夹砂及紧密黏土中效果较差 | 沉桩速度快，适应性大，施工操作简易安全，能打各种桩并帮助卷扬机拔桩 | 利用偏心轮引起激振，通过刚性连接的桩帽传到桩上 |

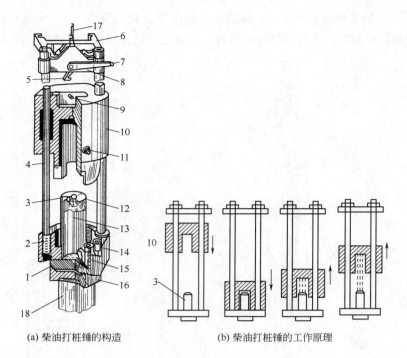

(a) 柴油打桩锤的构造　　　　　　(b) 柴油打桩锤的工作原理

图 2-12　柴油桩锤

1—上部活塞座；2—螺栓；3—喷嘴；4—导杆；5—吊钩；6—横梁；7—手柄；
8—起落架；9—吊杆；10—汽缸；11—凸块；12—固定活塞；13—配油管；
14—杠杆；15—油泵；16—下部活塞；17—钢绳；18—桩

选择桩锤应根据地质条件、桩的类型、桩身结构强度、桩的长度、桩群密集程度以及施工条件因素来确定，其中尤以地质条件影响最大。土的密实程度不同所需桩锤的冲击能量可能相差很大。实践证明，当桩锤重大于桩重的 1.5～2 倍，能取得较好的效果。

（二）锤击沉桩施工

1. 打桩前的准备工作

打桩前应处理地上、地下障碍物，对场地进行平整压实，放出桩基线并定出桩位，并在不受打桩影响的适当位置设置水准点，以便控制桩的入土标高；接通现场的水、电管线，准备好施工机具；做好对桩的质量检验。

正式打桩前，还可选择进行打桩试验，以便检验设备和工艺是否符合要求。

2. 打桩顺序

打桩顺序是否合理，直接影响打桩进度和施工质量。在确定打桩顺序时，应考虑桩对土体的挤压位移对施工本身及附近建筑物的影响。一般情况下，桩的中心距小于 4 倍桩的直径时，就要拟定打桩顺序，桩距大于 4 倍桩的直径时打桩顺序与土壤挤压情况关系不大。

常见打桩顺序有：逐排打、自中央向边缘打、自边缘向中央打和分段打等四种（图 2-13）。

逐排打桩，桩架系单向移动，桩的就位与起吊均很方便，故打桩效率较高；但它会使土壤向一个方向挤压，导致土壤挤压不均匀，后面桩的打入深度将因而逐渐减小，最终会引起建筑物的不均匀沉降。自边缘向中央打，则中间部分土壤挤压较密实，不仅使桩难以打入，而且在打中间桩时，还有可能使外侧各桩被挤压而浮起，因此上述两种打法均适用于桩距较大（≥4 倍桩距）即桩不太密集时施工。自中央向边缘打、分段打是比较合理的施工方法，

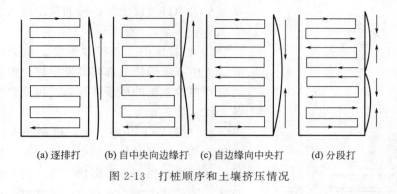

(a) 逐排打　　(b) 自中央向边缘打　(c) 自边缘向中央打　(d) 分段打

图 2-13　打桩顺序和土壤挤压情况

一般情况下均可采用。

另外，当一侧毗邻建筑物时，由毗邻建筑物处向另一方向施打；根据桩的设计标高，先深后浅；根据桩的规格，先大后小，先长后短。

3. 打桩施工

打桩过程包括：桩架移动和定位、吊桩和定桩、打桩、截桩和接桩等。

桩机就位时桩架应垂直，导杆中心线与打桩方向一致，校核无误后将其固定。然后，将桩锤和桩帽吊升起来，其高度超过桩顶，再吊起桩身，送至导杆内，对准桩位调整垂直偏差，合格后，将桩帽或桩箍在桩顶固定，并将桩锤缓落到桩顶上，在桩锤的重量作用下，桩沉入土中一定深度达稳定位置，再校正桩位及垂直度，此谓定桩。然后才能进行打桩。打桩开始时，用短落距轻击数锤至桩入土一定深度后，观察桩身与桩架、桩锤是否在同一垂直线上，然后再以全落距施打，这样可以保证桩位准确桩身垂直。桩的施打原则是"重锤低击"，这样可使桩锤对桩头的冲击小，回弹也小，桩头不易损坏，大部分能量都能用于沉桩。

打桩是隐蔽工程，应做好打桩记录。开始打桩时，若采用落锤、单动汽锤或柴油锤应测量记录桩身每沉落 1m 所需锤击的次数及桩锤落距的平均高度，当桩下沉接近设计标高时，则应实测 10 击的桩入土深度，该贯入度适逢停锤时称为最后贯入度；当采用双动汽锤或振动桩锤时，开始应记录桩每沉入 1m 的工作时间（但每分钟锤击次数记入备注栏），当桩下沉接近设计标高时，应记录每分钟的沉入量。设计和施工中所控制的贯入度是以合格的试桩数据为准，如无试桩资料，可按类似桩沉入类似土的贯入度作为参考。桩端位于一般土层时，控制桩的入土深度应以设计标高为主，而以贯入度为辅；桩端位于坚硬、硬塑的黏性土、中密以上的粉土、砂土、碎石类土、风化岩时，控制桩的入土深度，则以贯入度为主，而以设计标高为辅；贯入度已达到而设计标高未达到时，应继续锤击 3 阵，按每阵 10 击的贯入度不大于设计值加以确认。

各种预制桩打桩完毕后，为使桩顶符合设计高程，应将桩头或无法打入的桩身截去。

4. 打桩过程中常遇到的问题

由于桩要穿过构造复杂的土层，所以在打桩过程中要随时注意观察，凡发生贯入度突变、桩身突然倾斜、移位或有严重回弹、桩顶或桩身出现严重裂缝或破碎等应暂停施工，及时与有关单位研究处理。

施工中常遇到的问题如下。

1）桩顶、桩身被打坏　与桩头钢筋设置不合理、桩顶与桩轴线不垂直、混凝土强度不

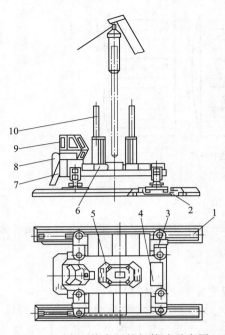

图 2-14　液压静力压桩机构造示意图

1—长船行走机构；2—短船行走及回转机构；3—支腿式底盘结构；4—液压起重机；5—夹持及压桩机构；6—配重铁块；7—液压系统；8—电控系统；9—操作室；10—导向架

足、桩尖通过过硬土层、锤的落距过大、桩锤过轻等有关。

2）桩位偏斜　当桩顶不平、桩尖偏心、接桩不正、土中有障碍物时都容易发生桩位偏斜，因此施工时应严格检查桩的质量并按施工规范要求采取适当措施，保证施工质量。

3）桩打不下　施工时，桩锤严重回弹，贯入度突然变小，则可能与土层中夹有较厚砂层或其他硬土层以及钢渣，孤石等障碍物有关。当桩顶或桩身已被打坏，锤的冲击能不能有效传给桩时，也会发生桩打不下的现象。有时因特殊原因，停歇一段时间后再打，则由于土的固结作用，桩也往往不能顺利地被打入土中。所以打桩施工中，必须在各方面做好准备，保证施打的连续进行。

4）一桩打下邻桩上升　桩贯入土中，使土体受到急剧挤压和扰动，其靠近地面的部分将在地表隆起和水平移动，当桩较密，打桩顺序又欠合理时，土体被压缩到极限，就会发生一桩打下，周围土体带动邻桩上升的现象。

### 三、静力压桩

静力压桩（图 2-14、图 2-15）是在均匀软弱土中利用压桩架（型钢制作）的自重和配重或液压传动，将桩逐节压入土中的一种沉桩方法。这种沉桩方法无振动、无噪声、对周围环境影响小，适合在城市中施工。

图 2-15　静力压桩实景图

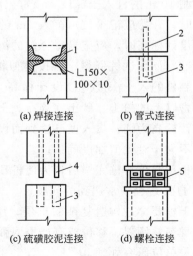

(a) 焊接连接　　　(b) 管式连接

(c) 硫磺胶泥连接　　　(d) 螺栓连接

图 2-16　桩的接头形式

1—∟150×100×10；2—预埋钢管；3—预留孔洞；4—预埋钢筋；5—法兰螺栓连接

　　压桩施工，一般情况下都采用分段压入、逐节接长的方法。施工时，先将第一节桩压入土中，当其上端与压桩机操作平台齐平时，进行接桩。接桩的方法有焊接连接、管式连接、硫黄胶泥连接、螺栓连接（图 2-16、图 2-17）等，接桩后，将第二节桩继续压入土中。每节桩的长度根据压桩架的高度而定，一般高为 16~20m。

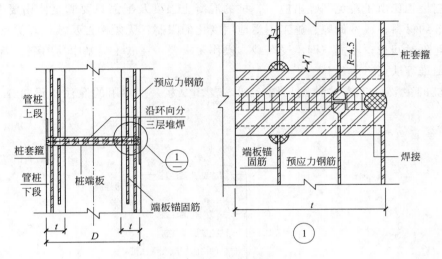

图 2-17　管桩焊接接长详图

　　压桩施工时应随时注意使桩保持轴心受压，接桩时也应保证上下接桩的轴线一致，并使接桩时间尽可能地缩短，否则，间歇时间过长会由于压桩阻力过大导致发生压不下去的事故。当桩接近设计标高时，不可过早停压，否则，在补压时也会发生压不下去或压入过少的现象。

　　压桩过程中，当桩尖碰到夹砂层时，压桩阻力可能突然增大，甚至超过压桩能力而使桩机上抬。这时可以最大的压桩力作用在桩顶，采取停车再开、忽停忽开的办法，使桩有可能缓慢下沉穿过砂层。如果工程中有少量桩确实不能压至设计标高而相差不多时，可以采取截去桩顶的办法。管桩与承台连接节点见图 2-18。

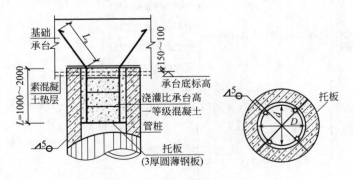

图 2-18　管桩与承台连接节点

　　压桩与打桩相比，由于避免了锤击应力，桩的混凝土强度及其配筋只要满足吊装弯矩和使用期受力要求就可以，因而桩的断面和配筋可以减小，同时压桩引起的桩周土体和水平挤动也小得多，因此压桩是软土地区一种较好的沉桩方法。

## 第二节　混凝土灌注桩施工

灌注桩是直接在桩位上就地成孔，然后在孔内灌注混凝土或钢筋混凝土的一种成桩方法。与预制桩相比由于避免了锤击应力，桩的混凝土强度及配筋只要满足使用要求就可以，因而具有节约材料、成本低廉、施工不受地层变化的限制、无须接桩及截桩等优点。但也存在着技术间隔时间长，不能立即承受荷载，操作要求严，在软土地基中易缩颈、断裂，在冬季施工较困难等缺点。

灌注桩的主要施工方法种类见图 2-19。表 2-2 为一些常用的灌注桩设桩工艺选择参考表。

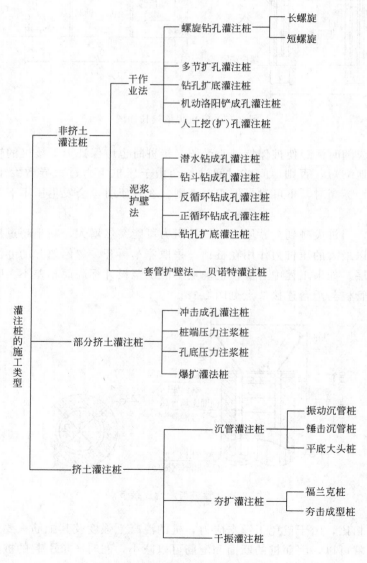

图 2-19　灌注桩主要施工方法种类

**表 2-2 常用的灌注桩设桩工艺选择参考表**

| 桩型 | 桩径或桩宽①/mm | 桩长≤/mm | 穿越土层 | | | | | | | | 桩端进入持力层 | | | | 地下水位 | | 影响环境 | | |
|---|---|---|---|---|---|---|---|---|---|---|---|---|---|---|---|---|---|---|---|
| | | | 一般黏性土、填土 | 湿陷黄土 非自重 | 湿陷黄土 自重 | 季节性冻土、膨胀土 | 淤泥、淤泥质土 | 粉土 | 砂土 | 碎石土 | 硬黏性土 | 密实砂土 | 碎石土 | 软质岩石、风化岩石 | 以上 | 以下 | 振动、噪声 | 排浆 | 孔或桩底部挤密 |
| 长螺旋钻孔灌注桩 | 300~1500 | 30 | ○ | ○ | △ | ○ | × | ○ | △ | × | ○ | ○ | △ | × | ○ | × | 低 | 无 | 无 |
| 短螺旋钻孔灌注桩 | 300~3000 | 80 | ○ | ○ | △ | ○ | × | ○ | △ | × | ○ | ○ | △ | × | ○ | × | 低 | 无 | 无 |
| 小直径钻孔扩底灌注桩（干作业） | 300~400(800~1200) | 15 | ○ | ○ | △ | ○ | × | ○ | △ | × | ○ | △ | × | × | ○ | × | 低 | 无 | 无 |
| 机动洛阳铲成孔灌注桩 | 270~500 | 20 | ○ | ○ | △ | △ | × | △ | × | × | ○ | × | × | × | ○ | × | 中 | 无 | 无 |
| 人工挖（扩）孔灌注桩 | 800~4000 | 25 | ○ | ○ | ○ | ○ | × | ○ | △ | △ | ○ | △ | △ | △ | ○ | △ | 无 | 无 | 无 |
| 潜水钻成孔灌注桩 | 450~4500 | 80 | ○ | △ | △ | △ | ○ | ○ | ○ | △ | ○ | ○ | △ | × | △ | ○ | 低 | 有 | 无 |
| 钻斗钻成孔灌注桩 | 800~1500 | 40 | ○ | △ | △ | △ | ○ | ○ | △ | × | ○ | ○ | △ | × | △ | ○ | 低 | 有 | 无 |
| 反循环钻成孔灌注桩 | 400~4000 | 90 | ○ | △ | × | △ | ○ | ○ | ○ | △ | ○ | ○ | △ | × | × | ○ | 低 | 有 | 无 |
| 正循环钻成孔灌注桩 | 400~2500 | 50 | ○ | △ | × | △ | ○ | ○ | △ | × | ○ | ○ | △ | × | △ | ○ | 低 | 有 | 无 |
| 冲击成孔灌注桩 | 600~2000 | 50 | ○ | × | × | ○ | ○ | ○ | ○ | ○ | ○ | ○ | ○ | ○ | △ | ○ | 中 | 有 | 无 |
| 大直径钻孔扩底灌注桩（泥浆护壁） | 800~4100(1000~4380) | 70 | ○ | △ | △ | △ | ○ | ○ | △ | △ | ○ | ○ | △ | △ | × | ○ | 低 | 有 | 无 |
| 桩端压力注浆 | 400~2000 | 80 | ○ | △ | × | △ | △ | ○ | △ | × | ○ | △ | × | × | △ | ○ | 低 | 无 | 有 |
| 孔底压力注浆 | 400~600 | 30 | ○ | ○ | △ | △ | × | ○ | △ | △ | ○ | △ | △ | × | ○ | ○ | 低 | 无 | 有 |
| 锤击沉管成孔灌注桩 | 270~800 | 30 | ○ | △ | × | △ | ○ | ○ | △ | × | ○ | △ | △ | × | ○ | ○ | 高 | 无 | 有 |
| 振动沉管成孔灌注桩 | 270~600 | 40 | ○ | △ | × | △ | ○ | ○ | △ | △ | ○ | ○ | △ | △ | ○ | ○ | 高 | 无 | 有 |
| 振动冲击沉管灌注桩 | 270~500 | 24 | ○ | ○ | △ | △ | ○ | ○ | ○ | △ | ○ | △ | △ | △ | ○ | ○ | 高 | 无 | 有 |
| 贝诺特灌注桩 | 600~2500 | 60 | ○ | ○ | △ | ○ | ○ | ○ | ○ | ○ | ○ | ○ | ○ | △ | ○ | ○ | 低 | 无/有 | 无 |

① 桩径或桩宽指扩大头。

注：○表示适合；△表示可能采用；×表示不能采用。

## 一、灌注桩施工一般规定

（一）进行灌注桩基础施工前应取得的资料

1）建筑场地的桩基岩土工程报告书。

2）桩基础工程施工图，包括桩的类型与尺寸，桩位平面布置图，桩与承台连接，桩的配筋与混凝土标号以及承台构造等。

3）桩试成孔、试灌注、桩工机械试运转报告。

试成孔的数量不得少于两个，以便核对地资料，检验所选的设备、施工工艺以及技术要求是否适宜。如果出现缩颈、坍孔、回淤、吊脚、贯穿力不足、贯入度（或贯入速度）不能满足设计要求的情况时，应拟定补救技术措施，或重考虑施工工艺，或选择更合适的桩型。

4）桩的静载试验和动测试验资料。

5）主要施工机械及配套设备的技术性能。

（二）成孔

1. 成孔设备

就位后，必须平正、稳固，确保在施工中不发生倾斜、移动，容许垂直偏差为 0.3%。为准确控制成孔深度，应在桩架或桩管上作出控制深度的标尺，以便在施工中进行观测、记录。

2. 成孔的控制深度

1）对于摩擦桩必须保证设计桩长，当采用沉管法成孔时，桩管入土深度的控制以标高为主，并以贯入度（或贯入速度）为辅。

2）对于端摩擦桩、摩擦端承桩和端承桩，当采用钻、挖、冲成孔时，必须保证桩孔进入桩端持力层达到设计要求的深度，并将孔底清理干净。当采用沉管法成孔时，桩管入深度的控制以贯入度（或贯入速度）为主，与设计持力层标高相对照为辅。

3. 保证成孔全过程安全生产，应做好的工作

1）现场施工和管理人员应了解成孔工艺、施工方法和操作要点，以及可能出现的事故和应采取的预防处理措施。

2）检查机具设备的运转情况、机架有无松动或移位，防止桩孔发生移动或倾斜。

3）钻孔桩的孔口必须加盖。

4）桩孔附近严禁堆放重物。

5）随时查看桩施工附近地面有无开裂现象，防止机架和护筒等发生倾斜或下沉。

6）每根钻孔桩的施工应连续进行，如因故停机，应及时提上钻具，保护孔壁，防止造成塌孔事故。同时应记录停机时间和原因。

（三）钢筋笼制作与安放

1）钢筋笼的绑扎场地应选择在运输和就位等都比较方便的场所，最好设置在现场内。

2）钢筋的种类、钢号及尺寸规格应符合设计要求。

3）钢筋进场后应按钢筋的不同型号、不同直径、不同长度分别堆放。

4）钢筋笼绑扎顺序大致是先将主筋等间距布置好，待固定住架立筋（即加强箍筋）后，再按规定间距安设箍筋。箍筋、架立筋与主筋之间的接点可用电弧焊接等方法固定。在直径为 2～3m 级的大直径桩中，可使用角钢作为架立钢筋，以增大钢筋笼刚度。

5）从加工、组装精度，控制变形要求以及起吊等综合因素考虑，钢筋笼分段长度一般

宜定在 8m 左右。但对于长桩，当采取一些辅助措施后也可定为 12m 左右或更长一些。

6）钢筋笼下端部的加工应适应钻孔情况。在贝诺特法中，为防止在拔出套管时将钢筋笼带上来，在钢筋笼底部加上架立筋，有时可将 φ13～19mm 的钢筋安装成井字形钢筋。在反循环钻成孔和钻斗钻成孔法中，应将箍筋及架立筋预先牢固地焊到钢筋笼端部上。这样当将钢筋笼插到孔底时，可有效地防止架立筋插到桩端处的地基中。

7）为了防止钢筋笼在装卸、运输和安装过程中产生不同的变形，可采取下列措施：①在适当的间隔处应布置架立筋，并与主筋焊接牢固，以增大钢筋笼刚度。②在钢筋笼内侧暂放支撑梁，以补强加固，等将钢筋笼插入桩孔时，再卸掉该支撑梁。③在钢筋笼外侧或内侧的轴线方向安设支柱。

8）钢筋笼的保护层 为确保桩身混凝土保护层的厚度，一般都在主筋外侧安设钢筋定位器，其外形呈圆弧状突起。定位器在贝诺特法中通常使用直径 9～13mm 的普通圆钢，而在反循环钻成孔法和钻斗钻成孔法中，为了防止桩孔侧面受到损坏，大多使用宽度为 50mm 左右的钢板，长度 400～500mm（见图 2-20）。在同一断面上定位器有 4～6 处，沿桩长的间距 2～10m。

9）钢筋笼堆放，应考虑安装顺序、钢筋笼变形和防止事故等因素，以堆放两层为好。如果能合理地使用架立筋牢固绑扎，可以堆放三层。

10）钢筋笼沉放，要对准孔位、扶稳、缓慢、避免碰撞孔壁，到位后应立即固定。大直径桩的钢筋笼通常是利用吊车将钢筋笼吊入桩孔内。

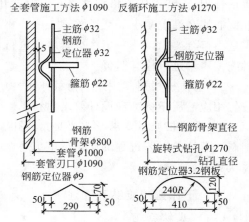

图 2-20 钢筋定位器

当桩长度较大时，钢筋笼可采用逐段接长法放入孔内。即先将第一段钢筋笼放入孔中，利用其上部架立筋暂固定在套管（贝诺特桩）或护筒（泥浆护壁钻孔桩）等上部。此时主筋位置要正确、竖直。然后吊起第二段钢筋笼，对准位置后用绑扎或焊接等方法接长后放入钻孔中。如此逐段接长后放入到预定位置。

待钢筋笼安设完毕后，一定要检测确认钢筋顶端的高度。

（四）灌注混凝土

1．灌注混凝土宜采用的方法

1）导管法用于孔内水下灌注。

2）串筒法用于孔内无水或渗水量很小时灌注。

3）短护筒直接投料法用于孔内无水或虽孔内有水但能疏干时灌注。

4）混凝土泵可用于混凝土灌注量大的大直径钻、挖孔桩。

2．灌注混凝土应遵守的规定

1）检查成孔质量合格后应尽快灌注混凝土。桩身混凝土必须留有试件，直径大于 1m 的桩，每根桩应有 1 组试块，且每个灌注台班不得少于 1 组，每组 3 件。

2）混凝土灌注充盈系数（实际灌注混凝土体积与按设计桩身直径计算体积之比）不得小于 1；一般土质为 1.1；软土为 1.2～1.3。

3）每根桩的混凝土灌注应连续进行。对于水下混凝土及沉管成孔从管内灌注混凝土的桩，在灌注过程中应用浮标或测锤测定混凝土的灌注高度，以检查灌注质量。

4）灌注混凝土至桩顶时，应适当超过桩顶设计标高，以保证在凿除浮浆层后，桩顶标高和桩顶混凝土质量能符合设计要求。

5）当气温低于 0℃时，灌注混凝土应采取保温措施，灌注时的混凝土温度不应低于 3℃；桩顶混凝土未达到设计强度的 50％前不得受冻。当气温高于 30℃时，应根据具体情况对混凝土采取缓凝措施。

6）灌注结束后，应设专人做好记录。

3. 主筋的混凝土保护层厚度不应小于 30mm（非水下灌注混凝土），或不应小于 50mm（水下灌注混凝土）。

（五）质量管理

1）注桩施工必须坚持质量第一的原则，推行全面质量管理（全企业、全员、全过程的质量管理）。特别要严格把好成孔（对钻孔和清孔，对沉管桩包括沉管和拔管以及复打等）、下钢筋笼和灌混凝土等几道关键工序。每一工序完毕时，均应及时进行质量检验，上一工序质量不符合要求，下一工序严禁凑合进行，以免存留隐患。每一工地应设专职质量检验员，对施工质量进行检查监督。

2）灌注桩根据其用途、荷载作用性质的不同，其质量标准有所不同，施工时必须严格按其相应的质量标准和设计要求执行。

3）灌注桩质量要求，主要是指成孔、清孔、拔管、复打，钢筋笼制作、安放，混凝土配制、灌注等工艺过程的质量标准。每个工序完工后，必须严格按质量标准进行质量检测，并认真做好记录。

## 二、干作业螺旋钻孔灌注桩

（一）基本原理

干作业螺旋钻孔灌注桩按成孔方法可分为长螺旋钻孔灌注桩和短螺旋钻孔灌注桩。

长螺旋钻成孔施工法是用长螺旋钻孔机的螺旋钻头，在桩位处就地切削土层，被切土块钻屑随钻头旋转，沿着带有长螺旋叶片的钻杆上升，输送到出土器后自动排出孔外，然后装卸到小型机动翻斗车（或手推车）中运走，其成孔工艺可实现全部机械化。

短螺旋钻成孔施工法是用短螺旋钻孔机的螺旋钻头，在桩位处就地切削土层，被切土块钻屑随钻头旋转，沿着带有数量不多的螺旋叶片的钻杆上长，积聚在短螺旋叶片上，形成"土柱"，此后靠提钻、反转、甩土，将钻屑散落在孔周。一般，每钻进 0.5～1.0m 就要提钻甩土一次。

用以上两种螺旋钻孔机成孔后，在桩孔中放置钢筋笼或插筋，然后灌注混凝土成桩。

（二）优缺点

1. 优点

1）振动小，噪声低，不扰民。

2）一般土层中，用长螺旋钻孔机钻一个深 12m、直径 400mm 的桩孔，作业时间只需 7～8min，其钻进效率远非其他成孔方法可比，加上移位、定位，正常情况下，长螺旋钻孔机一个台班可钻成深 12m、直径 400mm 的桩孔 20～25 个。

3）无泥浆污染。

4）造价低。

5）设备简单，施工方便。

6）混凝土灌注质量较好。因是干作业成孔，混凝土灌注质量隐患通常比水下灌注或振动套管灌注等要少得多。

**2. 缺点**

1）桩端或多或少留有虚土。

2）单方承载力（即桩单位体积所提供的承载力）较打入式预制桩低。

3）适用范围限制较大。

**（三）适用范围**

干作业螺旋钻成孔适用于地下水位以上的填土层、黏性土层、粉土层、砂土层和粒径不大的砾砂层。但不宜用于地下水位以下的上述各类土层以及碎石土层、淤泥层、淤泥质土层。对非均质含碎砖、混凝土块、条块石的杂填土层及大卵砾石层，成孔困难大。

国产长螺旋钻孔机，桩孔直径为 $300 \sim 800m$，成孔深度在 26m 以下。国产短螺旋钻孔机，桩孔最大直径可达 1828mm，最大成孔深度可达 70m（此时桩孔直径为 1500mm）。

**（四）螺旋钻孔机分类**

按钻杆上螺旋叶片多少，可分为长螺旋钻孔机（又称全螺旋钻孔机，即整个钻杆上都装置螺旋叶片）和短螺旋钻孔机（其钻具只是临近钻头 $2 \sim 3m$ 内装置带螺旋叶片的钻杆）。

按装载方式，螺旋钻机底盘可分为履带式、步履式、轨道式和汽车式。

按钻孔方式，螺旋钻机可分为单根螺旋钻孔的单轴式和多根螺旋钻孔的多轴式。在通常情况下，都采用单轴式螺旋钻机；多轴式螺旋钻机一般多用于地基加固和排列桩等施工。

按驱动方式，螺旋钻机可分为风动、内燃机直接驱动、电动机传动和液压马达传动，后两种驱动方式用得最多。

**（五）长螺旋钻孔机的配套打桩架**

国内长螺旋钻孔机多与轨道式，步履式和悬臂式履带式打桩架配套使用。

轨道式打桩架采用轨道行走底盘。

液压步履式打桩架以步履方式移动桩位和回转，不需铺枕木和钢轨。机动灵活，移动桩位方便，打桩效率较高，是一种具有我国自己特点的打桩架（见图 2-21）。

悬臂式履带式打桩架以通用型履带起重机为主机，以起重机吊杆吊悬打桩架导杆，在起重机底盘与导杆之间用叉架连接。此类桩架可容易地利用已有的履带起重机改装而成，桩架构造简单，操纵方便，但垂直精度调节较差。

汽车式长螺旋钻孔移动桩位方便，但钻孔直径和钻深均受到限制。

国外的长螺旋钻孔机动力头多与三点支撑式履带式打桩架配套使用。三点支撑式履

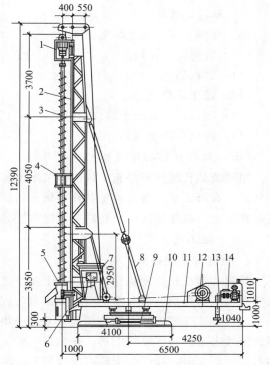

图 2-21　液压步履式长螺旋钻机（单位：mm）
1—减速箱总成；2—臂架；3—钻杆；4—中间导向套；
5—出土装置；6—前支腿；7—操纵室；8—斜撑；
9—中盘；10—下盘；11—上盘；12—卷扬机；
13—后支腿；14—液压系统

带式打桩架是以专用履带式机械为主机，配以钢管式导杆和两根后支撑组成，是国内外最先进的一种桩架。一般采用全液压传动，履带中心距可调，导杆可单导向也可双导向，还可自转 90°。

三点支撑式履带式打桩架的特点：垂直精度调节灵活；整机稳定性好；同类主机可配备几种类型的导杆以悬挂各种类型的柴油锤、液压锤和钻孔机动力头；不需外部动力源；拆装方便，移动迅速。

（六）长螺旋钻孔灌注桩施工程序

（1）钻孔机就位。钻孔机就位后，调直桩架导杆，再用对位圈对桩位，读钻深标尺的零点。

（2）钻进。用电动机带动钻杆转动，使钻头螺旋叶片旋转削土，土地块随螺旋叶片上升，经土器排出孔外。

（3）停止钻进及读钻孔深度。钻进时要用钻孔机上的测深标尺或在钻孔机头下安装测绳，掌握钻孔深度。

（4）提起钻杆。

（5）测孔径、孔深和桩孔水平与垂直偏差。达到预定钻孔深度后，提起钻杆，用测绳在手提灯照明下测量孔深及虚土厚度，虚土厚度等于钻深与孔深的差值。

（6）成孔质量检查。把手提灯吊入孔内，观察孔壁有无塌陷、胀缩等情况。

（7）盖好孔口盖板。

（8）钻孔机移位。

（9）复测孔深和虚土厚度。

（10）放混凝土溜筒。

（11）放钢筋笼。

（12）灌注混凝土。

（13）测量桩身混凝土的顶面标高。

（14）拔出混凝土溜筒。

（七）短螺旋钻孔灌注桩施工程序

短螺旋钻孔灌注桩的施工程序，基本上与长螺旋钻孔灌注桩一样，只是第二项施工程序—钻进，有所差别。被短螺旋钻孔机钻头切削下来的土块钻屑落在螺旋叶片上，靠提钻反转甩落在地上。这样钻成一个孔需要多次钻进，提钻和甩土。

（八）施工特点

1. 长螺旋钻成孔施工特点

长螺旋钻成孔速度快慢主要取决于输土是否通畅，而钻具转速的高低对土块钻屑输送的快慢和输土消耗功率的大小都有较大影响，因此合理选择钻进转速是成孔工艺的一大要点。

当钻进速度较低时，钻头切削下来的土块钻屑送到螺旋叶片上后不能自动上升，只能被后面继续上来的钻屑推挤上移，在钻屑与螺旋面间产生较大的摩擦阻力，消耗功率较大，当钻孔深度较大时，往往由于钻屑推挤阻塞，形成"土塞"而不能继续钻进。

当钻进速度较高时，每一个土块受其自身离心力所产生土块与孔壁之间的摩擦力的作用而上升。

钻具的临界角速度 $\omega_r$（即钻屑产生沿螺旋叶片上升运动的趋势时的角速度）可按下式计算

$$\omega_r = \sqrt{\frac{g(\sin\alpha + \cos\alpha)}{f_1 R(\cos\alpha - f_2\sin\alpha)}} \tag{2-1}$$

式中　　$g$——重力加速度，$m/s^2$；

　　　　$\alpha$——螺旋叶片与水平线间的夹角；

　　　$\omega_r$——螺旋叶片与水平线间的夹角；

　　　$R$——螺旋叶片半径，m；

　　　$f_1$——钻屑与孔壁间的摩擦系数，$f_1 = 0.2 \sim 0.4$；

　　　$f_2$——钻屑与叶片间的摩擦系数，$f_2 = 0.5 \sim 0.7$。

在实际工作中，应使钻具的转速为临界转速的 $1.2 \sim 1.3$ 倍，以保持顺畅输土，便于疏导，避免堵塞。

为保持顺畅输土，除了要有适当高的转速之外，需根据土质等情况，选择相应的钻压和给进量。在正常工作时，给进量一般为每转 $10 \sim 30mm$，砂土中取高值，黏土中取低值。

总的说来，长螺旋钻成孔，宜采用中、高转速，低扭矩，少进刀的工艺，使得螺旋叶片之间保持较大的空间，就能收到自动输土、钻进阻力小、成孔效率高的效果。

2. 短螺旋钻成孔施工特点

短螺旋钻机的钻具在临近钻头 $2 \sim 3m$ 内装置带螺旋叶片的钻杆。成孔需多次钻进、提钻、甩土。一般为正转钻进，反转甩土，反转转速为正转转速的若干倍。因升降钻具等辅助作业时间长，其钻进效率不如长螺旋钻机高。为缩短辅助作业时间，多采用多层伸缩式钻杆。

短螺旋钻孔省去了长孔段输入土块钻屑的功率消耗，其回转阻力矩小。在大直径或深桩孔的情况下，采用短螺旋钻施工较合适。

（九）施工注意事项

1. 钻进时应遵守的规定

1）开钻前应纵横调平钻机，安装导向套（长螺旋钻孔机的情况）。

2）在开始钻进，或穿过软硬土层交界处时，为保持钻杆垂直，宜缓慢进尺。在含砖头、瓦块的杂填土层或含水量较大的软塑黏性土层中钻进时，应尽量减少钻杆晃动，以免扩大孔径。

3）钻进过程中如发现钻杆摇晃或难钻进时，可能遇到硬土、石块或硬物等，这时应立即提钻检查，待查明原因并妥善处理后再钻，否则较易导致桩孔严重倾斜、偏移，甚至使钻杆、钻具扭断或损坏。

4）钻进过程中应随时清除孔口积土和地面散落土。遇到孔内渗水、塌孔、缩颈等异常情况时，应将钻具从孔内提出，然后会同有关部门研究处理。

5）在砂土层中钻进如遇地下水，则钻深应不超过初见水位，以防塌孔。

6）在硬夹层中钻进时可采取以下方法：①对于均质的冻土层，硬土层可采用高转速，小给进量，均压钻进。②对于直径小于 10cm 的石块和碎砖，可用普通螺旋钻头钻进。③对于直径大于成孔直径 1/4 的石块，宜用合金耙齿钻头钻进。石块一部分可挤进孔壁，一部分沿螺旋钻杆输出钻孔。④对于直径很大的石块、条石、砖堆，可用镶有硬合金的筒式钻头钻进，钻透后硬石砖块挤入钻筒内提出。

7）钻孔完毕，应用盖板盖好孔口，并防止在盖板上行车。

8）采用短螺旋钻孔机钻进时，每次钻进深度应与螺旋长度大致相同。

2. 清理孔底虚土时应遵守的规定

钻到预定钻深后，必须在原深处进行空转清土，然后停止转动，提起钻杆。注意在空转清土时不得加深钻进；提钻时不得回转钻杆。孔底虚土厚度越过质量标准时，要分析和采取措施。

3. 灌注混凝土应遵守的规定

1）混凝土应随钻随灌，成孔后不要过夜。遇雨天，特别要防止成孔后灌水，冬季要防止混凝土受冻。

2）钢筋笼必须在浇灌混凝土前放入，放时要缓慢并保持竖直，注意防止放偏和刮土下落，放到预定深度时将钢筋笼上端妥善固定。

3）桩顶以下 5m 内的桩身混凝土必须随灌注随振捣。

4）灌注混凝土宜用机动小车或混凝土泵车。当用搅拌运输车灌注时，应防止压坏桩孔。

5）混凝土灌至接近桩顶时，应随时测量桩身混凝土顶面标高，避免超长灌注，同时保证在凿除浮浆层后，桩顶标高和质量能符合设计要求。

6）桩顶插筋，保持竖直插进，保证足够的保护层厚度，防止插斜插偏。

7）混凝土坍落度一般保持为 $8\sim10cm$，强度等级不小于 C13；为保证其和易性及坍落度，应注意调整砂率、掺减水剂和粉煤灰等掺合料。

（十）常遇问题、原因和处理方法

干作业螺旋钻孔灌注桩常遇问题、主要原因和处理方法见表2-3。

表 2-3　干作业螺旋钻孔灌注桩常遇问题、主要原因和处理方法

| 常遇问题 | 主要原因 | 处理方法 |
|---|---|---|
| 桩孔倾斜 | 场地不平 | 保持地面平整 |
| | 桩架导杆不竖直 | 调整导杆垂直度 |
| | 钻机缺少调平装置 | 钻机需备有底盘调平手段 |
| | 钻杆弯曲 | 将钻杆调直,保持钻杆不直不钻进 |
| | 钻具连接不同心 | 调整钻具使其同心 |
| | 钻头导向尖与钻杆轴线不同心 | 调整同心度 |
| | 长螺旋钻孔未带导向圈作业,钻具下端自由摆动 | 坚持无导向圈不钻进 |
| | 钻头底两侧土层软硬不均 | 钻进时应减轻钻压,控制给进速度 |
| | 遇地下障碍物、孤石等 | 可采用筒式钻头钻进,如还不行则挪位另行钻孔;如障碍物位置较浅,清除后填土再钻 |
| 钻进困难 | 遇坚硬土层 | 换钻头 |
| | 遇地下障碍物(石块、混凝土块等) | 障碍物埋深浅,清除后填土再钻;障碍物埋得较深时,移位重钻 |
| | 钻进速度太快造成憋钻 | 控制钻进速度,对于饱和黏性土层可采用慢速高扭矩方式钻孔,在硬土层中钻孔时,可适当往孔中加水 |
| | 钻杆倾斜太大造成憋钻 | 调正钻杆垂直度 |
| | 钻机功率不够,钻头倾角和转速选择不合适 | 根据工程地质条件,选择合适的钻机、钻头和转速 |
| 塌孔 | 地表水通过地表松散填土层流窜入孔内 | 疏干地表积存的天然水 |
| | 流塑淤泥质土夹层中成孔,孔壁不能直立而塌落 | 尽量选用其他有效成孔方法,塌孔处理采取投入黄土及灰土,捣实后重新钻进,也可先钻至塌孔以下 1~2m,用豆石低等级混凝土(C5~C10)填至进塌孔以上 1m,待混凝土初凝后再钻至设计标高 |
| | 局部有上层滞水渗漏 | 采用电渗井降水,可在该区域内,先钻若干个孔,深度透过隔水层到砂层,在孔内填入级配卵石,让上层滞水渗漏到桩孔下砂层后钻孔 |

续表

| 常遇问题 | 主要原因 | 处理方法 |
|---|---|---|
| 塌孔 | 孔底部的砂卵石、卵石造成孔壁不能直立 | 采用深钻方法,任其塌落,但要保证设计桩长 |
| | 钻具弯曲 | 严格选配同心度高的钻具 |
| | 钻压不足,长时间空转虚钻,造成对稳定性差的土层的强力机械扰动,由局部孔段超径而演化成孔壁坍塌 | 正确选用成孔技术参数 |
| 孔底虚土过多 | 在松散填土或含有大量炉灰、砖头、垃圾等杂填土层或在流塑淤泥、松砂、砂卵石、卵石夹层中钻孔,成孔过程中或成后土体容易坍塌 | 探明地质条件,避开可能大量塌孔的地点施工,或选用不同工艺 |
| | 孔口土未及时清理,甚至在孔口周围堆积大量钻出的土,提钻或踩踏回落孔底 | 及时清理孔口土 |
| | 成孔后,孔口为放盖板,孔口土回落孔底;成孔后未及时灌注 | 成孔后及时加盖板,当天成孔必须当天灌注混凝土 |
| | 钻杆加工不直,或使用中变形,或钻连接法兰不平而使钻杆连接后弯曲,因此钻进过程中钻杆晃动,造成局部扩径,提钻后回落 | 校直钻杆,填平法兰 |
| | 放混凝土漏斗或钢筋笼时,孔口土或孔壁土被碰撞掉入孔底 | 竖直放混凝土漏斗或钢筋笼 |
| 桩身混凝土质量差 | 分段放置钢筋笼,分段灌注 | 通长放置钢筋笼,然后灌注,以避免桩身夹土 |
| | 水泥过期,骨料含泥量大,配比不当 | 按规范控制材料及配比质量 |
| | 混凝土振捣不密实,出现蜂窝、空洞 | 桩顶下4~5m内的混凝土必须用振捣棒振实 |

### 三、反循环钻成孔灌注桩

反循环钻成孔施工法是在桩顶处设置护筒（其直径比桩径大 15% 左右），护筒内的水位要高出自然地下水位 2m 以上，以确保孔壁的任何部分均保持 0.02MPa 以上的静水压力保护孔壁不坍塌，因而钻挖时不用大套管。钻机工作时，旋转盘带动钻杆端部的钻头钻挖孔内土。在钻进过程中，冲洗液从钻杆与孔壁间的环状间隙中流入孔底，并携带被钻挖下来的岩土钻渣，由钻杆内腔返回地面；与此同时，冲洗液又返回孔内形成循环，这种钻进方法称为反循环钻进。

反循环钻成孔施工按冲洗液（指水或泥浆）循环输送的方式、动力来源和工作原理可分为泵吸、气举和喷射等方法。气举反循环，因钻杆下端喷嘴喷出压缩空气，使泥浆与气在钻杆内形成比重比水还轻的混合物，而被钻杆外水柱压升。喷射反循环，利用射流泵在钻杆顶端射出的高速水流在钻杆内产生负压，而使钻杆内泥浆上升。国内的钻孔灌注桩施工由于桩孔

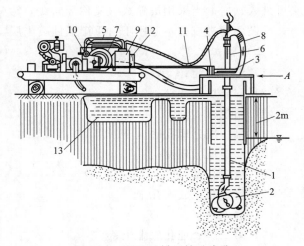

图 2-22 泵吸反循环钻进成孔
1—钻杆；2—钻头；3—旋转台盘；4—液压马达；5—液压泵；6—方形传动杆；7—砂渣泵；8—吸渣软管；9—真空柜；10—真空泵；11—真空软管；12—冷却水槽；13—泥浆沉淀池

深度较浅，多采用泵吸反循环钻进成孔（见图 2-22）。

（一）反循环钻成孔灌注桩优缺点

1. 优点

1）振动小、噪声低。

2）除个别特殊情况外，一般可不必使用稳定液，只用天然泥浆即可保护孔壁。

3）因钻挖钻头不必每次上下排弃钻渣，只要接长钻杆，就可以进行深层钻挖。目前最大成孔直径为 4.0m，最大成孔深度为 90m。

4）用特殊钻头可钻岩石。

5）反循环钻成孔采用旋转切削方式，钻挖靠钻头平稳的旋转，同时将土砂和水吸升；钻孔内的泥浆压力抵消了孔隙水压力，从而避免涌砂等现象。因此，反循环钻孔是对付砂土层最适宜的成孔方式，这样，可钻挖地下水位下厚细砂层（厚度 5m 以上）。

6）可进行水上施工。

7）钻速度较快。例如，对于普通土质、直径 1m，深度 30～40m 的桩，每天可完成一根。

2. 缺点

1）很难钻挖比钻头的吸泥口径大的卵石（15cm 以上）层。

2）土层中有较高压力的水或地下水流时，施工比较困难（针对这种情况，需加大泥浆压力方可钻进）。

3）如果水压头和泥水比重等管理不当，会引起坍孔。

4）废泥水处理量大，钻挖出来的土砂中水分多，弃土困难。

5）由于土质不同，钻挖时桩径扩大 10%～20%，混凝土的数量将随之增大。

6）暂时架设的规模大。

（二）适用范围

反循环钻进成孔适用于填土、淤泥、黏土、粉土、砂土、砂砾等地层；当采用圆锥式钻头可进入软岩；当采用滚轮式（又称牙轮式）钻头可进入硬岩。

反循环钻进成孔不适用于自重湿陷性黄土层，也不宜用于无地下水的地层。

（三）施工工艺

（1）设置护筒；

（2）安装反循环钻；

（3）钻挖；

（4）第一次处理孔底虚土（沉渣）；

（5）移走反循环钻机；

（6）测定孔壁；

（7）将钢筋笼放入孔中；

（8）插入导管；

（9）第二次处理孔底虚土；

（10）水下灌注混凝土，拔出导管；

（11）拔出护筒。

（四）施工特点

（1）护筒的埋设　反循环施工法是在静水压力下进行钻挖作业的，故护筒的埋设是反循环施工作业中的关键。

护筒的直径一般比桩径大 15% 左右，护筒端部应打入在黏土层或粉土层中，一般不应打入在填土层或砂层或砂砾层中，以保证筒不漏水。如确实需要将护筒端部打入在填土、砂或砂砾层中时，应在护筒外侧回填黏土，分层夯实，以防漏水。

（2）要使反循环施工法在无套管情况下不坍孔，必须具备的五个条件如下。

1）确保孔壁的任何部分的静水压力在 0.02MPa 以上，护筒内的水位要高出自然地下水位 2m 以上。

2）泥浆造壁　在钻挖中，孔内泥浆一面循环，一面对孔壁形成一层泥浆膜。泥浆的作用如下：将钻孔内不同土层中的空隙渗填密实，使孔内漏水减少到最低限度；保持孔内有一定水压以稳定孔壁；延缓砂粒等悬浮状土颗粒的沉降，易于处理沉渣。

3）保持一定的泥浆比重　在黏土和粉土层中钻挖时泥浆比重可取 1.02～1.04，在砂和砂砾等容易坍孔的土地层中挖掘时，必须使泥浆比重保持在 1.05～1.08。

当泥浆比重超过 1.08 时，则钻挖困难，效率降低，易使泥浆泵产生堵塞或使混凝土的置换产生困难，要用水适当稀释，以调整泥浆比重。

在不含黏土或粉土的纯砂层中钻挖时，还须在贮水槽和贮水池中加入黏土，并搅拌成适当比重的泥浆，造浆黏土应符合下列技术要求：胶体率不低于 95%，含砂率不大于 4%，造浆率不低于 0.006～0.008m³/kg。

成孔时，由于地下水稀释等使泥浆比重减少，可添加膨润土等来增大比重。膨润土溶液的浓度与比重的关系见表 2-4。

**表 2-4　膨润土溶液的浓度与比重的关系**

| 浓度/% | 6 | 7 | 8 | 9 | 10 | 11 | 12 | 13 | 14 |
|---|---|---|---|---|---|---|---|---|---|
| 比重 | 1.035 | 1.040 | 1.045 | 1.050 | 1.055 | 1.060 | 1.065 | 1.070 | 1.075 |

注：膨润土比重按 2.3 计。

4）钻挖时保持孔内的泥浆流速比较缓慢。

5）保持适当的钻挖速度。钻挖速度同桩径、钻深、土质、钻头的种类与钻速以及泵的扬水能力有关。在砂层中钻挖需考虑泥膜形成的所需时间；在黏性土中钻挖则需考虑泥浆泵的能力并要防止泥浆浓度的增加。表 2-5 为钻挖速度与钻头转速关系的参考表。

**表 2-5　反循环法钻挖速度与钻头转速的参考表**

| 土质 | 钻挖速度/(m/min) | 钻头转速/(r/min) |
|---|---|---|
| 黏土 | 3～5 | 9～12 |
| 粉土 | 4～5 | 9～12 |
| 细砂 | 4～7 | 6～8 |
| 中砂 | 5～8 | 4～6 |
| 砾砂 | 6～10 | 3～5 |

注：本表摘自日本基础建设协会"灌注桩施工指针"。

（3）反循环钻机的主体　可在与旋转盘离开 30m 处进行操作，这使得反循环法的应用范围更为广泛。例如，可在水上施工，也可在净空不足的地方施工。

（4）钻挖的钻头排渣　不需每次上下排弃钻渣，只要在钻头上部逐节接长钻杆（每节长度一般为 3m），就可以进行深层钻挖，与其他桩基施工法相比，越深越有利。

（五）施工注意事项

（1）规划布置施工现场　应首先考虑冲洗液循环、排水、清渣系统的安设，以保证反循环作业时，冲洗液循环畅通，污水排放彻底，钻渣清除顺利。

1）循环池的容积应不小于桩孔实际容积的 1.2 倍，以便冲洗液正常循环。

2）沉淀池的容积一般为 6~20m³，桩径小于 800mm 时，选用 6m³；桩径小于 1500mm 时，选用 12m³；桩径大于 1500mm 时，选用 20m³。

3）现场应专设储浆池，其容积不小于桩孔实际容积的 1.2 倍，以免灌注混凝土时冲洗液外溢。

4）循环槽（或回灌管路）的断面积应是砂石泵出水管断面积的 3~4 倍。若用回灌泵回灌，其泵的排量应大于砂石泵的排量。

（2）冲洗液净化

1）清水钻进时，钻渣在沉淀池内通过重力沉淀后予以清除。沉淀池应交替使用，并及时清除沉渣。

2）泥浆钻进时，宜使用多级振动筛和旋流除砂器或其他除渣装置进行机械除砂清渣。振动筛主要清除粒径较大的钻渣，筛板（网）规格可根据渣粒径的大小分级确定。旋流除砂器的有效容积，要适应砂石泵的排量，除砂器数量可根据清渣要求确定。

3）应及时清除循环池沉渣。

（3）钻头吸水　断面应开敞、规整，减少流阻，以防砖块、砾石等堆挤堵塞；钻头体吸口端距钻头底端高度不宜大于 250mm；钻头体吸水口直径宜略小于钻杆内径。

在填土层和卵砾层中钻挖时，碎砖、填石或卵砾石的尺寸不得大于钻杆内径的 4/5，否则易堵塞钻头水口或管路，影响正常循环。

（4）钻进操作要点

1）起动砂石泵，待反循环正常后，才能开动钻机慢速回转下放钻头至孔底。开始钻进时，应先轻压慢转，待钻头正常工作后，逐渐加大转速，调整压力，并使钻头吸口不产生堵水。

2）钻进时应认真仔细观察进尺和砂石泵排水出渣的情况；排量减少或出水中含钻渣量较多时，应控制给进速度，防止因循环液比重太大而中断反循环。

3）钻进参数应根据地层、桩径、砂石泵的合理排量和钻机的经济钻速等加以选择和调整。钻进参数和钻速的选择见表 2-6。

**表 2-6　泵吸反循环钻进推荐参数和钻速表**

| 地层 ＼ 钻进参数和钻速 | 钻压 /kN | 钻头转速 /(r/min) | 砂石泵排量 /(m³/h) | 钻进速度 /(m/h) |
|---|---|---|---|---|
| 黏土层 | 10~25 | 30~50 | 180 | 4~6 |
| 砂土层 | 5~15 | 20~40 | 160~180 | 6~10 |
| 砂层、砂砾层、砂卵石层 | 3~10 | 20~40 | 160~180 | 8~12 |
| 中硬以下基岩、风化基岩 | 20~40 | 10~30 | 140~160 | 0.5~1 |

注：1. 本表摘自江西地矿局"钻孔灌注桩施工规程"。

2. 本表钻进参数以 GPS—15 型钻机为例；砂石泵排量要考虑孔径大小和地层情况灵活选择调整，一般外环间隙冲液流速不宜大于 10m/min，钻杆内上返流速应大于 2.4m/s。

3. 桩孔下直径较大时，钻压宜选用上限，钻头转速宜选用下限，获得下限钻进速度；桩孔直径较小时，钻压宜选用下限，钻头转速宜选用上限，获得上限钻进速度。

4）在砂砾、砂卵、卵砾石地层中钻进时，为防止钻渣过多，卵砾石堵塞管路，可采用间断钻进，间断回转的方法来控制钻进速度。

5）加接钻杆时，应先停止钻进，将钻具提离孔底80～100mm，维持冲洗液循环环境1～2min，以清洗孔底并将管道内的钻渣携出排净，然后停泵加接钻杆。

6）钻杆连接应拧紧上牢，防止螺栓、螺母、拧卸工具等掉入孔内。

7）钻进时如孔内出现坍孔、涌砂等异常情况，应立即将钻具提离孔底，控制泵量，保持冲洗液循环，吸除坍落物和涌砂；同时向孔内输送性能符合要求的泥浆，保持水头压力以抑制继续涌砂和坍孔，恢复钻进后，泵排量不宜过大，以防吸坍孔壁。

8）钻进达到要求孔深停钻时，仍要维持冲洗液正常循环，清洗吸除孔底沉渣直到返出冲洗液的钻渣含量小于4%为止。起钻时应注意操作轻稳，防止钻头拖刮孔壁，并向孔内补入适量冲洗液，稳定孔内水头高度。

（5）气举反循环压缩空气的供气方式　可分别选用并列的两个送风管或双层管柱钻杆方式。气水混合室应根据风压大小和孔深的关系确定，一般风压为600kPa，混合室间距宜用24m，钻杆内径和风量配用，一般用120mm钻杆配用风量4.5m³/min。

（6）清孔

1）清孔要求　清孔过程中应观测孔底沉渣厚度和冲洗液含渣量，当冲洗液含渣量小于4%，孔底沉渣厚度符合设计要求时即可停止清孔，并应保持孔内水头高度，防止塌孔。

2）第一次沉渣处理　在终孔时停止钻具回转，将钻头提离孔底50～80cm，维持冲洗液的循环，并向孔中注入含砂量小于4%的新泥浆或清水，令钻头在原地空转10min左右，直至达到清孔要求为止。

3）第二次沉渣处理　在灌注混凝土之前进行第二次沉渣处理，通常采用普通导管的空气升液排渣法或空吸泵的反循环方式。

空气升液排渣法方式是将头部带有1m多长管子的气管插入到导管之内，管子的底部插入水下至少10m，气管至导管底部的最小距离为2m左右。压缩空气从气管底部喷出，如使导管底部在桩孔底部不停地移动，就能全部排除沉渣。在急骤地抽取孔内的水，为不降低孔内水位，必须不断地向孔内补充清水。

对深度不足10m的桩孔，须用空吸泵清渣。

（六）常遇问题、原因和处理方法

泵吸反循环钻成孔灌注桩常遇问题、主要原因和处理方法见表2-7。

表2-7　泵吸反循环钻成孔灌注桩常遇问题、主要原因和处理方法

| 常遇问题 | 主要原因 | 处理方法 |
| --- | --- | --- |
| 真空泵起动时,系统真空度达不到要求 | 起动时间不够 | 适当延长起动时间,但不宜超过10min |
| | 气水分离器中未加足清水 | 向气水分离器中加足清水 |
| | 管路系统漏气,密封不好 | 检修管路系统,尤其是砂石泵塞线和水龙头处 |
| | 真空泵机械故障 | 检修或更换 |
| | 操作方法不当 | 按正确操作方法操作 |
| 真空泵起时不吸水;或吸水但起动砂石泵时不上水 | 真空管路或循环管路被堵 | 检修管路,注意检查真空管路上的阀是否打开 |
| | 钻头水口被堵住 | 将钻头提离孔底,并冲堵 |
| | 吸程过大 | 降低吸程,吸程不宜超过6.5m |

续表

| 常遇问题 | 主要原因 | 处理方法 |
|---|---|---|
| 灌注起动时,灌注阻力大,孔口不返水 | 管路系统被堵塞物堵死 | 清除堵塞物 |
| | 钻头水口被埋 | 把钻具提离孔底,用正循环冲堵 |
| 砂石泵起动,正常循环后循环突然(或逐渐)中断 | 管路系统漏气 | 检修管路,紧固砂石泵塞线压盖或水龙头压盖 |
| | 管路突然被堵 | 冲堵管路 |
| | 钻头水口被堵 | 清除钻头水口堵塞物 |
| | 吸水胶管内层脱胶损坏 | 更换吸水胶管 |
| 在黏土层中钻进时,进尺缓慢,甚至不进尺 | 钻头有缺陷 | 检修或更换钻头 |
| | 钻头有泥包或糊钻 | 清除泥包,调节冲洗液的比重和黏度,适当增大泵量或向孔内投入适量砂石解除泥包糊钻 |
| | 钻进参数不合理 | 调整钻进参数 |
| 在基岩中钻进时,进尺很慢甚至不进尺 | 岩石较硬,钻压不够 | 加大钻压(可用加重块)调整钻进参数 |
| | 钻头切削刃崩落,钻头有缺陷或损坏 | 修复或更换钻头 |
| 在砂层、砂砾层或卵石层中钻进时有时循环突然中断或排量突然中断或排量突然减少;钻头在孔内跳动厉害 | 进尺过快,管路被砂石堵死 | 控制钻进速度 |
| | 冲洗液的比重过大 | 立即稍提升钻具,调整冲洗液比重至符合要求 |
| | 管路被石头堵死 | 起闭砂石泵出水阀,以造成管路内较大的瞬时压力波动,可清除堵塞物,或用正循环冲堵,清除堵塞物;如无效,则应起钻予以排除 |
| | 冲洗液中钻渣含量过大 | 降低钻速,加大排量,及时清渣 |
| | 孔底有较大的活动卵砾石 | 起钻用专门工具清除大块砾石 |
| 钻头脱落 | 钻管的连接螺栓松动或破损 | 及时将螺栓拧紧,破损者及时更换 |
| 转台不能旋转 | 液压泵或液压马达发生故障 | 修理或更换 |
| | 工作油不足 | 及时补充液压油 |
| 孔壁坍塌 | 水头压力保持不够 | 应维持 0.02MPa 静水压力。孔内水位必须比地下水位高 2m 以上 |
| | 护筒的埋深位置不合适,护筒埋设在砂或粗砂层中,砂土由于水压漏水后容易坍塌;而且由于振动与冲击影响,使护筒的周围与底部地基土松软而造成坍塌 | 将护筒的底贯入黏土中约 0.5m 以上 |
| | 因把旋转台盘有直接安装在护筒上,由于钻进中的振动,使护筒周围与底部地基土松动,钻孔内的水也将漏失,引起孔壁坍塌 | 把旋转台盘设置在固定台上 |
| | (静水压)水头太大,超过需要时,护筒底部的水压将比该深度外覆盖土重为大,而使钻孔外侧的土发生涌起翻砂以致破坏 | 孔内静水压力原则上应取地下水头 +2.0m |

续表

| 常遇问题 | 主要原因 | 处理方法 |
|---|---|---|
| 孔壁坍塌 | 有粗颗粒砂砾层等强透水层,当钻孔达该土层时,由于漏水使孔内水急剧下降而孔壁坍塌 | 最好不采用钻孔桩,选用打入式桩。如已选用钻孔桩,则应预先注入化学药液以加固地基或采用稳定液 |
| | 有较强的承压水并且水头甚高,特别是比孔内水压还大时,孔底发生翻砂和孔壁坍塌 | 反循环法施工很难成功,宜选用其他合适的施工方法 |
| | 地面上重型施工机械的重量和它作业时的振动与地基土层自重应力影响常导致地面以下 10～15m 处发生孔壁坍塌 | 事前应充分调查在地面下 10～15m 附近的土质是否是松砂等易坍塌的土层。施工时采用稳定液,尽量减少施工作业振动等影响 |
| | 泥浆的比重和浓度不足,使孔壁坍塌 | 按不同地层土质采用不同的泥浆比重和浓度 |
| | 成孔速度太快,在孔壁上还来不及形成泥膜,容易使孔壁坍塌 | 成孔速度视地质情况而异 |
| | 排除较大障碍物(例如 40cm 大小的漂石),形成大空洞而漏水致使孔壁坍塌 | 采用比重为 1.06～1.08 浓度的泥浆,在保持泥浆循环的同时,考虑各种加强保护孔壁不坍的措施 |
| | 松散地层泵量过大,造成抽吸塌孔 | 调整泵量,减少抽吸 |
| | 操作不当,产生压力激动 | 注意操作,升降钻具应平缓 |
| | 护筒变形过大,或形状不合适,使钻孔内的水漏失,引起孔壁坍塌 | 护筒形状应符合要求 |
| | 放钢筋笼时碰撞了孔壁,破坏了泥膜和孔壁 | 从钢筋笼绑扎、吊插以及定位垫板设置安装等环节均应予以充分注意 |
| | 给水泵、软管类的故障 | 及时修理或更换 |

（七）泥浆控制指标

常用泥浆性能指标包括：①密度；②黏度；③含砂率；④胶体率；⑤失水率；⑥泥皮厚度；⑦静切力；⑧稳定性；⑨pH 值。

泥浆密度用泥浆密度计测定。泥浆密度计,利用浮力原理,可采用金属浮子。

泥浆黏度用漏斗法测定。漏斗法黏度计,利用被测液体盛满特定容器后,在标准管孔内流出所需时间来标定液体的黏度,单位为秒。

泥浆含砂率用含砂量测定器测定。砂量测定器,如 NA-1 型泥浆含砂量计,由一只装有 200 目筛网的滤筒和滤筒直径相应的漏斗及一只有 0～100% 刻度的玻璃测管组成,用清水冲洗筛网上所得的砂子,剔除残留泥浆,得到砂量。

泥浆胶体率用量杯法测定。测定胶体率的量杯法,是将 100mL 泥浆倒入有刻度的量筒中,静放 24h 后,扣除量筒顶部从泥浆中析出水的数量即为泥浆的胶体量。

泥浆失水率用失水量仪测定。失水量仪,如 NS-1 型气压泥浆式失水量测定器,原理是一定体积的泥浆在规定空气压力下流出的滤液量即为失水量,该测定器的技术参数是：①泥浆加压：0.69MPa；②过滤面积：45.6cm$^2$±0.5cm$^2$；③泥浆杯容量：240mL。

泥浆泥皮厚度用失水量仪测定。原理是一定体积的泥浆在规定空气压力下通过过滤层流出滤液，固体部分在过滤层形成泥皮，泥皮厚度可测。

泥浆静切力用静切力计测定。静切力计，用已知刚度系数的钢丝所悬挂的圆柱体，在稳定的泥浆杯中偏转的角度来测定；泥浆的静切力是指泥浆刚开始运动所需要的最低剪切应力。

泥浆稳定性用稳定性测定仪测定。测定原理是将一定量的泥浆倒入特制量筒（稳定性测定仪中），静放 24h 后测定上、下两部分泥浆的密度，用密度之差表示泥浆稳定性的好坏；差值越小，泥浆的稳定性越好。

泥浆 pH 值用 PH 试纸测定。

### 四、正循环钻成孔灌注桩

正循环钻成孔施工法是由钻机回转装置带动转杆和钻头回转切削破碎岩土，钻进时用泥浆护壁、排渣；泥浆由泥浆泵输进钻杆内腔后，经钻头的出浆口射出，带动钻渣沿钻杆与孔壁之间的环状空间上升，到孔口溢进沉淀池后返回泥浆池中净化，再供使用。这样，泥浆在泥浆泵、钻杆、钻孔和泥浆池之间反复循环运行（见图 2-23）。

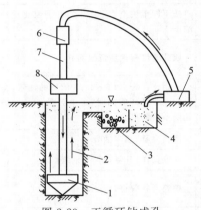

图 2-23　正循环钻成孔

1—钻头；2—泥浆循环方向；3—沉淀池及沉渣；4—泥浆池及泥浆；5—泥浆泵；6—水龙头；7—钻杆；8—钻机回转装置

（一）优缺点

1. 优点

1）钻机小，重量小，狭窄工地也能使用。

2）设备简单，在不少场合，可直接或稍加改进地借用地质岩心钻探设备或水文水井钻探设备。

3）设备故障相对较少，工艺技术成熟、操作简单，易于掌握。

4）噪声低，振动小。

5）工程费用较低。

6）能有效地使用于托换基础工程。

7）有的正循环钻机（如日本利根 THS-70 钻机）可打倾角 10°的斜桩。

2. 缺点

由于桩孔直径大，正循环回转钻进时，其钻杆与孔壁之间的环状断面积大，泥浆上返速度低，挟带泥砂颗粒直径较小，排除钻渣能力差，岩土重复破碎现象严重。

从使用效果看，正循环钻进劣于反循环钻进。反循环钻进时，冲洗液是从钻杆与孔壁间的环状空间中流入孔底，并携带钻渣，经由钻杆内腔返回地面的；由于钻杆内腔断面积比钻杆与孔壁间的环状断面积小得多，故冲洗液在钻杆内腔能获得较大的上返速度。而正循环钻进时，泥浆运行方向是从泥浆泵输进钻杆内腔，再带动钻渣沿钻杆与孔壁间的环状空间上升到泥浆池，故冲洗液的上返速度低，一般情况，反循环冲洗液的上返速度比正循环快 40 倍以上。

（二）适用范围

正循环钻进成孔适用于填土层、淤泥层、黏土层，也可在卵砾石含量不大于 15%、粒径小于 10mm 的部分砂卵砾石层和软质基岩、较硬基岩中使用。桩孔直径一般不宜大于 1000mm，钻孔深度一般约为 40m 为限，某些情况下，钻孔深度可达 100m。

全液压转盘式钻孔机实景图见图 2-24，产品尺寸：5.9(*L*) 4.8(*W*) 9(*H*)，重量：47t，转盘系统动力由 4 个 30kW 电机带动油泵提供，正反循环钻进，钢轮行走，解体运输。

### 五、潜水钻成孔灌注桩

潜水钻成孔施工法是在桩位采用潜水钻机钻进成孔，钻孔作业时，钻机主轴连同钻头一起潜入水中，由孔底动力直接带动钻头钻进。从钻进工艺品来说，潜水钻机属旋转钻进类型。其冲洗液排渣方式有正循环排渣和反循环排渣两种（图 2-25）。

（一）优缺点

1. 优点

1）潜水钻设备简单，体积小，重量轻，施工转移方便，适合于城市狭小场地施工。

2）整机潜入水中钻时无噪声，又因采用钢丝绳悬吊式钻进，整机钻进时无振动，不扰民，适合于城市住宅区、商业区施工。

图 2-24　全液压转盘式钻孔机实景图

3）工作时动力装置潜在孔底，耗用动力小，钻孔时不需要提钻排渣，钻孔效率较高。

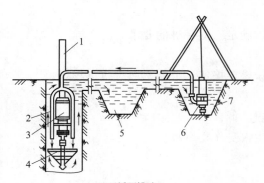

(a) 正循环排渣

1—钻杆；2—送水管；3—主机；4—钻头；5—沉淀池；6—潜水泥浆泵；7—泥浆池

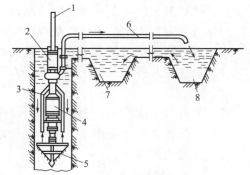

(b) 泵举反循环排渣

1—钻杆；2—砂石泵；3—抽渣管；4—主机；5—钻头；6—排渣胶管；7—泥浆池；8—沉淀池

图 2-25　潜水钻成孔灌注桩正循环排渣和反循环排渣

4）电动机防水性能好，过载能力强，水中运转时温升较低。

5）钻杆不需要旋转，除了可减少钻杆的断面外，还可避免因钻杆折断而发生工程事故。

6）与全套管钻机相比，其自重轻，拔管反力小，因此，钻架对地基容许承载力要求低。

7）该机采用悬吊式钻进，只需钻头中心对准孔中心即可钻进，对底盘的倾斜度无特殊要求，安装调整方便。

8）可采用正、反两种循环方式排渣。

9）如果循环泥浆不间断，孔壁不易坍塌。

2. 缺点

1）因钻孔需泥浆护壁，施工场地泥泞。

2）现场需挖掘沉淀池和处理排放的泥浆。

3）采用反循环排渣时，土中若有大石块，容易卡管。

4）桩径易扩大，使灌注混凝土超方。

（二）适用范围

潜水钻成孔适用于填土、淤泥、黏土、砂土等地层，也可在强风化基岩中使用，但不宜用于碎石土层。潜水钻机尤其适于在地下水位较高的土层中成孔。这种钻机由于不能在地面变速，且动力输出全部采用刚性传动，对非均质的不良地层适应性较差，加之转速较高，不适合在基岩中钻进。

### 六、人工挖孔灌注桩

人工挖孔灌注桩是指在桩位采用人工挖掘方法成孔（或桩端扩大），然后安放钢筋笼、灌注混凝土而成为基桩。

（一）优缺点

1. 优点

1）成孔机具简单，作业时无振动、无噪声，当施工场地狭窄，邻近建筑物密集或桩数较少时尤为适用。

2）施工工期短，可按进度要求分组同时作业，若干根桩齐头并进。

3）由于人工挖掘，便于清底，孔底虚土能清除干净；施工质量可靠。

4）由于人工挖掘，便于检查孔壁和孔底，可以核实桩孔地层土质情况。

5）桩径和桩深可随承载力的情况而变化。

6）桩端可以人工扩大，以获得较大的承载力，满足一柱一桩的要求。

7）国内因劳动力便宜，故人工挖孔桩造价低。

8）灌注桩身各段混凝土时，可下人入孔采用振捣棒捣实，混凝土灌注质量较好。

2. 缺点

1）桩孔内空间狭小，劳动条件差，施工文明程度低。

2）人员在孔内上下作业，稍一疏忽，容易发生人身伤亡事故。

3）混凝土用量大。

（二）适用范围

人工挖孔桩宜在地下水位以上施工，适用于人工填土层、黏土层、粉土层、砂土层、碎石土层和风化岩，也可在黄土、膨胀土和冻土中使用，适应性较强。

在覆盖层较深且具有起伏较大的基岩面的山区和丘陵地区建设中，采用不同深度的挖孔桩，将上部荷载通过桩身传给基岩，技术可靠，受力合理。

因地层或地下水的原因，以下情况挖掘困难或挖掘不能进行：①地下水的涌水量多且难以抽水的地层；②有松砂层，尤其是在地下水位下有松砂层；③孔中氧气缺乏或有毒气发生的地层。

根据以上情况，当高层建筑采用大直径钢筋混凝土灌注桩时，人工挖孔往往比机械成孔具有更大的适应性。

在日本也采用人工挖孔桩，由于国情不同，日本建筑界认为人工挖孔桩比机械成孔桩施工速度慢、造价高。

人工挖孔桩的桩身直径一般为 800～2000mm，最大直径可达 3500mm。桩端可采取不扩底和扩底两种方法。视桩端土层情况，扩底直径一般为桩身直径的 1.3～2.5 倍，最大扩底直径可达 4500mm。

扩底变径尺寸一般按 $[(D-d)/2]:h=1:4$ 的要求进行控制，其中 $D$ 和 $d$ 分别为扩底部和桩身的直径，$h$ 为扩底部的变径部高度。扩底部可分为平底和弧底两种，后者的矢高 $h_1 \geqslant (D-d)/4$。

挖孔桩的孔深一般不宜超过 25m。当桩长 $L \leqslant 8m$ 时，桩身直径（不含护壁，下同）不宜小于 0.8m；当 $8m < L \leqslant 15m$ 时，桩身直径不宜小于 1.0m；当 $15m < L \leqslant 20m$ 时，桩身直径不宜小于 1.2m；当桩长 $L \geqslant 20m$ 时，桩身直径应适当加大。

（三）人工挖孔灌注桩施工用的机具设备

人工挖孔灌注桩施工用的机具设备比较简单，主要有以下机具设备。

1）电动葫芦（或手摇辘轳）和提土桶，用于材料和弃土的垂直运输以及供施工人员上下。

2）扶壁钢模板（国内常用）或波纹模板（日本施工人工挖孔桩时用）。

3）潜水泵，用于抽出桩孔中的积水。

4）鼓风机和送风管，用于向桩孔中强制送入新鲜空气。

5）镐、锹、土筐等挖土工具，若遇到硬土或岩石还需准备风镐。

6）插捣工具，以插捣护壁混凝土。

7）应急软爬梯。

（四）施工工艺

为确保人工挖孔桩施工过程中的安全，必须考虑防止土体坍滑的支护措施。支护的方法很多，例如可采用现浇混凝土护壁、喷射混凝土护壁和波纹钢模板工具式护壁等。采用现浇混凝土分段护壁的人工挖孔桩的施工工艺流程如下。

（1）放线定位　按设计图纸放线、定桩位。

（2）开挖土方　采用分段开挖，每段高决定于土壁保持直立状态的能力，一般以 0.8～1.0m 为一施工段。

挖土由人工从上到下逐段用镐、锹进行，遇坚硬土层用锤、钎破碎。同一段内挖土次序为先中间后周边。扩底部分采取先挖桩身圆柱体，再按扩底尺寸从上到下削土修成扩底形。

弃土装入活底吊桶或箩筐内。垂直运输则在孔口安支架、工字轨道、电葫芦或架三木搭，用 10～20kN 慢速卷扬机提升。桩孔较浅时，亦可用木吊架或木辘轳借粗麻绳提升。

在地下水以下施工应及时用吊桶将泥水吊出。如遇大量渗水，则在孔底一侧挖集水坑，用高扬程潜水泵排出桩孔外。

（3）测量控制　桩位轴线采取在地面设十字控制网，基准点。安装提升设备时，使吊桶的钢丝绳中心与桩孔中心线一致，以作挖土时粗略控制中心线用。

（4）支设护壁模板　模板高度取决于开挖土方施工段的高度，一般为 1m，由 4 块或 8 块活动钢模板组合而成。

护壁支模中心线控制，系将桩控制轴线、高度引到第一节混凝土护壁上，每节以十字线对中，吊大线锤控制中心点位置，用尺杆找圆周，然后由基准点测量孔深。

（5）设置操作平台　在模板顶放置操作平台，平台可用角钢和钢板制成半圆形，两个合起来即为一人整圆，用来临时放置混凝土拌和料和灌注扶壁混凝土用。

（6）灌注护壁混凝土　护壁混凝土要注意捣实，因它起着护壁与防水双重作用，上下护壁间搭接 50～75mm。

护壁通常为素混凝土，但当桩径、桩长较大，或土质较差、有渗水时，应在护壁中配筋，上下护壁的主筋应搭接。

分段现浇混凝土护壁厚度，一般由地下最深段护壁所承受的土压力及地下水的侧压力确定，地面上施工堆载产生侧压力的影响可不计，护壁厚度可按下式计算。

$$t \geqslant kN/R_a \tag{2-2}$$

式中　$t$——护壁厚度，cm；

　　　$k$——安全系数，$k=1.65$；

　　　$N$——作用在护壁截面上的压力，N/cm，$N=pd/2$；

　　　$p$——土及地下水对护壁的最大压力，N/cm$^2$；

　　　$d$——挖孔桩桩身直径，cm；

　　　$R_a$——混凝土的轴心抗压设计强度，N/cm$^2$。

护壁混凝土强度采用 C25 或 C30，厚度一般取 10～15cm；加配的钢筋可采用 6～9mm 光圆钢筋。

第一节混凝土扶壁宜高出地面 20cm，便于挡水和定位。

(7) 拆除模板继续下一段的施工　当护壁混凝土达到一定强度（按承受土的侧向压力计算）后，便可拆除模板，一般在常温情况下约 24h 可以拆除模板，再开挖下一段土方，然后继续支模灌注护壁混凝土，如此循环，直到挖到设计要求的深度。

(8) 钢筋笼沉放　钢筋笼就位，对质量 1000kg 以内的小型钢筋笼，可用带有小卷扬机和活动三木搭的小型吊运机具，或汽车吊吊放入孔内就位。对直径、长度、重量大的钢筋笼，可用履带吊或大型汽车吊进行吊放。

(9) 排除孔底积水，灌注桩身混凝土　在灌注混凝土前，应先放置钢筋笼，并再次测量孔内虚土厚度，超过要求应进行清理。混凝土坍落度为 8～10cm。

混凝土灌注可用吊车吊混凝土吊斗，或用翻斗车，或用手推车运输向桩孔内灌注。混凝土下料用串桶，深桩孔用混凝土导管。混凝土要垂直灌入桩孔内，避免混凝土倾向冲击孔壁，造成塌孔（对无混凝土护壁桩孔的情况）。

混凝土应连续分层灌注，每层灌注高度不超过 1.5m。对于直径较小的挖孔桩，距地面 6m 以下利用混凝土的大坍落度（掺粉煤灰或减水剂）和下冲力使之密实；6m 以内的混凝土应分层振捣密实。对于直径较大的挖孔桩应分层捣实，第一次灌注到扩底部位的顶面，随即振捣密实；再分层灌注桩身，分层捣实，直到桩顶。当混凝土灌注量大时，可用混凝土泵车和布料杆。在初凝前抹压平整，以避免出现塑性收缩裂缝和环向干缩裂缝。表面浮浆层应凿除，使之与上部承台或底板连接良好。

(五) 施工注意事项

1) 开挖前，应从桩中心位置向桩四周引出四个桩心控制点，用牢固的木桩标定。当一节桩孔挖好安装护壁模板时，必须用桩心点来校正模板位置，并应设专人严格校核中心位置及护壁厚度。

2) 修筑第一节孔圈护壁（俗称开孔）应符合下列规定：①孔圈中心线应和桩的轴线重合，其与轴线的偏差不得大于 20mm。②第一节孔圈护壁应比下面的护壁厚 100～150mm，并应高出现场地表面 200mm 左右。

3) 修筑孔圈护壁应遵守下列规定：①护壁厚度、拉结钢筋或配筋、混凝土强度等级应符合设计要求。②桩孔开挖后应尽快灌注护壁混凝土，且必须当天一次性灌注完毕。③上下护壁间的搭接长度不得少于 50mm。④灌注护壁混凝土时，可用敲击模板或用竹杆、木棒等反复插捣。⑤不得在桩孔水淹没模板的情况下灌注护壁混凝土。⑥护壁混凝土拌和料中宜掺入早强剂。⑦护壁模板的拆除，应根据气温等情况而定，一般可在 24h 后进行。⑧发现护壁有蜂窝、漏水现象应及时加以堵塞或导流，防止孔外水通过护壁流入桩孔内。⑨同一水平面上的孔圈二正交直径的极差不宜大于 50mm。

4）多桩孔同时成孔，应采取间隔挖孔方法，以避免相互影响和防止土体滑移。

5）对桩的垂直度和直径，应每段检查，发现偏差，随时纠正，保证位置正确。

6）遇到流动性淤泥或流砂时，可按下列方法进行处理：①减少每节护壁的高度（可取 0.3～0.5m），或采用钢护筒、预制混凝土沉井等作为护壁。待穿过松软层或流砂层后，再按一般方法边挖掘边灌注混凝土护壁，继续开挖桩孔。②当采用方法"①"后仍无法施工时，应迅速用砂回填桩孔到能控制坍孔为止，并会同有关单位共同处理。③开挖流砂严重的桩孔时，应先将附近无流砂的桩孔挖深，使其起集水井作用。集水井应选在地下水流的上方。

7）遇塌孔时，一般可在塌方处用砖砌成外模，配适当钢筋（$\phi 6 \sim 9$mm，间距 150mm），再支钢内模、灌注混凝土护壁。

8）当挖孔至桩端持力层岩（土）面时，应及时通知建设、设计单位和质检（监）部门，对孔底岩（土）性进行鉴定。经鉴定符合设计要求后，才能按设计要求进行入岩挖掘或进行扩底端施工。不能简单地按设计图约提供的桩长参考数据来终止挖掘。

9）扩底时，为防止扩底部塌方，可采取间隔挖土扩底措施，留一部分土方作为支撑，待灌注混凝土前挖除。

10）终孔时，应清除护壁污泥、孔底残渣、浮土、杂物和积水，并通知建设单位、设计单位及质检（监）部门对孔底形状、尺寸、土质、岩性、入岩深度等进行检验。检验合格后，应迅速封底、安装钢筋笼、灌注混凝土。孔底岩样应妥善保存备查。

**七、套管成孔灌注桩**

套管成孔灌注桩又称为打拔管灌注桩。是利用一根与桩的设计尺寸相适应的钢管，其下端带有桩尖。采用锤击或振动的方法将其沉入土中，然后将钢筋笼子放入钢管内，再灌注混凝土，并随灌随将钢管拔出，利用拔管时的振动将混凝土捣实。

锤击沉管时采用落锤或蒸汽锤将钢管打入土中（图 2-26）。振动沉管时是将钢管上端与振动沉桩机刚性连接，利用振动力将钢管打入土中（图 2-27）。

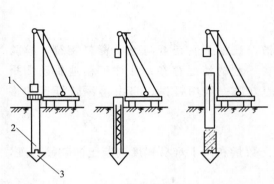

(a) 钢管打入土中　(b) 放入钢筋骨架　(c) 随浇混凝土拔出钢管　　　(a) 沉管后浇注混凝土　(b) 拔管　(c) 桩浇完后插入钢筋

图 2-26　锤击套管成孔灌注桩　　　　　　　图 2-27　振动套管成孔灌注桩

1—桩帽；2—钢管；3—桩靴

钢管下端有两种构造：一种是开口，在沉管时套以钢筋混凝土预制桩尖，拔管时，桩尖留在桩底土中；另一种是管端带有活瓣桩尖，其构造如图 2-28 所示。沉管时，桩尖活瓣合拢，灌注混凝土及拔管时活瓣打开。

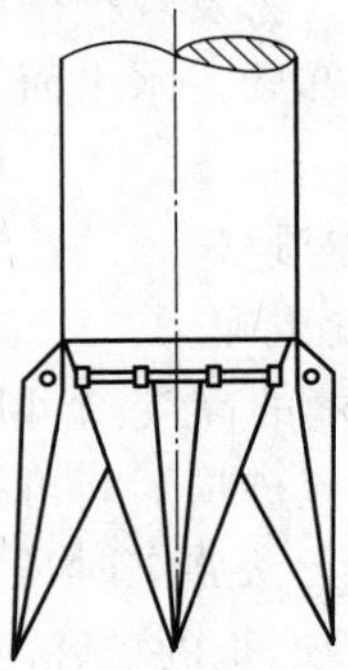

图 2-28　活瓣桩尖示意

拔管的方法，根据承载力的要求不同，可分别采用单打法、复打法和翻插法。

（1）单打法　即一次拔管法。拔管时每提升 0.5～1.0m，振动 5～10s 后，再拔管 0.5～1.0m，如此反复进行，直到全部拔出为止。

（2）复打法　在同一桩孔内进行两次单打，或根据要求进行局部复打。

（3）翻插法　将钢管每提升 0.5m，再下沉 0.3m，（或提升 1m，下沉 0.5m），如此反复进行，直至拔离地面。此种方法，在淤泥层中可消除缩颈现象，但在坚硬土层中易损坏桩尖，不宜采用。

套管成孔灌注桩施工中桩身常会出现一些质量问题，要及时分析原因，采取措施处理。

（1）隔层　是由于钢管的管径较小，混凝土骨料粒径过大，和易性差，拔管速度过快造成。预防措施，是严格控制混凝土的坍落度不小于 5～7cm，骨料粒径不超过 3cm，拔管速度不大于 2m/min，拔管时应密振慢拔。

（2）缩颈　是指桩身某处桩径缩减，小于设计断面。产生的原因是在含水率很高的软土层中沉管时，土受挤压产生很高的空隙水压，拔管后挤向新灌的混凝土，造成缩颈。因此施工时应严格控制拔管速度，并使桩管内保持不少于 2m 高的混凝土，以保证有足够的扩散压力，使混凝土出管压力扩散正常。

（3）断桩　主要是桩中心距过近，打邻近桩时受挤压；或因混凝土终凝不久就受振动和外力作用所造成。故施工时为消除临近沉桩的相互影响，避免引起土体竖向或横向位移，最好控制桩的中心距不小于 4 倍桩的直径。如不能满足时，则应采用跳打法或相隔一定技术间歇时间后再打邻近的桩。

（4）吊脚桩　是指桩底部混凝土隔空或混进泥砂而形成松软层。其形成的原因是预制桩尖质量差，沉管时被破坏，泥砂、水挤入桩管。

# 第三节　其他基础施工

## 一、验槽

当全部的基槽（坑）土方挖好后应进行验槽，观察土质是否与地质资料相符，检验基坑底下有无空洞、墓穴、枯井及其他对建筑物不利的情况存在；往往工程地质勘测报告或结构设计说明中注明要进行钎探。其检验的方法一般用钎探、自由落锤式钎探和洛阳铲等进行。

1. 钎探

钎探是用锤将钢钎打入土中一定深度，从锤击数量和入土难易程度判断土的软硬程度，如钢钎急剧下沉，说明该处有空洞或墓穴。

钢钎用 $\phi 22$～25mm 的钢筋制成，钎尖呈 60°尖锥状。钢钎长 1.8～2.0m，每隔 30cm 有一刻度，如图 2-29 所示。钢钎用人工打入时，可用 8 磅或 10 磅的大锤，锤离钎顶 50～70cm，将钢钎垂直打入土中。采用三脚架上悬挂吊锤打入时，每次将锤提至距钎顶 60cm 左右，让锤自由下落，将钢钎打入土中，如图 2-30 所示。为了使锤落得准，可在钢钎上加一套管，长 0.8m 左右（增大落锤接触面积），但此时三脚架顶点要在钢钎的垂直线上，否则难以保证质量。

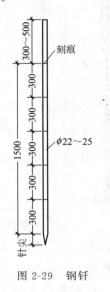

图 2-29 钢钎

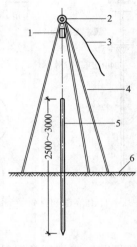

图 2-30 基坑钎探示意图

1—重锤；2—滑轮；3—操纵绳；4—三脚架；
5—钢钎；6—基坑底面

施工时要做好记录，将钢钎每打入土中 30cm 的锤击数记下来，每打完一个孔，填入钎探记录表内，表格包括探孔号、打入长度、若干 30cm 的锤击数、总锤击数、打钎人等内容。

钎孔的间距、布置方式和深度，要根据基坑的大小，形状、土质等确定，见表 2-8 及图 2-31。

表 2-8 钎孔布置

| 槽宽/m | 排列方式 | 间距/m | 钎探深度/m |
| --- | --- | --- | --- |
| <0.8 | 图 2-31(a) | 1~2 | 1.2 |
| 0.8~2.0 | 图 2-31(b) | 1~2 | 1.5 |
| >2.0 | 图 2-31(c) | 1~2 | 2.0 |
| 柱基 | 图 2-31(d) | 1~2 | ≥1.5,且≥短边长度 |

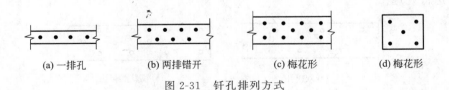

(a) 一排孔    (b) 两排错开    (c) 梅花形    (d) 梅花形

图 2-31 钎孔排列方式

### 2. 自由落锤式钎探

钎探时如果用劲不一致，锤重不一致，钎径不一致，锤击不准，将会造成数据的误差。为了做到"三个一致"，制成了自由落锤式探钎，自由落锤式探钎的构造尺寸如图 2-32 所示。

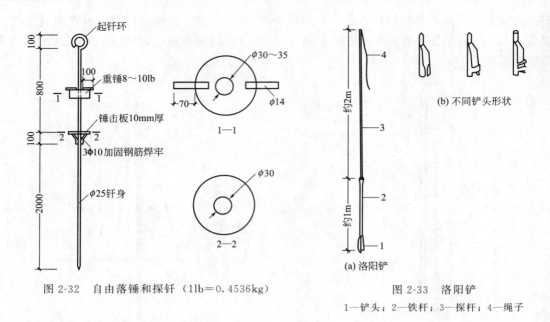

图 2-32 自由落锤和探钎（1lb=0.4536kg）

图 2-33 洛阳铲
1—铲头；2—铁杆；3—探杆；4—绳子

探钎在使用前，应把钎身用粉笔平均分成 30～50cm 的几等份。使用时，双手提升重锤把，以重锤触到钎环为止，但不能碰撞起钎环，并要保证重锤的提升高度，以免造成反弹力和重力不足，使重锤下落的冲击力不一致，然后让重锤自由落下。起钎时，用木棒穿入起钎环旋转抬起。如果土质较密实，起钎费力，可以在钎孔周围注入少量清水，旋转几下，起钎时就比较容易了。

3. 洛阳铲探孔

洛阳铲的形状如图 2-33 所示，它由铲头、铁杆和探杆三部分组成。铲头的刃端呈月牙形，长约 20cm，因土质不同可将铲头做成不同形状。铲头上部焊有 0.8m 长的铁杆，铁杆上端为管口，用以插入探杆。探杆长 2m 左右，用韧性的白蜡杆制作，当探孔毡过全长时，可在白蜡杆上端系上绳子。

探孔的布置如图 2-34 所示。一般建筑物和基坑宽度小于 1.6m 时，可用图 2-34(a) 的布设方式，重要建筑物和基坑较宽时，可用图 2-34(b) 的梅花形布置。探孔距离 L 不小于 1.5～2.0m。面积较大的基坑内采用梅花形布置时，最外两排为深探，中间的探孔均为浅探。根据土质及建筑物重要性决定钎探深度，一般为 3～7m，浅探只要探到天然土层以下 0.5m 处即可。探查时要做好记录，将探出的空洞、墓穴，枯井的大小、深度记录下来，以便进行处理。

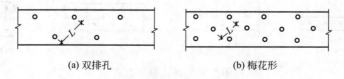

(a) 双排孔　　　　　　　　(b) 梅花形

图 2-34 探孔布置图

4. 夯探

夯探较之以上三种方法更为方便，不用复杂的设备而是用铁锹和蛙式打夯机对基槽进行夯击，凭夯击时的声响来判断下卧后的强弱或有否土洞或暗墓。

5. 钎探记录和结果分析

1）先绘制基础平面图，并在图上注明钎探点的位置及编号；

2）在钎探时按平面图标定的钎探点顺序进行，并按要求项目填写记录。

6. 验槽

钎探后应组织有关人员进行验槽，其进行方式各地有所不同，检查内容为：墓槽（坑）标高及平面尺寸，打钎记录，软（或硬）下卧层，坟、井、坑等情况，以及提出的处理方案。如槽底有局部土质过硬或过软以及废井，要进行处理。

## 二、混凝土和毛石混凝土基础施工

混凝土浇灌前应进行验槽，轴线、基坑（槽）尺寸和土质应符合设计规定。槽内浮土、积水、淤泥、杂物应清除干净。局部软弱土层应挖去，用灰土或砂回填夯实至基底相平（以下各基础均相同）。混凝土浇筑方法可参见本书"混凝土工程"。

毛石混凝土基础中掺用的毛石应选用坚实、未风化的石料，其极限抗压强度不应低于30MPa，毛石尺寸不应大于所浇部位最小宽度的1/3，并不得大于30cm，表面污泥、水锈应在填充前用水冲洗干净。灌筑时，应先铺一层10～15cm厚混凝土打底，再铺上毛石，继续浇捣混凝土，每浇捣一层（约20～25cm厚），铺一层毛石，直至基础顶面，保持毛石顶部有不少于10cm厚的混凝土覆盖层，所掺用的毛石数量不应超过基础体积的25%。毛石铺放应均匀排列，使大头向下，小头向上，毛石的纹理应与受力方向垂直。毛石间距一般不小于10cm，离开模板或槽壁距离不应小于15cm，以保证每块毛石均被混凝土包裹，使振捣棒能在其中进行振捣。振捣时应避免振捣棒触及毛石和模板。对于阶梯形基础，每一阶高内应整分浇捣层，每阶顶面要基本抹平；对于锥形基础，应注意保持锥形斜面坡度的正确与平整。混凝土应连续灌筑完毕，如必须留设施工缝时，应留在混凝土与毛石交接处，使毛石露出混凝土面一半，并按规范要求进行接缝处理。浇捣完毕，混凝土终凝后，外露部分加以覆盖，并适当洒水养护。

## 三、钢筋混凝土独立基础及钢筋混凝土条形基础施工

基坑验槽清理同刚性基础。垫层混凝土在验槽后应立即灌筑，以保护地基，混凝土宜用表面振动器进行振捣，要求表面平整。

垫层达到一定强度后，在其上弹线，支模，铺放钢筋网片，底部用与混凝土保护层同厚度的水泥砂浆块垫塞，以保证位置正确。

在灌筑混凝土前，模板和钢筋上的垃圾、泥土和钢筋上的油污等杂物，应清除干净。模板应浇水加以润湿。

基础混凝土宜分层连续浇灌完成。对于阶梯形基础，每一台阶高度内应分浇捣层，每浇灌完一台阶应稍停0.5～1h，使其初步获得沉实，再浇灌上层，以防止下台阶混凝土溢起，在上台阶根部出现烂脖子。每一台阶浇完，表面应基本抹平。

对于锥形基础，应注意锥体斜面坡度的正确，斜面部分的模板应随混凝土浇捣分段支设并顶压紧，以防模板上浮变形，边角处的混凝土必须注意捣实。严禁斜面部分不支模，用铁锹拍实。

基础上有插筋时，要加以固定保证插筋位置的正确，防止浇捣混凝土时发生移位。

混凝土浇灌完毕，外露表面应覆盖浇水养护。

## 四、杯形基础施工

除参照钢筋混凝土独立基础及钢筋混凝土条形基础的施工要点外，还应注意以下各点。

混凝土应按台阶分层浇灌。对高杯口基础的高台阶部分按整段分层浇灌。

杯口模板可用木或钢定型模板，可作成整体的，也可作成两半形式，中间各加楔形板一块。拆模时先取出楔形板，然后分别将两半杯口模取出。为拆模方便，杯口模外可包钉薄铁皮一层。支模时杯口模板要固定牢固并压浆。

浇捣杯口混凝土时，应注意杯口模板的位置，由于杯口模板仅上端固定，浇捣混凝土时，四侧应对称均匀进行，避免将杯口模板挤向一侧。

杯形基础一般在杯底均留有 5cm 厚的细石混凝土找平层；在灌筑基础混凝土时要仔细留出。如用无底式杯口模板施工，应先将杯底混凝土振实，然后灌筑杯口四周的混凝土。此时宜采用低流动性混凝土，或适当缩短振捣时间，或杯底混凝土浇完后停 0.5～1h，待混凝土沉实，再浇杯口四周混凝土等办法，避免混凝土从杯底溢出，造成蜂窝麻面。基础灌筑完毕后，将杯口底冒出的少量混凝土掏出，使其与杯口模下口齐平。如用封底式杯口模板施工，应注意将杯口模板压紧，杯底混凝土振捣密实，并加强检查，以防止杯口模板上浮。基础浇捣完毕，混凝土初凝后终凝前用倒链将杯口模板取出。并将杯口内侧表面混凝土划（凿）毛。

施工高杯口基础时，由于最上一台阶较高，可采用后安装杯口模板的方法施工，即当混凝土浇捣接近杯口底时，再安装固定杯口模板，继续灌筑杯口四侧混凝土。

### 五、筏形基础施工

如地下水位过高，应采用人工降低地下水位至基坑底不少于 50cm，保证在无水情况下进行基坑开挖和本体施工。

筏形基础施工，可根据结构情况，施工条件以及进度要求等确定施工方案，一般有两种方法：一是先在垫层上绑扎底板、梁的钢筋和柱子锚固插筋，先灌筑底板混凝土，待达到 25％强度后，再在底板上支梁模板，继续灌筑梁部分混凝土；二是采取底板和梁模板一次同时支好，混凝土一次同时灌筑完成，梁侧模采用钢支架支承，并固定牢固。但两种方法都应注意保证梁位置和柱插筋位置正确。混凝土应一次连续浇灌完成，不宜留施工缝；必须留设时，应按施工缝要求进行处理并有止水措施。

在基础底板上埋设好沉降观测点，定期进行观测，做好记录。

基础表面应覆盖和洒水养护，并防止浸泡地基。

### 六、箱形基础施工

基坑开挖如有地下水，应将地下水位降低至设计底板以下 50cm 处。当地质为砂土，有可能产生流砂现象时，不得采用明沟排水，宜采用井点降水措施，并应设置水位降低观测孔。

注意保持基坑底土的原状结构。采用机械开挖基坑时，应在基坑底面以上保留 20～40cm 厚的土层，采用人工挖除。基坑验槽后，应立即进行基础施工。

箱形基础的底板，内外墙和顶板的支模和灌筑，可采取内外墙和顶板分次支模和灌筑方法施工，其施工缝留设位置可如图 2-35 所示，外墙接缝应设榫接或设止水带。施工缝的处理，应符合钢筋混凝土工程施工及验收规范要求。

基础的底板、内外墙和顶板宜连续浇灌完毕。当基础长度超过 40m 时，为防止出现温度收缩裂缝，一般应设置贯通后浇施工缝，缝宽不宜小于 80cm，在施工缝处钢筋应贯通。顶板浇灌后，相隔 2～4 周，用比设计强度等级提高一级的细石混凝土将施工缝填灌密实，并加强养护。

对超厚、超长的整体钢筋混凝土结构，由于其结构截面大，水泥用量多，水泥水化后释放的水化热会产生较大的温度变化和收缩作用，会导致混凝土产生表面裂缝和贯通性裂缝或深进裂缝，影响结构的整体性、耐久性和防水性，影响正常使用。因此对大体积混凝土，在浇注前应进行必要的计算，以便采取必要的技术措施（着重在控制温升、延缓降温速率、减小混凝土收缩、提高混凝土抗拉强度、改善约束条件等方面），来预防温度收缩裂缝，保证混凝土工程质量。

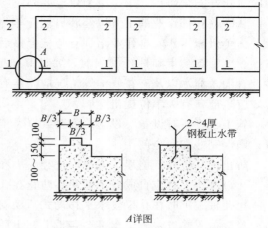

图 2-35　箱形基础施工缝位置留设
1—1、2—2……施工缝位置

常用的技术措施有：①采用中低发热量的矿渣硅酸盐水泥和掺加粉煤灰掺合料，以减小水泥水化热。②利用混凝土后期强度和掺加减水剂，以减少水泥用量。根据大量试验资料说明，水泥用量每增减 10kg，水化热相应升降 1℃。③控制砂石含泥量。石子含泥量宜控制在小于 1％，砂子含泥量宜控制在小于 2％，以减少混凝土收缩，提高混凝土抗拉强度。④热天施工时，砂石堆场宜设遮阳，必要时尚须喷射水雾和冰水搅拌混凝土，以控制混凝土搅拌温度。⑤加强养护和测温工作，保持适宜的温度和湿度条件，使混凝土内外温度差（降温差）控制在 20℃ 以内（对重要结构）或 30℃ 以内（对一般结构）。

基础施工完毕，应抓紧基坑四周的回填土工作。停止降水时，应验算箱形基础抗浮稳定性，地下水对基础的浮力，抗浮稳定系数不宜小于 1.2，以防出现基础上浮或倾斜的重大事故。如抗浮毡定系数不能满足要求时，应继续抽水，直到施工上部结构荷载加上后，能满足抗浮稳定系数要求为止，或在基础内采取灌水或加重物措施。

# 第四节　基础工程施工安全注意事项

起吊和搬运吊索应系于设计吊点，起吊时应平稳，以免撞击和震动。

堆放时，应堆置在平整坚实的地面上，支点设于吊点处，各层垫木应在同一垂直线上，堆放高度不超过四层。

清除妨碍施工的高空和地下障碍物。整平打桩范围的场地，压实打桩机行走的道路。

对邻近建筑物或构筑物，以及地下管线等要认真查清情况，并研究适当的隔震、减震措施，以免震坏原有设施而发生伤亡事故。

打桩过程中遇有地面隆起或下陷，应随时垫平地面或调直打桩机。

司机应思想集中，服从指挥，经常检查打桩机运转情况，发现异常应立即停止打桩，纠正后方可继续进行。

打桩时，严禁用手拨正桩头垫料，严禁桩锤未打到桩顶即起锤或刹车以免损坏设备。

送桩入土后应及时添灌桩孔。钢管桩打完后应及时加盖临时桩帽。

冲抓锥或冲孔锤作业时，严禁任何人进入落锤区以防砸伤。

对爆扩桩，在雷、雨时不要包扎药包，已包扎好的药包要打开。检查雷管和已包好的药包时应作好安全防护。爆扩桩引爆时要划定安全区（一般不小于 20m），并派专人警戒。

从事挖孔桩作业的工人以健壮男性青年为宜，并须经健康检查和井下、高空、用电、吊装及简单机械操作安全作业培训且考核合格后，方可进入现场施工。

在施工图会审和桩孔挖掘前，要认真研究钻探并资料，分析地质情况，对可能出现流砂、管涌、涌水以及有害气体等情况应制定有针对性的安全防护措施。如对安全施工存在疑虑，应事前向有关单位提出。

施工现场所有设备、设施、安全装置、工具、配件以及个人劳保用品等必须经常进行检查，确保完好和安全使用。

防止挖孔桩孔壁坍塌，应根据桩径大小和地持条件采用可靠的支护孔壁的施工方法。

孔口操作平台应自成稳定体系，防止在孔口下沉时被拉垮。

挖孔桩施工时在孔口设水平移动式活动安全盖板，当提土桶提升到离地面约 1.8m，推活动盖板关闭孔口，手推车推至盖板上卸土后，再开盖板，放下吊土桶装土，以防土块，操作人员掉入孔内伤人，采用电葫芦提升提土桶，桩孔四周应设安全栏杆。

挖孔桩孔内必须设置应急软爬梯，供人员上下孔使用的电葫芦、吊笼等应安全可靠的并配有自动卡紧保险装置，不得使用麻绳和尼龙绳吊扶或脚踏井壁凸缘上下，电葫芦宜用按钮式开关，使用前必须检验其安全吊线力。

挖孔桩吊运土方用的绳索、滑轮和盛土容器应完好牢固，起吊时垂直下方严禁站人。

施工场地内的一切电源、电路的安装和拆除必须由持证电工操作，电器必须严格接地、接零和使用漏电保护器。各孔用电必须分闸，严禁一闸多用。孔上用电缆必须架空 2.0m 以上，严禁拖地和埋压土中，孔内电缆电线必须有防湿、防潮、防断等到保护措施。

挖孔桩护壁要高出地表面 200mm 左右，以防杂物滚入孔内。孔周围要设置安全防护栏杆。

挖孔桩施工人员必须戴安全帽，穿绝缘胶鞋。孔内有人时，孔上必须有人监督防护，不得擅离岗位。

挖孔桩施工当桩孔开挖深度超过 5m 时，每天开工前应进行有毒气体的检测；挖孔时刻注意是否有有毒气体；特别是当孔深超过 10m 时要采取发票的通风措施，风量不宜少于 25L/s。

挖孔桩挖出的土方应及时运走，机动车不得在桩孔附近通行。

挖孔桩施工加强对孔壁土层涌水情况的观察，发现异常情况，及时采取处理措施。

挖孔桩施工灌注桩身混凝土时，相邻 10m 范围内的挖孔作业应停止，并不得在孔底留人。

暂停施工的桩孔，应加盖板封闭孔口，并加 0.8～1m 高的围栏。

现场应设专职安全检查员，在施工前和施工中进行认真检查；发现问题及时处理，待消除隐患后再行作业；对违章作业有权制止。

# 第五节　基础工程施工常用质量标准

## 一、桩基础施工质量验收一般规定

1）桩位的放样允许偏差如下：群桩 20mm；单排桩 10mm。

2）桩基工程的桩位验收，除设计有规定外，应按下述要求进行：①当桩顶设计标高与施工场地标高相同时，或桩基施工结束后，有可能对桩位进行检查时，桩基工程验收应在施工结束后进行。②当桩顶设计标高低于施工场标高，送桩后无法对桩位进行检查时，对打入桩可在每根桩顶沉至场地标高时，进行中间验收，待全部桩施工结束，承台或底板开挖到设计标高后，再做最终验收。对灌注桩可对护筒位置做中间验收。

3）打（压）入桩（预制混凝土方桩、先张法预应力管桩、钢桩）的桩位偏差，必须符合表 2-9 的规定。斜桩倾斜度的偏差不得大于倾斜角正切值的 15％（倾斜角系桩的纵向中心线与铅垂线间夹角）。

表 2-9　预制桩（钢桩）桩位的允许偏差　　　　　　单位：mm

| 项 | 项目 | 允许偏差 |
|---|---|---|
| 1 | 盖有基础梁的桩：<br>（1）垂直基础梁的中心线<br>（2）沿基础梁的中心线 | $100+0.01H$<br>$150+0.01H$ |
| 2 | 桩数为 1～3 根桩基中的桩 | 100 |
| 3 | 桩数为 4～16 根桩基中的桩 | 1/2 桩径或边长 |
| 4 | 桩数大于 16 根桩基中的桩<br>（1）最外边的桩<br>（2）中间桩 | 1/3 桩径或边长<br>1/2 桩径或边长 |

注：$H$ 为施工现场地面标高与桩顶设计标高的距离。

4）灌注桩的桩位偏差必须符合表 2-10 的规定，桩顶标高至少要比设计标高高出 0.5m，桩底清孔质量按不同的成桩工艺有不同的要求，应按规范要求执行。每浇注 50m³ 必须有 1 组试件，小于 50m³ 的桩，每根桩必须有 1 组试件。

表 2-10　灌注桩的平面位置和垂直度的允许偏差

| 序号 | 成孔方法 | | 桩径允许偏差/mm | 垂直度允许偏差/％ | 桩位允许偏差/mm | |
|---|---|---|---|---|---|---|
| | | | | | 1～3 根、单排桩基垂直于中心线方向和群桩基础的边桩 | 条形桩基沿中心线方向和群桩基础的中间桩 |
| 1 | 泥浆护壁钻孔桩 | $D \leq 1000mm$ | ±50 | <1 | $D/6$，且不大于 100 | $D/4$，且不大于 150 |
| | | $D > 1000mm$ | ±50 | | $100+0.01H$ | $150+0.01H$ |
| 2 | 套管成孔灌注桩 | $D \leq 500mm$ | −20 | <1 | 70 | 150 |
| | | $D > 500mm$ | | | 100 | 150 |
| 3 | 干成孔灌注桩 | | −20 | <1 | 70 | 150 |
| 4 | 人工挖孔桩 | 混凝土护壁 | +50 | <0.5 | 50 | 150 |
| | | 钢套管护壁 | +50 | <1 | 100 | 200 |

注：1. 桩径允许偏差的负值是指个别断面。

2. 采用复打、反插法施工的桩，其桩径允许偏差不受上表限制。

3. $H$ 为施工现场地面标高与桩顶设计标高的距离，$D$ 为设计桩径。

5）工程桩应进行承载力检验。对于地基基础设计等级为甲级或地质条件复杂，成桩质量可靠性低的灌注桩，应采用静载荷试验的方法进行检验，检验桩数不应少于总数的 1％，且不应少于 3 根，当总桩数少于 50 根时，不应少于 2 根。

6）桩身质量应进行检验。对设计等级为甲级或地质条件复杂，成检质量可靠性低的灌注桩，抽检数量不应少于总数的 30％，且不应少于 20 根；其他桩基工程的抽检数量不应少于总数的 20%，且不应少于 10 根；对混凝土预制桩及地下水位以上且终孔后经过核验的灌注桩，检验数量不应少于总桩数的 10%，且不得少于 10 根。每个柱子承台下不得少于 1 根。

7）对砂、石子、钢材、水泥等原材料的质量、检验项目、批量和检验方法，应符合国家现行标准的规定。

### 二、静力压桩

1）静力压桩包括锚杆静压桩及其他各种非冲击力沉桩。

2）施工前应对成品桩（锚杆静压成品桩一般均由工厂制造，运至现场堆放）做外观及强度检验，接桩用焊条或半成品硫黄胶泥应有产品合格证书，或送有关部门检验，压桩用压力表、锚杆规格及质量也进行检查。硫黄胶泥半成品应每 100kg 做一组试件（3 件）。

3）压桩过程中应检查压力、桩垂直度、接桩间歇时间、桩的连接质量及压入深度。重要工程应对电焊接桩的接头做 10% 的探伤检查。对承受反力的结构应加强观测。

4）施工结束后，应做桩的承载力及桩体质量检验。

5）锚杆静压桩质量检验标准应符合表 2-11 的规定。

**表 2-11　静力压桩质量检验标准**

| 项 | 序号 | 检查项目 | | 允许偏差或允许值 | | 检查方法 |
| --- | --- | --- | --- | --- | --- | --- |
| | | | | 单位 | 数值 | |
| 主控项目 | 1 | 检查质量检验 | | 按基桩检测技术规范 | | 按基桩检测技术规范 |
| | 2 | 桩位偏差 | | 见本节表 2-9 | | 用钢尺量 |
| | 3 | 承载力 | | 按基桩检测技术规范 | | 按基桩检测技术规范 |
| 一般项目 | 1 | 成品桩质量：外观 | | 表面平整，颜色均匀，掉角深度＜10mm，蜂窝面积小于总面积 0.5% | | 直观 |
| | | 外形尺寸 | | 见表 2-13 | | 见表 2-13 |
| | | 强度 | | 满足设计要求 | | 查产品合格证书或抽样送检 |
| | 2 | 硫黄胶泥质量（半成品） | | 设计要求 | | 查产品合格证书或抽样送检 |
| | 3 | 接桩 | 电焊接桩：焊缝质量 | 见规范 | | 见规范 |
| | | | 电焊结束后停歇时间 | min | ＞1.0 | 秒表测定 |
| | | | 硫黄胶泥接桩：胶泥浇注时间 | min | ＜2 | 秒表测定 |
| | | | 浇注后停歇时间 | min | ＞7 | 秒表测定 |
| | 4 | 电焊条质量 | | 设计要求 | | 查产品合格证书 |
| | 5 | 压桩压力（设计有要求时） | | % | ±5 | 查压力表读数 |
| | 6 | 接桩时上下节平面偏差接桩时节点弯曲矢高 | | mm | ＜10 ＜1/1000l | 用钢尺量用钢尺量，l 为两节桩长 |
| | 7 | 桩顶标高 | | mm | ±50 | 水准仪 |

### 三、混凝土预制桩

1）桩在现场预制时，应对原材料、钢筋骨架（见表 2-12）、混凝土强度进行检查；采用工厂生产的成品桩时，桩进场后应进行外观及尺寸检查。

2）施工中应对桩体垂直度、沉桩情况、桩顶完整状况、接桩质量等进行检查，对电焊接桩，重要工程应做 10% 的焊接缝探伤检查。

3）施工结束后，应对承载力及桩体质量做检验。

4）对长桩或总锤击数超过 500 击的锤击桩，应符合桩体强度及 28d 龄期的两项条件才能锤击。

5）钢筋混凝土预制桩的质量检验标准应符合表 2-13 的规定。

**表 2-12　预制桩钢筋骨架质量检验标准**　　　　　　　　　单位：mm

| 项 | 序 | 检查项目 | 允许偏差或允许值 | 检查方法 |
|---|---|---|---|---|
| 主控项目 | 1 | 主筋距桩顶距离 | ±5 | 用钢尺量 |
| | 2 | 多节桩锚固钢筋位置 | 5 | 用钢尺量 |
| | 3 | 多节桩预埋铁件 | ±3 | 用钢尺量 |
| | 4 | 主筋保护层厚度 | ±5 | 用钢尺量 |
| 一般项目 | 1 | 主筋间距 | ±5 | 用钢尺量 |
| | 2 | 桩尖中心线 | 10 | 用钢尺量 |
| | 3 | 箍筋间距 | ±20 | 用钢尺量 |
| | 4 | 桩顶钢筋网片 | ±10 | 用钢尺量 |
| | 5 | 多节桩锚固钢筋长度 | ±10 | 用钢尺量 |

**表 2-13　钢筋混凝土预制桩的质量检验标准**

| 项 | 序 | 检查项目 | 允许偏差或允许值 | | 检查方法 |
|---|---|---|---|---|---|
| | | | 单位 | 数值 | |
| 主控项目 | 1 | 桩体质量检验 | 按基桩检测技术规范 | | 按基桩检测技术规范 |
| | 2 | 桩位偏差 | 见本节表 2-9 | | 用钢尺量 |
| | 3 | 承载力 | 按基桩检测技术规范 | | 按基桩检测技术规范 |
| 一般项目 | 1 | 砂、石、水泥、钢材等原材料（现场预制时） | 符合设计要求 | | 查出厂质保文件或抽样送检 |
| | 2 | 混凝土配合比及强度（现场预制时） | 符合设计要求 | | 检查称量及查试块记录 |
| | 3 | 成品桩外形 | 表面平整，颜色均匀，掉角深度＜10mm，蜂窝面积小于总面积 0.5% | | 直观 |
| | 4 | 成品桩裂缝（收缩裂缝或起吊、装运、堆放引起的裂缝） | 深度＜20mm，宽度＜0.25mm，横向裂缝不超过边长的一半 | | 裂缝测定仪，该项在地下水有侵蚀地区及锤击数超过 500 击的长桩不适用 |
| | 5 | 成品尺寸：横截面边长 | mm | ±5 | 用钢尺量 |
| | | 桩顶对角线差 | mm | ＜10 | 用钢尺量 |
| | | 桩尖中心线 | mm | ＜10 | 用钢尺量 |
| | | 桩身弯曲矢高 | | ＜1/1000$l$ | 用钢尺量，$l$ 为桩长 |
| | | 桩顶平整度 | mm | ＜2 | 用水平尺量 |
| | 6 | 电焊接桩：焊缝质量 | 见规范 | | 见规范 |
| | | 电焊结束后停歇时间 | min | ＞1.0 | 秒表测定 |
| | | 上下节平面偏差 | mm | ＜10 | 用钢尺量 |
| | | 节点弯曲矢高 | | ＜1/1000$l$ | 用钢尺量，$l$ 为两节桩长 |
| | 7 | 硫黄胶泥接桩：胶泥浇注时间 | min | ＜2 | 秒表测定 |
| | | 浇注后停歇时间 | min | ＞7 | 秒表测定 |
| | 8 | 桩顶标高 | mm | ±50 | 水准仪 |
| | 9 | 停锤标准 | 设计要求 | | 现场实测或查沉桩记录 |

### 四、混凝土灌注桩

1) 施工前应对水泥、砂、石子（如现场搅拌）、钢材等原材料进行检查，对施工组织设计中制定的施工顺序、监测手段（包括仪器、方法）也应检查。

2) 施工中应对成孔、清渣、放置钢筋笼、灌注混凝土等进行全过程检查，人工挖孔桩尚应复验孔底持力层土（岩）性。嵌岩桩必须有桩端持力层的岩性报告。

3) 施工结束后，应检查混凝土强度，并应做桩体质量及承载力的检验。

4) 混凝土灌注桩的质量检验标准应符合表 2-14、表 2-15 的规定。

表 2-14    混凝土灌注桩钢筋笼质量检验标准        单位：mm

| 项 | 序 | 检查项目 | 允许偏差或允许值 | 检查方法 |
|---|---|---|---|---|
| 主控项目 | 1 | 主筋间距 | ±10 | 用钢尺量 |
|  | 2 | 长度 | ±100 | 用钢尺量 |
| 一般项目 | 1 | 钢筋材质检验 | 设计要求 | 抽样送检 |
|  | 2 | 箍筋间距 | ±20 | 用钢尺量 |
|  | 3 | 直径 | ±10 | 用钢尺量 |

表 2-15    混凝土灌注桩质量标准

| 项 | 序 | 检查项目 | 允许偏差或允许值 | | 检查方法 |
|---|---|---|---|---|---|
|  |  |  | 单位 | 数值 |  |
| 主控项目 | 1 | 桩位 | 见本节表 2-9 | | 基坑开挖前量护筒，开挖后量桩中心 |
|  | 2 | 孔深 | mm | ＋300 | 只深不浅，用重锤测，或测钻杆、套管长度，嵌岩桩应确保进入设计要求的嵌岩深度 |
|  | 3 | 桩体质量检验 | 按基桩检测技术规范。如钻芯取样，大直径嵌岩桩应钻至桩尖下 50cm | | 按基桩检测技术规范 |
|  | 4 | 混凝土强度 | 设计要求 | | 试件报告或钻芯取样送检 |
|  | 5 | 承载力 | 按基桩检测技术规范 | | 按基桩检测技术规范 |
| 一般项目 | 1 | 垂直度 | 见本节表 2-10 | | 测套管或钻杆，或用超声波探测，干施工时吊垂球 |
|  | 2 | 桩径 | 见本节表 2-10 | | 井径仪或超声波检测，干施工时用钢尺量，人工挖孔桩不包括内衬厚度 |
|  | 3 | 泥浆比重（黏土或砂性土中） | 1.15～1.20 | | 用比重计测，清孔后在距孔底 50cm 处取样 |
|  | 4 | 泥浆面标高（高于地下水位） | m | 0.5～1.0 | 目测 |
|  | 5 | 沉渣厚度：端承桩<br>摩擦桩 | mm<br>mm | ≤50<br>≤150 | 用沉渣仪或重锤测量 |
|  | 6 | 混凝土坍落度：水下灌注<br>干施工 | mm<br>mm | 160～220<br>70～100 | 坍落度仪 |
|  | 7 | 钢筋笼安装深度 | mm | ±100 | 用钢尺量 |
|  | 8 | 混凝土充盈系数 | ＞1 | | 检查每根桩的实际灌注量 |
|  | 9 | 桩顶标高 | mm | ＋30<br>－50 | 水准仪，需扣除桩顶浮浆层及劣质桩体 |

5) 人工挖孔桩、嵌岩桩的质量检验应按本节执行。

# 第三章 砌 体 工 程

砌体工程是指由块体材料和砂浆砌筑而成的砖砌体、砌块砌体和石砌体的施工。

砌筑工程用小块体组砌，多为手工操作，劳动量大，运输量大，生产效率低，且烧砖占用农田，浪费土地。因而，采用轻质、高强、空心、大块多功能的新型墙体材料，是砌筑工程改革的方向。

本章主要介绍砖砌体施工技术、扣件式钢管脚手架设计方法。

## 第一节 砖砌体施工

砖砌体施工所用材料主要是砖、砌筑砂浆。

### 一、砌筑材料

#### （一）砖

砖按材质分为黏土砖、页岩砖、煤矸石砖、粉煤灰砖、灰砂砖、混凝土砖等；按孔洞率分为实心砖（无孔洞或孔洞小于 25％的砖）、多孔砖（孔洞率等于或大于 25％，空心砖孔洞率大于或等于 40％）；按烧结与否分为免烧砖（水泥砖）和烧结砖（红砖）；按生产工艺分为烧结砖（经焙烧而成的砖）、蒸压砖、蒸养砖。烧结黏土砖主要包括烧结普通黏土砖（即黏土实心砖）、烧结多孔黏土砖。

多孔砖使用时孔洞方向平行于受力方向；空心砖的孔洞则垂直于受力方向。多孔砖尺寸规格分为 190mm×190mm×90mm（M 型）和 240mm×115mm×90m（P 型）；P 型砖便于与普通砖配套使用。多孔砖根据抗压强度平均值和抗压强度标准值或抗压强度最小值分为 MU30、MU25、MU20、MU15、MU10、MU7.5 共 6 个强度等级。并根据强度等级、尺寸偏差、外观质量和耐久性指标划分为优等品（A）、一等品（B）和合格品（C）。优等品和一等品的吸水率分别不大于 22％和 25％，对合格品的吸水率无要求。

烧结空心砖是以黏土、页岩或煤矸石为主要原料烧制而成，孔尺寸大而少，且为水平孔，主要用于非承重砌体。空心砖规格尺寸较多，有 290mm×190mm×90mm 和 240mm×180mm×115mm 两种类型，砖的壁厚应大于 10mm，肋厚应大于 7mm。空心砖根据大面和条面抗压强度分为 5.0、3.0、2.0 三个强度等级，同时按表观密度分为 800、900、1100 三个密度级别。

非烧结砖一般采用蒸汽养护或蒸压养护的方法生产，根据主要原材料的不同，可分为灰砂砖、粉煤灰砖、煤渣砖、炉渣砖、煤矸石砖等。

蒸压灰砂砖是以石灰和砂为主要原料的实心砖或空心砖。其规格主要有 240mm×115mm×53mm、240mm×115mm×103mm、240mm×180mm×103mm、480mm×115mm×53mm 等几种。按力学性能分为 MU25、MU20、MU15、MU10 四个抗压等级。

蒸压粉煤灰砖是以粉煤灰、石灰、石膏以及骨料为原料的实心砖。主要规格有 240mm×115mm×53mm 和 400mm×115mm×53mm；按力学性能分为：MU20、MU15、MU10、

MU7.5 四个抗压强度等级。

煤渣砖是以煤渣为主要原料，掺入适量石灰、石膏，经混合、压制成型、蒸养或蒸压养护制成的实心煤渣砖。主要规格有 240mm×115mm×53mm。

（二）砌筑砂浆

常用砌筑砂浆包括水泥砂浆、混合砂浆和石灰砂浆。水泥砂浆的塑性和保水性较差，但能够在潮湿环境中硬化，一般用在要求高强度砂浆与砌体处于潮湿环境下使用。混合砂浆是一般气体中最常用的砂浆类型；石灰砂浆主要用于强度要求不高的砌体，譬如临时设施、简易建筑等。

砌筑砂浆使用的水泥品种及等级，应根据砌体部位和所处环境来选择。水泥砂浆采用的水泥，其强度等级不宜大于 32.5 级；水泥混合砂浆采用的水泥，其强度等级不宜大于 42.5 级。水泥进场使用前，应分批对其强度，安定性进行复验。检验批应以同一生产厂家，同一编号为一批。如强度等级不明或出厂日期超过三个月（快硬硅酸盐水泥超过一个月）时，应经试验鉴定后按试验结果使用。

砂浆用砂宜用中砂，并过筛，不得含有草根等杂物，砂的含泥量应满足下列要求：对水泥砂浆和强度等级不小于 M5 的水泥混合砂浆，不应超过 5%；对强度等级小于 M5 的水泥混合砂浆，不应超过 10%；人工砂，山砂及特细砂，应经试配能满足砌筑砂浆技术条件要求。

水：拌制砂浆用水不得含有有害物质，水质应符合国家现行标准《混凝土拌和用水标准》JGJ63 的规定。

外加剂：凡在砂浆中掺入有机塑化剂、早强剂、缓凝剂、防冻剂等，应经检验和试配符合要求后，方可使用。

砂浆现场拌制时，各组分材料应采用质量计量。

砌筑砂浆应采用机械搅拌，自投料完算起，搅拌时间应符合下列规定。

水泥砂浆和水泥混合砂浆不得少于 2min；

水泥粉煤灰砂浆和掺用外加剂的砂浆不得少于 3min；

掺用有机塑化剂的砂浆，应为 3～5min。

砂浆应随拌随用，在拌成和使用时，应用贮灰器盛装。水泥砂浆和水泥混合砂浆必须分别在拌成后 3h 和 4h 内使用完毕；当施工期间最高气温超过 30℃时，必须分别在拌成后 2h 和 3h 内使用完毕。

砂浆应进行强度检验。砌筑砂浆试块强度验收时，其强度合格标准必须符合下列规定：同一验收批砂浆试块抗压强度平均值应大于或等于设计强度等级值的 1.1 倍；同一验收批砂浆试块抗压强度的最小一组平均值必须大于或等于设计强度等级值的 0.85 倍。砂浆强度应以标准养护龄期为 28d 的试块抗压试验结果为准。抽检数量：每一检验批且不超过 250m³ 砌体中的各种类型及强度等级的砌筑砂浆，每台搅拌机应至少抽查一次。检验方法：在砂浆搅拌机出料口随机取样制作砂浆试块（同盘砂浆只应制作一组试块），最后检查试块强度试验报告单。

**二、施工准备**

砌体工程所用的材料应有产品的合格证书，产品性能检测报告；块材、水泥、钢筋、外加剂等应有材料主要性能的进场复验报告。

（一）砖的准备

砖的品种，强度等级必须符合设计要求，并应规格一致。用于清水墙、柱表面的砖，尚应边角整齐，色泽均匀。有冻胀环境和条件的地区，地面以下或防潮层一下的砌体，不宜采用多孔砖。砌筑砖砌体时，砖应提前1～2d浇水湿润。以免在砌筑时因干砖吸收砂浆中的水分，使砂浆流动性降低，造成砌筑困难，并影响砂浆的粘结力和强度。但也要注意不能将砖浇的过湿而使砖不能吸收砂浆中的多余水分，影响砂浆的密实性，强度和粘结力，而且还会产生坠灰和砖块滑动现象，影响墙面外观。一般要求多孔砖、空心砖处于半干湿状态（将水浸入砖10mm左右），含水率为10％～15％。灰砂砖、粉煤灰砖含水量宜为5％～8％。

（二）机具的准备

砌筑前，必须按施工组织设计要求组织垂直和水平运输机械，砂浆搅拌机进场，安装，调试等工作。同时，还应准备脚手架，砌筑工具（如皮数杆、托线板）等。

### 三、砖墙砌体组砌形式

组砌形式指砖块在砌体中的排列方式。为了使砌体坚固稳定并形成整体，须将上下皮砖块之间的垂直砌缝有规律地错开，称错缝。错缝还能使清水墙立面构成有规则的图案。如图3-1所示。

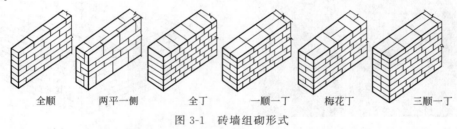

全顺　　　两平一侧　　　全丁　　　一顺一丁　　　梅花丁　　　三顺一丁

图3-1　砖墙组砌形式

全顺：每皮砖全部用顺砖砌筑，两皮间竖缝搭接1/2砖长。此种砌法仅用于半砖隔断墙。

两平一侧：两皮平砌的顺砖旁砌一皮侧砖，其厚度为18cm。两平砌层间竖缝应错开1/2砖长；平砌层与侧砌层间竖缝可错开1/4或1/2砖长见。比较费工，墙体的抗震性能较差。

全丁：每皮全部用顶砖砌筑，两皮间竖缝搭接为1/4砖长。此种砌法一般多用于圆形建筑物，如水塔、烟囱、水池，圆仓等。

一顺一丁：一皮中全部顺砖与一皮中全部丁砖相互间隔砌成，上下皮间的竖缝相互错开1/4砖长。

梅花丁：每皮中丁砖与顺砖相隔，上皮丁砖坐中于下皮顺砖，上下皮间竖缝相互错开1/4砖长。

三顺一丁：三皮中全部顺砖与一皮中全部丁砖间隔砌成，上下皮顺砖与丁砖间竖缝错开1/4砖长，上下皮顺砖间竖缝错开1/2砖长。

考虑砌体的抗压强度、轴心受拉、弯曲抗拉强度以及整体性和稳定性，实心砌体宜采用一顺一丁、梅花丁和三顺一丁等砌筑形式。

### 四、砖砌体施工工艺

砖砌体的施工过程有抄平、弹线，摆砖样，立皮数杆，盘角、挂线，砌砖，勾缝、清理。

**1. 抄平、弹线**

砌墙前应在基础防潮层或楼面上定出各层标高，并用 M7.5 水泥砂浆或 C10 细石混凝土找平，使各段砖墙底部标高符合设计要求。在基础顶面或楼面上用墨线弹出墙的轴线和墙的宽度线，并定出门洞口位置线。

二层以上各层轴线由底层外墙面等处的轴线控制点用经纬仪或垂球引测到楼面，用钢尺核轴线。二层以上各层标高由底层标高控制点用钢尺引测至各层墙身。

**2. 摆砖样**

摆砖样也称撂（Liao）底，是在弹好线的基础顶面上按选定的组砌方式先用砖试摆，好核对所弹出的墨线在门窗洞口、墙垛等处是否符合砖模数，以便借助灰缝调整，使砖的排列和砖缝宽度均匀合理（如图 3-2 所示）。摆砖样时，要求山墙摆成丁砖，横墙摆成顺砖。

图 3-2 摆砖样

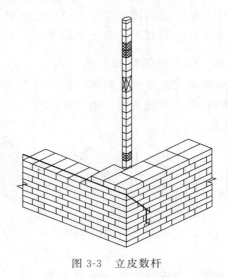

图 3-3 立皮数杆

**3. 立皮数杆**

立皮数杆是指在其上画有每皮砖和砖缝厚度以及门窗洞口，过梁，楼板，梁底，预埋件等标高位置的一种木制标杆，如图 3-3 所示。

**4. 盘角、挂线**

盘角：就是根据皮数杆先在四大角和交接处砌几皮砖，并保证其垂直平整。高度不应大于 5 皮，留踏步槎，依据皮数杆，勤吊勤靠。

挂准线：为保证砌体垂直平整，砌筑时必须挂线，一般二四墙可单面挂线，三七墙及以上的墙则应双面挂线。

**5. 砌砖**

砌砖操作方法很多，常用的是"三一"砌砖法和铺浆法。"三一"砌砖法即"一块砖、一铲灰、一挤揉"，铺浆法是铺一定长度的砂浆，再挤揉砖块。砌砖时，先挂上通线，按所排的干砖位置把第一皮砖砌好，然后盘角。盘角又称立头角，指在砌墙时先砌墙角，然后从墙角处拉准线，再按准线砌中间的墙。砌筑过程中应三皮一吊，五皮一靠，保证墙面垂直平整。

**6. 勾缝、清理**

清水墙砌完后，要进行墙面修正及勾缝。墙面勾缝应横平竖直，深浅一致，搭接平整，不得有丢缝，开裂和粘结不牢等现象。砖墙勾缝宜采用凹缝或平缝，凹缝深度一般为 4~

5mm。勾缝完毕后，应进行墙面，柱面和落地灰的清理。

**五、其他施工技术**

1. 施工洞口的留设

要求洞口侧边距丁字相交的墙面不小于 500mm，洞口净宽度不应超过 1m，而且洞顶宜设过梁。对设计规定的设备管道、脚手眼和预埋件，应在砌筑墙体时预留和预埋，不得事后随意打凿墙体。

2. 减少不均匀沉降

若房屋相邻高差较大时，应先建高层部分；分段施工时，砌体相邻施工段的高差，不得超过一个楼层，也不得大于 4m；现场施工时，砖墙每天砌筑的高度不宜超过 1.8m，雨天施工时，每天砌筑高度不宜超过 1.2m。

3. 构造柱施工

设有钢筋混凝土构造柱的抗震多层砖房，在砌砖前，先根据图纸将构造柱位置进行弹线。施工顺序为：先绑扎钢筋，而后砌砖墙，最后浇筑混凝土。砌砖墙时，构造柱与墙体的连接处应砌成马牙槎（如图 3-4 所示），每一马牙槎沿高度方向的尺寸不宜超过 30cm（即 5 皮砖）。马牙槎应先退后进，拉结筋按设计要求放置。设计无要求时，一般沿墙高 50cm，设置 2 根 $\phi6$ 水平拉结筋，每边深入墙内不小于 1m。预留的拉结钢筋应位置正确，施工中不得任意弯折。

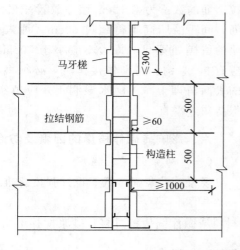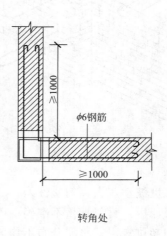

图 3-4　马牙槎及拉结筋

构造柱位置及垂直度的允许偏差应符合规定。

4. 砖砌体的质量总体要求

对砖砌体的质量要求可以用十六个字概括为：横平竖直、砂浆饱满、组砌得当、接槎可靠。

（1）横平竖直　砖砌体主要承受垂直力，为使砖砌筑时横平竖直、均匀受压，要求砌体的水平灰缝应平直、竖向灰缝应垂直对齐，不得游丁走缝。

（2）砂浆饱满　砂浆层的厚度和饱满度对砖砌体的抗压强度影响很大，这就要求水平灰缝和垂直灰缝的厚度控制在 8～12m 以内，且水平灰缝的砂浆饱满度不得小于 80%（可用百格网检查）。这样可保证砖均匀受压，避免受弯、受剪和局部受压状态的出现。

（3）组砌得当　为提高砌体的整体性、稳定性和承载力，砖块排列应遵守上下错缝的原则，避免垂直通缝出现，错缝或搭砌长度一般不小于 60mm。

（4）接槎可靠　接槎是指墙体临时间断处的接合方式，一般有斜槎和直槎两种方式。

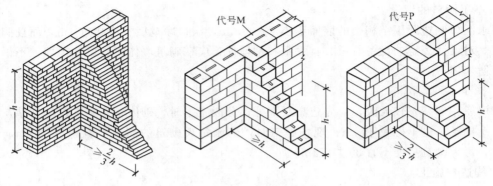

图 3-5　斜槎

规范规定：砖砌体的转角处和交接处应同时砌筑，对不能同时砌筑而又必须留置的临时间断处，应砌成斜槎（图 3-5），且实心砖砌体的斜槎长度不应小于高度的 2/3；如临时间断处留斜槎有困难时，除转角处外，也可留直接（图 3-6），但必须做成阳槎，并加设拉结筋；拉结筋的数量为第 12cm 墙厚放置一根 φ6 的钢筋，间距沿墙高不得超过 50cm，埋入长度从墙的留槎处算起，每边不应小于 50cm，末端应有 90°弯钩。墙砌体接槎时，必须将接槎处的表面清理干净，浇水湿润，并应填实砂浆，保持灰缝平直。

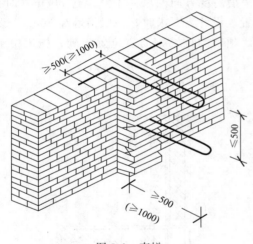

图 3-6　直槎

## 六、影响砖砌体质量的因素及防治措施

### （一）砂浆强度不稳定

现象：砂浆强度低于设计强度标准值，有时砂浆强度波动较大，匀质性差。

主要原因：材料计量不准确；砂浆中塑化材料或微沫剂掺量过多；砂浆搅拌不均；砂浆使用时间超过规定；水泥分布不均匀等。

预防措施：建立材料的计量制度和计量工具校验，维修，保管制度；减少计量误差，对塑化材料（石灰膏等）宜调成标准稠度（120mm）进行称量，再折算成标准容积；砂浆尽量采用机械搅拌，分两次投料（先加入部分砂子，水和全部塑化材料，拌匀后再投入其余的砂子和全部水泥进行搅拌），保证搅拌均匀；砂浆应按需要搅拌，宜在当班用完。

### （二）砖墙墙面游丁走缝

现象：砖墙面上下砖层之间竖缝产生错位，丁砖竖缝歪斜，宽窄不匀，丁不压中。清水墙窗台部位与窗间墙部位的上下竖缝错位。

主要原因：砖的规格不统一，每块砖长，宽尺寸误差大；操作中未掌握控制砖缝的标准，开始砌墙摆砖时，没有考虑窗口位置对砖竖缝的影响，当砌至窗台处分窗口尺寸时，窗的边线不在竖缝位置上。

预防措施：砌墙时用同一规格的砖，如规格不一，则应弄清现场用砖情况，统一摆砖确定组砌方法，调整竖缝宽度；提高操作人员技术水平，强调丁压中即丁砖的中线与下层条砖的中线重合；摆砖时应将窗口位置引出，使窗的竖缝尽量与窗口边线相齐，如果窗口宽度不符合砖的模数，砌砖时要打好七分头，排匀立缝，保持窗间墙处上下竖缝不错位。

（三）清水墙面水平缝不直，墙面凹凸不平

现象：同一条水平缝宽度不一致，个别砖层冒线砌筑；水平缝下垂；墙体中部（两步脚手架交接处）凹凸不平。

主要原因：砖的两个条面大小不等，使灰缝的宽度不一致，个别砖大条面偏大较多，不易将灰缝砂浆压薄，从而出现冒线砌筑；所砌墙体长度超过 20m，挂线不紧，挂线产生下垂，灰缝就出现下垂现象；由于第一步架墙体出现垂直偏差，接砌第二步架时进行了调整，两步架交接处出现凹凸不平。

预防措施：砌砖应采取小面跟线；挂线长度超过 15～20m 时，应加垫线；墙面砌至脚手架排木搭设部位时，预留脚手眼，并继续砌至高出脚手架板面一层砖；挂立线应由下面一步架墙面引申，以立线延至下部墙面至少 500mm，挂立线吊直后，拉紧平线，用线锤吊平线和立线，当线锤与平线、立线相重，则可认为立线正确无误。

（四）"螺丝"墙

现象：砌完一个层高的墙体时，同一砖层的标高差一皮砖的厚度而不能咬圈。

主要原因：砌筑时没有按皮数杆控制砖的层数；每当砌至基础面和预制混凝土楼板上接砌砖墙时，由于标高偏差大，皮数杆往往不能与砖层吻合，需要在砌筑中用灰缝厚度逐步调整；如果砌同一层砖时，误将负偏差当作正偏差，砌砖时反而压薄灰缝，在砌至层高赶上皮数时，与相邻位置正好差一皮砖。

预防措施：砌筑前应先测定所砌部位基面标高误差，通过调整灰缝厚度来调整墙体标高；标高误差宜分配在一步架的各层砖缝中，逐层调整；操作时挂线两端应相互呼应，并经常检查与皮数杆的砌层号是否相符。

# 第二节　砌块砌体施工

由粉煤灰、混凝土为主要原材料制作的中小型块体，生产工艺简单，投资少，收效快，成本接近或低于黏土砖，施工进度加快，而且可以大量利用工业废渣，节约堆放废渣的场地，不用耕作土，不占用农田，建筑物自重减轻。

砌块分混凝土空心砌块、加气混凝土砌块及硅酸盐实心砌块。通常把高度为 180～350mm 的称为小型砌块，360～900mm 称为中型砌块。混凝土中、小型和粉煤灰中型实心砌块的强度为 MU15、MU10、MU7.5、MU5、MU3.5 五个等级。砌块用砂浆主要是水泥、砂、石灰膏、外加剂等材料或相应的代用材料。

## 一、砌块施工工艺

（一）组砌的排列要求

施工前，砌块应按不同规格，标号整齐堆放，为便于施工，吊装前应绘制砌块排列图。砌块排列图要求在立面图上绘出纵横墙，标出楼板、大梁、过梁、楼梯、孔洞等位置，在纵横墙上绘出水平灰缝，然后以主规格为主，其他型号为辅，按墙体错缝搭接的原则和竖缝大小进行排列（主规格砌块是指大量使用的主要规格砌块，与之相搭配使用的砌块称为副规格砌块）。若设计无具体规定，尽量使用主规格砌块。砌块排列应按下列原则。

（1）砌块应错缝搭接，搭接长度不得小于块高的 1/3，且不应小于 150mm；搭接长度不足时，应在水平灰缝内设 2φ4 的钢筋网片。

（2）外墙转角处及纵横墙接处，应交错搭砌。局部必须镶砖时，应尽量使砖的数量达到最低，镶砖部分应分散布置。砌块排列示意图见图 3-7。

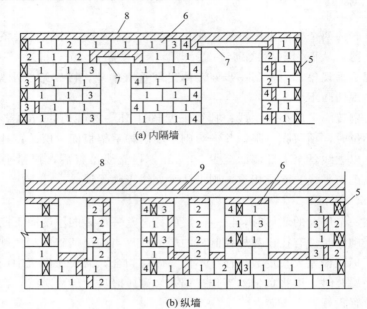

(a) 内隔墙

(b) 纵墙

图 3-7　砌块排列图

1—主规格砌块；2～4—副规格砌块；5—丁砌砌块；6—顺砌砌块；7—过梁；8—镶砖

**（二）砌筑技术要点**

施工时所用的混凝土小型空心砌块应保证有 28d 以上的龄期。混凝土空心砌块砌筑前一般不需要浇水，在天气炎热的情况下，可提前洒水湿润小砌块；对轻骨料混凝土小砌块，宜提前 2d 浇水湿润。小砌块表面有浮水时，不得施工。以免干燥收缩，使墙体产生裂缝。砌筑小砌块时，应清除表面污物和芯柱及小砌块孔洞底部的毛边，剔除外观质量不合格的小砌块。小砌块应底面朝上反砌于墙上，便于铺设砂浆。承重墙严禁使用断裂的小砌块。小砌块应从转角或定位处开始，内外墙同时砌筑，纵横墙交错搭砌。外墙转角处应使小砌块隔皮露端面（图 3-8）；T 字交接处应使横墙小砌块隔皮露端面，纵墙在交接处改砌两块辅助规格小砌块（尺寸为 290mm×190mm×190mm，一端开口），所有露端面用水泥砂浆抹平。如图 3-9 所示。小砌块墙体应对孔错缝搭砌，搭接长度不应小于 90mm。墙体的个别部位不能满足上述要求时，应在灰缝中设置拉结钢筋或钢筋网片，但竖向通缝不能超过两皮小砌块。小砌块砌体的灰缝应横平竖直，全部灰缝均应铺填砂浆；水平灰缝的砂浆饱满度不得低于 90%；竖向灰缝的砂浆饱满度不得低于 80%；砌筑中不得出现瞎缝、透明缝。水平灰缝厚度和竖向灰缝宽度应控制在 8～12mm。当缺少辅助规格小砌块时，砌体通缝不应超过两皮砌块。小砌块砌体临时间断处应砌成斜槎（如图 3-10 所示），斜槎长度不应小于斜槎高度 2/3（一般按一步脚手架高度控制）；如留斜槎有困难，除外墙转角处及抗震设防地区，砌体临时间断处不应留直槎外，从砌体面伸出 200mm 砌成阴阳槎，并沿砌体高每三皮砌块（600mm），设拉结筋或钢筋网片，接槎部位宜延至门窗洞口，如图 3-11 所示。小砌块砌体内不宜设置脚手眼，如必须设置时，可用辅助规格 190mm×190mm×190mm 小砌块侧砌，利用其孔洞做脚手眼，砌体完工后用 C15 混凝土填实。但在砌体下列部位不得设置脚手眼。

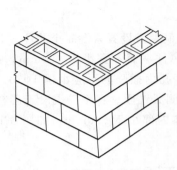

图 3-8 纵横墙交错搭接

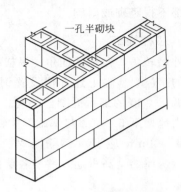

图 3-9 T 字交接处做法

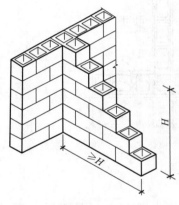

图 3-10 斜槎

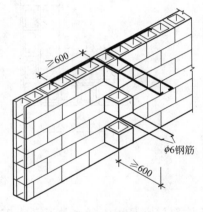

图 3-11 直槎

过梁上部，与过梁成 60°角的三角形及过梁跨度 1/2 范围内；

宽度不大于 800mm 的窗间墙；

梁和梁垫下及左右各 500mm 的范围内；

门窗洞口两侧 200mm 内和砌体交接处 400mm 的范围内；

设计规定不允许设脚手眼的部位。

**（三）砌块砌筑的主要工序**

砌块砌筑的主要工序有：铺灰、砌块安装就位、校正、灌浆、镶砖等。

（1）铺灰 采用稠度有良好（5～7cm）的水泥砂浆，铺 3～5m 长的水平灰缝，铺灰应平整饱满，炎热天气或寒冷季节应适当缩短。

（2）砌块安装就位 安装砌块采用摩擦式夹具，按砌块排列图将所需砌块安装就位。

（3）校正 用托线板检查砌块的垂直度，拉准线检查水平度，用撬棒、木锤调整偏差。

（4）灌浆 采用砂浆灌竖缝，两侧用夹板夹住砌块，超过 3cm 宽的竖缝采用不低于

C20 的细石混凝土灌缝，收水后用原浆勾缝；此后，一般不允许再撬动砌块，以防损坏砂浆粘结力。

（5）镶砖 当砌块间出现较大坚缝或过梁找平时，应采用不低于 MU10 的红砖镶，砌镶砖砌体的灰缝应控制在 15～30mm 以内，镶砖工作必须在砌块校正后即刻进行，在任何情况下都不得竖砌或斜砌。

**二、芯柱施工**

在外墙转角，楼梯间四角的纵横墙交接处的三个孔洞，宜设置素混凝土芯柱。五层及五层以上的房屋，应在上述部位设置钢筋混凝土芯柱。芯柱截面不宜小于 120mm×120mm，宜用不低于 C20 的细石混凝土浇筑。钢筋混凝土芯柱每孔内插竖筋不应小于 1φ10，底部应深入室内地面下 500mm 与基础圈梁锚固，顶部与屋盖圈梁锚固。在钢筋混凝土芯柱处，沿墙高每隔 600mm 应设φ4 钢筋网片拉结，没变伸入墙体内部小于 600mm。如图 3-12 所示。芯柱应沿房屋的全高贯通，并与各层圈梁整体浇筑。

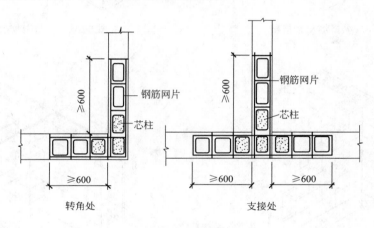

图 3-12　芯柱做法

芯柱部位宜采用不封底的通孔小砌块，当采用半封底小砌块时，砌筑前必须打掉孔洞毛边。在楼（地）面砌筑第一皮小砌块时，在芯柱部位，应用开口砌块（或 U 形砌块）砌出操作孔，在操作孔侧面宜预留连通孔，必须清除芯柱孔洞内的杂物及削掉孔内凸出的砂浆，用水冲洗干净，校正钢筋位置并绑扎或焊接固定后，方可浇灌混凝土。砌完一个楼层高度后，应连续浇灌芯柱混凝土。每浇灌 400～500mm 高度捣实一次，或边浇灌边捣实。二浇灌混凝土前，先注入适量水泥砂浆；严禁灌满一个楼层后再捣实，宜采用插入式混凝土振动器捣实；混凝土坍落度不应小于 50mm。砌筑砂浆强度达到 1.0MPa 以上方可浇灌芯柱混凝土。

# 第三节　石砌体施工

**一、砌筑用石**

砌筑用石分为毛石和料石两类。毛石是指形状不规则的石块，包括乱毛石和平毛石。乱毛石是指形状不规则的石块；平毛石是指形状不规则，但有两个平面大致平行的石块。毛石主要用于基础和挡土墙的等砌筑。砌筑的毛石要求制定坚硬，无裂缝和风化剥落。料石经加工，外观规矩，尺寸均≥200mm，按其加工面的平整程度分为细料石、半细料石、粗料石和毛料石四种。

根据石料的抗压强度值，将石料分为 MU10、MU15、MU20、MU30、MU40、MU50、MU60、MU80、MU100 九个强度等级。

### 二、毛石砌体砌筑

#### （一）毛石基础构造

毛石基础用毛石和砂浆砌筑而成。毛石的强度等级不低于 MU20。砂浆一般采用水泥砂浆或水泥石灰混合砂浆。毛石基础的断面形状一般有阶梯形和梯形，多做阶梯形。毛石基础的顶面两边各宽出墙厚 100mm，每级台阶的高度一般在 300～400mm，每阶内至少砌两批毛石。上级台阶的最外边毛石至少压砌下面毛石的一半以上。

1. 施工条件

（1）基槽施工与验收。

对基槽（坑）的土质、轴线、尺寸和标高等进行检查验收。清除杂物，打底夯。基底过湿时，铺 100mm 厚砂子、矿渣等镇平夯实。

（2）设龙门板或龙门桩，标出基础和墙身轴线和标高，在槽底或垫层上弹出基础轴线和边线。

（3）抄平、立皮数杆。

皮数杆间距 15～20m 一杆，并在墙角处均设立。拉线检查垫层表面的水平度。

（4）定砂浆配合比。

（5）场地平整、道路畅通。脚手架及各类机具准备就绪。

（6）检查槽边土坡的稳定性，有无坍塌的危险；不良的地基已进行处理。

2. 施工工艺流程

毛石基础施工工艺流程及技术要求如下。

（1）清理基础垫层，洒水湿润。放基础轴线、边线，抄平，立皮数杆，划出分层砌石高度，并标出台阶收分尺寸。

（2）摆石擦底。第一皮擦底的石块应选用较大较方正的平毛石，其大面应朝下并坐浆，放置平稳；在转角处、交接处和洞口处，亦应选用较大的平毛石砌筑。毛石之间的上下皮竖缝应错开，并力求丁顺交错排列。

（3）盘角挂线，砌筑基础时应先在墙角处盘角。毛石基础应两面挂线。先砌筑转角和交接处，先砌四个大角和墙头，再由两端向中间砌筑。缝隙和上部凹坑用小石块或碎石和砂浆填塞平稳严实。

（4）毛石砌体的灰缝厚度宜为 20～30mm，砂浆应饱满，石块间较大的空隙应先填塞砂浆、再用碎石块嵌实，不得采用先摆碎石、后塞砂浆或干填碎石块的方法。

（5）砌毛石时，应分皮卧砌，并应上下错缝，内外搭砌，不得采用先砌外面石块后中间填心的砌筑方法。石块间较大的空隙应先填塞砂浆后用碎石嵌实，不得采用先摆碎石后塞砂浆或干填碎石的方法。

（6）毛石基础每 0.7m² 且每皮毛石内间距不大于 2m 设置一块拉结石，上下两皮拉结石的位置应错开，立面砌成梅花形。拉结石宽度，如基础宽度等于或小于 400mm，拉结石宽度应与基础宽度相等。如基础大于 400mm，可用两块拉结石内外搭接，搭接长度不应小于 150mm，且其中一块长度不应小于基础宽度的 2/3。

（7）有高低台的毛石基础，应从低处砌筑，并由高台向低台搭接，搭接长度不小于基础高度。

**（二）毛石墙体施工**

毛石墙是用乱毛石或平毛石与水泥砂浆或混合砂浆砌筑而成。毛石墙的转角可用平毛石或料石砌筑。毛石墙的厚度不应小于 350mm。

施工时根据轴线放出墙身里外两边线，挂线每皮（层）卧砌，每层高度 200～300mm。砌筑时应采用铺浆法，先铺灰后摆石。毛石墙的第一皮、每一楼层最上一皮、转角处、交接处及门窗洞口处用较大的平毛石砌筑，转角处最好应用加工过的方整石。毛石墙砌筑时应先砌筑转角处和交接处，再砌中间墙身，石砌体的转角处和交接处应同时砌筑。对不能同时砌筑而又必须留置的临时间断处，应砌成斜槎。砌筑时石料大小搭配，大面朝下，外面平齐，上下错缝，内外交错搭砌，逐块卧砌坐浆。灰缝厚度不宜大于 20mm，保证砂浆饱满，不得有干接现象。石块间较大的空隙应先堵塞砂浆，后用碎石块嵌实。为增加砌体的整体性，石墙面每 0.7m² 内，应设置一块拉结石，同皮的水平中距不得大于 2.0m，拉结长度为墙厚。

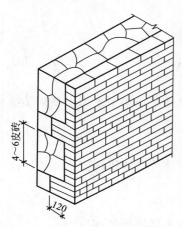

图 3-13　石墙与实心砖组合做法

石墙砌体每日砌筑高度不应超过 1.2m，但室外温度在 20℃ 以上时停歇 4h 后可继续砌筑。石墙砌至楼板底时要用水泥砂浆找平。门窗洞口可用黏土砖作砖砌平拱或放置钢筋混凝土过梁。

石墙与实心砖的组合墙中，石与砖应同时砌筑，并每隔 4～6 皮砖用 2～3 皮砖与石砌体拉结砌合（图 3-13），石墙与砖墙相接的转角处和交接处应同时砌筑。

毛石墙与砖墙的转角处应同时砌筑。砖墙与毛石墙在转角处相接，可从砖墙每隔 4～6 皮砖高度砌出不小于 120mm 长的阳槎与毛石墙相接（图 3-14）；亦可从毛石墙每隔 4～6 皮砖高度砌出不小于 120mm 长的阳槎与砖墙相接，阳槎均应伸入相接墙体的长度方向。毛石墙与砖墙丁字交界处应同时砌筑。交接处应自纵墙每隔 4～6 皮砖高度引出不小于 120mm 与横墙相接（图 3-15）。

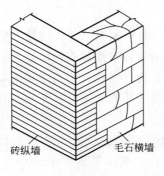

图 3-14　毛石墙与砖墙转角处做法

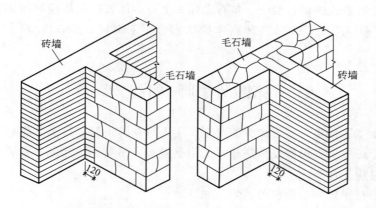

图 3-15　毛石墙与砖墙 T 字交接处做法

### 三、料石砌体砌筑要点

料石砌体应采用铺浆法砌筑，料石应放置平稳，砂浆必须饱满。砂浆铺设厚度应略高于规定灰缝厚度，其高出厚度：细料石宜为 3～5mm；粗料石、毛料石宜为 6～8mm。

料石砌体的灰缝厚度：细料石砌体不宜大于 5mm；粗料石和毛料石砌体不宜大于 20mm。

料石砌体的水平灰缝和竖向灰缝的砂浆饱满度均应大于 80%。

料石砌体上下皮料石的竖向灰缝应相互错开，错开长度应不小于料石宽度的 1/2。

**（一）料石基础**

料石基础的第一皮料石应坐浆丁砌，以上各层料石可按一顺一丁进行砌筑。阶梯形料石基础，上级阶梯的料石至少压砌下级阶梯料石的 1/3（图 3-16）。料石墙厚度等于一块料石宽度时，可采用全顺砌筑形式。

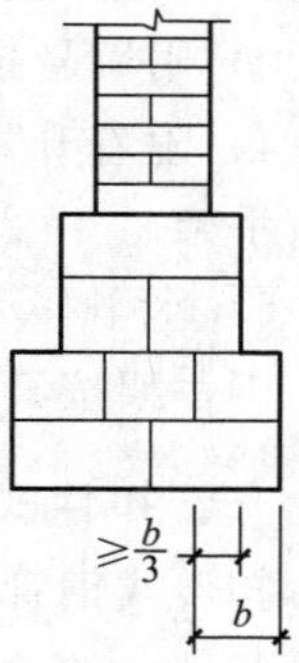

**（二）料石墙**

料石墙厚度等于两块料石宽度时，可采用两顺一丁或丁顺组砌的砌筑形式（图 3-17）。

图 3-16　料石基础

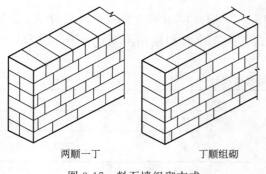

两顺一丁　　　　　丁顺组砌

图 3-17　料石墙组砌方式

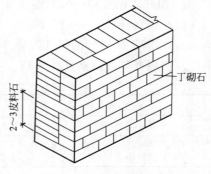

图 3-18　组合墙

两顺一丁是两皮顺石与一皮丁石相间。丁顺组砌是同皮内顺石与丁石相间，可一块顺石与丁石相间或两块顺石与一块丁石相间。

在料石和毛石或砖的组合墙中，料石砌体和毛石砌体或砖砌体应同时砌筑，并每隔2～3皮料石层用丁砌层与毛石砌体或砖砌体拉结砌合。丁砌料石的长度宜与组合墙厚度相同（图3-18）。

# 第四节　脚　手　架

脚手架是土木工程施工不可缺少的设施。工人站在脚手架进行高处作业，机具材料放在脚手架，脚手架还为工程提供安全防护，或用于模板、吊装工程和设备安装工程的支撑架以及搭设其他临时构架设施。

脚手架按照与建筑物的位置关系划分如下。

1）外脚手架　外脚手架沿建筑物外围从地面搭起，既用于外墙砌筑，又可用于外装饰施工。

2）里脚手架　里脚手架搭设于建筑物内部，用于内外墙的砌筑和室内装饰施工。

脚手架按照结构形式划分如下。

1）落地式　搭设（支座）在地面、楼面、屋面或其他平台结构之上的脚手架。

2）悬挑式　采用悬挑方式支固的脚手架，其挑支方式又有以下3种：架设于专用悬挑梁上；架设于专用悬挑三角桁架上；架设于由撑拉杆件组合的支挑结构上。支挑结构有斜撑式斜拉式拉撑式和顶固式等多种。

3）附墙悬挂脚手架　在上部或中部挂设于墙体挑挂件上的定型脚手架。

4）附着升降脚手架（简称"爬架"）　附着于工程结构依靠自身提升设备实现升降的悬空脚手架。

5）水平移动脚手架　带行走装置的脚手架或操作平台架。

脚手架按其所用材料分为木脚手架、竹脚手架和金属脚手架。

## 一、扣件式钢管脚手架

扣件式钢管脚手架时目前我国使用最普遍的脚手架，用扣件连接钢管杆件而成。一般由钢管杆件、扣件，底座，脚手板，安全网等组成。其优点是装拆灵活，搬运方便，通用性强。但也存在一些问题，第一扣件式钢管脚手架搭设过程中需要拧紧大量螺纹扣件，用工量较大，而且需要精心操作，否则形成安全隐患；第二日常维修费用较高。

1. 扣件式钢管脚手架基本构件

（1）钢管杆件　一般有两种：一种外径48mm，壁厚3.5mm；另一种外径51mm，壁厚3mm；脚手架钢管的尺寸按表3-1采用。根据其所在位置和作用不同，可分为立杆，水平杆，扫地杆等，具体见图3-19。

表 3-1　脚手架钢管尺寸　　　　　　　　　　　　　　　单位：mm

| 截 面 尺 寸 | | 最 大 长 度 | |
|---|---|---|---|
| 外径 $\phi, d$ | 壁厚 $t$ | 横向水平杆 | 其他杆 |
| 48 | 3.5 | 2200 | 6500 |
| 51 | 3.0 | | |

（2）扣件　扣件是钢管与钢管之间的连接件，其形式有三种，即直角扣件，旋转扣件，对接扣件，如图3-20所示。

直角扣件［图3-20(a)］　用于两根垂直相交钢管的连接，它依靠的是扣件与钢管之间的

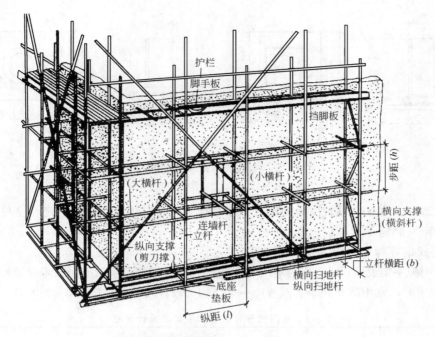

图 3-19　扣件式钢管脚手架构造

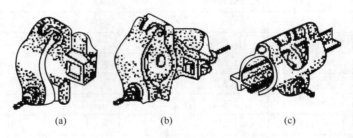

图 3-20　扣件

摩擦力来传递荷载的。

旋转扣件［图 3-20（b）］　用于两根任意角度相交钢管的连接。

对接扣件［图 3-20（c）］　用于两根钢管对接接长的连接。

（3）底座与垫板（图 3-21）　是设立于立杆底部的垫座，注意底座与垫板的区别，底座一般是用钢板和钢管焊接而成的，底座一般放在垫板上面，而垫板即可以是木板也可以是钢板。

（4）连墙件　立柱必须通过连墙件与正在施工的建筑物连接。连墙件既能承受拉力及压力作用，又有一定的抗弯和抗扭能力。它一方面要抵抗脚手架相对于墙体的内倾和外张变形，同时也能对立杆的纵向弯曲变形有一定的约束作用从而提高脚手架立杆的抗失稳能力。

（5）横向斜撑　横向斜撑是与双排脚手架内外立杆或水平杆斜交的呈之字形的斜杆。横向支撑应在统一节间由底至顶呈之字形连续布置。

（6）脚手板　脚手板由冲压钢脚手板、木、竹串片脚手板等材料组成，采用三支点承重。

（7）护栏和挡脚板　在铺脚手板的操作层上必须设两道护栏和挡脚板。上护栏高度≥1.1m。挡脚板也可假设一道低栏杆代替。

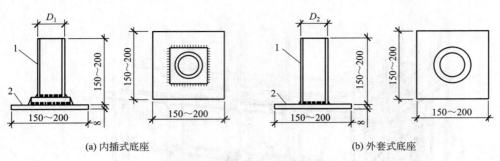

(a) 内插式底座  (b) 外套式底座

图 3-21　扣件式钢管脚手架底座

1—承插钢管；2—钢板底座

（8）扫地杆　立杆应设置离地面很近的纵横向扫地杆并用直角扣件固定在立柱上，纵向扫地杆轴线距离底座下皮不应大于 200mm。

2．扣件式钢管脚手架构造要求

（1）常用脚手架设计尺寸　在符合《建筑施工扣件式钢管脚手架安全技术规范》（以下简称《规范》）规定时，常用敞开式单、双排脚手架结构的设计尺寸，宜按表 3-2、表 3-3 采用。

表 3-2　常用敞开式双排脚手架的设计尺寸　　　　　　　　　　单位：m

| 连墙件设置 | 立杆横距 $l_b$ | 步距 $h$ | 下列荷载时的立杆纵距 $l_a$ | | | | 脚手架允许搭设高度 $[H]$ |
| --- | --- | --- | --- | --- | --- | --- | --- |
| | | | 2+4×0.35 (kN/m²) | 2+2+4×0.35 (kN/m²) | 3+4×0.35 (kN/m²) | 3+2+4×0.35 (kN/m²) | |
| 二步三跨 | 1.05 | 1.20~1.35 | 2.0 | 1.8 | 1.5 | 1.5 | 50 |
| | | 1.80 | 2.0 | 1.8 | 1.5 | 1.5 | 50 |
| | 1.30 | 1.20~1.35 | 1.8 | 1.5 | 1.5 | 1.5 | 50 |
| | | 1.80 | 1.8 | 1.5 | 1.5 | 1.2 | 50 |
| | 1.55 | 1.20~1.35 | 1.8 | 1.5 | 1.5 | 1.5 | 50 |
| | | 1.80 | 1.8 | 1.5 | 1.5 | 1.2 | 37 |
| 三步三跨 | 1.05 | 1.20~1.35 | 2.0 | 1.5 | 1.5 | 1.5 | 50 |
| | | 1.80 | 2.0 | 1.5 | 1.5 | 1.5 | 34 |
| | 1.30 | 1.20~1.35 | 1.8 | 1.5 | 1.5 | 1.5 | 50 |
| | | 1.80 | 1.8 | 1.5 | 1.5 | 1.2 | 30 |

注：1．表中所示 2+2+4×0.35（kN/m²），2+2（kN/m²）是二层装修作业层施工荷载；4×0.35（kN/m²）包括二层作业层脚手板，另两层脚手板是根据《规范》第 7.3.12 条的规定确定。

2．作业层横向水平杆间距，应按不大于 $l_a/2$ 设置。

表 3-3　常用敞开式单排脚手架的设计尺寸　　　　　　　　　　单位：m

| 连墙件设置 | 立杆横距 $l_b$ | 步距 $h$ | 下列荷载时的立杆纵距 $l_a$ | | 脚手架允许搭设高度 $[H]$ |
| --- | --- | --- | --- | --- | --- |
| | | | 2+2×0.35 (kN/m²) | 3+2×0.35 (kN/m²) | |
| 二步三跨 | 1.20 | 1.20~1.35 | 2.0 | 1.8 | 24 |
| | | 1.80 | 2.0 | 1.8 | 24 |
| 三步三跨 | 1.40 | 1.20~1.35 | 1.8 | 1.5 | 24 |
| | | 1.80 | 1.8 | 1.5 | 24 |

（2）纵向水平杆、横向水平杆、脚手板

1）纵向水平杆的构造应符合下列规定。

① 纵向水平杆宜设置在立杆内侧，其长度不宜小于 3 跨。

② 纵向水平杆接长宜采用对接扣件连接，也可采用搭接。对、接、搭接应符合下列规定。

a. 纵向水平杆的对接扣件应交错布置：两根相邻纵向水平杆的接头不宜设置在同步或同跨内；不同步或不同跨两个相邻接头在水平方向错开的距离不应小于 500mm；各接头中心至最近主节点的距离不宜大于纵距的 1/3（图 3-22）。

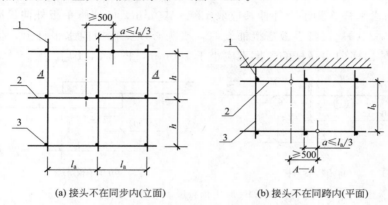

(a) 接头不在同步内(立面)          (b) 接头不在同跨内(平面)

图 3-22  纵向水平杆对接接头布置

1—立杆；2—纵向水平杆；3—横向水平杆

b. 搭接长度不应小于 1m，应等间距设置 3 个旋转扣件固定，端部扣件盖板边缘至搭接纵向水平杆杆端的距离不应小于 100mm。

c. 当使用冲压钢脚手板、木脚手板、竹串片脚手板时，纵向水平杆应作为横向水平杆的支座，用直角扣件固定在立杆上；当使用竹笆脚手板时，纵向水平杆应采用直角扣件固定在横向水平杆上，并应等间距设置，间距不应大于 400mm（图 3-23）。

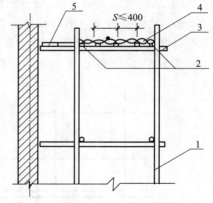

图 3-23  铺竹笆脚手板时纵向水平杆的构造

1—立杆；2—纵向水平杆；3—横向水平杆；
4—竹笆脚手板；5—其他脚手板

2）横向水平杆的构造应符合下列规定。

① 主节点处必须设置一根横向水平杆，用直角扣件扣接且严禁拆除。主节点处两个直角扣件的中心距不应大于 150mm。在双排脚手架中，靠墙一端的外伸长度不应大于 $0.4l$，且不应大于 500mm。

② 作业层上非主节点处的横向不平杆，宜根据支承脚手板的需要等间距设置，最大间距不应大于纵距的 1/2。

③ 当使用冲压钢脚手板、木脚手板、竹串片脚手板时，双排脚手架的横向水平杆两端均应采用直角扣件固定在纵向水平杆上；单排脚手架的横向水平杆的一端，应用直角扣件固定在纵向水平杆上，另一端应插入墙内，插入长度不应小于 180mm。

④ 使用竹笆脚手板时，双排脚手架的横向水平杆两端。应用直角扣件固定在立杆上；单排脚手架的横向水平杆的一端，应用直角扣件固定在立杆上，另一端应插入墙内，插入长度亦不应小于180mm。

3）脚手板的设置应符合下列规定。

① 作业层脚手板应铺满、铺稳，离开墙面120～150mm。

② 冲压钢脚手板、木脚手板、竹串片脚手板等，应设置在三根横向水平杆上。当脚手板长度小于2m时，可采用两根横向水平杆支承，但应将脚手板两端与其可靠固定，严防倾翻。此三种脚手板的铺设可采用对接平铺，亦可采用搭接铺设。脚手板对接平铺时，接头处必须设两根横向水平杆，脚手板外伸长应取130～150mm，两块脚手板外伸长度的和不应大于300mm［图3-24（a）］；脚手板搭接铺设时，接头必须支在横向水平杆上，搭接长度应大于200mm，其伸出横向水平杆的长度不应小于100mm［图3-24（b）］。

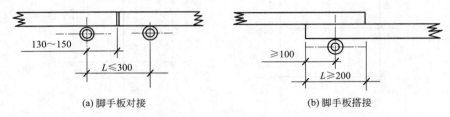

(a) 脚手板对接  (b) 脚手板搭接

图 3-24  脚手板对接、搭接构造

③ 竹笆脚手板应按其主竹筋垂直于纵向水平杆方向铺设，且采用对接平铺，四个角应用直径1.2mm的镀锌钢丝固定在纵向水平杆上。

④ 作业层端部脚手板探头长度应取150mm，其板长两端均应与支承杆可靠地固定。

（3）立杆

① 每根立杆底部应设置底座或垫板。

② 脚手架必须设置纵、横向扫地杆。纵向扫地杆应采用直角扣件固定在距底座上皮不大于200mm处的立杆上。横向扫地杆亦应采用直角扣件固定在紧靠纵向扫地杆下方的立杆上。当产杆基础不在同一高度上时，必须将高处的纵向扫地杆向低处延长两跨与立杆固定，高低差不应大于1m。靠边坡上方的立杆轴线到边坡的距离不应小于500mm（图3-25）。

图 3-25  纵、横向扫地杆构造
1—横向扫地杆；2—纵向扫地杆

③ 脚手架底层步距不应大于2m（图3-25）。

④ 立杆必须用连墙件与建筑物可靠连接，连墙件布置间距宜按表3-4采用。

⑤ 立杆接长除顶层顶步可采用搭接处，其余各层各步接头必须采用对接扣件连接。对接、搭接应符合下列规定：

a. 立杆上的对接扣件应交错布置：两根相邻立杆的接头不应设置在同步内，同步内隔一根立杆的两个相隔接头在高度方向错开的距离不宜小于 500mm；各接头中心至主节点的距离不宜大于步距的 1/3。

b. 搭接长度不应小于 1m，应采用不少于 2 个旋转和扣件固定，端部扣件盖板的边缘至杆端距离不应小于 100mm。

⑥ 立杆顶端宜高出女儿墙上皮 1m，高出檐口上皮 1.5m。

⑦ 双管立杆中副立杆的高度不应低于 3 步，钢管长度不应小于 6m。

（4）连墙件

① 连墙件数量的设置除应满足《规范》计算要求外，尚应符合表 3-4 的规定。

表 3-4 连墙件布置最大间距

| 脚手架高度 | | 竖向间距（$h$） | 水平间距（$l_a$） | 每根连墙件覆盖面积/m² |
|---|---|---|---|---|
| 双排 | ≤50m | 3$h$ | 3$l_a$ | ≤40 |
| | >50m | 2$h$ | 3$l_a$ | ≤27 |
| 单排 | ≤24m | 3$h$ | 3$l_a$ | ≤40 |

注：$h$ 为步距；$l_a$ 为纵距。

② 连墙件的布置应符合下列规定。

a. 宜靠近主节点设置，偏离主节点的距离不应大于 300mm；

b. 应从底层第一步纵向水平杆处开始设置，当该处设置有困难时，应采用其他可靠措施固定；

c. 宜优先采用菱形布置，也可采用方形、矩形布置；

d. 一字形、开口形脚手架的两端必须设置连墙件，连墙件的垂直间距不应大于建筑物的层高，并不应大于 4m（2 步）。

③ 对高度在 24m 以下的单、双排脚手架，宜采用刚性连墙件与建筑物可靠连接，亦可采用拉筋和顶撑配合使用的附墙连接方式。严禁使用仅有拉筋的柔性连墙件。

④ 对高度 24m 以上的双排脚手架，必须采用刚性连墙件与建筑物可靠连接。

⑤ 连墙件的构造应符合下列规定。

a. 连墙件中的连墙杆或拉筋宜呈水平设置，当不能水平设置时，与脚手架连接的一端应下斜连接，不应采用上斜连接。

b. 连墙件必须采用可承受拉力和压力的构造。采用拉筋必须配用顶撑，顶撑应可靠地顶在混凝土圈梁、柱等结构部位。拉筋应采用两根以上直径 4mm 的钢丝拧成一股，使用的不应少于 2 股；亦可采用直径不小于 6mm 的钢筋。

⑥ 当脚手架下部暂不能设连墙件时可搭设抛撑。抛撑应采用通长杆件与脚手架可靠连接，与地面的倾角应在 45°～60°之间；连接点中心至主节点的距离不应大于 300mm。抛撑应在连墙件搭设后方可拆除。

连墙件的做法可参考图 3-26。

（5）剪刀撑与横向斜撑

① 双排脚手架应设剪刀撑与横向斜撑，单排脚手架应设剪刀撑。

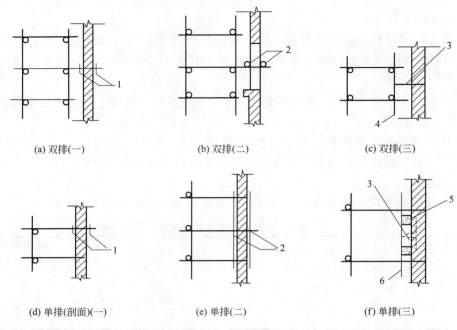

(a) 双排(一)　　　　(b) 双排(二)　　　　(c) 双排(三)

(d) 单排(剖面)(一)　　(e) 单排(二)　　　　(f) 单排(三)

图 3-26　连墙杆的做法

1—扣件；2—短钢管；3—铅丝与墙内埋设的钢筋环拉住；4—顶墙横杆；5—木楔；6—短钢管

② 剪刀撑的设置应符合下列规定。

a. 每道剪刀撑跨越立杆的根数宜按表 3-5 的规定确定。每道剪刀撑宽度不应小于 4 跨，且不应小于 6m，斜杆与地面的倾角宜在 45°～60°之间。

表 3-5　剪刀撑跨越立杆的最多根数

| 剪刀撑斜杆与地面的倾角 $\alpha/(°)$ | 45 | 50 | 60 |
| --- | --- | --- | --- |
| 剪刀撑跨越立杆的最多根数 $n$ | 7 | 6 | 5 |

b. 高度在 24m 以下的单、双排脚手架，均必须在外侧立面的两端各设置一道剪刀撑，并应由底至顶连续设置；中间各道剪刀撑之间的净距不应大于 15m（图 3-27）。

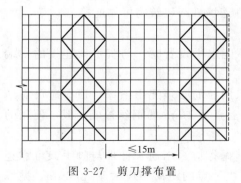

≤15m

图 3-27　剪刀撑布置

c. 高度在 24m 以上的双排脚手架应在外侧立面整个长度和高度上连续设置剪刀撑。

d. 剪刀撑斜杆的接长宜采用搭接，搭接应符合《规范》第 6.3.5 条的规定。

e. 剪刀撑斜杆应用旋转扣件固定在与之相交的横向水平杆的伸出端或立杆上，旋转扣件中心线至主节点的距离不宜大于 150mm。

3. 扣件式钢管脚手架承载力验算

（1）脚手架的荷载　作用于脚手架的荷载可分为永久荷载（恒荷载）与可变荷载（活荷载）。永久荷载（恒荷载）可分为：①脚手架结构自重荷载，包括立杆、纵向水平杆、横向水平杆、剪刀撑、横向斜撑和扣件等的自重荷载；②构、配件自重荷载，包括脚手板、栏杆、挡脚板、安全网等防护设施的自重荷载。可变荷载（活荷载）可分为：①施工荷载，包括作业层上的人员、器具和材料的自重；②风荷载。

永久荷载标准值应符合下列规定：①单、双排脚手架每米立杆承受的结构自重荷载标准值，可按表 3-6 采用；②冲压钢脚手板、木脚手板与竹串片脚手板自重荷载标准值，宜按表 3-7 采用；③栏杆与挡脚板自重荷载标准值，宜按表 3-8 采用；④脚手架上吊挂的安全设施（安全网、苇席、竹笆及帆布等）的荷载应按实际情况采用，密目式安全立网自重荷载标准值不应低于 0.01kN/m² 。常用构配件与材料、人员的自重荷载可按表 3-9 采用。

**表 3-6　$\phi$48.3×3.6 钢管脚手架每米立杆承受的结构自重荷载标准值 $g_k$**

单位：kN/m

| 步距/m | 脚手架类型 | 纵距/m | | | | |
|---|---|---|---|---|---|---|
| | | 1.2 | 1.5 | 1.8 | 2.0 | 2.1 |
| 1.2 | 单排 | 0.1642 | 0.1793 | 0.1945 | 0.2046 | 0.2097 |
| | 双排 | 0.1538 | 0.1667 | 0.1796 | 0.1882 | 0.1925 |
| 1.35 | 单排 | 0.1530 | 0.1670 | 0.1809 | 0.1903 | 0.1949 |
| | 双排 | 0.1426 | 0.1543 | 0.1660 | 0.1739 | 0.1778 |
| 1.5 | 单排 | 0.1440 | 0.1570 | 0.1701 | 0.1788 | 0.1831 |
| | 双排 | 0.1336 | 0.1444 | 0.1552 | 0.1624 | 0.1660 |
| 1.8 | 单排 | 0.1305 | 0.1422 | 0.1538 | 0.1615 | 0.1654 |
| | 双排 | 0.1202 | 0.1295 | 0.1389 | 0.1451 | 0.1482 |
| 2.0 | 单排 | 0.1238 | 0.1347 | 0.1456 | 0.1529 | 0.1565 |
| | 双排 | 0.1134 | 0.1221 | 0.1307 | 0.1365 | 0.1394 |

注：双排脚手架每米立杆承受的结构自重荷载标准值是指内、外立杆的平均值；单排脚手架每米立杆承受的结构自重荷载标准值系按双排脚手架外立杆等值采用。

**表 3-7　脚手板自重荷载标准值**

| 类　别 | 标准值/(kN/m²) |
|---|---|
| 冲压钢脚手板 | 0.3 |
| 竹串片脚手板 | 0.35 |
| 木脚手板 | 0.35 |
| 竹笆脚手板 | 0.10 |

**表 3-8　栏杆、挡脚板自重荷载标准值**

| 类　别 | 标准值/(kN/m²) |
|---|---|
| 栏杆、冲压钢脚手板挡板 | 0.16 |
| 栏杆、竹串片脚手板挡板 | 0.17 |
| 栏杆、木脚手板挡板 | 0.17 |

**表 3-9　常用构配件与材料、人员的自重荷载**

| 名　称 | 单　位 | 自重荷载 | 备　注 |
|---|---|---|---|
| 扣件：直角扣件 | | 13.2 | |
| 旋转扣件 | N/个 | 14.6 | — |
| 对接扣件 | | 18.4 | |

续表

| 名　称 | 单　位 | 自重荷载 | 备　注 |
|---|---|---|---|
| 人 | N | 800～850 | — |
| 灰浆车、砖车 | kN/辆 | 2.04～2.50 | — |
| 普通砖 240mm×115mm×53mm | kN/m³ | 18～19 | 684 块/m³,湿 |
| 灰砂砖 | kN/m³ | 18 | 砂：石灰＝92：8 |
| 瓷面砖 150mm×150mm×8mm | kN/m³ | 17.8 | 5556 块/m³ |
| 陶瓷锦砖(马赛克)δ＝5mm | kN/m³ | 0.12 | — |
| 石灰砂浆、混合砂浆 | kN/m³ | 17 | — |
| 水泥砂浆 | kN/m³ | 20 | — |
| 素混凝土 | kN/m³ | 22～24 | — |
| 加气混凝土 | kN/块 | 5.5～7.5 | — |
| 泡沫混凝土 | kN/m³ | 4～6 | — |

　　脚手架作业层上的施工均布活荷载标准值，应根据实际情况确定，且不低于表 3-10 的规定；双排脚手架同时有 2 个及以上操作层作业时，同一个跨距内各操作层的施工均布活荷载标准值总和不得超过 5kN/m²。

表 3-10　施工均布活荷载标准值

| 类　别 | 标准值/(kN/m²) |
|---|---|
| 装修脚手架 | 2 |
| 混凝土、砌体结构脚手架 | 3 |
| 轻钢结构、空间网格结构脚手架 | 2 |
| 普通钢结构脚手架 | 2 |

　　作用于脚手架上的水平风荷载标准值，应按下式计算

$$\omega_k = \mu_z \mu_s \omega_0 \tag{3-1}$$

式中　$\omega_k$——风荷载标准值，kN/m²；

　　　$\mu_z$——风压高度变化系数，按现行国家标准《建筑结构荷载规范》（GB 50009）规定采用；

　　　$\mu_s$——脚手架风荷载体型系数，按表 3-11 的规定采用；

　　　$\omega_0$——基本风压，kN/m²，按现行国家标准《建筑结构荷载规范》（GB 50009）的规定采用，即表 3-12。

表 3-11　脚手架的风荷载体型系数 $\mu_s$

| 背靠建筑物的状况 | | 全封闭墙 | 敞开、框架和开洞墙 |
|---|---|---|---|
| 脚手架状况 | 全封闭、半封闭 | 1.0φ | 1.3φ |
| | 敞开 | $\mu_{stw}$ | |

　　注：1. $\mu_{stw}$ 值可将脚手架视为桁架，按现行国家标准《建筑结构荷载规范》（GB 50009）表 7.3.1 第 32 项和第 36 项的规定计算。

　　　2. φ 为"挡风系数"，$\varphi = 1.2A_n/A_w$，其中 $A_n$ 为挡风面积；$A_w$ 为迎风面积。

　　　3. 密目式安全立网全封闭脚手架挡风系数 φ 不宜小于 0.8。

表 3-12　我国部分城市的基本风压

| 城　　市 | 海拔高度/m | 基本风压/(kN/m²) |
|---|---|---|
| 北京 | 54.0 | 0.45 |
| 天津 | 3.3 | 0.50 |
| 上海 | 2.8 | 0.55 |
| 石家庄 | 80.5 | 0.35 |
| 张家口 | 724.2 | 0.55 |
| 济南 | 51.6 | 0.45 |
| 南京 | 8.9 | 0.40 |
| 徐州 | 41.0 | 0.35 |
| 无锡 | 6.7 | 0.45 |
| 常州 | 4.9 | 0.40 |
| 杭州 | 41.7 | 0.45 |
| 合肥 | 27.9 | 0.35 |
| 南昌 | 46.7 | 0.45 |
| 福州 | 83.8 | 0.70 |
| 广州 | 6.6 | 0.50 |
| 海口 | 14.1 | 0.75 |

注：基本风压按 50 年一遇的风压采用。

（2）脚手架的荷载组合　设计脚手架的承重构件时，应根据使用过程中可能出现的荷载取其最不利组合进行计算，荷载效应组合宜按表 3-13 采用。

表 3-13　脚手架的荷载效应组合

| 计算项目 | 荷载效应组合 |
|---|---|
| 纵向、横向水平杆强度与变形 | 永久荷载＋施工荷载 |
| 脚手架立杆地基承载力<br>型钢悬挑梁的承载力、稳定与变形 | ①永久荷载＋施工荷载 |
|  | ②永久荷载＋0.9(施工荷载＋风荷载) |
| 立杆稳定 | ①永久荷载＋可变荷载(不含风荷载) |
|  | ②永久荷载＋0.9(可变荷载＋风荷载) |
| 连墙件承载力与稳定 | 单排架,风荷载＋2.0kN<br>双排架,风荷载＋3.0kN |

（3）承载力验算

1）基本设计规定　脚手架的承载能力应按概率极限状态设计法的要求，采用分项系数设计表达式进行设计。可只进行下列设计计算：①纵向、横向水平杆等受弯构件的强度和连接扣件的抗滑承载力计算；②立杆的稳定性计算；③连墙件的强度、稳定性和连接强度的计算；④立杆地基承载力计算。当纵向或横向水平杆的轴线对立杆轴线的偏心距不大于 55mm 时，立杆稳定性计算中可不考虑此偏心距的影响。当采用规范规定的构造尺寸，杆件可不设计计算，但连墙件、立杆地基承载力应设计计算。

计算构件的强度、稳定性与连接强度时，应采用荷载效应基本组合的设计值。永久荷载分项系数应取 1.2，可变荷载分项系数应取 1.4。脚手架中的受弯构件，尚应根据正常使用极限状态的要求验算变形；验算构件变形时，应采用荷载效应标准组合的设计值。

　　钢材的强度设计值与弹性模量应按表 3-14 采用。扣件、底座的承载力设计值应按表 3-15 采用。受弯构件的挠度不应超过表 3-16 规定的容许值。受压、受拉构件的长细比不应超过表 3-17 规定的容许值。

**表 3-14　钢材的强度设计值与弹性模量**　　　　　　单位：N/mm²

| Q235 钢抗拉、抗压和抗弯强度设计值 $f$ | 205 |
|---|---|
| 弹性模量 $E$ | $2.06 \times 10^5$ |

**表 3-15　扣件、底座的承载力设计值**　　　　　　单位：kN

| 项　目 | 承载力设计值 |
|---|---|
| 对接扣件（抗滑） | 3.20 |
| 直角扣件、旋转扣件（抗滑） | 8.00 |
| 底座（抗压） | 40.00 |

**表 3-16　受弯构件的容许挠度**

| 构件类别 | 容许挠度 $[u]$ |
|---|---|
| 脚手板，纵向、横向水平杆 | $l/150$ 与 10mm |
| 脚手架悬挑受弯杆件 | $l/400$ |
| 型钢悬挑脚手架悬挑钢梁 | $l/250$ |

注：$l$ 为受弯构件的跨度，对悬挑杆件为其悬挑长度的 2 倍。

**表 3-17　受压、受拉构件的容许长细比**

| 构件类别 | | 容许长细比 $[\lambda]$ |
|---|---|---|
| 立杆 | 双排架、满堂支撑架 | 210 |
| | 单排架 | 230 |
| | 满堂脚手架 | 250 |
| 横向斜撑、剪刀撑中的压杆 | | 250 |
| 拉杆 | | 350 |

注：计算 $\lambda$ 时，立杆的计算长度按规范计算，但 $k=1.00$，本表中其他杆件的计算长度 $l_0 = \mu l = 1.27l$。

　　2）纵向水平杆、横向水平杆计算　纵向、横向水平杆的抗弯强度应按下式计算

$$\sigma = \frac{M}{W} \leqslant f \tag{3-2}$$

式中　$M$——纵向、横向水平杆弯矩设计值；

$$M = 1.2 M_{Gk} + 1.4 M_{Qk} \tag{3-3}$$

　　$M_{Gk}$——脚手板自重荷载标准值产生的弯矩；

　　$M_{Qk}$——施工荷载标准值产生的弯矩；

　　$W$——截面模量，可查表；

　　$f$——钢材的抗弯强度设计值。

纵向、横向水平杆的挠度应符合下式规定

$$v \leqslant [v] \tag{3-4}$$

式中　$v$——挠度；

　　　$[v]$——容许挠度。

计算纵向、横向水平杆的内力与挠度时，不考虑扣件的弹性嵌固作用（偏于安全），纵向水平杆宜按三跨连续梁计算，计算跨度取纵距 $l_a$；横向水平杆宜按简支梁计算，计算跨度 $l_0$ 可按图 3-28 采用（横向水平杆向立杆直接传递荷载的情况下，计算跨度取法同理）；双排脚手架的横向水平杆的构造外伸长度 $a \leqslant 500mm$，其计算外伸长度（即荷载分布范围）$a_1$ 可取 300mm。水平杆自重荷载与脚手板自重荷载相比甚小，可忽略不计。

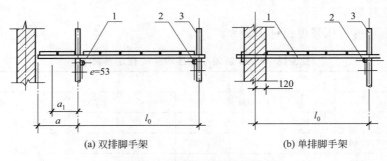

图 3-28　横向水平杆计算跨度

1—横向水平杆；2—纵向水平杆；3—立杆

纵向或横向水平杆与立杆连接时，其扣件的抗滑承载力应符合下式规定

$$R \leqslant R_c \tag{3-5}$$

式中　$R$——纵向、横向水平杆传给立杆的竖向作用力设计值；

　　　$R_c$——扣件抗滑承载力设计值。

3）立杆计算　立杆的稳定性应按下列公式计算

不组合风荷载时，

$$\frac{N}{\varphi A} \leqslant f \tag{3-6}$$

组合风荷载时，

$$\frac{N}{\varphi A} + \frac{M_W}{W} \leqslant f \tag{3-7}$$

式中　$N$——计算立杆段的轴向力设计值；

　　　不组合风荷载时，　　　$N = 1.2(N_{G_1k} + N_{G_2k}) + 1.4\sum N_{Qk}$ (3-8)

　　　组合风荷载时，　　　$N = 1.2(N_{G_1k} + N_{G_2k}) + 0.9 \times 1.4\sum N_{Qk}$ (3-9)

　　　$N_{G_1k}$——脚手架结构自重荷载标准值产生的轴向力；

　　　$N_{G_2k}$——构配件自重荷载标准值产生的轴向力；

　　　$\sum N_{Qk}$——施工荷载标准值产生的轴向力总和，内、外立杆可按一纵距（跨）内施工荷载总和的 1/2 取值；

　　　$\varphi$——轴心受压构件的稳定系数，应根据长细比 $\lambda$ 查表 3-18 取值；

　　　$\lambda$——长细比，$\lambda = l_0/i$；

　　　$l_0$——计算长度；

$$l_0 = k\mu h \tag{3-10}$$

　　　$k$——让算长度附加系数，$k = 1.155$；

　　　$\mu$——考虑脚手架整体稳因素的单杆计算长度系数，按表 3-19 取值；

$h$——立杆步距；

$i$——截面回转半径，可查表；

$A$——立杆的截面面积，可查表；

$M_W$——计算立杆段由风荷载设计值产生的弯矩；

$$M_W = 0.9 \times 1.4 M_{Wk} = \frac{0.9 \times 1.4 \omega_k l_a h^2}{10} \qquad (3\text{-}11)$$

$M_{Wk}$——风荷载标准值产生的弯矩；

$\omega_k$——风荷载标准值；

$l_a$——立杆纵距；

$f$——钢材的抗压强度设计值。

表 3-18　Q235 钢轴心受压构件的稳定系数 $\varphi$

| $\lambda$ | 0 | 1 | 2 | 3 | 4 | 5 | 6 | 7 | 8 | 9 |
|---|---|---|---|---|---|---|---|---|---|---|
| 0 | 1.000 | 0.997 | 0.995 | 0.992 | 0.989 | 0.987 | 0.984 | 0.981 | 0.979 | 0.976 |
| 10 | 0.974 | 0.971 | 0.968 | 0.966 | 0.963 | 0.960 | 0.958 | 0.955 | 0.952 | 0.949 |
| 20 | 0.947 | 0.944 | 0.941 | 0.938 | 0.936 | 0.933 | 0.930 | 0.927 | 0.924 | 0.921 |
| 30 | 0.918 | 0.915 | 0.912 | 0.909 | 0.906 | 0.903 | 0.899 | 0.896 | 0.893 | 0.889 |
| 40 | 0.886 | 0.882 | 0.879 | 0.875 | 0.872 | 0.868 | 0.864 | 0.861 | 0.858 | 0.855 |
| 50 | 0.852 | 0.849 | 0.846 | 0.843 | 0.839 | 0.836 | 0.832 | 0.829 | 0.825 | 0.822 |
| 60 | 0.818 | 0.814 | 0.810 | 0.806 | 0.802 | 0.797 | 0.793 | 0.789 | 0.784 | 0.779 |
| 70 | 0.775 | 0.770 | 0.765 | 0.760 | 0.755 | 0.750 | 0.744 | 0.739 | 0.733 | 0.728 |
| 80 | 0.722 | 0.716 | 0.710 | 0.704 | 0.698 | 0.692 | 0.686 | 0.680 | 0.673 | 0.667 |
| 90 | 0.661 | 0.654 | 0.648 | 0.641 | 0.634 | 0.626 | 0.618 | 0.611 | 0.603 | 0.595 |
| 100 | 0.588 | 0.580 | 0.573 | 0.566 | 0.558 | 0.551 | 0.544 | 0.537 | 0.530 | 0.523 |
| 110 | 0.516 | 0.509 | 0.502 | 0.496 | 0.489 | 0.483 | 0.476 | 0.470 | 0.464 | 0.458 |
| 120 | 0.452 | 0.446 | 0.440 | 0.434 | 0.428 | 0.423 | 0.417 | 0.412 | 0.406 | 0.401 |
| 130 | 0.396 | 0.391 | 0.386 | 0.381 | 0.376 | 0.371 | 0.367 | 0.362 | 0.357 | 0.353 |
| 140 | 0.349 | 0.344 | 0.340 | 0.336 | 0.332 | 0.328 | 0.324 | 0.320 | 0.316 | 0.312 |
| 150 | 0.308 | 0.305 | 0.301 | 0.298 | 0.294 | 0.291 | 0.287 | 0.284 | 0.281 | 0.277 |
| 160 | 0.274 | 0.271 | 0.268 | 0.265 | 0.262 | 0.259 | 0.256 | 0.253 | 0.251 | 0.248 |
| 170 | 0.245 | 0.243 | 0.240 | 0.237 | 0.235 | 0.232 | 0.230 | 0.227 | 0.225 | 0.223 |
| 180 | 0.220 | 0.218 | 0.216 | 0.214 | 0.211 | 0.209 | 0.207 | 0.205 | 0.203 | 0.201 |
| 190 | 0.199 | 0.197 | 0.195 | 0.193 | 0.191 | 0.189 | 0.188 | 0.186 | 0.184 | 0.182 |
| 200 | 0.180 | 0.179 | 0.177 | 0.175 | 0.174 | 0.172 | 0.171 | 0.169 | 0.167 | 0.166 |
| 210 | 0.164 | 0.163 | 0.161 | 0.160 | 0.159 | 0.157 | 0.156 | 0.154 | 0.153 | 0.152 |
| 220 | 0.150 | 0.149 | 0.148 | 0.146 | 0.145 | 0.144 | 0.143 | 0.141 | 0.140 | 0.139 |
| 230 | 0.138 | 0.137 | 0.136 | 0.135 | 0.133 | 0.132 | 0.131 | 0.130 | 0.129 | 0.128 |
| 240 | 0.127 | 0.126 | 0.125 | 0.124 | 0.123 | 0.122 | 0.121 | 0.120 | 0.119 | 1.118 |
| 250 | 0.117 | | | | | | | | | |

注：当 $\lambda > 250$ 时，$\varphi = 7320/\lambda^2$。

表 3-19　脚手架立杆的计算长度系数 $\mu$

| 类　别 | 立杆横距/m | 连墙件布置 | |
|---|---|---|---|
| | | 二步三跨 | 三步三跨 |
| 双排架 | 1.05 | 1.50 | 1.70 |
| | 1.30 | 1.55 | 1.75 |
| | 1.55 | 1.60 | 1.80 |
| 单排架 | ≤1.50 | 1.80 | 2.00 |

在基本风压等于或小于 $0.35kN/m^2$ 的地区，对于仅有栏杆和挡脚板的敞开式脚手架，当每个连墙点覆盖的面积不大于 $30m^2$，构造符合脚手架 01 规范关于连墙点等的构造规定时，验算立杆稳定可不考虑风荷载作用。

立杆稳定性计算部位的确定应符合下列规定：①当脚手架搭设尺寸采用相同的步距、立杆纵距、立杆横距和连墙件间距时，应计算底层立杆段；②当脚手架搭设尺寸中的步距、立杆纵距、立杆横距和连墙件间距有变化时，除计算底层立杆段外，还必须对出现最大步距或最大立杆纵距、立杆横距、连墙件间距等部位的立杆段进行验算。

以上立杆稳定性计算公式，虽然在表达形式上是对单根立杆的稳定计算，但实质上是对脚手架结构的整体稳定计算。因为公式中的 $\mu$ 值是根据脚手架的整体稳定试验结果确定的。

脚手架有两种可能的失稳形式：整体失稳和局部失稳。整体失稳时（图 3-29），内、外立杆与横向水平杆组成的横向框架，沿垂直主体结构方向大波鼓曲现象，波长均大于步距，并与连墙件的竖向间距有关。局部失稳是立杆在步距内发生小波鼓曲，波长与步距相近，内、外立杆变形方向可能一致，也可能不一致。

当脚手架以相等步距、纵距搭设，连墙件设置均匀时，在均布施工荷载作用下，立杆局部稳定的临界荷载高于整体稳定的临界荷载，脚手架破坏形式为整体失稳。当脚手架以不等步距、纵距搭设，或连墙件设置不均匀，或立杆负荷不均匀时，两种形式的失稳破坏均有可能。

由于整体失稳是脚手架的主要破坏形式，故以上计算只对整体稳定。为了防止局部立杆段失稳，脚手架规范除将底层步距限制在 2m 以下外，尚规定对可能出现的薄弱的立杆段进行稳定性计算。

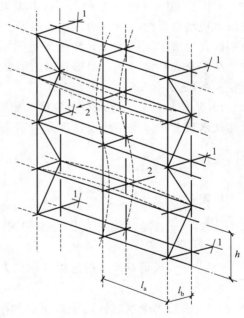

图 3-29　双排脚手架的整体失稳<br>1—连墙件；2—失稳方向

以上按轴心受压计算脚手架立杆稳定性，但稳定性计算公式中的计算长度系数 $\mu$ 值，是反映脚手架各杆件对立杆的约束作用。本规范规定的 $\mu$ 值，采用了中国建筑科学研究院建筑机械化研究分院 1964—1965 年和 1986—1988 年、哈尔滨工业大学土木工程学院于 1988—1989 年分别进行的原型脚手架整体稳定性试验所取得的科研成果，其 $\mu$ 值在 1.5～2.0 之间。它综合了影响脚手架整体失稳的各种因素，当然也包含了立杆偏心受荷（初偏心

$e=53\text{mm}$）的实际工况。

施工荷载一般是偏心地作用于脚手架上，作业层下面邻近的内、外排立杆所分担的施工荷载并不相同，而远离作业层的内、外排立杆则因连墙件的支承作用，使分担的施工荷载趋于均匀。由于在一般情况下，脚手架结构自重荷载产生的最大轴向力与由不均匀分配施工荷载产生的最大轴向力不会同时相遇，因此以上计算的轴向力 $N$ 值计算可以忽略施工荷载的偏心作用，内、外立杆可按施工荷载平均分配计算。试验与理论计算表明，将 $3.0\text{kN/m}^2$ 的施工荷载分别按偏心与不偏心布置在脚手架上，得到的两种情况的临界荷载相差在 $5.6\%$ 以下，说明上述简化是可行的。

脚手架立杆计算长度附加系数 $k$，根据"概率极限状态设计法"保持与以往容许应力法具有相同的结构安全度的条件得到。详见脚手架规范的条文说明。

脚手架计算搭设高度需超过 50m 时，可采用双管立杆、分段悬挑或分段卸荷等措施（需计算论证后采用）。规定脚手架高度不宜超过 50m 的依据：①根据国内几十年的实践经验及对国内脚手架的调查，立杆采用单管的落地脚手架一般在 50m 以下。当需要的搭设高度大于 50m 时，一般都比较慎重地采用了加强措施，如采用双管立杆、分段卸荷、分段搭设等方法。②搭设高度超过 50m 时，钢管、扣件的周转使用率降低，脚手架的地基基础处理费用也会增加。③参考国外的经验，如美国、德国、日本等也限制落地脚手架的搭设高度，美国为 50m，德国为 60m，日本为 45m。脚手架搭设高度限值 $[H]$，是考虑到脚手架是施工现场搭设的临时结构，其结构安全度受人为因素影响很大，高度越高安全隐患越大。为确保高层脚手架的安全，特按照英国标准《脚手架实施规范》（BS 5975—1982）作此规定。从安全和经济考虑，根据我国的历史经验，理论搭设高度在 25m 及 25m 以下不考虑高度安全系数。

4）连墙件计算　连墙件的强度、稳定性和连接强度应按现行国家标准《冷弯薄壁型钢结构技术规范》、《钢结构设计规范》、《混凝土结构设计规范》等的规定计算。

强度：
$$\sigma=\frac{N_1}{A_c}\leqslant 0.85f \tag{3-12}$$

稳定：
$$\frac{N_1}{\varphi A}\leqslant 0.85f \tag{2-13}$$

式中　$N_1$——连墙件轴向力设计值，kN；
$$N_1=N_{1\text{W}}+N_0 \tag{3-14}$$

$N_{1\text{W}}$——风荷载产生的连墙件轴向力设计值；
$$N_{1\text{W}}=1.4\omega_k A_\text{W} \tag{3-15}$$

$A_\text{W}$——每个连墙件的覆盖面积内脚手架外侧面的迎风面积；

$N_0$——连墙件约束脚手架平面外变形所产生的轴向力，kN，单排架取 2，双排架取 3。

扣件连墙件的连接扣件应按有关规定验算抗滑承载力 $N_1$
$$N_1\leqslant R_c \tag{3-16}$$

式中　$R_c$——扣件抗滑承载力设计值。

螺栓、焊接连墙件的设计承载力应大于 $N_1$。

5）立杆地基承载力计算　立杆基础底面的平均压力应满足下式的要求
$$p\leqslant f_g \tag{3-17}$$

式中 $p$——立杆基础底面的平均压力，$p=N/A$；

$\quad\quad N$——上部结构传至基础顶面的轴向力标准值；

$\quad\quad A$——基础底面面积；

$\quad\quad f_g$——地基承载力特征值，天然地基按地勘报告，回填土地基按地勘报告回填土地基承载力特征值乘折减系数 0.4，或由载荷试验或经验确定。

6）算例

**例题 3-1** 框架结构主体施工阶段，采用 $\phi48.3\times3.6$ 钢管搭设 36.3m 高双排扣件式脚手架，脚手板采用冲压钢脚手板，考虑脚手架上两个作业层同时施工，铺设 4 层钢脚手板，连墙件采用 $\phi48.3\times3.6$ 钢管。连墙布置两步三跨，竖向间距 3m、水平间距 4.5m。脚手架搭设尺寸：立杆横距 $l_b=1.05$m、立杆纵距 $l_a=1.5$m、步距 $h=1.5$m，脚手架内侧距外墙 0.35m。立网全封闭，立网网眼尺寸 35mm×35mm，绳径 3.2mm，自重 0.02kN/m²。地面粗糙程度 B 类，基本风压 $\omega_0=0.25$kN/m²。试验算底层立杆承载力。

**解：** ① 脚手架结构自重荷载标准值产生的轴向力 $N_{G_1k}$：

一个纵距范围内每米高脚手架结构自重产生的轴向力标准值 $g_k=0.1444$kN/m。

36.3m 高脚手架结构自重荷载产生的轴向力标准值 $N_{G_1k}=36.3\text{m}\times0.1444\text{kN/m}=5.24$kN。

② 构配件自重荷载标准值产生的轴向力 $N_{G_2k}$：

脚手板自重荷载标准产生的轴向力 $0.3\text{kN/m}^2\times(1.05+0.35)\text{m}\times1.5\text{m}\times4/2=1.26$kN，其中，1.05m 为脚手架横距，0.35m 为脚手架内侧至外墙距离。

栏杆、冲压钢脚手板挡板（内外侧均设 4 层）自重荷载标准值产生的轴向力 $0.16\text{kN/m}\times1.5\text{m}\times4=0.96$kN。

安全网自重荷载标准值产生的轴向力（脚手架外侧设置，传到外侧立杆）$0.01\text{kN/m}^2\times1.5\text{m}\times36.3\text{m}=0.54$kN。

$N_{G_2k}=1.26+0.96+0.54=2.76$（kN）。

③ 施工荷载标准值产生的轴向力总和 $\sum N_{Qk}$：

$\sum N_{Qk}=3\text{kN/m}^2\times(1.05+0.35)\text{m}\times1.5\text{m}\times2/2=6.3$（kN）

④ 风荷载设计值产生的弯矩 $M_W$：

取风压高度变化系数 $\mu_z=1.52$，

全封闭立网挡风系数 $\varphi=\dfrac{(3.5+3.5)\times0.32}{3.5\times3.5}\times1.05=0.192$（1.05 为考虑绳结的影响），

$\mu_s=1.3\varphi=1.3\times0.192=0.2496$，

$W_k=\mu_z\mu_s\omega_0=1.52\times0.2496\times0.25=0.095$（kN/m²），

风荷载标准值产生的弯矩 $M_{Wk}=\dfrac{W_kl_ah^2}{10}=\dfrac{0.095\times1.5\times1.5^2}{10}=0.032$（kN·m），

风荷载设计值产生的弯矩 $M_W=0.9\times1.4M_{Wk}=0.9\times1.4\times0.032=0.04$（kN·m）。

⑤ 底层立杆轴向力设计值 $N$：

不组合风荷载时，$N=1.2(N_{G_1k}+N_{G_2k})+1.4\sum N_{Qk}=1.2\times(5.24+2.76)+1.4\times6.3=18$（kN）；

组合风荷载时，$N=1.2(N_{G_1k}+N_{G_2k})+0.9\times1.4\sum N_{Qk}=1.2\times(5.24+2.76)+0.9\times1.4\times6.3=17.54$（kN）。

立杆计算长度 $l_0=k\mu h=1.155\times1.5\times150=259.9$（cm），

长细比 $\lambda = l_0/i = 259.9/1.59 = 163.5$，

长细比 $\lambda_1 = l_1/i = (1.5 \times 150)/1.59 = 141.6 < [\lambda] = 250$，

由 $\lambda$ 查轴心受压构件稳定系数 $\varphi = 0.263$，

不组合风荷载时：$\dfrac{N}{\varphi A} = \dfrac{18000}{0.263 \times 506} = 135.3\mathrm{N/mm^2} < f = 205\mathrm{N/mm^2}$（满足要求）；

组合风荷载时：$\dfrac{N}{\varphi A} + \dfrac{M_\mathrm{W}}{W} = \dfrac{17540}{0.263 \times 506} + \dfrac{40000}{5260} = 139.4$（$\mathrm{N/mm^2}$）$< f = 205\mathrm{N/mm^2}$

（满足要求）。

### 二、其他种类脚手架

#### （一）碗扣式钢管脚手架

碗扣式钢管脚手架是我国有关单位参考国外经验自行研制的一种多功能脚手架，其杆件节点处采用碗扣连接，由于碗扣是固定在钢管上的，构件全部轴向连接，力学性能好，其连接可靠，组成的脚手架整体性好，不存在扣件丢失问题。

碗扣式钢管脚手架由钢管立杆、横杆、碗扣接头等组成。其基本构造和搭设要求与扣件式钢管脚手架类似，不同之处主要在于碗扣接头。

碗扣接头是该脚手架系统的核心部件，它由上碗扣、下碗扣、横杆接头和上碗扣的限位销等组成（图 3-30）。

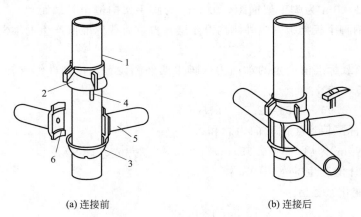

| (a) 连接前 | (b) 连接后 |

图 3-30　碗扣接头

1—立杆；2—上碗扣；3—下碗扣；4—限位销；5—横杆；6—横杆接头

上碗扣、上碗扣和限位销按 60cm 间距设置在钢管立杆之上，其中下碗扣和限位销则直接焊在立杆上。组装时，将上碗扣的缺口对准限位销后，把横杆接头插入下碗扣内，压紧和旋转上碗扣，利用限位销固定上碗扣。碗扣接头可同时连接 4 根横杆，可以互相垂直或偏转一定角度。

碗扣式脚手架的搭设要求：碗扣式钢管脚手架立柱横距为 1.2m，纵距根据脚手架荷载可为 1.2m，1.5m，1.8m，2.4m，步距为 1.8m，2.4m。搭设时立杆的接长缝应错开，第一层立杆应用长 1.8m 和 3.0m 的立杆错开布置，往上均用 3.0m 长杆，至顶层再用 1.8m 和 3.0m 两种长度找平。高 30m 以下脚手架垂直度应在 1/200 以内，高 30m 以上脚手架垂直度应控制在 1/600～1/400，总高垂直度偏差应不大于 100mm。

#### （二）门式脚手架

门式脚手架又称门型架、门架、鹰架。门式脚手架由美国首先研制成功，至 20 世纪 60

年代初，欧洲、日本等家先后应用并发展这类脚手架。它具有装拆简单，承载性能好，使用安全可靠等特点，发展速度很快，门式脚手架在各种新型脚手架中，开发最早，使用量也最多，在欧美，日本等国家，其使用量约占各类脚手架的 50%。我国从 20 世纪 70 年代末开始，先后从日本、美国、英国等国家引进并使用这种脚手架。

1. 基本结构

这种脚手架主要有主框，横框，交叉斜撑，脚手板，可调底座等组成基本单元（如图 3-31 所示）。将基本单元相互连接起来并增梯子，栏杆扶手等构件构成整片脚手架。门式脚手架的主要部件如图 3-32 所示。

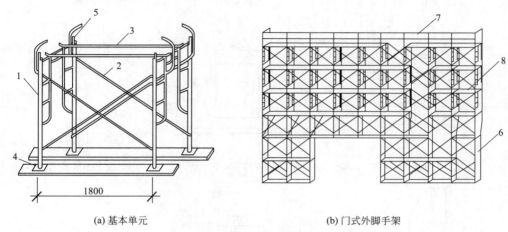

(a) 基本单元　　　　　　　　　　　　　　(b) 门式外脚手架

图 3-31　门式钢管脚手架

1—门式框架；2—剪刀撑；3—水平梁架；4—螺旋基脚；
5—连接器；6—梯子；7—栏杆；8—脚手板

（1）门架　门架有多种不同型式。构成家售价基本单元的主要标准型门架，宽度 1.219m，高度 1.7m。门架之间连接在垂直方向使用连接棒及自锁的腕臂锁扣，在脚手架纵向采用十字剪刀撑，在脚手架顶部水平面使用水平架或脚手板。

（2）十字剪刀撑　十字剪刀撑的规格根据门架的间距来选择，一般多采用 1.8m。

（3）水平架　水平架是挂扣在门架横杆上的水平构件，其规格根据门架间距选择，一般为 1.8m。

（4）底座　底座有四种，分别为简易底座、可调 U 形和带脚轮底座。

（5）脚手板　脚手板一般是钢制的，两端带有挂扣，搁置在门架横梁上并扣紧。

（6）连墙件　连墙件是确保脚手架整体稳定的拉结件。常用的连墙件是花兰螺栓构造，一端用扣件与门架立柱扣紧，另一端固定在墙内。

2. 搭设要求

门型脚手架一般按以下程序搭设。

铺放垫木（板）→拉线、放底座→自一端起立门架并随即装剪刀撑→装水平梁架（或脚手板）→装梯子→需要时，装设通常的纵向水平杆→装设连墙杆→照上述步骤，逐层向上安装→装加强整体刚度的长剪刀撑→装设顶部栏杆。

搭设门型脚手架时，基底必须先平整夯实。

外墙脚手架必须通过扣墙管与墙体拉结，并用扣件把钢管和处于相交方向的门架连接起来。

整片脚手架必须适量放置水平加固杆（纵向水平杆），前三层要每层设置，三层以上则

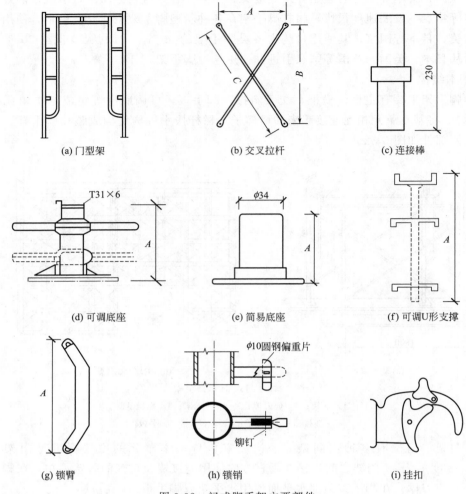

(a) 门型架　　　　　(b) 交叉拉杆　　　　　(c) 连接棒

(d) 可调底座　　　　　(e) 简易底座　　　　　(f) 可调U形支撑

(g) 锁臂　　　　　(h) 锁销　　　　　(i) 挂扣

图 3-32　门式脚手架主要部件

每隔三层设一道。

在架子外侧面设置长剪刀撑。使用连墙管或连墙器将脚手架与建筑物连接。高层脚手架应增加连墙点布设密度。

拆除架子时应自上而下进行，部件拆除顺序与安装顺序相。

门式脚手架架设超过 10 层，应加设辅助支撑，一般在高 8～11 层门式框架之间，宽在 5 个门式框架之间，加设一组，使部分荷载由墙体承受（图 3-33）。

（三）附着升降脚手架

沿建筑物外围搭设落地式脚手架耗费大量工料，并且对高层建筑施工赶工期有一定的影响，搭设高度还有一定限制。挑脚手架和挂脚手架不能自行升降，吊兰不能用于结构工程施工。附着式脚手架克服了上述各种缺点，对高层建筑施工有很好的适应性和经济型。升降式脚手架是沿结构外表面满搭的脚手架，多利用穿入结构预留孔洞中的螺栓外挂在墙面上或框架上，借助于自身携带的简易起重工具随舍结构施工向上逐层提升，以满足结构施工的需要。在结构和装修工程施工中应用较为方便，但费料耗工，一次性投资大，工期亦长。因此，近年来在高层建筑及筒仓、竖井、桥墩等施工中发展了多种形式的外挂脚手架，其中应

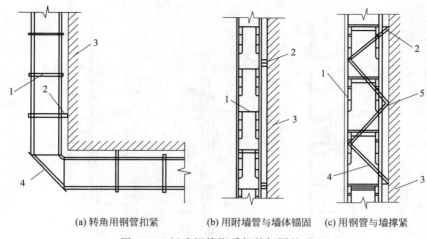

(a) 转角用钢管扣紧　　(b) 用附墙管与墙体锚固　　(c) 用钢管与墙撑紧

图 3-33　门式钢管脚手架的加固处理

1—门式脚手架；2—附墙管；3—墙体；4—钢管；5—混凝土板

用较为广泛的是升降式脚手架，包括自升降式、互升降式、整体升降式三种类型。

1. 自升降式脚手架

自升降脚手架的升降运动是通过手动或电动倒链交替对活动架和固定架进行升降来实现的。从升降架的构造来看，活动架和固定架之间能够进行上下相对运动。当脚手架工作时，活动架和固定架均用附墙螺栓与墙体锚固，两架之间无相对运动；当脚手架需要升降时，活动架与固定架中的一个架子仍然锚固在墙体上，使用倒链对另一个架子进行升降，两架之间便产生相对运动。通过活动架和固定架交替附墙，互相升降，脚手架即可沿着墙体上的预留孔逐层升降。具体操作过程如下。

（1）施工前准备　按照脚手架的平面布置图和升降架附墙支座的位置，在混凝土墙体上设置预留孔。预留孔尽可能与固定模板的螺栓孔结合布置，孔径一般为 40～50mm。为使升降顺利进行，预留孔中心必须在一直线上。脚手架爬升前，应检查墙上预留孔位置是否正确，如有偏差，应预先修正，墙面突出严重时，也应预先修平。

（2）安装　该脚手架的安装在起重机配合下按脚手架平面图进行。先把上、下固定架用临时螺栓连接起来，组成一片，附墙安装。一般每 2 片为一组，每步架上用 4 根 $\phi48\times3.5$ 钢管作为大横杆，把 2 片升降架连接成一跨，组装成一个与邻跨没有牵连的独立升降单元体。附墙支座的附墙螺栓从墙外穿入，待架子校正后，在墙内紧固。对壁厚的筒仓或桥墩等，也可预埋螺母，然后用附墙螺栓将架子固定在螺母上。脚手架工作时，每个单元体共有 8 个附墙螺栓与墙体锚固。为了满足结构工程施工，脚手架应超过结构一层的安全作业需要。在升降脚手架上墙组装完毕后，用 $\phi48\times3.5$ 钢管和对接扣件在上固定架上面再接高一步。最后在各升降单元体的顶部扶手栏杆处设临时连接杆，使之成为整体，内侧立杆用钢管扣件与模板支撑系统拉结，以增强脚手架整体稳定。

（3）爬升　爬升可分段进行，视设备、劳动力和施工进度而定，每个爬升过程提升 1.5～2m，每个爬升过程分 2 步进行（图 3-34）。

1）爬升活动架　解除脚手架上部的连接杆，在一个升降单元体两端升降架的吊钩处，各配置 1 只倒链，倒链的上、下吊钩分别挂入固定架和活动架的相应吊钩内。操作人员位于活动架上，倒链受力后卸去活动架附墙支座的螺栓，活动架即被倒链挂在固定架上，然后在

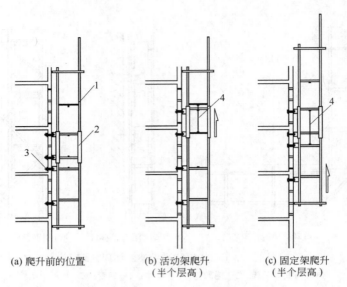

(a) 爬升前的位置　　　(b) 活动架爬升　　　(c) 固定架爬升
　　　　　　　　　　（半个层高）　　　（半个层高）

图 3-34　自升降式脚手架爬升过程
1—活动架；2—固定架；3—附墙螺栓；4—倒链

两端同步提升，活动架即呈水平状态徐徐上升。爬升到达预定位置后，将活动架用附墙螺栓与墙体锚固，卸下倒链，活动架爬升完毕。

2）爬升固定架　同爬升活动架相似，在吊钩处用倒链的上、下吊钩分别挂入活动架和固定架的相应吊钩内，倒链受力后卸去固定架附墙支座的附墙螺栓，固定架即被倒链挂吊在活动架上。然后在两端同步抽动倒链，固定架即徐徐上升，同样爬升至预定位置后，将固定架用附墙螺栓与墙体锚固，卸下倒链，固定架爬升完毕。

至此，脚手架完成了一个爬升过程。待爬升一个施工高度后，重新设置上部连接杆，脚手架进入工作状态，以后按此循环操作，脚手架即可不断爬升，直至结构到顶。

**2. 互升降式脚手架**

按单元安设脚手架体，单元间隔 200mm。间隔提升或下降各单元。相邻架段互为支承，交替升降。即甲架段固定在建筑物结构构件上，利用起重设备将乙段提升到上一层。然后乙段固定在建筑物上，松开甲段的固定，将甲段提升到上一层。然后乙段固定在建筑物上，松开甲段的固定，将甲段提升到上层，实现单元脚手架升单元脚手架。

**3. 整体升降式脚手架**

整体升降式外脚手架以电动倒链为提升机，使整个外脚手架沿建筑物外墙或柱整体向上爬升。搭设高度依建筑物施工层的层高而定，一般取建筑物标准层 4～5 层高度加 1 步安全栏的高度为架体的总高度。脚手架为双排，宽以 0.8～1m 为宜，里排杆离建筑物净距 0.4～0.6m。脚手架的横杆和立杆间距都不宜超过 1.8m，可将 1 个标准层高分为 2 步架，以此步距为基数确定架体横、立杆的间距。此种脚手架附件量少，能适应变层高；整体提升时省时；不仅可以适用于剪力墙结构而且可用于框架结构，完成从结构施工到装修阶段的全过程。适用于平面形状规整，易形成外周闭合圈的建筑物的施工。

**（四）悬挑式脚手架**

在高层建筑施工中，悬挑式脚手架因其节省材料的特点获得了较多的运用，采用型钢材料作为悬挑梁的悬挑式脚手架，具有较好的稳定性、安全性，能满足施工安全生产需要。其工艺原理：利用固定在主体结构梁板上的型钢制作的悬挑梁，并辅以悬挑梁斜拉钢丝绳稳定件作为钢管外架的承力构件，搭设钢管外架高度不超过 24m，并按一定数量设置拉结点，以分段搭设满足脚手架高度的要求。

常用悬挑式脚手架的几种形式如下。

1. 按型钢支承架与主体结构的连接方式可分为以下几种形式。

（1）搁置固定于主体结构层上的形式（图 3-35）；

（2）搁置加斜支撑或加上张拉与预埋件连接；

（3）与主体结构面上的预埋件焊接形式（图 3-36）。

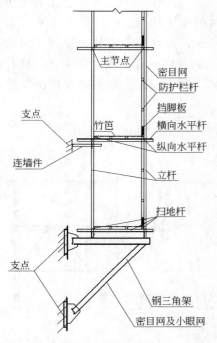

图 3-35　搁置固定于主体结构层上的形式

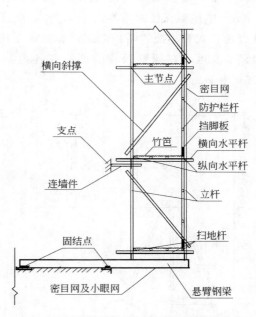

图 3-36　与主体结构面上的预埋件焊接形式

2. 悬挑式脚手架的基本参数

（1）起挑层高。一般从第四、五层开始起挑，根据工程需要决定。

（2）挑梁型号规格。挑梁一般采用工字钢等型钢。根据荷载大小设计选用工字钢等的型号规格。

（3）步高（步距）、步宽（立杆横向间距）、立杆纵向间距（跨）等主要技术数据参考表 3-20。

表 3-20　悬挑式脚手架主要技术数据

| 立杆横距 | 立杆纵距 | 步高 | 每段脚手架高度 | 最大活载 | 同时施工步数 |
| --- | --- | --- | --- | --- | --- |
| 0.9～1.1m | 1.5～1.8m | 1.8m 首步架高为 1.5m | ≤24m | 2kN/m² | 3 |

（4）连墙件竖向间距、水平间距。连墙件竖向间距不大于 2 倍步距，水平间距不大于 3 倍纵距，每根连墙件覆盖面积不大于 27m²。

（5）单挑高度。每道型钢支承架上部的脚手架高度不宜大于 24m。对每道型钢支承架上部的脚手架高度大于24m的悬挑式脚手架，应对风荷载取值、架体及连墙件构造等方面进行专门研究后作出相应的加强设计。

（6）总高度。根据主体结构总高度及施工需要确定。本规程适用于在高度不大于100m的高层建筑或高耸构筑物上使用的悬挑式脚手架。对使用总高度超过100m的悬挑式脚手架，应对风荷载取值、架体及连墙件构造等方面进行专门研究后作出相应的加强设计。

**（五）里脚手架**

里脚手架按构造组成分类如下。

**1. 支柱式里脚手架**

支柱式里脚手架适用于砌墙和内装饰工程的施工，支柱与横杆形成支架，铺上脚手板即为脚手架，可搭成双排架或单排架。双排支柱纵向间距不大于1.8m，横向间距不大于1.5m。单排架支柱距墙不大于1.5m，横杆入墙宽度不小于240mm。支柱式里脚手架的支柱有套管式和承插式两种形式。套管式支柱（图3-37），它是将插管插入立管中，以销孔间距调节高度，在插管顶端的凹形支托内搁置方木横杆，横杆上铺设脚手架。架设高度为1.5～2.1m。

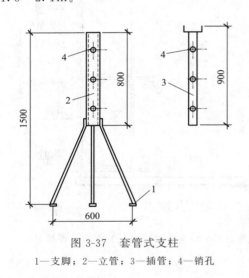

图3-37　套管式支柱

1—支脚；2—立管；3—插管；4—销孔

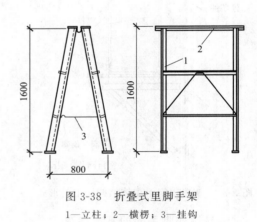

图3-38　折叠式里脚手架

1—立柱；2—横楞；3—挂钩

**2. 折叠式里脚手架**

折叠式里脚手架（图3-38）适用于民用建筑的内墙砌筑和内粉刷。根据材料不同，分为角钢、钢管和钢筋折叠式里脚手架，角钢折叠式里脚手架的架设间距，砌墙时不超过2m，粉刷时不超过2.5m。可以搭设两步脚手，第一步高约根据施工层高，沿高度可以搭设两步脚手，第一步高约1m，第二步高约1.65m。钢管和钢筋折叠式里脚手的架设间距，砌墙时不超过1.8m，粉刷时不超过2.2m。

**3. 门架式里脚手架**

门架式里脚手架（图3-39）可用于砌墙和粉刷。由支架和门架组成，分为套管式和承插式。套管式架设高度为1.44m、1.7m、1.9m，承插式架设高度为1.34m、2.43m。

**4. 满堂红脚手架**

满堂红脚手架适用于厂房、剧院、大餐厅等顶棚的装修工程。由钢管、杉木杆、松木杆等搭设。立杆纵横间距松木杆为1.5m，其余为1.7m；操作层承重杆间距0.8m；靠墙立杆

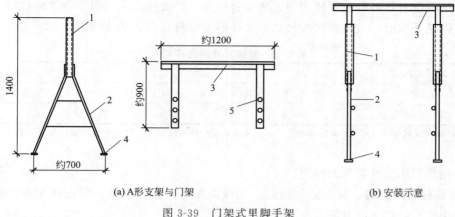

(a) A形支架与门架　　　　　　　　　　　(b) 安装示意

图 3-39　门架式里脚手架

1—立管；2—支脚；3—门架；4—垫板；5—销孔

离墙距离 0.4～0.5m，大横杆竖向步距纵向为 1.6m，横向两边为 1.6m，中间为 3.2m；四角设抱角斜撑，四边各设剪刀撑一道，于中间的纵横方向上，每隔四排立杆各设一道剪刀撑，剪刀撑的宽度不得小于二至三个跨间。

## 第五节　砌体工程施工安全注意事项

① 砌筑操作前必须检查操作环境是否符合安全要求，道路是否畅通，机具是否完好牢固，安全设施和防护用品是否齐全，经检查符合要求后方可施工。

② 砌基础时，应检查和经常注意基槽（坑）土质的变化情况。

③ 堆放砖、石、材料离开坑边 1m 以上。

④ 墙身砌体高度超过地坪 1.2m 以上时，搭设操作脚手。在一层以上或高度超过 4m 时，必须有上下马道，采用里脚手架必须支搭安全网；采用外脚手架设护身栏和挡脚板。不准在超过胸部的墙上进行砌筑，以免将墙体碰撞倒塌造成安全事故。

⑤ 不准站在墙顶上做画线、刮缝及清扫墙面或检查大角垂直等工作。

⑥ 架子上不能向外打砖；不得站在架子或墙顶上修凿石料；护身栏杆不得坐人；需用原架子作外沿构缝时，重新对架子进行检查和加固。砍砖时应面向墙体，避免碎砖飞出伤人。

⑦ 不准在墙顶或架子上整修石材，以免振动墙体影响质量或石片掉下伤人。

⑧ 不准起吊有部分破裂和脱落危险的砌块。

⑨ 站在墙顶上进行弹线、括缝及清扫墙面，或检查大角垂直度等作业，也不得在刚砌好的墙上行走。

⑩ 架上运输，脚手板要钉牢固。

⑪ 堆料，严格控制堆重，以确保较大的安全储备。堆砖不得超过三层，同一块脚手板上的操作人员不得超过 2 人。

## 第六节　砌体工程施工常用质量标准

### 一、基本规定

（1）砌体工程所用的材料应有产品的合格证书、产品性能检测报告。块材、水泥、钢筋、外加剂等应有材料的主要性能的进场复验报告。严禁使用国家明令淘汰的材料。

（2）砌筑基础前，应校核放线尺寸，允许偏差应符合表 3-21 的规定。

表 3-21　放线尺寸的允许偏差

| 长度 L、宽度 B/m | 允许偏差/mm | 长度 L、宽度 B/m | 允许偏差/mm |
| --- | --- | --- | --- |
| L（或 B）≤30 | ±5 | 60＜L（或 B）≤90 | ±15 |
| 30＜L（或 B）≤60 | ±10 | L（或 B）＞90 | ±20 |

注：基础砌筑放线是确定建筑平面的基础工作，砌筑基础前校核放线尺寸、控制放线精度，在建筑施工中具有重要意义。

（3）砌筑顺序应符合下列规定。

① 基底标高不同时，应从低处砌起，并应由高处向低处搭砌。当设计无要求时，搭接长度不应小于基础扩大部分的高度。

② 砌体的转角处和交接处应同时砌筑。当不能同时砌筑时，应按规定留槎、接槎。

（4）在墙上留置临时施工洞口，其侧边离交接处墙面不应小于 500mm，洞口净宽度不应超过 1m。抗震设防烈度为 9 度的地区建筑物的临时施工洞口位置，应会同设计单位确定。临时施工洞口应做好补砌。

（5）不得在下列墙体或部位设置脚手眼。

① 120mm 厚墙、料石清水墙和独立柱；

② 过梁上与过梁成 60°角的三角形范围及过梁净跨度 1/2 的高度范围内；

③ 宽度小于 1m 的窗间墙；

④ 砌体门窗洞口两侧 200mm（石砌体为 300mm）和转角处 450mm（石砌体为 600mm）范围内；

⑤ 梁或梁垫下及其左右 500mm 范围内；

⑥ 设计不允许设置脚手眼的部位。

（6）施工脚手眼补砌时，灰缝应填满砂浆，不得用干砖填塞。

（7）设计要求的洞口、管道、沟槽应于砌筑时正确留出或预埋，未经设计同意，不得打凿墙体和在墙体上开凿水平沟槽。宽度超过 300mm 的洞口上部，应设置过梁。

（8）尚未施工楼板或屋面的墙或柱，当可能遇到大风时，其允许自由高度不得超过表 3-22 的规定。如超过表中限值时，必须采用临时支撑等有效措施。

表 3-22　墙和柱的允许自由高度　　　　　　　　　　单位：m

| 墙（柱）厚 /mm | 砌体密度＞1600kg/m³ | | | 砌体密度 1300～1600kg/m³ | | |
| --- | --- | --- | --- | --- | --- | --- |
| | 风载/（kN/m²） | | | 风载/（kN/m²） | | |
| | 0.3（约 7 级风） | 0.4（约 8 级风） | 0.5（约 9 级风） | 0.3（约 7 级风） | 0.4（约 8 级风） | 0.5（约 9 级风） |
| 190 | — | — | — | 1.4 | 1.1 | 0.7 |
| 240 | 2.8 | 2.1 | 1.4 | 2.2 | 1.7 | 1.1 |
| 370 | 5.2 | 3.9 | 2.6 | 4.2 | 3.2 | 2.1 |
| 490 | 8.6 | 6.5 | 4.3 | 7.0 | 5.2 | 3.5 |
| 620 | 14.0 | 10.5 | 7.0 | 11.4 | 8.6 | 5.7 |

注：1. 本表适用于施工处相对标高（H）在 10m 范围内的情况。如 10m＜H≤15m，15m＜H≤20m 时，表中的允许自由高度应分别乘以 0.9、0.8 的系数；如 H＞20m 时，应通过抗倾覆验算确定其允许自由高度。

2. 当所砌筑的墙有横墙或其他结构与其连接，而且间距小于表列限值的 2 倍时，砌筑高度可不受本表的限制。

（9）搁置预制梁、板的砌体顶面应找平，安装时应坐浆。当设计无具体要求时，应采用1：2.5 的水泥砂浆。

（10）砌体施工质量控制等级应分为三级，并应符合表 3-23 的规定。

表 3-23　砌体施工质量控制等级

| 项　　目 | 施工质量控制等级 | | |
|---|---|---|---|
| | A | B | C |
| 现场质量管理 | 制度健全，并严格执行；非施工方质量监督人员经常到现场，或现场设有常驻代表；施工方有在岗专业技术管理人员，人员齐全，并持证上岗 | 制度基本健全，并能执行；非施工方质量监督人员间断地到现场进行质量控制；施工方有在岗专业技术管理人员，并持证上岗 | 有制度；非施工方质量监督人员很少作现场质量控制；施工方有在岗专业技术管理人员 |
| 砂浆、混凝土强度 | 试块按规定制作，强度满足验收规定，离散性小 | 试块按规定制作，强度满足验收规定，离散性较小 | 试块强度满足验收规定，离散性大 |
| 砂浆拌和方式 | 机械拌和；配合比计量控制严格 | 机械拌和；配合比计量控制一般 | 机械或人工拌和；配合比计量控制较差 |
| 砌筑工人 | 中级工以上，其中高级工不少于 20% | 高、中级工不少于 70% | 初级工以上 |

（11）设置在潮湿环境或有化学侵蚀性介质的环境中的砌体灰缝内的钢筋应采取防腐措施。

（12）砌体施工时，楼面和屋面堆载不得超过楼板的允许荷载值。施工层进料口楼板下，宜采取临时加撑措施。

（13）分项工程的验收应在检验批验收合格的基础上进行。检验批的确定可根据施工段划分。

（14）砌体工程检验批验收时，其主控项目应全部符合《砌体工程施工质量验收规范》GB 50203—2002 的规定；一般项目应有 80% 及以上的抽检处符合本规范的规定，或偏差值在允许偏差范围以内。

### 二、砌筑砂浆

（1）水泥进场使用前，应分批对其强度、安定性进行复验。检验批应以同一生产厂家、同一编号为一批。

当在使用中对水泥质量有怀疑或水泥出厂超过 3 个月（快硬硅酸盐水泥超过 1 个月）时，应复查试验，并按其结果使用。

不同品种的水泥，不得混合使用。

（2）砂浆用砂不得含有有害杂物。砂浆用砂的含泥量应满足下列要求。

1）对水泥砂浆和强度等级不小于 M5 的水泥混合砂浆，不应超过 5%；

2）对强度等级小于 M5 的水泥混合砂浆，不应超过 10%；

3）人工砂、山砂及特细砂，应经试配能满足砌筑砂浆技术条件要求。

（3）配制水泥石灰砂浆时，不得采用脱水硬化的石灰膏。

（4）消石灰粉不得直接使用于砌筑砂浆中。

（5）拌制砂粉用水，水质应符合国家现行标准《混凝土拌和用水标准》JGJ 63 的规定。

（6）砌筑砂浆应通过试配确定配合比。当砌筑砂浆的组成材料有变更时，其配合比应重新确定。

（7）施工中当采用水泥砂浆代替水泥混合砂浆时，应重新确定砂浆强度等级。

（8）凡在砂浆中掺入有机塑化剂、早强剂、缓凝剂、防冻剂等，应经检验和试配符合要求后，方可使用。有机塑化剂应有砌体强度的型式检验报告。

（9）砂浆现场拌制时，各组分材料采用重量计量。

（10）砌筑砂浆应采用机械搅拌，自投料完算起，搅拌时间应符合下列规定。

1）水泥砂浆和水泥混合砂浆不得小于 2min；

2）水泥粉煤灰砂浆和掺用外加剂的砂浆不得少于 3min；

3）掺用有机塑化剂的砂浆，应为 3～5min。

（11）砂浆应随拌随用，水泥砂浆和水泥混合砂浆应分别在 3h 和 4h 内使用完毕；当施工期间最高气温超过 30℃时，应分别在拌成后 2h 和 3h 内使用完毕。

注：对掺用缓凝剂的砂浆，其使用时间可根据具体情况延长。

（12）砌筑砂浆试块强度验收时其强度合格标准必须符合以下规定。

同一验收批砂浆试块抗压强度平均值必须大于或等于设计强度等级所对应的立方体抗压强度；同一验收批砂浆试块抗压强度的最小一组平均值必须大于或等于设计强度等级所对应的立方体抗压强度的 0.75 倍。

注：① 砌筑砂浆的验收批，同一类型、强度等级的砂浆试块应不少于 3 组。当同一验收批只有一组试块时，该组试块抗压强度的平均值必须大于或等于设计强度等级所对应的立方体抗压强度。

② 砂浆强度应以标准养护，龄期为 28d 的试块抗压试验结果为准。

抽检数量　每一检验批且不超过 250m³ 砌体的各种类型及强度等级的砌筑砂浆，每台搅拌应至少抽检一次。

检验方法　在砂浆搅拌机出料口随机取样制作砂浆试块（同盘砂浆只应制作一组试块），最后检查试块强度试验报告单。

（13）当施工中或验收时出现下列情况，可采用现场检验方法对砂浆和砌体强度进行原位检测或取样检测，并判定其强度。

1）砂浆试块缺乏代表性或试块数量不足；

2）对砂浆试块的试验结果有怀疑或有争议；

3）砂浆试块的试验结果，不能满足设计要求。

### 三、砖砌体工程

（一）一般规定

（1）本段适用于烧结普通砖、烧结多孔砖、蒸压灰砂砖、粉煤灰砖等砌体工程。

（2）用于清水墙、柱表面的砖，应边角整齐，色泽均匀。

（3）有冻胀环境和条件的地区，地面以下或防潮层以下的砌体，不宜采用多孔砖。

（4）砌筑砖砌体时，砖应提前 1～2d 浇水湿润。

（5）砌砖工程当采用铺浆法砌筑时，铺浆长度不得超过 750mm；施工期间气温超过 30℃时，铺浆长度不得超过 500mm。

（6）240mm 厚承重墙的每层墙的最上一皮砖，砖砌体的阶台水平面上及挑出层，应整砖丁砌。

（7）砖砌平拱过梁的灰缝应砌成楔形缝。灰缝的宽度，在过梁的底面不应小于 5mm；

在过梁的顶面不应大于 15mm。

拱脚下面应伸入墙内不小于 20mm，拱底应有 1‰的超拱。

（8）砖过梁底部的模板，应在灰缝砂浆强度不低于设计强度的 50%时，方可拆除。

（9）多孔砖的孔洞应垂直于受压面砌筑。

（10）施工时施砌的蒸压（养）砖的产品龄期不应小于 28d。

（11）竖向灰缝不得出现透明缝、瞎缝和假缝。

（12）砖砌体施工临时间断处补砌时，必须将接槎处表面清理干净，浇水湿润，并填实砂浆，保持灰缝平直。

（二）主控项目

（1）砖和砂浆的强度等级必须符合设计要求。

抽检数量　每一生产厂家的砖到现场后，按烧结砖 15 万块、多孔砖 5 万块、灰砂砖及粉煤灰砖 10 万块各为一验收批，抽检数量为 1 组。砂浆试块的抽检数量执行《砌体工程施工质量验收规范》第 4.0.12 条的有关规定。

检验方法　查砖和砂浆试块试验报告。

（2）砌体水平灰缝的砂浆饱满度不得小于 80%。

抽检数量　每检验批抽查不应少于 5 处。

检验方法　用百格网检查砖底面与砂浆的粘结痕迹面积。每处检测 3 块砖，取其平均值。

（3）砖砌体的转角处和交接处应同时砌筑，严禁无可靠措施的内外墙分砌施工。对不能同时砌筑而又必须留置的临时间断处应砌成斜槎，斜槎水平投影长度不小高度的 2/3。

抽检数量　每检验批抽 20%接槎，且不应少于 5 处。

检验方法　观察检查。

（4）非抗震设防及抗震设防烈度为 6 度、7 度地区的临时间断处，当不能留斜槎时，除转角处外，可留直槎，但直槎必须做成凸槎。留直槎处应加设拉结钢筋，拉结钢筋的数量为每 120mm 墙厚放置 1φ6 拉结钢筋（120mm 厚墙放置 2φ6 拉结钢筋），间距沿墙高不应超过 500mm；埋入长度从留槎处算起每边均不应小于 500mm，对抗震设防烈度 6 度、7 度的地区，不应小于 1000mm；末端应有 90°弯钩。

抽检数量　每检验批抽 20%接槎，且不应少于 5。

检验方法　观察和尺量检查。

合格标准　留槎正确，拉结钢设置数量、直径正确，竖向间距偏差不超过 100mm，留置长度基本符合规定。

（5）砖砌体的位置及垂直度允许偏差应符合表 3-24 的规定。

表 3-24　砖砌体的位置及垂直度允许偏差

| 项　次 | 项　　目 | | | 允许偏差/mm | 检验方法 |
|---|---|---|---|---|---|
| 1 | 轴线位置偏移 | | | 10 | 用经纬仪和尺检查或用其他测量仪器检查 |
| 2 | 垂直度 | 每层 | | 5 | 用 2m 托线板检查 |
| | | 全高 | ≤10m | 10 | 用经纬仪、吊线和尺检查,或用其他测量仪器检查 |
| | | | >10m | 20 | |

抽检数量　轴线查全部承重墙柱；外墙垂直度全高查阳角，不应少于 4 处，每层 20m

查一处；内墙按有代表性的自然间抽 10%，但不应少于 3 间，每间不应少于 2 处，柱不少于 5 根。

（三）一般项目

（1）砖砌体组砌方法应正确，上、下错缝，内外搭砌，砖柱不得采用包心砌法。

抽检数量　外墙每 20m 抽查一处，每处 3～5m，且不应少于 3 处；内墙按有代表性的自然间抽 10%，且不应少于 3 间。

检验方法　观察检查。

合格标准　除符合本条要求外，清水墙、窗间墙无通缝；混水墙中长度大于或等于 300mm 的通缝每间不超过 3 处，且不得位于同一面墙体上。

（2）砖砌的灰缝应横平竖直，厚薄均匀。水平灰缝厚度宜为 10mm，但不应小于 8mm，也不应大于 12mm。

抽检数量　每步脚手架施工的砌体，每 20m 抽查 1 处。

检验方法　用尺量 10 皮砖砌高度折算。

（3）砖砌体的一般尺寸允许偏差应符合表 3-25 的规定。

表 3-25　砖砌体一般尺寸允许偏差

| 项次 | 项 目 | | 允许偏差/mm | 检 验 方 法 | 抽 检 数 量 |
|---|---|---|---|---|---|
| 1 | 基础顶面和楼面标高 | | ±15 | 用水平仪和尺检查 | 不应少于 5 处 |
| 2 | 表面平整度 | 清水墙、柱 | 5 | 用 2m 靠尺和楔形塞尺检查 | 有代表性自然间 10%，但不应少于 3 间，每间不应少于 2 处 |
| | | 混水墙、柱 | 8 | | |
| 3 | 门窗洞口高、宽（后塞口） | | ±5 | 用尺检查 | 检验批洞口的 10%，且不应少于 5 处 |
| 4 | 外墙上下窗口偏移 | | 20 | 以底层窗口为准，用经纬仪或吊线检查 | 检验批的 10%，且不应少于 5 处 |
| 5 | 水平灰缝平直度 | 清水墙 | 7 | 拉 10m 线和尺检查 | 有代表性自然间 10%，但不应少于 3 间，每间不应少于 2 处 |
| | | 混水墙 | 10 | | |
| 6 | 清水墙游丁走缝 | | 20 | 吊线和尺检查，以每层第一皮砖为准 | 有代表性自然间 10%，但不应少于 3 间，每间不应少于 2 处 |

## 四、混凝土小型空心砌块砌体工程

（一）一般规定

（1）本部分内容适用于普通混凝土小型空心砌块和轻骨料混凝土小型空心砌块（以下简称小砌块）工程的质量验收。

（2）施工时所用的小砌块的产品龄期不应小于 28d。

（3）砌筑小砌块时，应清除表面污物和芯柱用小砌块孔洞底部的毛边，剔除外观质量不合格的小砌块。

（4）施工时所用的砂浆，宜选用专用的小砌块砌筑砂浆。

（5）底层室内地面以下或防潮层以下的砌体，应采用强度等级不低于 C20 的混凝土灌实小砌块的孔洞。

（6）小砌块砌筑时，在天气干燥炎热的情况下，可提前洒水湿润小砌块；对轻骨料混凝土小砌块，可提前浇水湿润。小砌块表面有浮水时，不得施工。

（7）承重墙体严禁使用断裂小砌块。

（8）小砌块墙体应对孔错缝搭砌，搭接长度不应小于90mm。墙体的个别部位不能满足上述要求时，应在灰缝中设置拉结钢筋或钢筋网片，但竖向通缝仍不得超过两皮小砌块。

（9）小砌块应底面朝上反砌于墙上。

（10）浇灌芯柱的混凝土，宜选用专用的小砌块灌孔混凝土，当采用普通混凝土时，其坍落度不应小于90mm。

（11）浇灌芯柱混凝土，应遵守下列规定。

1）清除孔洞内的砂浆等杂物，并用水冲洗；

2）砌筑砂浆强度大于1MPa时，方可浇灌芯柱混凝土；

3）在浇灌芯柱混凝土前应先注入适量与芯柱混凝土相同的碎石水泥砂浆，再浇灌混凝土。

（12）需要移动砌体中的砌块或小砌块被撞动时，应重新铺砌。

（二）主控项目

（1）小砌块和砂浆的强度等级必须符合设计要求。

**抽检数量** 每一生产厂家，每1万块小砌块至少应抽检一组。用于多层以上建筑基础和底层的小砌块抽检数量不应少于2组。砂浆试块的抽检数量执行《砌体工程施工质量验收规范》第4.0.12条的有关规定。

（2）砌体水平灰缝的砂浆饱满度，应按净面积计算不得低于90％；竖向灰缝饱满度不得小于80％，竖缝凹槽部位应用砌筑砂浆填实；不得出现瞎缝、透明缝。

**抽检数量** 每检验批不应少于3处。

**检验方法** 用专用百格网检测小砌块与砂浆粘结痕迹，每处检测3块小砌块，取其平均值。

（3）墙体转角处和纵横交接处应同时砌筑。临时间断处应砌成斜槎，斜槎水平投影长度不应小于高度的2/3。

**抽检数量** 每检验批抽20％接槎，且不应少于5处。

**检验方法** 观察检查。

（4）砌体的轴线偏移和垂直度偏差应按《砌体工程施工质量验收规范》第5.2.5条的规定执行。

（三）一般项目

（1）墙体的水平灰缝厚度和竖向灰缝宽度宜为10mm，但不应大于12mm，也不应小于8mm。

**抽检数量** 每层楼的检测点不应少于3处。

**抽检方法** 用尺量5皮小砌块的高度和2m砌体长度折算。

（2）小砌块墙体的一般尺寸允许偏差应按《砌体工程施工质量验收规范》第5.3.3条表5.3.3中1～5项的规定执行。

## 五、石砌体工程

（一）一般规定

（1）石砌体采用的石材应质地坚实，无风化剥落和裂纹。用于清水墙、柱表面的石材，尚应色泽均匀。

（2）石材表面的泥垢、水锈等杂物，砌筑前应清除干净。

（3）石砌体的灰缝厚度　毛料石和粗料石砌体不宜大于 20mm；细料石砌体不宜大于 5mm。

（4）砂浆初凝后，如移动已砌筑的石块，应将原砂浆清理干净，重新铺浆砌筑。

（5）砌筑毛石基础的第一皮石块应坐浆，并将大面向下；砌筑料石基础的第一皮石块应用丁砌层坐浆砌筑。

（6）毛石砌体的第一皮及转角处、交接处和洞口处，应用较大的平毛石砌筑。每个楼层（包括基础）砌体的最上一皮，宜选用较大的毛石砌筑。

（7）砌筑毛石挡土墙应符合下列规定。

1）每砌 3～4 皮为一个分层高度，每个分层高度应找平一次；

2）外露面的灰缝厚度不得大于 40mm，两个分层高度间分层处的错缝不得小于 80mm。

（8）料石挡土墙，当中间部分用毛石砌时，丁砌料石伸入毛石部分的长度不应小于 200mm。

（9）挡水墙的泄水孔当设计无规定时，施工应符合下列规定。

1）泄水孔应均匀设置，在每米高度上间隔 2m 左右设置一个泄水孔；

2）泄水孔与土体间铺设长宽各为 300mm、厚 200mm 的卵石或碎石作疏水层。

（10）挡土墙内侧回填土必须分层夯填，分层松土厚度应为 300mm。墙顶土面应有适当坡度使流水向挡土墙外侧面。

（二）主控项目

（1）石材及砂浆强度等级必须符合设计要求。

抽检数量　同一产地的石材至少应抽检一组。砂浆试块的抽检数量执行《砌体工程施工质量验收规范》第 4.0.12 条的有关规定。

检验方法　料石检查产品质量证明书，石材、砂浆检查试导体试验报告。

（2）砂浆饱满度不应小于 80％。

抽检数量　每步架抽查不应少于 1 处。

检验方法　观察检查。

（3）石砌体的轴线位置及垂直度允许偏差应符合表 3-26 的规定。

表 3-26　石砌体的轴线位置及垂直度允许偏差

| 项次 | 项目 | | 允许偏差/mm | | | | | | 检验方法 |
| --- | --- | --- | --- | --- | --- | --- | --- | --- | --- |
| | | | 毛石砌体 | | 料石砌体 | | | | |
| | | | 基础 | 墙 | 毛料石 | | 粗料石 | | 细料石 | |
| | | | | | 基础 | 墙 | 基础 | 墙 | 墙、柱 | |
| 1 | 细线位置 | | 20 | 15 | 20 | 15 | 15 | 10 | 10 | 用经纬仪和尺检查，或用其他测量仪器检查 |
| 2 | 墙面垂直度 | 每层 | | 20 | | 20 | | 10 | 7 | 用经纬仪、吊线和尺检查或用其他测量仪器检查 |
| | | 全高 | | 30 | | 30 | | 25 | 20 | |

抽检数量　外墙，按楼层（或 4m 高以内）每 20m 抽查 1 处，每处 3 延长米，但不应少于 3 处；内墙，按有代表性的自然间抽查 10％，但不应少于 3 间，每间不应少于 2 处，柱子不应少于 5 根。

（三）一般项目

（1）石砌体的一般尺寸允许偏差应符合表 3-27 的规定。

抽检数量：外墙，按楼层（4m 高以内）每 20m 抽查 1 处，每处 3 延米，但不应少于 3 处；内墙，按有代表性的自然间抽查 10%，但不应少于 3 间，每间不应少于 2 处，柱子不应少于 5 根。

表 3-27　石砌体的一般尺寸允许偏差

| 项次 | 项目 | | 允许偏差/mm | | | | | | | 检验方法 |
| --- | --- | --- | --- | --- | --- | --- | --- | --- | --- | --- |
| | | | 毛石砌体 | | 料石砌体 | | | | | |
| | | | 基础 | 墙 | 基础 | 墙 | 基础 | 墙 | 墙、柱 | |
| 1 | 基础和墙砌体顶面标高 | | ±25 | ±15 | ±25 | ±15 | ±15 | ±15 | ±10 | 用水准仪和尺检查 |
| 2 | 砌体厚度 | | ±30 | +20 −10 | +30 | +20 −10 | +15 | +10 −5 | +10 −5 | 用尺检查 |
| 3 | 表面平整度 | 清水墙、柱 | — | 20 | | 20 | | 10 | 5 | 细料石用 2m 靠尺和楔形塞尺检查,其他用两直尺垂直灰缝拉 2m 线和尺检查 |
| | | 混水墙、柱 | — | 20 | | 20 | | 15 | — | |
| 4 | 清水墙水平灰缝平直度 | | — | — | | — | | 10 | 5 | 拉 10m 线和尺检查 |

（2）石砌体的组砌形式应符合下列规定。

1）内外搭砌，上下错缝，拉结石、丁砌石交错设置；

2）毛石墙拉结石每 0.7m² 墙面不应少于 1 块。

检查数量　外墙，按楼层（或 4m 高以内）每 20m 抽查 1 处，每处 3 延长米，但不应少于 3 处；内墙，按有代表性的自然间抽查 10%，但不应少于 3 间。

检验方法　观察检查。

# 第四章 钢筋混凝土工程

钢筋混凝土结构或构件施工（即钢筋混凝土工程）一般分为模板工程、钢筋工程和混凝土工程三部分，还可分为现浇和预制装配两类方法。现浇钢筋混凝土结构施工是在结构的设计位置支设模板、绑扎钢筋、浇筑混凝土、振捣成型，再经过养护使混凝土达到拆模强度后拆除模板。现浇钢筋混凝土结构整体性好、抗震性好、节约钢材，而且施工不需要大型安装用起重机；其缺点是现场施工周期长、需要耗费大量模板、现场运输工作量大、劳动强度高、施工易受气候条件影响、建筑垃圾和噪声造成公害。在现浇混凝土结构施工中，采用工业化定型模板、电焊和机械连接接长钢筋、泵送商品砼等一系列新材料、新工艺、新设备，在一定程度上克服了上述缺点，使现浇钢筋混凝土结构得到新的发展。本章主要介绍现浇钢筋混凝土结构的施工技术。

## 第一节 模板工程

模板可分为面板和支撑两部分。面板部分是指与混凝土直接接触，使混凝土具有规定形状的模型；支撑是指支撑面板，承受荷载，并使面板保持所要求形状、大小、位置的结构。

现浇钢筋混凝土结构施工时对模板有如下要求：①保证结构和构件各部分形状、尺寸和位置的正确性；②具有足够的强度、刚度和稳定性；③装拆方便，能多次周转使用；④接缝严密，不易漏浆；⑤成本低。

### 一、模板材料及体系

模板材料目前主要用胶合板、钢，还有木、混凝土薄板、玻璃钢、塑料等。模板体系主要是组合钢模板、钢框胶合模板、大模、滑模、台模、永久模板、早拆模板等。

1. 木模板

木模板是最传统的模板之一，消耗森林，应用已逐渐减少，目前仅用于楼梯、梁柱接头、异型构件、模板镶拼等部位。

2. 胶合板模板

胶合板模板用胶合板有木胶合板和竹胶合板两种。木胶合板是由数层单板（薄木片）按相邻层木纹方向互相垂直的板坯经热压固化胶合而成。木胶合板周转次数在 10 次以内。竹胶合板是将编好的竹席在水溶液中浸泡或蒸煮，让竹材中的本质素软化，内应力消失，具有可塑性，然后在一定温度和压力下，用粘结材料粘合而成。以上材料均需进行表面处理，以提高其耐碱、耐水、耐热和耐磨性能，从而增加胶合板重复使用次数，提高使用寿命，且易于脱模。胶合板模板常用厚度有 12mm、15mm、18mm、20mm。

3. 组合钢模板

组合钢模板是一种工具式模板，用它可以拼出多种尺寸和几何形状，可适应多种类型建筑物的梁、柱、板、墙、基础和设备基础等施工的需要，也可用其拼成大模板、台模等。但存在安装速度慢，模板拼缝多，易漏浆，拼成大块模板时重量大、较笨重等缺点，会逐渐被整体式模板所取代。

组合钢模板由钢模板和配件两部分组成。其中钢模板包括平面模板、阴角模板、阳角模板和连接角钢等几种（图 4-1），其规格尺寸见表 4-1。

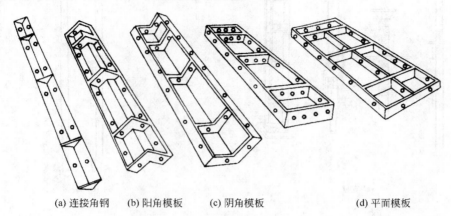

(a) 连接角钢　(b) 阳角模板　(c) 阴角模板　(d) 平面模板

图 4-1　钢模板

**表 4-1　钢模板规格**　　　　单位：mm

| 规　　格 | 平面模板 | 阴角模板 | 阳角模板 | 连接角钢 |
|---|---|---|---|---|
| 宽度 | 300,250,200,150,100 | 150×150<br>100×150 | 100×100<br>50×50 | 50×50 |
| 长度 | 1500,1200,900,750,600,450, | | | |
| 肋高 | 55 | | | |

配件包括连接件（图 4-2）和支撑件（图 4-3）两部分。连接件的 U 形卡将钢模板从横

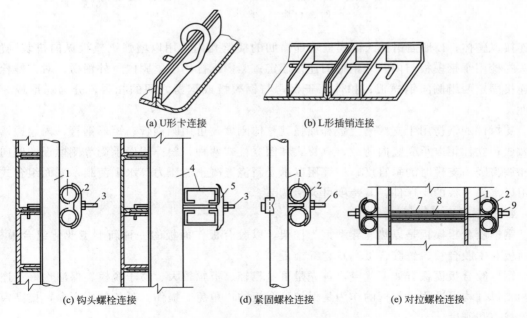

(a) U形卡连接　　　　　　(b) L形插销连接

(c) 钩头螺栓连接　　　　　(d) 紧固螺栓连接　　　　　(e) 对拉螺栓连接

图 4-2　钢模板连接件

1—圆钢管钢楞；2—3 形扣件；3—钩头螺栓；4—内卷边槽钢钢楞；

5—蝶形扣件；6—紧固扣件；7—对拉螺栓；8—塑料套管；9—螺母

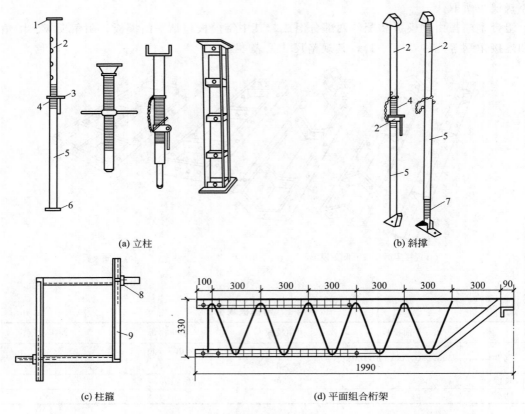

(a) 立柱　　　　　　　　　　　　　　　　　　　(b) 斜撑

(c) 柱箍　　　　　　　　(d) 平面组合桁架

图 4-3　钢模板的支撑件

1—顶板；2—插管；3—插销；4—转盘；5—套管；6—底板；7—螺杆；
8—定位器；9—夹板（角钢）

向连接成整体；L 形插销插入钢模板端部横肋的插销孔内，用以增强钢模板纵向拼装刚度；钩头螺栓用于钢模板与内、外钢楞的连接固定；紧固螺栓用于紧固内、外钢楞；对拉螺栓用于连接固定两组侧向钢模板；扣件用于钢楞与钢模板或钢楞之间的扣紧，分为蝶形或 3 形扣件。

支撑件的钢楞用于支撑钢模板和加强其整体刚度，可用圆钢管、矩形钢管、内卷边槽钢等做成；立柱用以承受竖向荷载，有管式和四立柱式两种；斜撑用以承受单侧模板的侧向荷载和调整竖向支模时的垂直度；柱箍用以承受新浇混凝土侧压力等水平荷载；平面组合式桁架用以水平模板的支撑件，其跨度可灵活调节。

4. 钢框胶合板模板

钢框胶合板模板是以热轧异型钢为框架，以胶合板作面板的一种新型工业化组合模板。其面板有木胶合板、竹胶合板和复合纤维板等。

钢框胶合板模板有如下优点：首先是重量较轻、板幅较大、易于脱模、保温性好、连接件和支撑件均可通用。钢框的作用是保护胶合板的边角免受损伤，延长使用寿命，提高模板的承载力和刚度。

5. 台模

台模又称桌模、飞模，由面板和支架两部分组成，适用现浇楼板。这种模板可以一个房间的楼板为一块，施工中不需重复装拆，用起重机将其整体吊运到上一楼层即可，实现快速支模、脱模（图 4-4）。台模安装时由支腿直接支于下层楼面上（图 4-4 中①）。拆模时先将折板脱开并拆下，然后放松支腿上的螺旋，使台模下降与新浇混凝土楼面脱开。台模吊运时，将支腿折起来，滚轮着地（图 4-4 中②），向前推出 1/3 台模长，用起重机吊住一端，继续推出 2/3，吊住另一端（图 4-4 中③），再整体吊运到新的位置。

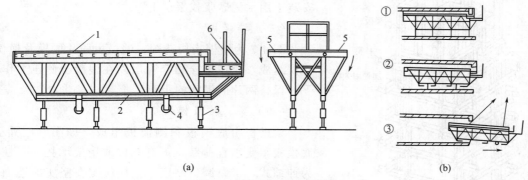

(a)　　　　　　　　　　　　　　　　　　(b)

图 4-4　折叠式台模示意图

1—面板；2—支架；3—折叠式支腿；4—滚轮；5—折板；

6—梁侧模；①、②、③—拆模过程

**6. 永久模板**

永久模板主要用于现浇钢筋混凝土楼板，他既是楼板施工中的模板，也是楼板的一个组成部分。由于模板不需拆除，可以大大改进常规混凝土施工工艺，有效地加快施工进度。永久模板有预制混凝土薄板与压型钢板两类。

作为永久模板的混凝土薄板，有两种类型：一为预应力混凝土薄板，二为双筋钢筋混凝土薄板。混凝土薄板厚 50～80mm。压型钢板用作混凝土楼面永久模板，一般有下列两种方式：①压型钢板仅作为楼板混凝土施工用模板，承受混凝土自重和施工荷载，待混凝土达到设计强度后，全部荷载由现浇钢筋混凝土承受；②压型钢板与楼面混凝土通过一定构造措施形成组合结构，共同承受楼面荷载，压型钢板既是模板，又起楼板混凝土受拉钢筋作用。

**7. 早拆模板体系**（另外单独介绍）

**二、模板构造**

**（一）基础模板**

图 4-5 为阶梯形独立柱基础模板构造图。基础的台阶是通过上台阶模板的支撑钢管搁置在下台阶的侧模板上形成的。当基坑的土质较好时，基础的下台阶可不设侧模，称混凝土原槽浇筑，图中顶撑的作用为不使模板向里倾，铁丝则使模板在浇筑混凝土后不向外倾。由此可知，模板安装时必须遵循一个原则，即通过模板的顶撑和拉筋相结合的办法，使混凝土浇筑前后均能保持设计要求的几何尺寸。

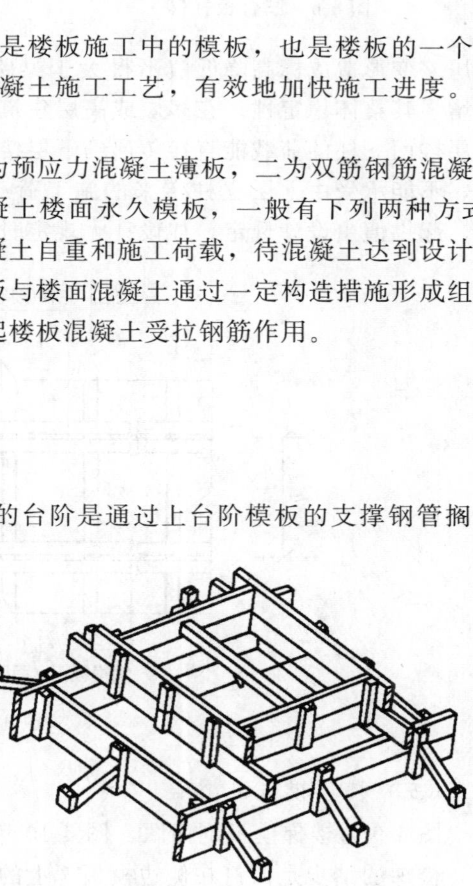

**（二）柱模板**

图 4-6 为柱模构造图。柱模的顶部根据梁的尺寸开有缺口，柱箍采用短钢管和钢管脚手

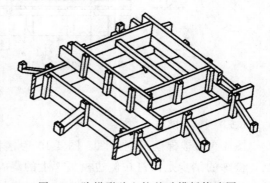

图 4-5　阶梯形独立柱基础模板构造图

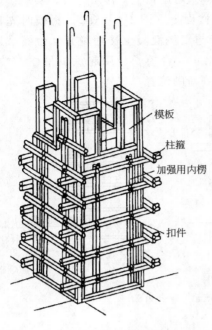

图 4-6　胶合板柱模

架用扣件组成。其作用主要是抵抗新浇混凝土的侧压力，间距 300～500mm。由于靠近柱底的侧压力较大，柱箍间距应加密；如柱截面较大（一般大于 600mm×600mm），需增设对拉螺栓或拉片加固。由于木胶合板板面较薄，刚度不够，必须用加劲内楞加强。柱模安装用水泥砂浆找平层上。

（三）墙模板

图 4-7 为墙模板构造图。墙模由两片侧模及横楞、竖楞组成，对拉螺栓和套管用以在混凝土侧压力作用下，保持两片侧模间的距离。

（四）梁、楼板模板

梁模板由底模板和侧模板组成，如图 4-8 所示。底模板承受垂直荷载，下有立柱或桁架承托。立柱多为伸缩式，可以调整高度，立柱应支在坚实的地面或楼面上，下垫木楔，以便拆除。当立柱支于土地时，应做好排水设施，避免土壤被水泡软而产生较大沉降，同时还应在立柱下加垫木板，以分布立柱传给地面的集中荷载，减少立柱的沉降量。立柱的侧向弯曲和压缩变形造成标高降低值不得大于梁跨度的 1/1000。立柱间应用水平和斜向拉杆拉牢，以增强其整体稳定性。在多层或高层建筑施工时，上、下层楼面立柱应在同一竖直线上，使上层楼面立柱的荷载能直接传递到下层楼面立柱上去，因为这时下层楼面混凝土的强度还较低，不能承受由上层立柱传来的施工荷载。当梁的跨度在 4m 或 4m 以上时，梁底模应起拱，起拱值由设计规定，如设计无规定时，起拱高度宜取全跨长度的 1‰～3‰。

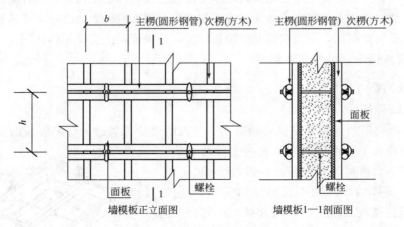

墙模板正立面图　　　　　墙模板1—1剖面图

图 4-7　胶合板墙模

（五）楼梯模板

图 4-9 为楼梯模板剖面图，图 4-10 为楼梯模板立体图。楼梯底模 2 钉在倾斜的楞木 1 上，楼梯的踏步是由钉在侧边模板 3 上的踢脚板 9 而形成的。由于踢脚板的刚度不够，需用悬空的反扶梯基 4 进行加强、定位。斜撑木桩 13 与楞木支撑着楼梯模板。

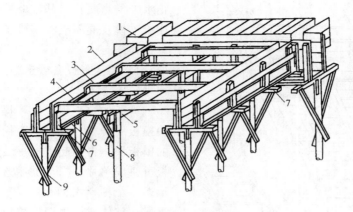

图 4-8　梁、楼板模板

1—楼板模板；2—梁侧模板；3—搁栅；4—横档；5—牵杠；

6—夹条；7—短撑木；8—牵杠撑；9—支柱（琵琶撑）

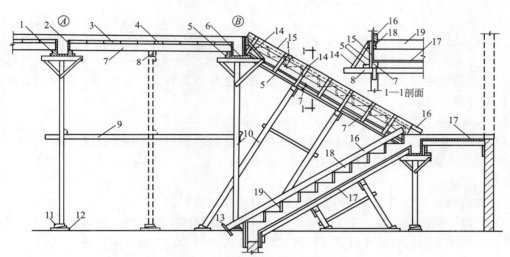

图 4-9　楼梯模板剖面图

1—托板；2—梁侧板；3—定型模板；4—承定型模板；5—固定夹木；6—梁底模板；7—楞木；8—横木；

9—拉条；10—支撑；11—木楔；12—垫板；13—木桩；14—斜撑；15—边板；16—反扶梯基；

17—板底模板；18—三角木；19—踢脚板

## 三、模板安装

模板安装主要机具有电锯、电钻、电动扳手及电焊机、斧、锯、钉锤、水平尺、钢尺、钢卷尺、线锤、手电钻、手电锯、钢丝刷、毛刷、小油漆桶、小白线、墨斗、撬杠等。

### 1. 基础模板

建筑物的基础，一般可分为独立基础，条形基础、筏式基础和箱形基础等多种。不同的基础形式，模板施工方法也不尽相同。

1）浇筑垫层时要埋设标高点，垫层混凝土要平整。应为基础模板放线。

2）施工前校核建筑物轴线，再放模板边线和标高线。

3）支模时要考虑混凝土施工缝的设置部位。箱形基础等有防水要求的基础要正确设置

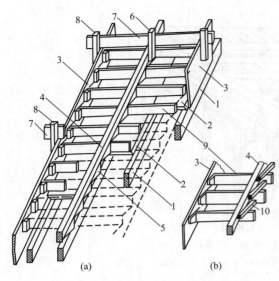

图 4-10　楼梯模板立体图

1—楞木；2—定型模板；3—边模板；4—反
扶梯基；5—三角木；6—吊木；7—横楞；
8—立木；9—踢脚板；10—顶木

止水带。当底板与基础墙要一次支模时，往往给支模及混凝土浇筑带来困难，但对防水有好处。

4）要注意设备管道的尺寸和位置。

2. 柱模板

为了加快工程进度，提高安装质量，加快模板周转率，应将定型钢模板预拼成较大的模板块，再用起重机吊装就位拼接。柱模板可拼成单片、"L"形和整体式三种。"L"形即一个柱模由两个"L"形板块相对互拼组成；整体式即由四块拼板拼成柱的筒状模板。柱内埋设的连接用的锚固钢筋，应折成直角绑扎于柱的箍筋上，拆模后将锚固钢筋凿出扳直。

1）先弹出柱的中心线及四周边线。

2）在柱脚预留清扫口（浇筑混凝土前，应用水冲洗内部，一起湿润作用，二可把模板底部脏物杂物冲出清洗口，然后再把口封住，这样浇筑的混凝土柱根不会夹渣、吊脚），柱子较高时预留浇灌口，高度不得大于 2m。

3）采取稳定措施，使柱模整体不会移动。

4）柱模初步支好后，要挂线锤检查垂直度。达到竖向垂直，根部位置准确。

5）混凝土浇筑后立即对柱模板进行二次校正。

3. 墙模板

1）支模前放出墙的中心线和边线，并核对标高、找平。

2）先将一侧模板立起，用线锤吊直，然后安装背楞和支撑，经校正后固定。

3）待钢筋保护层垫块及钢筋间的内部撑铁安装完毕后，支另一侧模板。

4）为了控制墙的厚度，内外模板之间用螺栓紧固，加外模支撑，防止模板外倾。

5）调整模板的位置及垂直度，全面拧紧对拉螺栓，最后固定好支撑。

6）墙身较高时要合理设置混凝土浇筑口，模板底部应留清扫口。

4. 梁板模板

1）放线确定梁轴线位置、尺寸，梁、板底标高。

2）梁模与柱模、主梁模板与次梁模板、梁模板与楼板模板接合处，要用木方或阴角模转接。必要时可再以薄铁皮之类予以覆盖，以使接口处不致漏浆。

3）底模起拱后将侧模、底模连成整体。起拱量要叠加上地基下沉，支撑间隙闭合等因素。

4）楼板模板背楞的设置要给梁侧模的先行拆除留有活动余地。

5）保证预埋件、预留孔洞位置正确。

5. 楼梯模板

1）先弹线确定构件标高、位置。

2）支模板时先支踏步板两端的梁模，再支踏步板模板、梯帮板及踏步板、反扶梯基。

### 四、早拆模板体系

早拆模板体系是在楼板混凝土浇筑后 3～4d、强度达到设计强度 50％时，拆除楼板模板，但仍保留一定间距的支柱，继续支撑着楼板混凝土，使楼板混凝土处于小于 2m 的短跨受力状态，待楼板混凝土强度增长到足以承担全跨自重和施工荷载时，再拆除支柱。而一般混凝土楼板的跨度均在 2m 以上、8m 以下，要混凝土浇筑后 8～10d，达到设计强度 75％才可拆模。用早拆模板体系就可提早 5～6d 拆除模板，加快了模板的周转和减少了模板的备用数量，可产生较明显的经济效益。

早拆模板体系由模板块、托梁、带升降头的钢支柱及支撑组成（图 4-11）。模板块多采用钢覆面胶合板模板。托梁有轻型钢桁架和薄壁空腹钢梁两种。托梁顶部有 70mm 宽凸缘与楼板混凝土直接接触，两侧翼缘用于支撑模板块端部，托梁的两端则支于支柱上端升降头的梁托板上。支柱下端设有底脚螺栓，用以调整支柱高度。斜撑杆和水平撑杆的作用是保证支柱的稳定性。

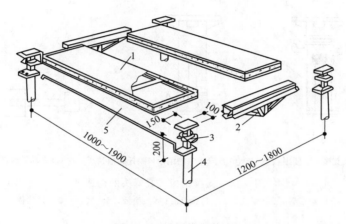

图 4-11　早拆模板体系
1—模板块；2—托梁；3—升降头；4—可调支柱；5—跨度定位杆

早拆模板安装时，先安装支柱等支撑系统，形成满堂支架，再逐个按区间将模板安放到托梁上。拆模时用铁锤敲击升降头上的滑动板，托梁连同模板块降落 100mm 左右，但钢支柱上端升降头的顶板仍然支撑着混凝土楼板（图 4-12）。升降头目前主要有斜面自锁式（图4-13）、支承销板式（图 4-14），还有螺旋式。

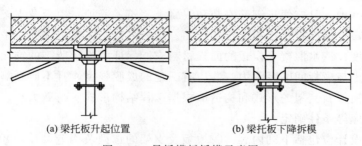

(a) 梁托板升起位置　　　　　　　(b) 梁托板下降拆模
图 4-12　早拆模板拆模示意图

早拆模板体系施工一个循环周期为七天。第一天安装支撑系统；第二天模板块安装完毕，开始绑扎钢筋；第三天钢筋绑扎完毕，浇筑混凝土；第四、五、六天养护混凝土；第七

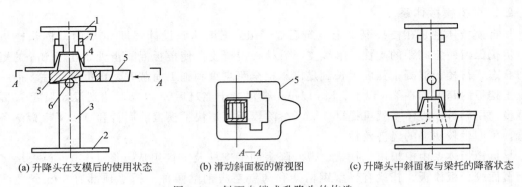

(a) 升降头在支模后的使用状态　　(b) 滑动斜面板的俯视图　　(c) 升降头中斜面板与梁托的降落状态

图 4-13　斜面自锁式升降头的构造

1—顶板；2—底板；3—方形管；4—梁托；5—滑动斜面板；6—承重销；7—限位板

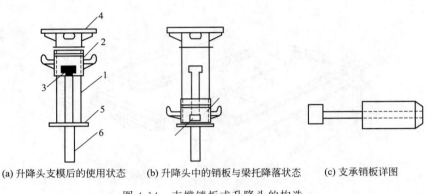

(a) 升降头支模后的使用状态　　(b) 升降头中的销板与梁托降落状态　　(c) 支承销板详图

图 4-14　支撑销板式升降头的构造

1—矩形管；2—梁托；3—支承销板；4—顶板；5—底板；6—管状体

天拆除模板，保留钢支柱，准备下一循环。

利用保留部分支柱，减小跨度的原理，用散拼模板保留支撑板带也可实现模板的早拆。

### 五、模板设计

模板工程应编制专项施工方案。滑模、爬模等工具式模板工程及高大模板支架工程的专项施工方案，应进行技术论证。模板及支架应根据施工过程中的各种工况进行设计，应具有足够的承载力和刚度，并应保证其整体稳固性。模板及支架应保证工程结构和构件各部分形状、尺寸和位置准确，且应便于钢筋安装和混凝土浇筑、养护。模板及支架宜选用轻质、高强、耐用的材料，连接件宜选用标准定型产品。接触混凝土的模板表面应平整，并应具有良好的耐磨性和硬度；清水混凝土模板的面板材料应能保证脱模后所需的饰面效果。脱模剂应能有效减小混凝土与模板间的吸附力，并应有一定的成膜强度，且不应影响脱模后混凝土表面的后期装饰。模板及支架的形式和构造应根据工程结构形式、荷载大小、地基土类别、施工设备和材料供应等条件确定。

模板及支架设计应包括下列内容：①模板及支架的选型及构造设计；②模板及支架上的荷载及其效应计算；③模板及支架的承载力、刚度验算；④模板及支架的抗倾覆验算；⑤绘制模板及支架施工图。

模板及支架的设计应符合下列规定：①模板及支架的结构设计宜采用以分项系数表达的

极限状态设计方法；②模板及支架的结构分析中所采用的计算假定和分析模型，应有理论或试验依据，或经工程验证可行；③模板及支架应根据施工过程中各种受力工况进行结构分析，并确定其最不利的作用效应组合；④承载力计算应采用荷载基本组合；变形验算可仅采用永久荷载标准值。模板及支架设计时，应根据实际情况计算不同工况下的各项荷载及其组合。各项荷载的标准值可按规范确定。

模板及支架变形值限制同老规范。多层楼板连续支模应分析互相影响，支架地基或结构承载力验算应符合相应规范。钢管扣件支架宜采用中心传力方式，单根立杆轴力标准值不宜大于12kN，高大模板支架立杆轴力标准值不宜大于10kN。立杆顶部承受水平杆扣件传递的竖向荷载时，立杆应按不小于50mm的偏心距进行承载力验算，高大模板支架的立杆应按不小于100mm的偏心距进行承载力验算。顶部水平杆可按受弯构件进行承载力验算扣件抗滑承载力验算可按现行行业标准的有关规定执行。门式、碗扣式、盘扣式或盘销式等钢管架搭设的支架，应采用支架立柱杆端插入可调托座的中心传力方式，其承载力及刚度可按国家现行有关标准的规定进行验算。

（一）模板验算荷载标准值

（1）模板及支架自重荷载（$G_1$）按图或查表4-2。

**表 4-2　模板及支架的自重荷载标准值**　　　　　单位：kN/m²

| 项　　次 | 项目名称 | 木模板 | 定型组合钢模板 |
|---|---|---|---|
| 1 | 无梁楼板的模板及小楞 | 0.3 | 0.5 |
| 2 | 有梁楼板模板(包括梁的模板) | 0.5 | 0.75 |
| 3 | 楼板模板及支架(楼层高度为4m以下) | 0.75 | 1.1 |

（2）混凝土自重荷载（$G_2$）按容重，普通混凝土采用24kN/m²。

（3）钢筋自重荷载（$G_3$）按图或查表，一般梁板结构，楼板钢筋自重荷载1.1kN/m²，梁的钢筋自重1.5kN/m³。

（4）混凝土侧压力（$G_4$）采用内部振捣器，浇注速度不大于10m/h，混凝土坍落度不大于180mm时，取二式计算结果的较小值；浇注速度大于10m/h或混凝土坍落度大于180mm时，用式(4-2)。

$$F = 0.28\gamma_c t_o \beta V^{\frac{1}{2}} \tag{4-1}$$

$$F = \gamma_c H \tag{4-2}$$

式中　$F$——新浇混凝土的最大侧压力，kN/m²；

$\gamma_c$——混凝土重力密度，kN/m³；

$t_o$——新浇混凝土初凝时间，h，由实测确定，当缺乏资料时，可采用如下公式计算：$t_o = 200/(T+15)$；

$T$——混凝土温度；

$\beta$——混凝土坍落度影响修正系数，当坍落度大于50mm且不大于90mm时取0.85，坍落度大于90mm且不大于130mm时取0.9，坍落度大于130mm且不大于180mm时取1.0；

$V$——混凝土的浇筑速度，m/h；

$H$——混凝土侧压力计算位置至新浇混凝土顶面的总高度，m。

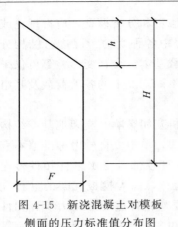

图 4-15　新浇混凝土对模板
侧面的压力标准值分布图

混凝土侧压力的计算分布图形见图 4-15，其中，$h = F/\gamma_c$（$h$ 为有效压头高度，单位为 m；$F$ 为取得的小值）。

（5）施工人员设备荷载（$Q_1$）　据实确定且 $\geq 2.5\mathrm{kN/m^2}$。

（6）下料荷载（$Q_2$）　对垂直面模板的水平荷载标准值查表 4-3，作用于有效压头高度 $h = F/\gamma_c$。

表 4-3　混凝土下料时产生的水平荷载标准值

单位：$\mathrm{kN/m^2}$

| 下料方式 | 水平荷载 |
|---|---|
| 溜槽、串筒、导管或甬管下料 | 2 |
| 吊车配备斗容器下料或小车直接倾倒 | 4 |

（7）附加水平荷载（$Q_3$）　泵送、不均堆载等造成，取计算工况下竖向永久荷载标准值的 2%，作用于支架上端水平方向。

（8）风荷载（$Q_4$）　按《建筑结构荷载规范》10 年一遇风压，基本风压不小于 $0.2\mathrm{kN/m^2}$，

$$w_k = \beta_z \mu_s \mu_z w_0 \qquad (4\text{-}3)$$

式中　$w_k$——风荷载标准值；

$\beta_z$——高度 $z$ 处风振系数，脉动风通过引起结构共振而增大结构风压力，荷载规范给出了第 1 振型起主要作用的高层建筑和高层结构等悬臂结构的风振系数算法（为顺风向；还有非悬臂结构顺风向风振、大刚度围护结构顺风向风振、扭转风振），对模板支架，可取 1；

$\mu_s$——风荷载体型系数，查荷载规范表，对梁侧模取 1.3（即迎风面 $\mu_s = 0.8$，背面 $\mu_s = 0.5$）；

$\mu_z$——风压高度变化系数，查荷载规范表，50m 以下数据见表 4-4；

$w_0$——基本风压，查荷载规范表，例如，南京 10 年一遇风压为 $0.25\mathrm{kN/m^2}$。

表 4-4　风压高度变化系数 $\mu_z$

| 离地面或海平面高度/mm | 地面粗糙度类型 | | | |
|---|---|---|---|---|
| | A | B | C | D |
| 5 | 1.09 | 1.00 | 0.65 | 0.51 |
| 10 | 1.28 | 1.00 | 0.65 | 0.51 |
| 15 | 1.42 | 1.13 | 0.65 | 0.51 |
| 20 | 1.52 | 1.23 | 0.74 | 0.51 |
| 30 | 1.67 | 1.39 | 0.88 | 0.51 |
| 40 | 1.79 | 1.52 | 1.00 | 0.60 |
| 50 | 1.89 | 1.62 | 1.10 | 0.69 |
| … | … | … | … | … |

注：本表适用于确定平坦或稍有起伏的地形风压高度变化系数。地面粗糙度分为 A、B、C、D 四类；A 类指近海海面和海岛、海岸、湖岸及沙漠地区；B 类指田野、乡村、丛林、丘陵以及房屋比较稀疏的乡镇；C 类指有密集建筑群的城市市区；D 类指有密集建筑群且房层较高的城市市区。

（二）荷载组合、计算项目

荷载组合：承载力计算用荷载基本组合，变形计算用永久荷载标准值（规范 4.3.3 条）。承载力计算荷载组合查表 4-4。

**表 4-4　承载力计算荷载组合项目**

| 计算内容 | | 参与荷载项 |
|---|---|---|
| 模板 | 底模 | $G_1+G_2+G_3+Q_1$ |
| | 侧模 | $G_4+Q_2$ |
| 支架 | 支架水平杆及节点 | $G_1+G_2+G_3+Q_1$ |
| | 立杆 | $G_1+G_2+G_3+Q_1+Q_4$ |
| | 支架整稳 | $G_1+G_2+G_3+Q_1+Q_3$<br>$G_1+G_2+G_3+Q_1+Q_4$ |

底模的满堂脚手架计算项目通常有三个。

（1）态稳。$\gamma_0\gamma_R S\leqslant R$。钢管支架整稳考虑偏心作用（高大模板支架立杆偏心 100mm，一般模板支架立杆 50mm）。

（2）立杆受力标准值即双扣件抗滑，高大模板支架立杆限值 10kN，一般模板及支架立杆限值 12kN。

（3）立杆允许长细比$\left(\text{满堂脚手架}\,\lambda=\dfrac{\mu h}{i}\leqslant[\lambda]\ \text{讨论见例 4-3}\right)$。

式中　$\gamma_0$——结构重要性系数，重要模板及支架 $\gamma_0\geqslant1$；一般模板及支架 $\gamma_0\geqslant0.9$；

　　　$\gamma_R$——承载力设计值调整系数，根据模板及支架重复使用情况取，$\gamma_R\geqslant1$；

　　　$S$——模板及支架按荷载基本组合计算的荷载效应设计值，

$$S=1.35\alpha\sum S_{G_{mk}}+1.4\Psi_{cj}\sum S_{Q_{nk}} \tag{4-4}$$

$S_{G_{mk}}$——第 $m$ 个永久荷载标准值产生的效应值；

$S_{Q_{nk}}$——第 $n$ 个可变荷载标准值产生的效应值；

　　　$\alpha$——模板及支架的类型系数，侧模取 0.9，底模及支架取 1；

　　　$\Psi_{cj}$——第 $j$ 个可变荷载组合系数，宜$\geqslant0.9$（荷载规范中，风为 0.6，施工荷载 0.7）；

　　　$\mu$——考虑整稳因素的单杆计算长度系数，查表（扣件架规范）；

　　　$h$——步距；

　　　$i$——杆件惯性半径（$\phi48\times3.5$ 钢管 1.58cm）；

荷载规范 12 版增加使用年限系数 $\gamma_L$。施工荷载使用 10 年，$\gamma_L=0.9+0.1/(50-5)\times5$。此处未考虑。

　　　$R$——模板及支架结构构件承载力设计值。

（三）算例

**例题 4-1**　柱模板验算

某框架结构柱截面宽度 $B=600$mm，柱截面高度 $H=500$mm，柱模板的总计算高度 $H_1=3$m。柱模板构造见图 4-16。其中柱箍为对面的 4 根钢管用 2 根对拉螺栓两两拉紧。

柱箍为 $2\phi48\times3.5$ 钢管、间距 450mm，竖楞为 50mm×100mm 方木，面板为竹胶合板，厚度 18mm，弹性模量 9500N/mm²，抗弯强度设计值 13N/mm²，抗剪强度设计值

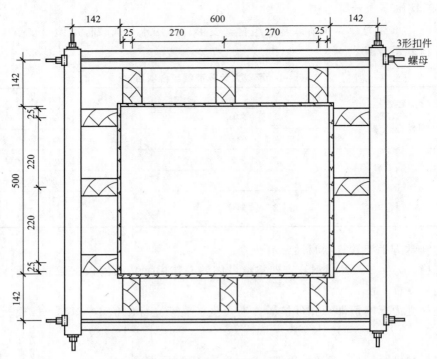

图 4-16   柱模板剖面图

1.5N/mm²，方木抗弯强度设计值 13N/mm²，弹性模量 9500N/mm²，抗剪强度设计值
1.5N/mm²，钢管弹性模量 210000N/mm²、抗弯强度设计值 205N/mm²。

**解：**

1. 柱模板荷载标准值计算

$F = 0.28\gamma_c t_o \beta V^{\frac{1}{2}} = 0.28 \times 24 \times 200/(20+15) \times 1 \times 2.5^{1/2} \text{kN/m}^2 = 60.7 \text{kN/m}^2$（设浇注速度 $V = 2.5 \text{m/h}$，环境温度 $T = 20℃$）

$$F = \gamma_c H = 24 \times 3 \text{kN/m}^2 = 72 \text{kN/m}^2$$

取较小值 60.7kN/m² 作为本工程新浇混凝土侧压力标准值。

采用泵管下料时，混凝土产生的水平荷载标准值为 2.0kN/m²。

新浇混凝土侧压力、下料时混凝土产生的水平荷载，在有效压头内叠加，但不超过新浇混凝土侧压力，以新浇混凝土侧压力验算强度。

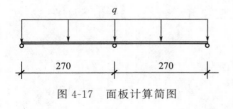

图 4-17   面板计算简图

2. 柱模板面板的计算

面板计算简图如图 4-17 所示（不忽略悬挑更精确）。本工程中取柱截面长度方向的面板作为验算对象，进行强度、刚度计算。面板竖向取 450mm（也可取其他值）为计算单元。

（1）面板抗弯强度验算   考虑结构重要性系数的面板抗弯荷载基本组合设计值

$q_1 = \gamma_0 \left(1.35\alpha \sum_{i \geqslant 1} S_{G_{ik}} + 1.4\psi_{cj} \sum_{j \geqslant 1} S_{Q_{jk}}\right) = 0.9 \times 1.35 \times 0.9 \times 60.7 \times 0.45 \text{kN/m}$

$= 29.9 \text{kN/m}$

查附录 1.2，均布荷载作用下的二跨连续梁最大弯矩（支座）$M = 0.125q_1 l^2 = 0.125 \times$

$29.9×270^2\text{N}\cdot\text{mm}=2.7×10^5\text{N}\cdot\text{mm}$

截面抵抗矩 $W=bh^2/6=450×18.0^2/6\text{mm}^3=2.4×10^4\text{mm}^3$

$\sigma=M/W=2.7×10^5/2.4×10^4)\text{N/mm}^2=11.3\text{N/mm}^2<13\text{N/mm}^2$，满足要求。

（2）面板抗剪强度验算  查附录 1.2，面板的最大剪力 $V=0.625q_1l=0.625×29.9×270\text{N}=5046\text{N}$

查附录 1.3，面板截面最大剪应力

$\tau=\dfrac{3V}{2bh}=\dfrac{3×5046}{2×450×18}\text{N/mm}^2=0.9\text{N/mm}^2<1.5\text{N/mm}^2$，满足要求。

（3）面板挠度验算  作用在模板上的侧压力线荷载标准值 $q_2=60.7×0.45\text{kN/m}=27.3\text{kN/m}$

面板截面的惯性矩 $I=bh^3/12=450×18^3/12\text{mm}^4=2.2×10^5\text{mm}^4$

查附录 1.2，面板的最大挠度

$$f_1=\frac{0.521q_2l^4}{100EI}=\frac{0.521×27.3×270^4}{100×9500×2.2×10^5}\text{mm}=0.36\text{mm}。$$

3. 竖楞计算

模板结构构件中的竖楞计算简图如图 4-18 所示。

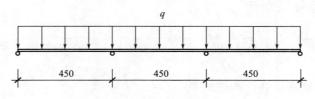

图 4-18  竖楞方木计算简图

（1）抗弯强度验算  考虑结构重要性系数的抗弯强度荷载基本组合设计值

$$q=\gamma_0\left(1.35\alpha\sum_{i\geqslant1}S_{G_{ik}}+1.4\psi_{cj}\sum_{j\geqslant1}S_{Q_{jk}}\right)=0.9×1.35×0.9×60.7×0.27\text{kN/m}$$
$$=17.9\text{kN/m}$$

查附录 1.2，竖楞的最大弯矩 $M=0.1ql^2=0.1×17.9×450^2\text{N}\cdot\text{mm}=3.6×10^5\text{N}\cdot\text{mm}$

竖楞的截面抵抗矩 $W=bh^2/6=50×100^2/6\text{mm}^3=83333\text{mm}^3$

$\sigma=M/W=3.6×10^5/83333\text{N/mm}^2=4.3\text{N/mm}^2<13\text{N/mm}^2$，满足要求。

（2）抗剪验算  竖楞的最大剪力（支座）$V=0.6ql=0.6×17.9×450\text{N}=4833\text{N}$

竖楞截面最大剪应力 $\tau=\dfrac{3V}{2bh}=\dfrac{3×4833}{2×50×100}\text{N/mm}^2=1.4\text{N/mm}^2<1.5\text{N/mm}^2$，满足要求。

（3）挠度验算  作用在竖楞上的线荷载标准值 $q_3=60.7×0.27\text{kN/m}=16.4\text{kN/m}$

竖楞的截面惯性矩 $I=bh^3/12=4.2×10^6\text{mm}^4$

竖楞的最大挠度 $f=0.677\dfrac{q_3l^4}{100EI}=0.677\dfrac{16.4×450^4}{100×9500×4.2×10^6}=0.11\text{mm}。$

4. 柱箍计算

此处柱箍为受弯构件（一般情况下柱箍为拉弯构件）。柱截面长度方向柱箍受弯计算简图如图 4-19 所示。

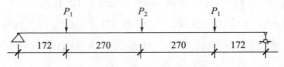

图 4-19 柱截面长度方向柱箍计算简图

考虑结构重要性系数的图中竖楞方木传递到柱箍的集中荷载基本组合设计值：$P_1 = 0.9 \times 1.35 \times 0.9 \times 60.7 \times 0.165 \times 0.45\text{kN} = 5.0\text{kN}$，$P_2 = 0.9 \times 1.35 \times 0.9 \times 60.7 \times 0.27 \times 0.45\text{kN} = 8.1\text{kN}$；永久荷载标准值 $F_1 = 60.7 \times 0.165 \times 0.45\text{kN} = 4.5\text{kN}$；$F_2 = 60.7 \times 0.27 \times 0.45\text{kN} = 7.4\text{kN}$

支座反力 $N$ 满足力矩平衡：$5 \times 172 + 8.1 \times 442 + 5 \times 712\text{kN} \times 884$，$N = 9.1\text{kN}$

跨中最大弯矩 $M = 9.1 \times 0.442 - 5 \times 0.27\text{kN} \cdot \text{m} = 2.7\text{kN} \cdot \text{m}$

柱截面长度方向柱箍的最大应力 $\sigma = \dfrac{2.7 \times 10^6}{2 \times 5.08 \times 10^3}\text{N/mm}^2 = 265\text{N/mm}^2 > 205\text{N/mm}^2$，应调整（本教材仅为了说明计算方法而未调整，仍继续计算挠度）。

查附录 1.2，跨中最大变形

$$f = \frac{F_1 l^3}{48EI} + \frac{F_2 a l^2}{24EI}\left(3 - 4\frac{a^2}{l^2}\right)$$
$$= \frac{7400/1.2 \times 884^3}{48 \times 210000 \times 2 \times 12.19 \times 10^4} + \frac{4500/1.2 \times 172 \times 884^2}{24 \times 210000 \times 2 \times 12.19 \times 10^4}\left(3 - 4\frac{172^2}{884^2}\right)\text{mm}$$
$$= 3.5\text{mm}。$$

柱截面宽度方向柱箍计算，本教材略。

**例题 4-2**　墙模板验算。某剪力墙模板面板采用 12mm 厚竹胶合板模板，模板高度 2.68m，构造如图 4-7 所示。其中，$h = 600\text{mm}$，$b = 250\text{mm}$。

**解：**

1. 墙模板荷载标准值计算

根据公式计算的新浇筑混凝土对模板的最大侧压力标准值 $F$ 分别为 $36.4\text{kN/m}^2$、$108\text{kN/m}^2$，取较小值 $36.4\text{kN/m}^2$ 作为本工程计算荷载。

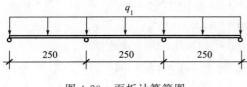

图 4-20　面板计算简图

2. 墙模板面板的计算

面板计算简图如图 4-20 所示。面板竖向取 600mm（也可取其他值）为计算单元。

（1）抗弯强度验算　考虑结构重要性系数的荷载基本组合设计值 $q_1 = 0.9 \times 1.35 \times 0.9 \times 36.4 \times 0.6\text{kN/m} = 23.9\text{kN/m}$

以 $q_1$ 验算强度（底部模板受力较大）。

查附录 1.2，面板的最大弯矩 $M = 0.1 \times 23.9 \times 250^2\text{N} \cdot \text{mm} = 1.5 \times 10^5\text{N} \cdot \text{mm}$

面板的截面抵抗矩 $W = 600 \times 12^2/6\text{mm}^3 = 1.4 \times 10^4\text{mm}^3$

面板截面的最大应力计算值 $\sigma = M/W = 1.5 \times 10^5/(1.4 \times 10^4)\text{N/mm}^2 = 10.7\text{N/mm}^2 < 13\text{N/mm}^2$，满足要求。

（2）抗剪强度验算　查附录 1.2，面板的最大剪力 $V = 0.6 \times 23.9 \times 250\text{N} = 3585\text{N}$

面板截面的最大受剪应力计算值 $\tau = 3 \times 3585/(2 \times 600 \times 12)\text{N/mm}^2 = 0.75\text{N/mm}^2 < 1.5\text{N/mm}^2$，满足要求。

（3）挠度验算　作用在模板上的侧压力线荷载标准值 $q_2 = 36.4 \times 0.6 = 21.9\text{N/mm}$

查附录 1.2，面板的最大挠度计算值 $f = 0.677 \times 21.9 \times 250^4/(100 \times 9500 \times 8.6 \times 10^4)\text{mm} = 0.7\text{mm}$（面板截面惯性矩 $I = 600 \times 12^3/12\text{mm}^4 = 8.6 \times 10^4\text{mm}^4$）。

3. 墙模板内楞计算

内楞计算简图见图 4-21。

本工程内楞采用木方，宽度 50mm，高度 100mm。

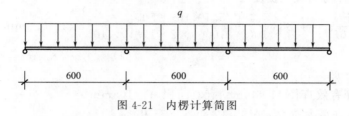

图 4-21　内楞计算简图

（1）内楞抗弯强度验算　考虑结构重要性系数的作用在内楞上的线荷载基本组合设计值 $q_3 = 0.9 \times 1.35 \times 0.9 \times 36.4 \times 0.25\text{kN/m} = 10\text{kN/m}$

查附录 1.2，内楞的最大弯矩 $M = 0.1 \times 10 \times 600^2\text{N} \cdot \text{mm} = 3.6 \times 10^5\text{N} \cdot \text{mm}$

内楞的最大应力 $\sigma = 3.6 \times 10^5/(8.3 \times 10^4)\text{N/mm}^2 = 4.3\text{N/mm}^2 < 13.0\text{N/mm}^2$（$50 \times 100$ 方木截面抵抗矩 $8.3 \times 10^4\text{mm}^3$），满足要求。

（2）内楞的抗剪强度验算　查附录 1.2，内楞的最大剪力 $V = 0.6 \times 10 \times 600\text{N} = 3600\text{N}$

内楞截面的受剪应力计算值 $\tau = \dfrac{3V}{2bh} = \dfrac{3 \times 3600}{2 \times 50 \times 100}\text{N/mm}^2 = 1.1\text{N/mm}^2 < 1.5\text{N/mm}^2$，满足要求。

（3）内楞的挠度验算　作用在内楞上的线荷载标准值 $q_4 = 36.4 \times 0.25\text{kN/m} = 9.1\text{kN/m}$

查附录 1.2，内楞的最大挠度计算值 $\omega = 0.67\dfrac{q_4 l^4}{100EI} = 0.67\dfrac{9.1 \times 600^4}{100 \times 9500 \times 4.2 \times 10^6}\text{mm} = 0.2\text{mm}$。

4. 外楞计算

外楞采用圆钢管 $2\phi48 \times 3.5$，计算简图如图 4-22 所示。以下 $M$、$V$、$f$ 近似查附录 1.2 两集中力均分跨度的三跨连续梁内力变形表。

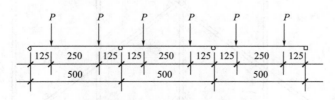

图 4-22　外楞计算简图

（1）外楞抗弯强度验算　作用在外楞的荷载基本组合设计值 $P = 10 \times 0.6\text{kN} = 6\text{kN}$

查附录 1.2，外楞最大弯矩 $M = 0.267Pl = 0.267 \times 6000 \times 500\text{N/mm} = 8 \times 10^5\text{N/mm}$

外楞的最大应力 $\sigma = 8 \times 10^5/(2 \times 5.08 \times 10^3)\text{N/mm}^2 = 78.8\text{N/mm}^2 < 205\text{N/mm}^2$，满足

要求。

（2）外楞（薄壁型钢）抗剪强度验算　作用在外楞的荷载基本组合设计值：$P=6$kN

查附录 1.2，外楞的最大剪力 $V=1.267P=1.267\times6000$N$=7.6\times10^3$N

外楞截面的受剪应力计算值 $\tau=\dfrac{V}{2\pi r_0\delta\times2}=\dfrac{7.6\times10^3}{2\times3.14\times22.25\times3.5\times2}$N/mm$^2=$

15.6N/mm$^2<$125N/mm$^2$（厚度$\leqslant$16mm 的 Q235 钢抗剪强度设计值 125N/mm$^2$），满足
要求。

（3）外楞挠度验算　内楞作用在支座上的荷载标准值 $P_1=36.4\times0.25\times0.6$kN$=5.4$kN

查附录 1.2，外楞的最大挠度

$$f_3=1.883\frac{Fl^3}{100EI}=1.883\frac{5.4\times10^3\times500^3}{100\times210000\times2\times12.19\times10^4}\text{mm}=0.3\text{mm}<[f]=2.4\text{mm},$$

满足要求。

5. 穿墙螺栓计算

M14 穿墙螺栓有效直径 11.6mm、有效面积 $A=105$mm$^2$

穿墙螺栓可承受最大拉力 $[N]=17.9$kN（查表）

穿墙螺栓所受的最大拉力标准值 $N=36.4\times0.6\times0.5$kN$=10.9$kN$<[N]$，满足要求。

**例题 4-3**　楼板模板验算。某建筑工程，建筑高度 25m，楼层高度 $H=2.8$m，柱网 6m$\times$
6m，建筑平面长 42m、宽 18m。现浇钢筋混凝土楼板厚度 $D=120$mm。采用钢管扣件式支
架（图 4-23）。楼板模板面板采用 18mm 厚胶合板，次楞采用 50mm$\times$100mm 杉木，间距
200mm；主楞、纵横向水平杆、支架和扫地杆皆采用 48mm$\times$3.5mm 钢管，主楞间距
800mm。模板所用木材力学性能如下：抗弯强度 $f_w=20$MPa，抗剪强度 $f_v=1.7$MPa，弹
性模量 $E=10$GPa。Q235 钢抗弯（拉、压同）强度设计值 $f=205$MPa，抗剪强度设计值

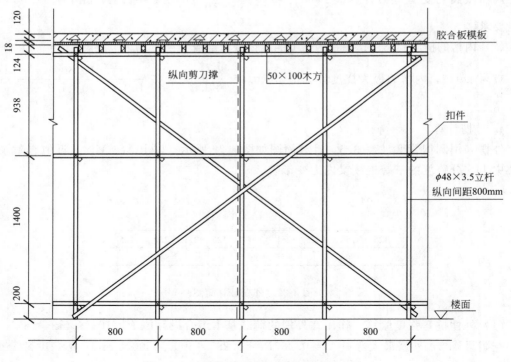

图 4-23　现浇钢筋混凝土楼板模板剖面图

$f_v = 120\text{MPa}$，弹性模量 $E = 2.06 \times 10^5 \text{MPa}$。

支架设置纵横双向扫地杆，扫地杆距楼地面 100mm。支架全高范围内设置纵横双向水平杆，水平杆的步距（上、下水平杆间距）下部 1.4m（异赵挺生文 1.5，下同），顶部 ≤1.2m，支架纵、横距均为 0.8m。支架顶端设置纵横双向水平杆。架体外围沿全高设置竖向剪刀撑，架体内部双向每 4～5m 设置竖向剪刀撑。竖向剪刀撑斜杆与地面的倾角宜在 45°～60°。

要求验算支架的整稳承载力、双扣件抗滑、立杆允许长细比。

**解：**

为满堂脚手架。

1. $G_1 + G_2 + G_3 + Q_1 + Q_4$

单根立杆负担面积 0.8m×0.8m

模板及支架自重荷载 $G_{1k} = 0.75$（kN/m²）

钢筋自重荷载 $G_{2k} = 1.1 \times 0.12 = 0.132$（kN/m²）

混凝土自重荷载 $G_{3k} = 24 \times 0.12 = 2.88$（kN/m²）

施工人员设备荷载 $Q_{1k} = 2.5\text{kN/m}^2$

风荷载标准值 $w_k = \beta_z \mu_s \mu_z w_0 = 1 \times 1.3 \times 1 \times 0.35 = 0.455$（kN/m²）。10 年一遇基本风压 0.35kN/m²，城市密集区风压高度系数 $\mu_z = 1.0$，风压体形系数 $\mu_s = 1.3$，风压风振系数 $\beta_z = 1.0$。按建筑周边迎风面高 750mm（考虑梁模高但支架立杆都如楼板立杆，编者注），$0.455 \times 0.75 = 0.334$（kN/m）。

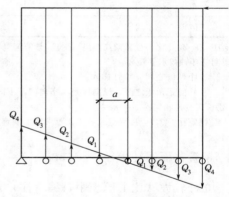

图 4-24 力矩平衡计算简图

按力矩平衡（图 4-24）求出风荷载作用下支架立杆的最大压力、拉力标准值。支架立杆间距 0.8m，18m 宽度立杆总数为 18/0.8+1≈24，拉压杆各 12 根。

$\dfrac{Q_1}{Q_2} = \dfrac{0.5a}{1.5a} = \dfrac{1}{3}$，力偶 $Q_1$ 力臂 $=a$

$\dfrac{Q_1}{Q_3} = \dfrac{0.5a}{2.5a} = \dfrac{1}{5}$，力偶 $Q_2$ 力臂 $=3a$

……

$\dfrac{Q_1}{Q_k} = \dfrac{0.5a}{(k-0.5)a} = \dfrac{0.5}{k-0.5}$，力偶 $Q_k$ 力臂 $=(2k-1)a$

$\dfrac{Q_1}{Q_{12}} = \dfrac{0.5a}{(12-0.5)a} = \dfrac{1}{23}$

$$\sum Q_k \times (2k-1)a = \sum \dfrac{(k-0.5)Q_1}{0.5} \times (2k-1)a = \sum \dfrac{(k-0.5)}{0.5} \times \dfrac{Q_{12}}{23} \times (2k-1)a$$

$$= Q_{12} \sum \dfrac{(k-0.5)}{11.5} 0.8(2k-1)$$

$= 0.8 \times 0.334\text{h}$（$h$ 取迎风面高度中心到楼面距离，也可近似取层高；共 25 根立杆时，$\sum Q_k \cdot 2ka = Q_{12} \sum 2ka$）

$Q_{12}=0.009\text{kN}$，$Q_{12}/0.8^2=0.015\text{kN/m}^2$

$S=1.35\alpha\sum S_{G_{ik}}+1.4\psi_{cj}\sum S_{Q_{jk}}=1.35\times1\times(0.75+0.132+2.88)+1.4\times1\times(2.5+0.015)=8.6\text{kN/m}^2$（编者注：0.015 通过水平杆传递，抗滑应加；上式取组合系数=1）

单杆负担面积 0.8m×0.8m，单杆受力基本组合设计值 $N=0.8\times0.8\times8.6\text{kN}=5.5\text{kN}$；单杆受力标准值 $N_1=0.8\times0.8\times(0.75+0.132+2.88+2.5+0.015)=4.0\text{kN}<12N$（满足规范 4.3.15 条双扣件抗滑）。

按《建筑施工扣件式钢管脚手架安全技术规范》（JGJ 130—2011）$l_0=k\mu h=1.155\times[2.758-(2.758-2.335)/(1.5-1.2)\times(1.4-1.2)]\times1.4=1.155\times2.476\times1.4=4.0\text{m}$（0.8×0.8 间距，取 0.9×0.9 间距，偏于安全），其中 $\mu$ 查表 4-5。

**表 4-5 满堂脚手架立杆计算长度系数 $\mu$**

| 步距/m | 立杆间距/m | | | |
|---|---|---|---|---|
| | 1.3×1.3 | 1.2×1.2 | 1.0×1.0 | 0.9×0.9 |
| | 高宽比≤2 | | | |
| | 最少跨数 4 | 最少跨数 4 | 最少跨数 4 | 最少跨数 5 |
| 1.8 | — | 2.176 | 2.079 | 2.017 |
| 1.5 | 2.569 | 2.506 | 2.377 | 2.335 |
| 1.2 | 3.011 | 2.971 | 2.825 | 2.758 |
| 0.9 | — | — | 3.571 | 3.482 |

注：1. 高宽比=计算架高/计算架宽，计算架高是立杆垫板下皮至顶部脚手板下皮垂直距离，计算架宽是脚手架横向两侧立杆轴线水平距离。

2. 步距两级之间 $\mu$ 线性插入。

3. 立杆间距两级之间，纵向间距与横向间距不同时，$\mu$ 按较大间距对应 $\mu$；纵向间距与横向间距相同时，$\mu$ 按较大 $\mu$。要求高宽比相同。

4. 高宽比＞2，应按规范 6.8.6 条要求增加固定措施。

钢管截面回转半径 $i=1.58\text{cm}\left(i=\sqrt{\dfrac{I}{A}}\right)$

立杆较大（比上部步距，编者注）长细比 $\lambda=400/1.58=253$

轴压稳定系数 $\varphi=7320/\lambda^2=7320/253^2=0.114$

偏心距 $e=53\text{mm}$，附加弯矩设计值 $M=5.5\times0.053=0.29\text{kN·m}$

$\sigma=\gamma_R\gamma_0\left(\dfrac{N}{\varphi A}+\dfrac{M}{W}\right)=1\times0.9\left(\dfrac{5.5\times10^3}{0.114\times4.89\times10^{-4}}+\dfrac{0.29\times10^3}{5.08\div10^{-6}}\right)=140\times10^6\text{Pa}<f=205\text{MPa}$（满足）

2. $G_1+G_2+G_3+Q_1+Q_3$

附加水平面荷载 $(0.75+0.132+2.88)\times2\%=0.075\text{kN/m}^2$，变为线荷载 $0.075\times18=1.35\text{kN/m}$

用上述力矩平衡方法求得立杆最大轴压力。

$0.8/11.5Q_{12}(0.5\times1+1.5\times3+2.5\times5+3.5\times7+4.5\times9+5.5\times11+6.5\times13+7.5\times15+8.5\times17+9.5\times19+10.5\times21+11.5\times23)=1.35\times0.8\times2.8$（$h$ 应取支架上端水平杆高度，即 2.8-板厚-楼板模板厚-木方厚，也可近似取层高，编者注），$Q_{12}=0.038$

单杆负担面积 0.8×0.8，所负担压力设计值 $S=1.35\alpha\sum S_{G_{mk}}+1.4\Psi_{cj}\sum S_{Q_{nk}}=1.35\times1\times(0.75+0.132+2.88)+1.4\times1\times(2.5+0.038/0.8^2)=8.66\text{kN/m}^2$ 单杆受力基本组合设

计值 $N=0.8\times0.8\times8.66=5.5$ kN。

以下同"1"，本书略。

立杆较大（比上部步距）长细比 $\lambda=400/1.155/1.58=219>180$（不满足规范 4.3.12 条）。因为钢结构规范限制钢构件长细比，主要是避免重力作用下的挠度、弯曲、振动，没有态稳考虑，所以杆件长细比另有意见为 $140/1.58=89$，满足规范 4.3.12 条；甚至 $180/1.58=114$，也满足（编者注）。

**例题 4-4**　梁模板验算。某框架梁截面尺寸宽×高＝250mm×750mm，钢筋混凝土楼板厚100mm，楼层高度4.5m，采用18mm厚胶合板面板、钢管脚手架支撑体系，梁底模板支撑方木 50×100。梁模板构造如图 4-25 所示。

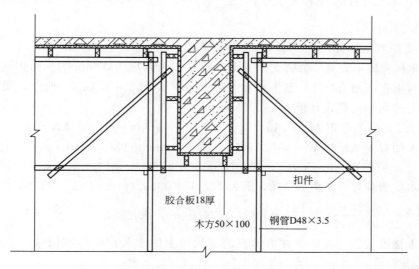

胶合板18厚

木方50×100　　钢管D48×3.5　　扣件

图 4-25　梁模板剖面图

梁支撑架钢管为 $\Phi48\times3.5$，脚手架步距最大为 1.5m，立杆纵距（沿梁跨度方向间距）在本层楼均为 $L=1$ m，楼板部分立杆横向间距或排距 $L_1=1$ m，梁两侧立柱横向间距 0.7m，立杆上端伸出至模板支撑点长度 $a=0$ m，单扣件连接，梁底模方木的支撑钢管间距1m。考虑扣件质量及保养情况，取扣件抗滑承载力折减系数 0.8。柏木弹性模量 10000N/mm²，抗弯强度设计值 17N/mm²，抗剪强度设计值 1.7N/mm²。

**解：**

1. 梁侧模板面板、内外楞、穿梁螺栓计算（本书略）

2. 梁底模板计算

梁底模计算简图如图 4-26 所示，取跨度 250 偏安全。面板沿梁长取 1000mm 为计算单元。

面板计算单元的截面惯性矩 $I$ 和截面抵抗矩 $W$ 分别为

$$W=1000\times18^2/6\,mm^3=5.4\times10^4\,mm^3$$

$$I=1000\times18^3/12\,mm^4=4.9\times10^5\,mm^4$$

（1）抗弯强度验算

新浇混凝土及钢筋荷载标准值 $q_1=(24.0+1.5)\times1.0\times$

0.75kN/m＝19.1kN/m

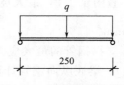

图 4-26　梁底模计算简图

模板自重荷载标准值 $q_2=0.35\times1.0\text{kN/m}=0.35\text{kN/m}$

施工人员设备荷载标准值 $q_3=2.5\times1.0\text{kN/m}=2.5\text{kN/m}$

考虑结构重要性系数的荷载基本组合设计值 $q=1\times1.35\times1.0\times(19.1+0.35)+1.4\times2.5\text{kN/m}=29.8\text{kN/m}$

跨中最大弯矩 $M=1/8\times29.8\times0.25^2\text{kN}\cdot\text{m}=0.25\text{kN}\cdot\text{m}$

$\sigma=0.25\times10^6/(5.4\times10^4)\text{N/mm}^2=4.3\text{N/mm}^2<13\text{N/mm}^2$，满足要求。

（2）挠度验算

作用在模板上的永久荷载线荷载标准值 $q_3=(19.1+0.35)\times1.0\text{kN/m}=19.45\text{kN/m}$

查附录 1.2，面板的最大挠度 $f_1=\dfrac{5q_3l^4}{384EI}=5\times19.45\times250^4/(384\times9500\times4.9\times10^5)\text{mm}=0.2\text{mm}$。

3. 梁底支撑方木计算

（1）方木抗弯方木验算　梁底支撑方木计算简图为跨度 1000mm 的三跨连续梁。图 4-26 支座反力（为垂直纸面方向 1m 范围）：$29.8\text{kN/m}\times0.25/2=3.7\text{kN}$。所以，梁底支撑方木三跨连续梁上的均布荷载设计值 $q_4=3.7\text{kN/m}$。

查附录 1.2，最大弯矩 $M=0.1q_4l^2=0.1\times3.7\times1^2\text{kN}\cdot\text{m}=0.4\text{kN}\cdot\text{m}$

支撑方木的截面抵抗矩 $W=bh^2/6=50\times100^2/6\text{mm}^3=83333\text{mm}^3$

最大应力 $\sigma=M/W=0.4\times10^6/83333\text{N/mm}^2=4.8\text{N/mm}^2<13\text{N/mm}^2$，满足要求。

（2）方木抗剪验算　查附录 1.2，最大剪力 $V=0.6q_4l=0.6\times3.7\times1.0\text{kN}=2.2\text{kN}$

$\tau=\dfrac{3V}{2bh}=\dfrac{3\times2200}{2\times50\times100}=0.6\text{N/mm}^2<1.7\text{N/mm}^2$，满足要求。

（3）方木挠度验算　梁底支撑方木三跨连续梁上的永久荷载标准值 $q_5=19.45\times0.25/2\text{kN/m}=2.4\text{kN/m}$。

查附录 1.2，方木最大挠度 $f_2=\dfrac{0.677q_5l^4}{100EI}=\dfrac{0.677\times2.4\times1000^4}{100\times10000\times4.2\times10^6}\text{mm}=0.4\text{mm}$。

4. 支撑钢管强度验算

支撑钢管计算简图如图 4-27 所示。

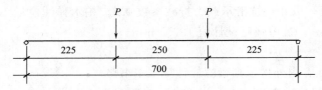

图 4-27　支撑钢管计算简图（力单位：kN）

图中集中力即图 4-26 支座反力设计值 3.7kN；标准值 $19.45\times0.25/2\text{kN}=2.4\text{kN}$

最大弯矩 $M_{\max}=P\times a=3.7\times0.225\text{kN}\cdot\text{m}=0.8\text{kN}\cdot\text{m}$

查附录 1.2，最大挠度 $f_3=\dfrac{Pal^2}{24EI}\left(3-4\dfrac{a^2}{l^2}\right)=\dfrac{2400\times225\times700^2}{24\times210000\times12.19\times10^4}\left(3-4\dfrac{225^2}{700^2}\right)\text{mm}=1.1\text{mm}$

支撑钢管的最大应力 $\sigma=0.8\times10^6/5080\text{N/mm}^2=158\text{N/mm}^2<205\text{N/mm}^2$，满足要求。

5. 梁底纵向钢管计算

纵向钢管只起构造作用，通过扣件连接到立杆。

6. 扣件抗滑移的计算

按规范，直角、旋转单扣件承载力取值为 8kN，按照扣件抗滑承载力系数 0.80，该工程实际的旋转单扣件承载力取值为 6.4kN。

$R=3.7kN<6.4kN$，单扣件抗滑承载力满足要求。

7. 立杆稳定性计算

横杆的最大支座反力标准值 $N_1=2.4kN$

楼板模板的自重标准值 $N_2=[1.0/2+(0.7-0.25)/2]\times1.0\times0.35kN=0.25kN$

楼板钢筋混凝土自重标准值 $N_3=[1.0/2+(0.7-0.25)/2]\times1.0\times0.10\times(24+1.1)kN=1.8kN$

施工人员及施工设备荷载标准值 $N_4=[1.0/2+(0.7-0.25)/2]\times1.0\times2.5kN=1.8kN$

水平荷载作用下的梁侧立杆轴力，按架子作为隔离体的静力平衡计算中性轴位置、杆轴力；也可按楼板模板支架立杆间距计算，偏于安全。以下计算本书略。

### 六、模板拆除

模板拆除应符合以下规定和原则：

（1）拆模顺序一般应后支的先拆，先支的后拆（例外的如板模）。先拆除非承重部分，后拆除承重部分。重大、复杂的模板拆除应有拆模方案。

（2）承重模板底模及其支架拆除，如无设计要求时，应符合表 4-6 规定。混凝土达到拆模强度的时间可由同条件养护的试块确定。

表 4-6　底模拆除时混凝土强度要求

| 项　　次 | 构件类型 | 构件跨度/m | 达到设计的砼立方体抗压强度标准值的百分率/% |
|---|---|---|---|
| 1 | 板 | 2 | ≥50 |
| | | >2,≤8 | ≥75 |
| | | >8 | ≥100 |
| 2 | 梁、拱、壳 | ≤8 | ≥75 |
| | | >8 | ≥100 |
| 3 | 悬臂构件 | — | ≥100 |

（3）不承重的侧模板应在保证混凝土表面及棱角不因拆模而受损时方可拆模。

（4）多层楼板模板支柱的拆除，应遵循以下原则。

1）当上层楼板正在浇灌混凝土时，下层楼板的模板和支柱不得拆除。再下一层楼板的模板和支柱应视待浇混凝土楼层荷载和本楼层混凝土强度而定。如荷载很大，拆除应通过计算确定；一般荷载时，混凝土达到设计强度即可拆除。达到设计强度 75% 时，保留部分跨度 4m 以上大梁底模及支柱，其支柱间距一般不得大于 3m。

2）在拆除模板过程中，如发现混凝土有影响结构、安全、质量问题时，应暂停拆除，经过处理后，方可继续拆模。

（5）模板拆下后应及时清理和修整，按种类和尺寸堆放，以重复使用。

### 七、模板工程常用质量标准和安全注意事项

（一）质量要求

1. 模板及其支撑系统的设计应符合下列要求

（1）应保证结构和构件形状、尺寸的正确性，其误差应在规范的允许范围内。

（2）应具有足够的稳定性、强度和刚度，在混凝土浇灌过程中，不变形，不位移。

（3）模板及其支撑系统应考虑便于装拆，损耗少，周转快。

（4）模板的接缝应严密，不漏浆。

（5）基土必须坚实，并有排水措施。对湿陷性黄土必须有防水措施，对冻胀性土必须有防冻融措施。

（6）复杂的混凝土结构应做好配板设计，包括模板平面分块图，模板组装图节点大样图、零件加工图及支撑系统、穿墙螺栓的设置和间距等。

（7）模板及支架的设计和配制，应根据工程结构形式、施工设备和材料供应等条件而定，以定型模板为主，并尽量少用散板。

2. 模板支设安装的质量要求

（1）必须按配板图及施工说明书循序拼装，以保证模板系统的整体稳定。

（2）配件必须装插牢固，支柱和斜撑下的支撑面应平整垫实，并有足够的受压面积。

（3）预埋件及预留孔洞的位置必须正确，安设牢固。

（4）基础模板应支设牢固，防止变形，侧模斜撑底部，应加设垫木。

（5）墙和柱子模板的底面应找平，下端应与事先做好的定位基准靠紧垫平，墙柱模板的对拉螺栓孔应平直相对，穿插螺栓时不得斜拉硬顶。钻孔应采用机具，严禁用电、气焊灼孔。在墙、柱上继续安装模板时，模板应有可靠的支撑点，其平直度应进行校正。

（6）预组装墙模板吊装就位后，下端应垫平，紧靠定位基准；两侧模板均应利用斜撑调整和固定其垂直度。

（7）支柱在高度方向所设的水平撑与剪刀撑，应按构造与整体稳定性布置。

（8）多层及高层建筑中的支柱、上下层应对应设置在同一竖向中心线上。

（9）在同一条拼缝上的 U 形卡不宜向同一方向卡紧。

（10）钢楞宜采用整根杆件，接头应错开设置，其搭接长度不应少于 200mm。

（11）模板安装的起拱，支模方法符合模板设计要求。

（12）模板与混凝土的接触面应涂隔离剂。有装饰工程和妨碍装饰工程施工的隔离剂不宜采用。

（13）模板及支架应妥善维修保管，钢模板及钢支架应防止锈蚀。

（14）现浇结构模板安装和预埋件、预留孔洞的允许偏差和检验方法应符合表 4-7 的规定。

**表 4-7　现浇结构模板安装和预埋件、预留孔洞的允许偏差和检验方法**

| 项次 | 项目 | | 允许偏差/mm | 检验方法 |
|---|---|---|---|---|
| 1 | 轴线位置 | | 5 | 尺量检查 |
| 2 | 底模上表面标高 | | ±5 | 用水准仪或拉线和尺量检查 |
| 3 | 截面内部尺寸 | 基础 | ±10 | 尺量检查 |
| | | 柱、墙、梁 | +4，−5 | |
| 4 | 层高垂直度 | ≤5m | 6 | 经纬仪、吊线、钢尺检查 |
| | | >5m | 8 | |
| 5 | 相邻两板面表面高低差 | | 2 | 钢尺检查 |
| 6 | 表面平整度 | | 5 | 用 2m 靠尺和塞尺检查 |

续表

| 项次 | 项目 | | 允许偏差/mm | 检 验 方 法 |
|------|------|------|------------|------------|
| 7 | 预埋钢板中心线位移 | | 3 | |
| 8 | 预埋管预留孔中心线位移 | | 3 | |
| 9 | 插筋 | 中心线位置 | 5 | 拉线和尺量检查 |
| | | 外露长度 | +10,0 | |
| 10 | 预埋螺栓 | 中心线位置 | 2 | |
| | | 外露长度 | +10,0 | |
| 11 | 预留洞 | 中心线位置 | 10 | |
| | | 截面内部尺寸 | +10,-0 | |

**（二）安全注意事项**

（1）不得使用不合格的模板、杆件、连接件和支撑件。

（2）按支模工序进行，立模未连接固定前，应设临时支撑以防模板倾倒；U形卡等零件，要装入专用箱或背包中，禁止随手乱丢，以免掉落伤人。

（3）进入现场时，必须戴安全帽，高空作业拴好安全带。

（4）高大的支模作业应有安全的作业架子，禁止利用拉杆和支撑攀登上下；登高作业时，连接件应放在工具袋中，严禁放在模板或脚手架上，扳手等各类工具必须系挂在身上或置放于工具袋内以免落下伤人。

（5）模板必须架设稳固，连接可靠；搭设脚手架时，严禁与模板及支柱连接在一起。

（6）禁止站在柱模上操作或在梁模上行走。

（7）在组合钢模板上架设的电线和使用的电动工具，应采用36V的低压电源或采取其他有效的安全措施。

（8）在高耸建筑物（或构筑物）施工时，应有防雷击措施。

（9）不得用重物冲击已安装好的模板及支撑，不准在吊模上搭跳板，应保证模板的牢固和严密。

（10）拆除模板的时间应经施工技术人员同意。

（11）拆模应按顺序分段进行，严禁猛撬、硬砸或大面积撬落和拉倒；拆除梁、板模板时，应设临时支撑确保安全施工。

（12）拆下的模板应及时运出集中堆放，防止钉子扎脚。

（13）高空拆模时，应有专人指挥，并在下面标出工作区，暂停人员过往。

（14）六级以上大风，不得安装和拆除模板。

# 第二节 钢 筋 工 程

钢筋混凝土结构中所用的钢筋按其轧制外形，可分为光面钢筋（圆钢）和带肋钢筋（螺纹钢、月牙纹钢等）两类。HPB235、HPB300为光面圆形截面。

钢筋按强度分为四个等级，混凝土结构设计规范分别规定其符号，如φ、Φ等。

钢筋按直径分：直径 3～5mm 的称钢丝；6～12mm 的称细钢筋，其中 3～12mm 的多为光面钢筋（圆钢）；直径大于 12mm 的称粗钢筋，多为带肋钢筋。

钢筋按供应方式分：钢丝及直径 6～9mm 的钢筋一般卷成圆盘运至工地；直径大于 12mm 的钢筋一般轧成 6～12m 一根，运至工地。

钢筋一般在钢筋车间或施工现场的钢筋加工厂加工，然后运至施工现场安装或绑扎。钢筋加工过程有冷加工、调直、剪切、焊接、弯曲、绑扎、安装等。

## 一、钢筋配料计算及代换

### （一）钢筋配料计算

钢筋加工前应根据结构施工图算出各号钢筋的简图形状和尺寸下料长度、根数及重量，构成钢筋配料单，作为钢筋备料、加工的依据。

钢筋下料长度是钢筋在直线状态下的切断长度。钢筋在结构施工图中有标注尺寸或推算尺寸，可统称为量度尺寸。量度尺寸在很多情况下是外包尺寸或内包尺寸；外包尺寸是钢筋的外轮廓尺寸（即从钢筋的外皮到外皮量得的尺寸），内包尺寸是钢筋的内轮廓尺寸（即从钢筋的内皮到内皮量得的尺寸）。

钢筋在弯曲时，外皮伸长、内皮缩短，而中心轴线长度不变。因此，钢筋下料长度就是弯曲成型钢筋的中心线长度。

钢筋量度尺寸和中心线长度之间存在一个差值，在中部称作量度差。若施工图中的钢筋是直线形，钢筋外包尺寸即等于中心线尺寸，二者间没有量度差值。

一般地，钢筋下料长度＝量度尺寸－量度差＋端部弯钩增长值；对于箍筋，公式的后两项组合为一项——箍筋调整值。

### 1. 量度差

（1）90°弯曲的量度差　计算公式推导：由图 4-28 知，量度差值发生在弯曲部分 $\overset{\frown}{ACB}$ 与线段 $A'C'+C'B'$ 的部位，而直线部分没有量度差值。因此，计算钢筋 90°弯曲时的量度差只需计算 $ACB$ 弧长与线段 $\overset{\frown}{A'C'+C'B'}$ 之差即可。

中心线长 
$$\overset{\frown}{ACB}=\frac{\pi}{2}\left(\frac{D}{2}+\frac{d_0}{2}\right)=\frac{\pi}{4}(D+d_0)$$

外包尺寸 
$$A'C'+C'B'=OA'+OB'=\left(\frac{D}{2}+d_0\right)+\left(\frac{D}{2}+d_0\right)=D+2d_0$$

量度差值 
$$(A'C'+C'B')-\overset{\frown}{ACB}=D+2d_0-\frac{\pi}{4}(D+d_0)\overset{D=2.5d_0}{=\!=\!=\!=\!=}1.75d_0，\text{一般取 } 2d_0 \qquad (4\text{-}5)$$

（2）45°弯曲的量度差　计算公式推导：由图 4-29 知：中心线长 $\overset{\frown}{ACB}$ ＝圆心角（弧度）×半径

因圆心角＝$\pi/4$，半径＝$\dfrac{D}{2}+\dfrac{d_0}{2}$，故

$$\overset{\frown}{ACB}=\frac{\pi}{4}\left(\frac{D}{2}+\frac{d_0}{2}\right)=\frac{\pi}{8}(D+d_0)$$

外包尺寸

$$A'C'+C'B'=2A'C'=2\tan22.5°\left(\frac{D}{2}+d_0\right)-\frac{\pi}{8}(D+d_0)$$

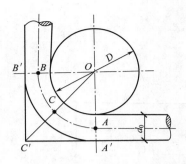

图 4-28　钢筋 90°弯曲量度差计算简图

$D$—弯曲钢筋时弯曲机的弯心直径；$d_0$—钢筋直径

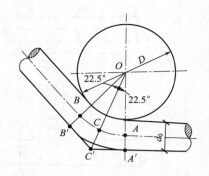

图 4-29　钢筋 45°弯曲量度差计算简图

$D$、$d_0$ 符号意义同图 4-28

量度差值

$$(A'C'+C'B')-\overparen{ACB}=2\tan22.5°\left(\frac{D}{2}+d_0\right)-\frac{\pi}{8}(D+d_0)\xlongequal{D=2.5d_0}1.8bd_0-1.37d_0$$

$$=0.49d_0,\ \text{取}\ 0.5d_0 \tag{4-6}$$

（3）135°弯曲量度差（图 4-30）　135°弯曲量度差可取 90°弯曲和 45°弯曲量度差之和。

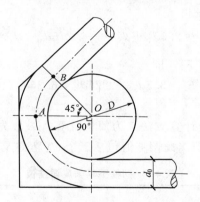

图 4-30　钢筋 135°弯曲量度差计算简图

$D$、$d_0$ 符号意义同图 4-28

　　根据混凝土结构工程施工规范（GB 50666—2011）第 5.3.4 条规定弯起钢筋弯折处的弯心直径 $D$，当 $D=2.5d_0$ 时按上述计算方法算得各种弯曲的量度差列于表 4-8。拉筋下料长度=拉筋外包尺寸+4.8$d_0$（$D=4d_0$，平直段长 5$d_0$）。

表 4-8　钢筋弯曲量度差

| 弯曲角度 | 30° | 45° | 60° | 90° | 135° |
|---|---|---|---|---|---|
| 量度差 | 0.3$d_0$ | 0.5$d_0$ | 0.8$d_0$ | 1.75$d_0$≈2$d_0$ | 2.5$d_0$ |

2. 端部弯钩增长值

　　光圆钢筋末端必须作 180°弯钩（图 4-31），其弯心直径 $D$ 不应小于 2.5$d_0$，平直部分不小于 3$d_0$。

　　当弯成 180°时，每一个弯钩应增加的长度为：

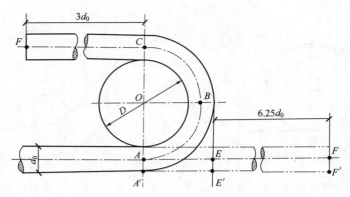

图 4-31　钢筋 180°弯钩计算简图

$$A'F' = \widehat{ACB} + CF = \frac{\pi}{2}(D + d_0) + 3d_0 \tag{4-7}$$

当 $D = 2.5d_0$ 时，

$$A'F' = \frac{\pi}{2}(2.5d_0 + d_0) + 3d_0 = 8.5d_0$$

弯钩时外包尺寸量至 $E'$ 点：

$$A'E' = \frac{1}{2} \times 2.5d_0 + d_0 = \frac{1}{2} \times 2.5d_0 + d_0 = 2.25d_0$$

每个弯钩应增加长度为 $E'F'$，即

$$E'F' = A'F' - A'E' = 8.5d_0 - 2.25d_0 = 6.25d_0（包括量度差在内）$$

3. 箍筋下料长度

可用外包或内包尺寸两种计算方法。为简化计算，一般先按外包或内包尺寸计算出周长，然后查表 4-9，加上调整值（此调整值包括三个 90°弯曲及两个弯钩在内）即可。

表 4-9　钢箍下料长度调整值　　　　　　　　　　　　单位：mm

| 箍筋量度方法 | 箍 筋 直 径 | | | |
|---|---|---|---|---|
| | 4～5 | 6 | 8 | 10～12 |
| 量外包尺寸 | 40 | 50 | 60 | 70 |
| 量内包尺寸 | 80 | 100 | 120 | 150～170 |

箍筋个数按钢筋布置范围的长度除以箍筋间距再加 1、4 舍 5 入取整计算；箍筋实布间距为钢筋布置范围的长度除以钢筋个数。

**例题 4-5**　某 6m 长钢筋混凝土简支梁配筋见图 4-32，试计算各号钢筋下料长度、箍筋个数。

**解**：1）① 号钢材下料长度　$6000\text{mm} - 2 \times 25\text{mm} + 2 \times 6.25 \times 20\text{mm} = 6210$（mm）

式中，$2 \times 25\text{mm}$ 为两端钢筋保护层厚度。

2）② 号钢筋下料长度　计算时先按直线计算出长度，然后加 45°钢筋的斜长增加量（为直角边的 0.41 倍）

$6000\text{mm} - 2 \times 25\text{mm} + 2 \times 0.41 \times (450\text{mm} - 2 \times 25\text{mm} - 2 \times 6\text{mm}) + 2 \times 6.25 \times 20\text{mm} - 4 \times 0.5 \times 20\text{mm} = 6478\text{mm}$

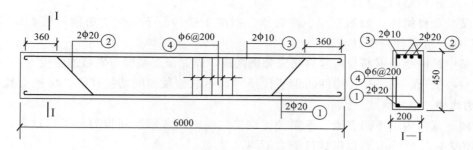

图 4-32　某钢筋混凝土梁配筋图（立面图、断面图）

式中，25 为钢筋保护层厚度；6 为箍筋直径。

3）③ 号钢筋下料长度　6000mm－2×25mm＋2×6.25×10mm＝6080（mm）

4）④ 号箍筋下料长度的计算　箍筋下料长度可用外包或内包尺寸两种计算方法。现将内包和外包两种计算方法比较如下。

① 按内包尺寸计算

2×（450mm－2×25mm－2×6mm）＋2×（200mm－2×25mm－2×6mm）＋100mm（查表 4-9 的调整值）＝1152mm

② 按外内包尺寸计算

2×[450mm－2×25mm]＋2×[200mm－2×25mm]＋50mm（查表 4-9 调整值）＝1150（mm）

两种计算方法结果基本接近。

$$箍筋个数＝（6000－50）mm/200mm＋1＝30.8≈31（个）$$

实布间距：（6000－50）/30＝198（mm）。

**（二）钢筋代换**

当施工中遇到现场到货的钢筋品种或规格与设计要求不符时，征得设计部门同意后，可按下列原则进行代换。

（1）等强代换。当构件按强度控制时，可按代换前与代换后的钢筋强度相等的原则代换，称等强代换。如设计图中所用的钢筋强度为 $f_{y1}$，钢筋总面积为 $A_{y1}$，代换后钢筋强度为 $f_{y2}$，钢筋总面积为 $A_{y2}$，则应使

$$f_{y2} \times A_{y2} \geqslant f_{y1} \times A_{y1} \tag{4-8}$$

即

$$A_{y2} \geqslant f_{y1} \times A_{y1} / f_{y2}$$

将钢筋总面积变换成钢筋直径后，公式（4-8）改为

$$n_2 d_2^2 f_{y2} \geqslant n_1 d_1^2 f_{y1} \tag{4-9}$$

即：

$$n_2 \geqslant \frac{n_1 d_1^2 f_{y1}}{d_2 f_{y2}}$$

式中　$d_1$、$d_2$——代换前及代换后钢筋的直径；

　　　　$n_1$、$n_2$——代换前及代换后钢筋的根数。

（2）等面积代换。当构件按最小配筋率配筋时，可按钢筋面积相等的原则进行代换。即应使

$$A_{y2} > A_{y1} \tag{4-10}$$

（3）当构件受裂缝宽度或抗裂性要求控制时，代换后应进行裂缝或抗裂性验算。

（4）钢筋代换应注意如下事项。

① 某些重要构件，如吊车梁、薄腹梁、桁架下弦等，不宜用Ⅰ级钢筋代替螺纹钢筋。以免使用时裂缝宽度开展过大。

② 梁中纵向受力钢筋与弯起钢筋应分别代换，以保证正截面与斜截面强度。

③ 偏心受压、偏心受拉构件的钢筋代换时，不取整截面配筋量计算，应按受拉或受压钢筋分别代换。

④ 同一截面内用不同直径、不同种类钢筋代换时，各钢筋间拉力差不宜过大，同品种钢筋直径差不大于5mm，以防构件受力不均。

⑤ 钢筋代换后，应满足构造要求（如钢筋间距、最小直径、最少根数、锚固长度、对称性等）及设计中提出的特殊要求（如冲击韧性、抗腐蚀性等）。

## 二、钢筋加工

钢筋加工过程取决于成品种类，一般的加工过程包括：除锈、调直、剪切、弯曲等。

（一）钢筋除锈

钢筋的除锈，一般可通过以下两个途径：一是通过钢筋加工的其他工序同时解决除锈，如在钢筋冷拉或钢丝调直过程中除锈，这是一种最合理、最经济的方法；二是通过机械除锈，其中较普通的是使用电动除锈机除锈。常用的电动除锈机圆盘钢丝刷直径为20～30cm，厚度为5～15mm，转速为1000r/min左右，电动机功率为1.0～1.5kW。为了减少除锈时灰尘飞扬，应装设排尘罩和排尘管道。

此外，还可采用手工除锈（用钢丝刷、砂轮）、酸洗除锈、喷砂除锈等。

（二）钢筋调直

盘圆钢筋在使用前必须经过放圈和调直，而以直条供应的粗钢筋在使用前也要进行一次调直处理，才能满足规范要求的"钢筋应平直，无局部曲折"的规定。

采用钢筋调直机可同时完成除锈、调直和切断三道工序。调直机的调直筒内有5个调直块，他们不在同一中心线上旋转，需根据钢筋性质和调直块的磨损程度调整偏移值大小，以使钢筋能得到最佳调直效果。调直筒出入两端的两个调直块必须调至位于调直筒前后导孔的轴心线上，这是钢筋能否调直的一个关键。如果发现钢筋调得不直就要从以上两方面检查原因，并及时调整调直模的偏移量。

（三）钢筋切断

钢筋下料时须按计算的下料长度切断。钢筋切断可采用钢筋切断机或手动切断器。手动切断器只是用于切断直径小于16mm的钢筋，钢筋切断机可切断40mm的钢筋。当钢筋直径大于40mm时，应用氧-乙炔焰或砂轮机切割。

在大中型建筑工程施工中，提倡采用钢筋切断机，他不仅生产效率高，操作方便，而且确保钢筋端面垂直钢筋轴线，不出现马蹄形或翘曲现象，便于钢筋进行焊接或机械连接。钢筋的下料长度力求准确，其允许偏差为±10mm。

（四）钢筋弯曲成型

钢筋按下料长度切断后，应按弯曲设备特点及钢筋直径、弯曲角度进行划线，以便弯曲成设计的尺寸和形状。如弯曲钢筋两边对称时，划线工作宜从钢筋中线开始向两边进行；当弯曲形状比较复杂的钢筋时，可先放出实样（足尺放样），再进行弯曲。

钢筋弯曲宜采用钢筋弯曲机或钢筋弯箍机；当钢筋直径小于25mm时，少量的钢筋

（或箍筋）弯曲，也可以采用人工扳钩弯曲。

### 三、钢筋连接

单根钢筋经过调直、配料、切断、弯曲等加工后，即可成型为钢筋骨架或钢筋网。钢筋成型应优先采用焊接，并最好在钢筋加工厂预制好后运往现场安装，只有当条件不具备时，才在施工现场绑扎成型或现场施焊。

钢筋在绑扎和安装前，应首先熟悉钢筋图，核对钢筋配料单和料牌，根据工程特点、工作量大小、施工进度、技术水平等，研究与有关工种的配合，确定施工方法。

（一）钢筋绑扎

1. 钢筋绑扎的一般要求

（1）钢筋的交叉点应采用 20～22 号铁丝绑扣，绑扎不仅要牢固可靠，而且铁丝长度要适宜。

（2）墙、柱、梁钢的骨架中心竖向面钢筋网交叉点应全数绑扎，板上部钢筋网交叉点应全数绑扎，底部钢筋网除边缘部分外可间隔交错绑扎。

（3）梁和柱的箍筋，除设计有特殊要求外，应与受力钢筋垂直设置；箍筋弯钩叠合处，应沿受力钢筋方向错开设置。

（4）在柱中竖向钢筋搭接时，角部钢筋的弯钩平面与模板面的夹角，对矩形柱应为 45°角，对多边形柱应为模板内角的平分角；对圆形柱钢筋的弯钩平面应与模板的切线平面垂直；中间钢筋的弯钩平面应与模板面垂直；当采用插入式振捣器浇筑小型截面柱时，弯钩平面与模板面的夹角不得小于 15°。

（5）板、次梁与主梁交接处，板的钢筋在上，次梁钢筋居中，主梁钢筋在下；主梁与圈梁交接处，主梁钢筋在上，圈梁钢筋在下，绑扎时切不可放错位置。框架节点梁纵筋宜放在柱纵筋内侧；剪力墙水平筋宜放在外侧。

2. 绑扎允许偏差

钢筋绑扎要求位置正确、绑扎牢固，成型的钢筋骨架和钢筋网的允许偏差，应符合表 4-10 的规定。

**表 4-10　钢筋安装位置的允许偏差**　　　　　　　　　单位：mm

| 项次 | 项目 | | | 允许偏差 |
|---|---|---|---|---|
| 1 | 绑扎钢筋网 | 网的长、宽 | | ±10 |
| | | 网眼尺寸 | | ±20 |
| 2 | 绑扎钢筋骨架 | 长 | | ±10 |
| 3 | | 宽、高 | | ±5 |
| 4 | 绑扎箍筋、横向钢筋间距 | | | ±20 |
| 5 | 受力钢筋 | 间距 | | ±10 |
| | | 排距 | | ±5 |
| | | 保护层厚度 | 基础 | ±10 |
| | | | 柱、梁 | ±5 |
| | | | 板、墙、壳 | ±3 |
| 6 | 预埋件 | 中心线位置 | | 5 |
| | | 水平高差 | | ±3 |

3. 钢筋的绑扎接头

（1）钢筋的接头宜设置在受力较小处，同一受力筋不宜设置两个或两个以上接头。接头末端距钢筋弯起点的距离不应小于钢筋直径的 10 倍。

（2）同一构件中相邻纵向受力钢筋之间的绑扎接头位置宜相互错开。绑扎接头中的钢筋的横向净距，不应小于钢筋直径，且不小于 25mm。

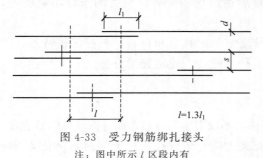

图 4-33　受力钢筋绑扎接头

注：图中所示 $l$ 区段内有接头的钢筋面积按两根计

钢筋绑扎搭接接头连续区段的长度为 $1.3l_1$（$l_1$ 为搭接长度），凡搭接接头中点位于该连接区段长度内的搭接接头均属于同一连接区段。同一连接区段内，纵向钢筋搭接接头面积百分率为有搭接接头的纵向受力钢筋截面面积与全部纵向受力钢筋截面面积的比值（图 4-33）。

同一连接区段内，纵向钢筋搭接接头面积百分率应符合设计要求；当设计无具体要求时，应符合下列规定。

1）对梁类、板类及墙类构件，不宜大于 25%。

2）对柱类构件，不宜大于 50%。

3）当工程中确有必要增大接头面积百分率时，对梁类构件，不宜大于 50%，对其他构件，可根据实际情况放宽。

（3）在梁、柱类构件的纵向受力钢筋搭接长度范围内，应按设计要求配置箍筋。当设计无具体要求时，应符合下列规定。

1）箍筋的直径不应小于搭接钢筋较大直径的 0.25 倍。

2）受拉区段的箍筋的间距不应大于搭接钢筋较小直径的 5 倍，且不应大于 100mm。

3）受压区段的箍筋的间距不应大于搭接钢筋较小直径的 10 倍，且不应大于 200mm。

4）当柱中纵向受力钢筋直径大于 25mm 时，应在搭接接头两个端外面 100mm 范围内各设置两个箍筋，期间距宜为 50mm。

（二）钢筋焊接

钢筋焊接可以代替钢筋绑扎，可达到节约钢材、改善结构受力性能、提高工效、降低成本的目的。常用的钢筋焊接方法有：钢筋电弧焊、闪光对焊、电渣压力焊、气压焊等。

1. 钢筋电弧焊

钢筋电弧焊是钢筋接长、接头、骨架焊接、钢筋与钢板焊接等的常用方法。其工作原理是：以焊条作为一极，钢筋为另一极，利用送出的低压强电流，使焊条与焊件之间产生高温电弧，将焊条与焊件金属熔化，凝固后形成一条焊缝。

电弧焊的质量检查，主要包括外观检查和拉伸试验两项。

（1）外观检查　电弧焊接头外观检查时，应在清渣后逐个进行目测或量测，其检查结果应符合下列要求。

1）焊缝表面应平整，不得有凹陷或焊瘤现象；

2）焊接接头区域内不得有裂纹；

3）坡口焊、熔槽帮条焊和窄间隙焊接头的焊缝余高不得大于 3mm；

4）咬边深度、气孔、夹渣等缺陷允许值及接头尺寸的允许偏差，应符合规范的规定。

外观检查不合格的接头，经修整或补强后可提交二次验收。

（2）拉伸试验　电弧焊接头进行拉伸试验时，应按下列规定抽取试件：在一般构筑物中，从成品中每批随机切取 3 个接头进行拉伸试验；在装配式结构中，可按生产条件制作模拟试件；在工厂焊接条件下，以 300 个同接头形式、同钢筋级别的接头为一批；在现场安装条件下，每一至二层中以 300 个同接头形式、同钢筋级别的接头为一批，不足 300 个时，仍作为一批。

其拉伸试验的结果，应符合下列要求。

1）3 个热轧钢筋接头试件的抗拉强度，均不得小于该级别钢筋规定的抗拉强度；余热处理Ⅲ级钢筋接头试件的抗拉强度，均不得低于热轧Ⅲ级钢筋规定的抗拉强度 570MPa；

2）3 个接头试件均应断于焊缝之外，并应至少有 2 个试件呈延性断裂。

当试验结果，有 1 个试件的抗拉强度值小于规定值，或有 1 个试件断于焊缝处，或有 2 个试件发生脆性断裂时，应再取 6 个试件进行复检。复检结果当有 1 个试件抗拉强度小于规定值，或有 1 个试件断于焊缝处，或有 3 个试件呈脆性断裂时，应确认该批接头为不合格品。

#### 2. 钢筋闪光对焊

钢筋闪光对焊是利用钢筋对焊机，将两根钢筋安放成对接形式，压紧于两电极之间，通过低电压强电流，把电能转化为热能，使钢筋加热到一定温度后，即施以轴向压力顶锻，产生强烈飞溅，形成闪光，使两根钢筋焊合在一起，如图 4-34 所示。

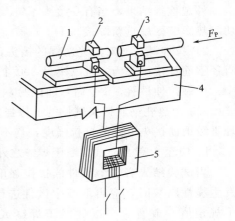

图 4-34　钢筋对焊原理图
1—钢筋；2—固定电极；3—可动电极；
4—机座；5—焊接变压器

（1）对焊设备　钢筋闪光对焊的设备是对焊机。对焊机按其形式可分为：弹簧顶锻式、杠杆挤压弹簧顶锻式、电动凸轮顶锻式、气压顶锻式等。

（2）钢筋闪光对焊工艺　钢筋对焊常用的是闪光焊。根据钢筋品种、直径和所用对焊机的功率不同，闪光焊的工艺又可分为：连续闪光焊、预热闪光焊、闪光—预热—闪光焊和焊后通电热处理等。

1）连续闪光焊　当钢筋直径小于 25mm、钢筋级别较低、对焊机容量在 80～160kV·A 的情况下，可采用连续闪光焊。连续闪光焊的工艺过程，包括连续闪光和轴向顶锻。即先将钢筋夹在对焊机电极钳口上，然后闭合电源，使两端钢筋轻微接触，由于钢筋端部凸凹不平，开始仅有较小面积接触，故电流密度和接触电阻很大，这些接触点很快熔化，形成"金属过梁"。"金属过梁"进一步加热，产生金属蒸气飞溅，形成闪光现象，然后再徐徐移动钢筋保持接头轻微接触，形成连续闪光过程，整个接头同时被加热，直至接头端面烧平、杂质闪掉。接头熔化后，随即施加适当的轴向压力迅速顶锻，使两根钢筋对焊成为一体。

2）预热闪光焊　预热闪光焊是在连续闪光焊之前，增加一个预热过程，以扩大焊接端部热影响区。即在闭合电源后使钢筋两端面交替接触和分开，在钢筋端面的间隙中发出断续的闪光而形成预热过程。当钢筋端部达到预热温度后，随即进行连续闪光和顶锻。预热闪光焊适用于焊接大直径钢筋。

3）闪光—预热—闪光焊　对于Ⅳ级钢筋，因碳、锰、硅的含量较高，加上合金元素钛、钒的存在，故对氧化淬火和过热比较敏感，其焊接性能较差，关键在于掌握适当的焊接温度，温度过高或过低都会影响接头的质量。此时应采用闪光—预热—闪光焊，此种办法是在预热闪光焊前，再增加一次闪光过程，使钢筋端部预热均匀，保证大直径、高强度钢筋焊接质量。

4）通电热处理　Ⅳ级钢筋对焊时，应采用预热闪光焊或闪光—预热—闪光焊工艺。当接头拉伸试验结果发生脆性断裂，或弯取试验不能达到规范要求时，应在对焊机上进行焊后通电热处理，以改善接头金属组织和塑性。

（3）闪光对焊的质量检查　钢筋对焊完毕，应对接头质量进行外观检查和力学性能试验。

1）外观检查　对闪光对焊的接头，要进行抽查性（每批中抽查10％，且不少于10个）的外观检查，其质量应符合下列要求。

a. 接头处不得有横向裂纹；

b. 与电极接触的钢筋表面，因钢筋级别而异；

c. 接头处的弯折角不得大于4°；

d. 接头处的轴线偏移，不得大于钢筋直径的0.1倍，且不得大于2mm。

外观检查结果，当有一接头不符合要求时，应对全部接头进行检查，剔出不合格接头，切除热影响区后重新焊接。

2）拉伸试验　对闪光对焊的接头，在同一台班内、同一焊工完成的300个同级别、同直径钢筋焊接接头为一批（不足300个接头，仍作为一批）。从每批随机切取6个试件，其中三个做拉伸试验，3个做弯曲试验，其拉伸试验的结果应符合下列要求。

a. 3个热轧钢筋接头试件的抗拉强度，均不得小于该级别钢筋规定的抗拉强度；余热处理Ⅲ级钢筋接头试件的抗拉强度，均不得小于热轧Ⅲ级钢筋抗拉强度570MPa；

b. 应至少有2个试件断于焊缝之外，并呈延性断裂。

当试验结果有1个试件的抗拉强度小于上述规定值，或有2个试件在焊缝或热影响区发生脆性断裂时，应再取6个试件进行复验。复检结果，当仍有1个试件的抗拉强度小于规定值，或有3个试件断于焊缝或热影响区，呈脆性断裂，应确认该批接头为不合格品。

c. 预应力钢筋与螺丝端杆闪光对焊拉伸试验结果，3个试件全部断于焊缝之外，呈延性断裂。

3）弯曲试验　闪光对焊弯曲试验时，应将受压面的金属毛刺和镦粗变形部分消除，且与母材的外表平齐。焊缝应处于中心点，弯心直径和弯心角应符合规范要求，当弯至90°，至少有两个试件不得发生破断。

**3. 钢筋电渣压力焊**

钢筋电渣电力焊是将钢筋安放成竖向对接形式，利用电流通过渣池产生的电阻，在焊剂层下形成电弧过程和电渣过程，产生电弧热和电阻热，将钢筋端部熔化，然后加压使两根钢筋焊合在一起。此种方法操作简单、工作条件好、工效高、成本低，比电弧焊节省80％以上，比绑扎连接和帮条搭接焊节约钢筋30％，可提高工效6~10倍。

（1）焊接设备与焊剂　钢筋电渣压力焊设备为钢筋电渣压力焊机，主要包括焊接电源、焊接机头、焊接夹具、控制箱和焊剂盒等。焊接电源宜采用BX2—1000型焊接变压器；焊接夹具应具有一定刚度，使用灵巧，坚固耐用，上下钳口同心；控制箱内安有电压表、电流表和信号电铃，能准确控制各项焊接参数，焊剂盒由铁皮制成内径为 90～100mm 的圆形，与所焊接的钢筋直径大小相适应。如图 4-35 所示。

电渣压力焊所用焊剂，一般采用 431 型焊药。焊剂在使用前必须在 250℃ 温度烘烤 2h，以保证焊剂容易熔化，形成渣池。焊接机头有杠杆单柱式和丝杆传动式两种。杠杆式单柱焊接机头，有单导柱、夹具、手柄、监控仪表、操作把等组成。下夹具固定在钢筋上，上夹具利用手动杠杆可沿单柱上、下滑动，以控制上钢筋的运动和位置。丝杆传动式双柱焊接机头，有伞形齿轮箱、手柄、升降丝杆、夹紧装置、夹具、双导柱等组成。上夹具在双导柱上滑动，利用丝杆螺母的自锁特性，使上钢筋易定位，夹具定位精度高，卡住钢筋后无须调整对中度，电流通过特制焊把钳直接加在钢筋上。

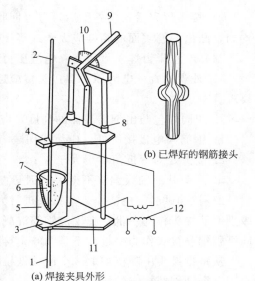

(b) 已焊好的钢筋接头

(a) 焊接夹具外形

图 4-35　钢筋电渣压力焊示意图

1,2—钢筋；3—固定电极；4—活动电极；5—焊剂盒；6—导电剂；7—焊剂；8—滑动架；9—操纵杆；10—标尺；11—固定架；12—变压器

（2）电渣压力焊的焊接参数　钢筋电渣压力焊的焊接参数，主要包括焊接电流、焊接电压和焊接通电时间，这 3 个焊接参数应符合表 4-11 的规定。

**表 4-11　常用钢筋电渣压力焊主要焊接参数**

| 钢筋直径/mm | 焊接电流/A | 焊接电压/V | | 焊接通电时间/s |
| --- | --- | --- | --- | --- |
| | | 造渣过程 | 电渣过程 | |
| 20 | 300～350 | 40 | 20 | 20 |
| 22 | 300～350 | 40 | 20 | 22 |
| 25 | 400～450 | 40 | 20 | 25 |
| 28 | 450～550 | 40 | 20 | 28 |
| 32 | 500～600 | 40 | 20 | 35 |

（3）电渣压力焊的施工工艺　钢筋电渣压力焊的施工工艺，主要包括端部除锈、固定钢筋、通电引弧、快速顶压、焊后清理等工序，具体工艺过程如下。

1）钢筋调直后，对两根钢筋端部 120mm 范围内，进行认真地除锈和清除杂质工作，以便于很好的焊接。

2）在焊接机头上的上、下夹头，分别夹紧上、下钢筋；钢筋应保持在同一轴线上，一经夹紧不得晃动。

a. 电弧引燃过程　焊接夹具夹紧上下钢筋，钢筋端面处安放引弧铁丝球，焊剂灌入焊剂盒，接通电源，引燃电弧。

b. 造渣过程　电弧的高温作用，将钢筋端面周围的焊剂充分熔化，形成渣池。

c. 电渣过程　钢筋端面处形成一定深度的渣池后，将上钢筋缓慢插入渣池中，此时电弧熄灭，渣池电流加大，渣池因电阻较大，温度迅速升至 2000℃ 以上，将钢筋端头熔化。

d. 挤压过程　钢筋端头熔化达一定量后，加力挤压，将熔化金属和熔渣从结合部挤出，同时切断电源。

3）接头焊完后，应停歇后，方可回收焊剂和卸下焊接夹具，并敲掉渣壳；四周焊缝应均匀，凸出钢筋表面的高度应大于或等于 4mm。

（4）电渣压力焊质量检查　电渣压力焊的质量检查，包括外观检查和拉伸试验。

1）外观检查　电渣压力焊接头，应逐个进行外观检查。其接头外观结果，应符合下列要求。

a. 四周焊包凸出钢筋表面的高度，应不得小于 4mm；

b. 钢筋与电极接触处，应无烧伤缺陷；

c. 接头处的弯折角不得大于 4°；

d. 接头处的轴线偏移不得大于钢筋直径的 0.1 倍，且不得大于 2mm。

2）拉伸试验　电渣压力焊接头进行力学性能试验时，在一般构筑物中，应以 300 个同级别钢筋接头作为一批；在现浇钢筋混凝土多层结构中，应以每一楼层或施工区段中 300 个同级别钢筋接头作为一批；不是 300 个接头的仍应作为一批。

从每批接头中随机切取 3 个试件做拉伸试验，其试验结果，3 个试件的抗拉强度均不得小于该级别钢筋规定的抗拉强度。

当试验结果有一个试件的抗拉强度低于规定值，应再取 6 个试件进行复验。复验结果，当仍有 1 个试件的抗拉强度小于规定值，应确认该批接头为不合格品。

4. 钢筋气压焊

钢筋气压焊是利用氧气和乙炔气，按一定比例混合燃烧的火焰对接头处加热，将被焊钢筋端部加热到塑性状态或熔化状态，并施一定压力使两根钢筋焊合。这种焊接工艺具有设备简单、操作方便、质量优良、成本较低等优点。适用于焊接直径 14～40mm 的热轧Ⅰ～Ⅲ级钢筋。

（1）钢筋气压焊的设备　钢筋气压焊的设备，主要包括氧、乙炔供气装置、加热器、加压器及焊接夹具等组成（见图 4-36）。

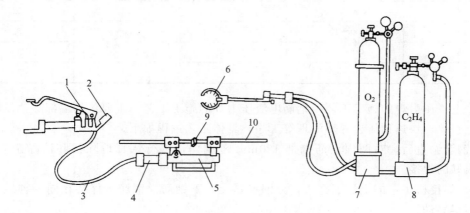

图 4-36　气压焊设备
1—脚踏油压泵；2—压力表；3—液压胶管；4—活动油泵；5—卡具；
6—烤枪；7—氧气瓶；8—乙炔瓶；9—接头；10—钢筋

供气装置包括氧气瓶、乙炔气瓶（或中压乙炔发生器）、干式回火防止器、减压器及输气胶管等。加热器为一种多嘴环形装置，由混合气管和多火口烤枪组成。加压器有顶压油缸、油泵、油管、油压表等组成。焊接夹具应能牢固夹紧钢筋，当钢筋承受最大轴向压力时，钢筋与夹具之间不得产生相对滑移；应便于钢筋的安装定位，并在施焊过程中能保持其刚度。

（2）钢筋气压焊工艺　　钢筋气压焊的工艺，主要包括端部处理、安装钢筋、喷焰加热、施加压力等过程。

1）气压焊施焊之前，钢筋端面应切平，并与钢筋轴线垂直；在钢筋端部两倍直径长度范围内，清除其表面上的附着物；钢筋边角毛刺及断面上的铁锈、油污和氧化膜等，应彻底清除干净，使其露出金属光泽，不得有氧化现象。

2）安装焊接夹具和钢筋时，应将两根钢筋分别夹紧，并使两根钢筋的轴线在同一直线上。钢筋安装后应加压顶紧，两根钢筋之间的局部缝隙不得大于3mm。

3）气压焊的开始阶段采用碳化焰，对准两根钢筋接缝处集中加热，并使其内焰包住缝隙，防止端面产生氧化。当加热至两根钢筋缝隙完全密合后，应收用中性焰，以结合面为中心，在两侧各一倍钢筋直径长度范围内往复加热。钢筋端面的加热温度，控制在1150～1250℃；钢筋端部表面的加热温度应稍高于该温度，由钢筋直径大小而产生的温度梯差确定。

4）待钢筋端部达到预定温度后，对钢筋轴向加压到30～40MPa，直到焊缝处对称均匀变粗，其直径为钢筋直径的1.4～1.6倍，变形长度为钢筋直径的1.3～1.5倍。

5）拆卸压接器　　通过加压，待接头的镦粗区形成规定的形状时，停止加热，略微延时，卸除压力，拆下焊接夹具。

（3）气压焊接头质量检验　　钢筋气压焊接头的质量检验分为外观检查和力学性能试验。

1）外观检查　　钢筋气压焊接头应逐个进行外观检查，其检查结果应符合下列要求。

a. 偏心量 $e$ 不得大于钢筋直径的0.15倍，且不得大于4mm；当不同直径钢筋焊接时，应按较小钢筋直径计算。当大于规定值时，应切除重焊。

b. 两钢筋轴线弯折角不得大于4°，当大于规定值时，应重新加热矫正。

c. 镦粗直径 $d_c$ 不得小于钢筋直径的1.4倍。当小于此规定值时，应重新加热镦粗。

d. 镦粗长度 $L_c$ 不得小于钢筋直径的1.2倍，且凸起部分平缓圆滑。当小于此规定值时，应重新加热镦长。

e. 压焊面偏移 $d_b$ 不得大于钢筋直径的0.2倍。

2）拉伸试验　　对一般构筑物，以300个接头作为一批；对现浇钢筋混凝土房屋结构，同一楼层中应以300个接头作为一批；不足300个接头仍作为一批。

从每批接头中随机切取3个试件做拉伸试验，3个试件的抗拉强度均不得小于该级别钢筋规定的抗拉强度，并应断于压焊面之外，呈延性断裂。当有1个试件不符合要求时，应切取6个试件进行复验；复验结果，当仍有1个试件不符合要求，应确认该批接头为不合格品。

3）弯曲试验　　对梁、板的水平钢筋连接中，每批中应另切取3个接头做弯曲试验，进行弯曲试验时，应将试件受压面的凸起部分消除，并应与钢筋外表面齐平，弯心直径应符合规范规定。

弯曲试验可在万能试验机、手动或电动液压弯曲试验器上进行；压焊面应处在弯曲中心点，弯至90°，3个试件均不得在压焊面发生破断。

当实验结果有1个试件不符合要求时，应再切取6个试件进行复验。复验结果，当仍有1个试件不符合要求，应确认该批接头为不合格品。

（三）钢筋机械连接

钢筋机械连接是通过连接件的机械咬合作用或钢筋端面的承压作用，将一根钢筋中的力传递至另一根钢筋的连接方法。他具有施工简便、工艺性能好，接头质量可靠、不受钢筋可焊性制约、可全天候施工、节约钢材、节省能源等优点。

常用机械连接接头类型有：挤压套筒接头、锥螺纹套筒接头、直螺纹套筒接头等。

**1. 一般技术规定**

钢筋接头根据静力承载能力分成下列三个性能等级。

A级：接头抗拉强度达到或超过母材抗拉强度标准值，并具有高延性及反复拉压性能。用于混凝土结构中要求充分发挥钢筋强度或对接头延性要求较高的部位。

B级：接头抗拉强度达到或超过母材屈服强度标准值的1.35倍，具有一定的延性及反复拉压性能。用于混凝土结构中钢筋受力小或对钢筋延性要求不高的部位。

C级：接头仅能承受压力。用于非抗震设防和不承受动力荷载的混凝土结构中钢筋只承受压力的部位。

钢筋机械连接件的屈服承载力和抗拉承载力的标准值不应小于被连接钢筋的屈服承载力和抗拉承载力标准值的1.10倍。

钢筋采用机械连接时，受力钢筋机械连接接头的位置应相互错开。在任一接头中心至长度为钢筋直径35倍区段范围内，受拉区的受力钢筋接头百分率不宜超过50%（受拉区受力小的部位，A级接头百分率不受限制），钢筋连接件处混凝土保护层最小厚度宜满足《混凝土结构设计规范》的要求，且不得小于15mm。连接件之间的横向净距不宜小于25mm。

**2. 钢筋锥螺纹连接**

钢筋锥螺纹接头是把钢筋的连接端加工成锥形螺纹（简称丝头），通过锥螺纹连接套把两根带丝头的钢筋，按规定的力矩连接成一体的钢筋接头。这种连接方法，具有使用范围广、施工工艺简单、连接质量好、生产效率高、节省钢材、适应性强、有利于环境保护等优点。此种接头方式适用于16～40mm的Ⅰ、Ⅱ级同级钢筋的同径或异径钢筋的连接。

钢筋锥螺纹接头施工中的注意事项如下。

为了在钢筋混凝土结构中正确使用钢筋锥螺纹接头，确保钢筋的连接质量，在施工中应注意以下事项。

1）钢筋应当先调直再下料，切口端面应与钢筋轴线垂直，不得出现马蹄形或挠曲现象，不得用气割下料。

2）加工的钢筋锥螺纹的锥度、牙形、螺距、丝数等，必须与连接套的锥度、牙形、螺距、丝数相一致。

3）加工的钢筋锥螺纹应逐个进行外观质量评定。达到牙形饱满、无断牙、秃牙缺陷，且与牙形规相吻合（图4-37），表面光洁；锥螺纹锥度与卡轨或环规相吻合，小端直径在卡规或环规的允许误差之内。

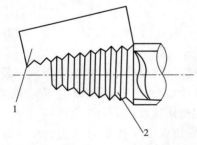

图4-37　牙形规检验钢筋锥螺纹
1—牙形规；2—钢筋锥螺纹

4）连接钢筋时，应对准正轴线将钢筋端部拧入连接套，然后用力矩扳手拧紧并检查安装质量。接头拧紧力矩符合规范要求，不得欠拧和超拧，合格的接头应作上标记，合格率必须达到100%。

5）对安装检验不合格的接头，可采用电弧焊补强，焊缝高度不得小于5mm。当连接钢筋为Ⅲ级钢筋时，必须先做可焊性试验，以便接头不合格时可采用焊接补强方法。

**3. 带肋钢筋套筒挤压连接**

带肋钢筋套筒挤压连接是将两根待接钢筋插入钢套筒，用挤压设备沿径向或轴向挤压钢套筒，使钢套筒产生塑性变形，依靠变形的钢套筒与被连接钢筋的纵、横肋产生机械咬合而成为一个整体的钢筋连接方法。由于是在常温下挤压连接，所以也称为钢筋冷挤压连接。此种连接方法具有操作简单、容易掌握、对中度高、连接速度快、安全可靠、不污染环境、施工文明等优点。适用于钢筋混凝土结构中钢筋直径为 16～40mm 钢筋连接。

（1）对套筒的质量要求　对Ⅰ、Ⅱ级带肋钢筋挤压接头套筒所用的材料，应选用适于压延加工的钢材，其实测的力学性能应符合要求。套筒出厂时应严格检查，必须附有出厂合格证；在正式挤压连接之前，对套筒的规格和尺寸进行复检，合格后方可使用。

（2）施工注意事项　带肋钢筋套筒挤压连接设备，由压接钳、超高压泵站及超高压胶管等组成。

1）在正式挤压之前，为保证连接质量和施工顺利，应做好如下准备工作。

a. 钢筋端头的锈皮、泥砂、油污、杂物等，一定要清理干净，并置于适当位置。

b. 进一步对钢套筒作外观尺寸检查，并与被连接的钢筋规格尺寸一致。

c. 对钢筋与套筒进行试套，如钢筋有马蹄、弯折或纵肋尺寸过大者，应预先校正或用砂轮打磨。

d. 认真检查挤压设备的情况，并进行试压，待一切符合要求后，方可正式作业。

2）挤压操作注意事项

a. 挤压操作时，先在地面上插上钢筋挤压一端套筒，在施工作业区插入待接的另一根钢筋，再挤压另一端套筒。

b. 在挤压另一端套筒之前，应按标记检查钢筋插入套筒内的深度，并保证钢筋端头距套筒长度中点不宜超过 10mm。

c. 为保证钢套筒和钢筋咬合紧密，挤压时压接钳与钢筋轴线应保持垂直。

d. 径向挤压的正确挤压顺序为从套筒中央开始，依次向两端挤压。

e. 挤压操作时采用的挤压力、压模宽度、压痕直径和挤压后套筒长度及挤压道数等，均应符合检验标准确定的技术参数要求。

4. 钢筋直螺纹连接

直螺纹连接是将两根待连接钢筋端部加工成直螺纹，旋入带有直螺纹的套筒中，从而将两端的钢筋连接起来（图 4-38）。与锥螺纹接头相比，其接头强度更高，安装更方便。

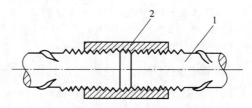

图 4-38　钢筋直螺纹连接接头剖面图
1—待接钢筋；2—套筒

直螺纹连接制作工艺：钢筋端镦粗→在镦粗段上切削直螺纹→利用连接套筒对接钢筋。

施工注意事项如下。

1）钢筋直螺纹加工必须在专用的镦头机床和套丝机床上加工。套丝机的刀具冷却应采用水溶性切削冷却液，不得使用油性冷却液或无冷却液套丝。

2）机床操作人员必须经专业培训后，持证上岗。

3）安装时首先把连接套筒的一端安装在待接钢筋端头上，用专用扳手拧紧到位，然后用导向夹钳对中，将夹钳夹紧连接套筒，把接长钢筋通过导向夹钳中孔对中，拧入连接套筒内，拧紧到位即完成连接。

4）卸下工具，随时检验。不合格的立即纠正，合格者在连接套筒上涂已检验的标记。

## 四、钢筋安装

钢筋加工后运至现场进行安装，安装时应位置准确，连接牢固。钢筋安装应与模板安装相互配合，柱钢筋现场绑扎安装时，一般在模板安装前进行。柱钢筋采用预制安装时，可先安装钢筋骨架，后安装模板。或先安装三面模板，待钢筋骨架安装后，再安装第四面模板。梁钢筋一般在梁底模板或一面侧模安装好后，再安装或绑扎。当梁钢筋采用整体入模时可在梁模板全部安装好后，再安装或绑扎。楼板钢筋安装绑扎应在楼板模板安装后进行，并应按设计图纸规定先划线，然后摆料、绑扎。

现场安装钢筋时，梁板钢筋大多采用绑扎方法，其工艺应符合钢筋绑扎的有关规定。

柱筋和连续梁主筋的连接多采用对接方式（焊接或机械连接），其连接工艺及质量要求应符合相应规定。

钢筋在混凝土中应有一定厚度的保护层，保护层厚度应符合设计要求，当设计无具体要求时，不应小于受力钢筋直径，并应符合表 4-12 规定。工地上常用预制水泥砂浆垫块垫在钢筋与模板之间，以控制保护层厚度。垫块应布置成梅花形，其相互间距不大于 1m。上下双层钢筋之间的尺寸可绑扎短钢筋来控制。

表 4-12　钢筋的混凝土保护层厚度　　　　　　　　　　　单位：mm

| 环境与条件 | 构件名称 | 砼强度等级 | | |
| --- | --- | --- | --- | --- |
| | | 低于 C25 | C25 及 C30 | 高于 C30 |
| 室内正常环境 | 板、墙、壳 | 15 | | |
| | 梁和柱 | 25 | | |
| 露天或室内高湿度环境 | 板、墙、壳 | 35 | 25 | 15 |
| | 梁和柱 | 45 | 35 | 25 |
| 有垫层 | 基础 | 35 | | |
| 无垫层 | | 70 | | |

注：1. 轻骨料混凝土的钢筋保护层厚度应符合国家现行标准《轻骨料混凝土结构设计规程》的规定。

2. 钢筋混凝土受弯构件，钢筋端头的保护层厚度一般为 10mm。

3. 板、墙、壳中分布钢筋的保护层厚度不应小于 10mm；梁柱中箍筋和构造钢筋的保护层厚度不应小于 15mm。

4. 预制构件钢筋保护层厚度另有规定。

钢筋安装完毕后，应根据设计图纸检查钢筋的级别、直径、数量、位置、间距是否正确（特别注意检查负弯矩钢筋的位置），接头位置及搭接长度是否符合规定，钢筋绑扎是否牢固，保护层是否符合要求。

钢筋工程属隐蔽工程，在浇筑混凝土前应对钢筋及预埋件进行检查验收，并作好隐蔽工程记录，以便考查。

## 五、混凝土结构平法施工图

建筑结构施工图平面整体设计方法（简称平法）对我国目前混凝土结构施工图的设计表示方法作了重大改革，被国家科委列为《"九五"国家级科技成果重点推广计划》项目（项目编号：97070209A）和建设部列为 1996 年科技成果重点推广项目（项目编号：96008）。

平法的表达形式，概括来讲，是把结构构件的尺寸和配筋等，按照平面整体表示方法制图规则，整体直接表达在各类构件的结构平面布置图上，再与标准构造详图相配合，即构成一套新型完整的结构设计。改变了传统的那种将构件从结构平面布置图中索引出来，再逐个绘制配筋详图的繁琐方法。

平法图集的标准构造详图编入了目前国内常用的且较较为成熟的构造作法，是施工人员必须与平法施工图配套使用的正式设计文件。构件类型代号的主要作用是指明所选用的标准构造详图。

1. 柱平法施工图

柱的类型代号有框架柱（KZ）、框支柱（KZZ）、芯柱（XZ）、梁上柱（LZ）、剪力墙上柱（QZ）等。柱平法施工图有列表注写方式、截面注写方式。

列表注写方式，系在柱平面布置图上，分别在同一编号的柱中选择一个截面标注几何参数代号，在柱表中注写柱号、柱段起止标高、几何尺寸、与配筋的具体数值，并配以各种柱截面形状及其箍筋类型图的方式，来表达柱平法施工图。

截面注写方式系在分标准层绘制的柱平面布置图上，分别在同一编号的柱中选择一个截面，以直接注写截面尺寸和配筋具体数值的方式，来表达柱平法施工图。如图 4-39 所示。

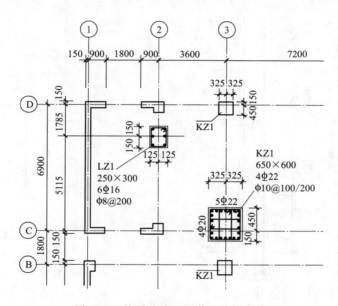

图 4-39　柱平法施工图截面注写方式

柱筋下部锚进基础构造见图 4-40，柱筋上部锚固构造见图 4-41，柱筋接头位置见图 4-42，柱箍筋加密区见图 4-43。

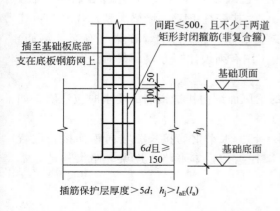

图 4-40　柱插筋在基础中锚固构造

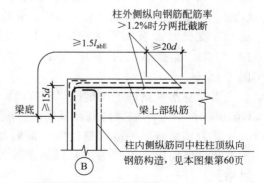

图 4-41　以 2 边柱和钢柱柱顶纵筋锚固

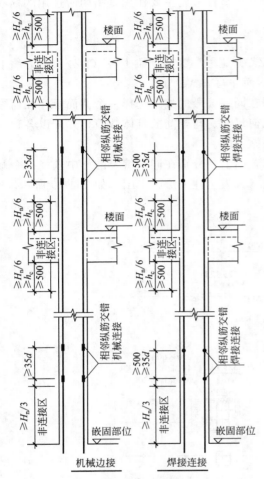

图 4-42 以 2 纵向钢筋连接构造

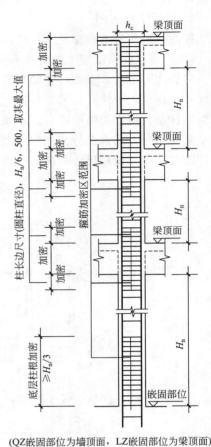

(QZ嵌固部位为墙顶面，LZ嵌固部位为梁顶面)

图 4-43 抗震 KZ、QZ、LZ 箍筋加密区范围

2. 剪力墙平法施工图

剪力墙分为剪力墙柱、剪力墙身、剪力墙梁三类，简称墙柱、墙身、墙梁。墙柱类型及代号为：约束边缘暗柱 YAZ、约束边缘端柱 YDZ、约束边缘翼墙（柱）YYZ、约束边缘转角墙（柱）YJZ、构造边缘端柱 GDZ、构造边缘暗柱 GAZ、构造边缘翼墙（柱）GYZ、构造边缘转角墙（柱）GJZ、非边缘暗柱 AZ、扶壁柱 FBZ。墙梁类型及代号为：连梁（无交叉暗撑及无交叉钢筋）LL、连梁（有交叉暗撑）LL（JC）、连梁（有交叉钢筋）LL（JG）、暗梁 AL、边框梁 BKL。剪力墙平法施工图有列表注写方式、截面注写方式（见图 4-44）。

当墙身水平钢筋不满足连梁、暗梁、边框梁的梁侧面纵向构造钢筋的要求时应注明，如 G$\Phi$10@150，表示墙梁两侧面纵筋对称配置$\Phi$10@150。

剪力墙墙身第一根钢筋位置、钢筋收头见图 4-45。水平钢筋接长、竖向钢筋接长位置本书略。竖向钢筋下部锚进基础、顶部锚固如框架柱类似，本书略。连梁、暗梁构造，本书略。

3. 梁平法施工图

钢筋混凝土梁类型及代号为楼层框架梁 KL、屋面框架梁 WKL、框支梁 KZL、非框架

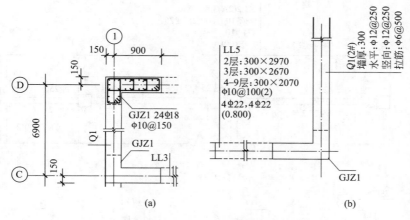

图 4-44　剪力墙平法施工图截面注写方式

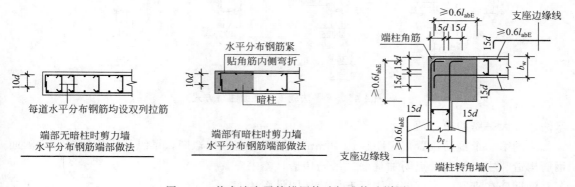

图 4-45　剪力墙水平筋锚固构造标准构造详图

梁 L、悬挑梁 XL、井式梁 JSL 等。梁平法施工图分平面注写方式、截面注写方式。

平面注写包括集中标注、原位标注。集中标注表达梁的通用数值，原位标注表达梁的特殊数值。当集中标注中的某项数值不适用于梁的某部位时，则将该项数值原位标注。见图 4-46。

标注 KL2（2A）表示第 2 号框架梁，2 跨，一端有悬挑；标注 Φ8@100/200（2）（见图 4-46）表示箍筋种类为Φ、直径 8、加密区间距 100、非加密区 200、2 肢箍；标注 13Φ10@100/200（4）表示梁两端各有 13 个 4 肢箍筋、间距 100，跨中部分间距 200 的 4 肢箍；标注 2Φ25（见图 4-46）表示梁上部通长筋为 2Φ25；标注 2Φ22＋（4Φ12）表示梁上部角部纵筋 2Φ22、架立筋 4Φ12；标注 "2Φ22；2Φ22" 表示梁上部通长筋 2Φ22、梁下部通常筋 2Φ22；标注 G4Φ10（见图 4-46）表示梁的两侧面每侧各配置 2Φ10 纵向构造钢筋；标注 N4Φ22 表示梁的两侧面每侧各配置 2Φ22 纵向受扭钢筋；标注（−0.100）（见图 4-46）表示梁顶面低于所在结构层的楼面 0.100；标注 "6Φ25　4/2"（见图 4-46）表示上一排纵筋 4Φ25、下一排纵筋 2Φ25；梁支座上部标注 2Φ25＋2Φ22（见图 4-46）表示梁支座上部角部 2Φ25、中部 2Φ22。

梁支座上部纵筋的长度规定为：第一排非通长筋从柱（梁）边起延伸至 $l_n/3$，第二排非通长筋从柱（梁）边起延伸至 $l_n/4$，其中 $l_n$ 对端支座为本跨的净跨值、对中间支座为支

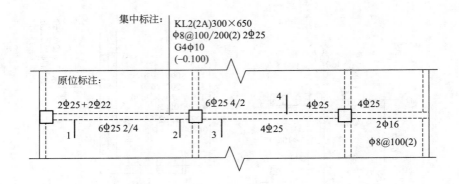

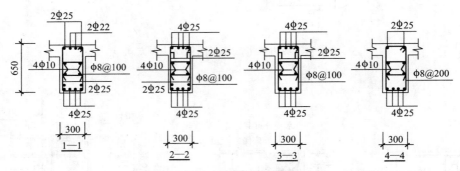

图 4-46 梁平法施工图平面注写方式

座两边较大一跨的净跨值。

梁的第一个箍筋位置规定距柱边 50mm；箍筋加密区构造图，梁纵筋接长位置、梁侧面钢筋构造、主次梁交叉点附加箍筋、吊筋构造，本书略。

梁钢筋在支座、端部的锚固标准构造详图见图 4-47。

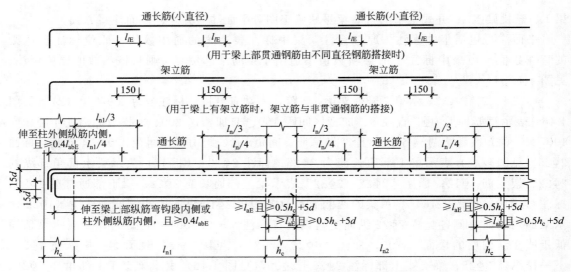

图 4-47 楼层框架梁 KL 梁钢筋锚固标准构造详图

**4. 板平法施工图（有梁楼盖）**

板类型及代号为楼面板 LB、屋面板 WB、延伸悬挑板 YXB、纯悬挑板 XB。

标注"LB5　$h = 110$　B：XΦ10@100；YΦ10@100"表示 5 号楼面板、板厚 110mm、板下部 X 向贯通纵筋Φ10@100、板下部 Y 向贯通纵筋Φ10@100、板上部未配置贯通纵筋。标注"YXB2　$h = 150/100$　B：Xc&YcΦ10@100"表示 2 号延伸悬挑板、板根部厚 150mm、端部厚 100mm、板下部配置构造钢筋双向均为Φ10@100、上部受力钢筋见板支座原位标注。

　　板支座原位标注见图 4-48、图 4-49。其中，所注长度计至支座中线，图 4-48（a）为两侧对称，图 4-48（b）为两侧不对称。板支座钢筋标注①Φ10@100（5）表示 1 号钢筋Φ10@100、连续配置 5 跨。

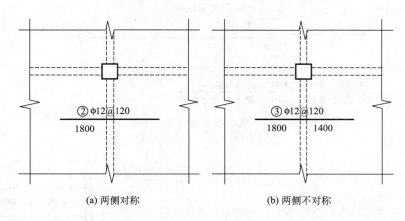

图 4-48　板支座原位标注

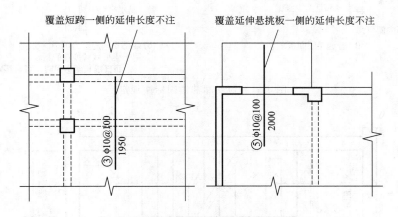

图 4-49　板支座钢筋长度规定

　　板上部配置钢筋为贯通钢筋、非贯通钢筋之和。如板上部配置贯通钢筋Φ10@200，该跨同向配置上部支座非贯通钢筋Φ10@200，表示板上部配置钢筋Φ10@100。

　　板的第一根钢筋规定见图 4-50；分布钢筋另注明。板筋端部锚固规定见图 4-51。

　　5. 楼梯平法施工图（AT 型）

　　图集包括 9 种板式楼梯。AT 型楼梯平法施工图见图 4-52。楼梯梯板支座上部纵向钢筋及钢筋锚固规定标准构造详图见图 4-53。分布钢筋另注写。标准构造详图规定：HPB235 钢筋在梯板上部弯 90°钩、其余末端弯 180°钩且平直段长度≥$3d$。

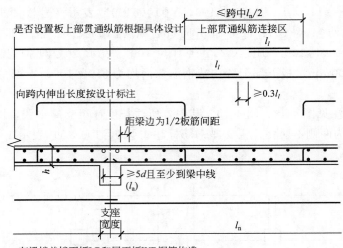

图 4-50　板的第一根钢筋标注规定

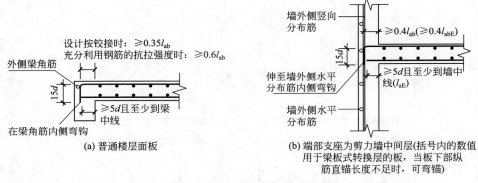

图 4-51　板筋端部锚固标注规定

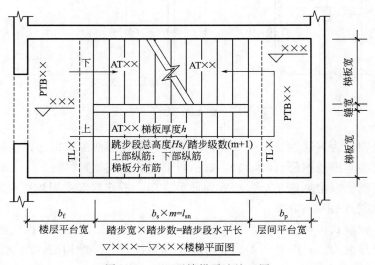

图 4-52　AT 型楼梯平法施工图

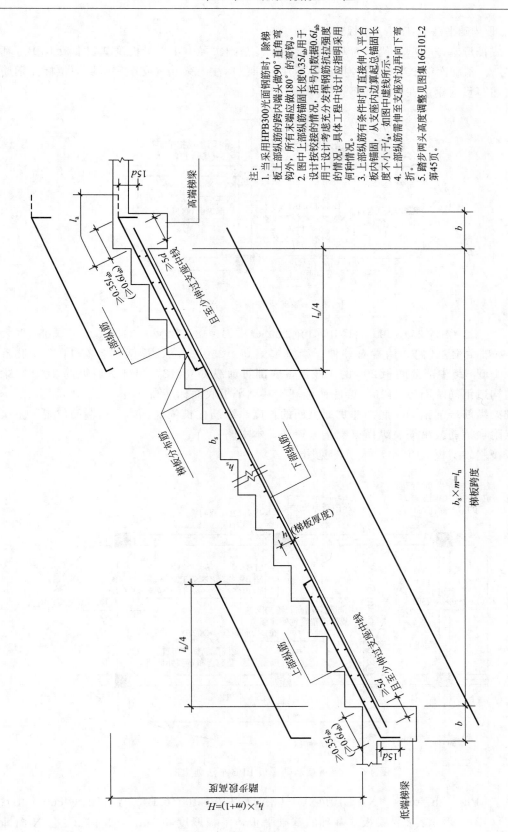

注:
1. 当采用HPB300光面钢筋时,除梯板上部纵筋的跨内端头应做90°直角弯钩外,所有末端应做180°的弯钩。
2. 图中上部纵筋锚固长度0.35$l_{ab}$用于设计按铰接的情况,括号内数据0.6$l_{ab}$用于上部纵筋需充分发挥钢筋抗拉强度的情况。具体工程中设计应指明采用何种情况。
3. 上部纵筋有条件时可直接伸入平台板内锚固,从支座内边算起锚固长度不小于$l_a$,如图中虚线所示。
4. 上部纵筋需伸至支座对边再向下弯折。
5. 踏步两头高度调整见图集16G101-2第45页。

图 4-53　AT型楼梯板配筋构造

## 6. 筏形基础平法施工图（梁板式）

梁板式筏形基础类型及代号为基础主梁 JZL、基础次梁 JCL、梁板筏基础平板 LPB。基础主梁 JZL、基础次梁 JCL 注写包括集中标注、原位标注。梁端（支座）区域原位标注钢筋为含集中注写贯通钢筋在内的全部纵筋。见图 4-54。

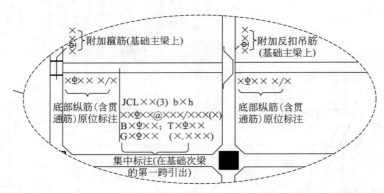

图 4-54　基础梁平法施工图

标注"JZL2（4B）250×500　11Φ10@100/200（4）　B4Φ18；T4Φ20　G4Φ10　（+0.050）"表示：2 号基础主梁，4 跨，两端有外伸，梁宽×梁高=250×500，梁两端各有 11 个 4 肢箍筋、间距 100，跨中部分间距 200 的 4 肢箍，底部贯通纵筋 4Φ18，顶部贯通纵筋 4Φ18，梁侧面纵向构造钢筋两面各 2Φ10，梁底面标高比基础平板底面标高高 0.050。

基础梁纵筋端部锚固、底部非贯通纵筋的长度、纵筋接长位置、第一根箍筋位置、主次梁交接点附加箍筋或吊筋、纵横梁交接区箍筋，本书略。

梁板筏基础平板 LPB 平法施工图见图 4-55。

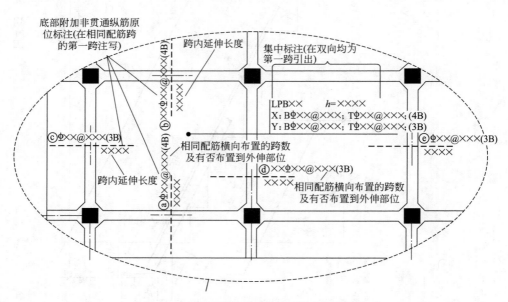

图 4-55　梁板筏基础平板 LPB 平法施工图

标注"LPB2　h=600　X：B10@100（3A）；T10@100（5B）　Y：B10@200（3B）；T10@200（5B）"表示：2 号梁板式基础的基础平板，平板厚度 600mm，X 向（注：X 向即

从左到右）底部贯通纵筋 10@100（3 跨、一端有外伸），X 向顶部贯通纵筋 10@100（5 跨、两端有外伸），Y 向（注：Y 向即从下到上）底部贯通纵筋 10@200（3 跨、两端有外伸），Y 向顶部贯通纵筋 10@200（5 跨、两端有外伸）。

板底部非贯通筋原位标注中，延伸长度计自梁中心线；对称时仅注一侧长度。原位标注的板底部非贯通筋，与集中标注的钢筋组合配置，即加和。

基础平板纵筋接长位置、周边侧面纵向构造钢筋、基础平板边缘封边方式与配筋、大厚度基础平板中部水平构造钢筋网、拉筋、阳角放射筋等，本书略。

7. 板筋配料单关键数据计算算例

**例题 4-6**　计算板筋（16G101-1 之 P41LB2 的①，图 4-56）。配料单关键数据：1）简图尺寸（板筋按一跨一锚固）；2）下料长度；3）下料根数和实布间距。

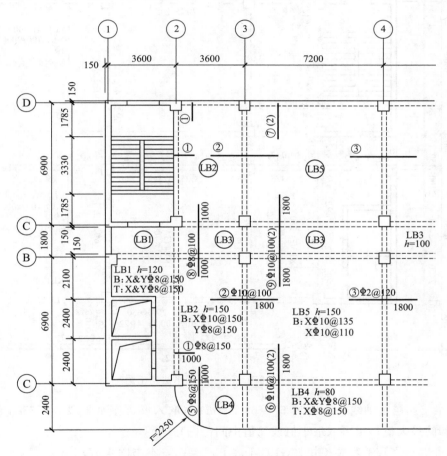

图 4-56　15.870～26.670 板平法施工图

（未注明分布筋为ϕ8@250）

**解：**

1）简图尺寸（板筋按一跨一锚固）

由 16G101-1 之 P99 之 a（本书图 4-51），认为设计按铰接（由设计院），①入梁支座水平段≥$0.35l_{ab}=0.35×40d=0.35×40×8=180$（mm）。

其中，$l_{ab}$——由 16G101-1 之 P57，对 HRB400、C25（由设计院）、非抗震知 $l_{ab}=40d$。

① 入梁支座在梁角筋内侧弯钩的水平段长＝250－（22＋10＋25）＝193＞0.35$l_{ab}$（由16G101-1 之 P99 之 a，本书图 4-51）。

式中　250——梁宽（由 16G101-1 之 P37 梁图 KL3、KL4，本书图 4-57）；

22——梁角筋直径；

10——梁箍筋直径（由 16G101-1 之 P37 梁图，本书图 4-57）；

25——保护层（由设计院）。

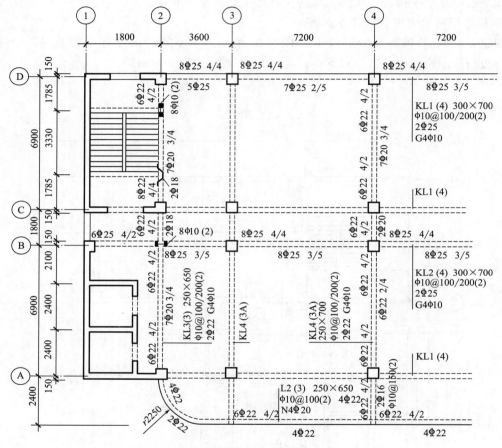

图 4-57　15.870～26.670 梁平法施工图

② 入梁支座越过轴线长＝125－57＝68（mm）（取入梁支座水平段≥0.35$l_{ab}$、在梁角筋内侧弯钩的最大值；也可取最小值或二值中间范围）。

其中，125——1/2 梁宽（由 16G101-1 之 P37 梁图，本书图 4-57）。

57＝22＋10＋25；

22、10、25——同上。

简图水平段长 1000＋68＝1068（mm）。

简图支座内下弯 15$d$＝15×8＝120（mm）。

简图跨内下弯 150－15＝135（mm）。

其中，150——板厚；

15——板筋保护层厚度。

2）X 向①号钢筋下料长度

$1000+68+120+135-2d\times2=1000+68+120+135-2\times8\times2=1291$（mm）。

式中　1000——由轴线计的①外伸长度；

68、120、135——同上。

3）X 向①号钢筋下料根数和实布间距

$(6900-150-150-150)/150+1=44$ 根，取 44 根；实布间距同设计。

式中　　　　6900——板在 Y 向轴线间距；

150（第 1 个、第 2 个）——梁边距轴的距离（由 16G101-1 之 P37 梁图 KL1、KL2，本书图 4-57）；

150（第 3 个）——第一根板筋距梁边的距离×2；

150（第 4 个，分母）——板筋设计间距。

### 六、钢筋工程常用质量标准和安全注意事项

#### （一）钢筋工程常用质量标准

**1. 钢筋原材料验收**

钢筋运至施工现场，应附有出厂合格证明书及试验报告单。在现场应按规格、品种分别堆放，并按规定进行钢筋的机械性能复检和外观检验。

（1）钢筋检验抽样　钢筋力学性能试验的抽样方法如下。

1）热轧钢筋　以同规格、同炉罐（批）号的不超过 60t 钢筋为每批选两根试样钢筋，一根做拉伸试验，一根做冷弯试验。

2）冷拔钢筋　以不超过 20t 的同级别、同直径的冷拉钢筋为一批，从每批冷拉钢筋中抽取两根钢筋，每根取两个试样分别进行拉伸和冷弯试验。

3）冷拔钢丝　分甲级钢丝和乙级钢丝两种。甲级钢丝逐盘检验，从每盘钢丝上任一端截去不少于 500mm 后再取两个试样，分别做拉伸和 180°反复弯曲试验。乙级钢丝可分批抽样检验，以同一直径的钢丝 5t 为一批，从中任取 3 盘，每盘各截取两个试样，分别做拉伸和反复弯曲试验。

4）热处理钢筋　以同规格、同热处理方法和同炉罐（批）号的不超过 60t 钢筋为一批，从每批中抽取 10% 盘的钢筋（不少于 25 盘）各截取一个试样做拉伸试验。

5）碳素钢丝　以同钢号、同规格、同交货条件的钢丝为一批，每批抽取 10% 盘（不少于 15 盘）的钢丝，从每盘钢丝的两端各截取一个试样，分别做拉伸试验和反复弯曲试验。屈服强度检验按 2% 盘选用，但不得少于 3 盘。

6）刻痕钢丝　同碳素钢丝。

7）钢绞线　以同钢号、同规格的不超过 10t 的钢绞线为一批，各截取一个试样做拉伸试验。从每批中选取 15% 盘的钢绞线（不少于 10 盘），各截取一个试样做拉伸试验。

以上各类钢筋的力学性能试验中，如有某一项试验结果不符合标准，则从同一批中再取双倍数量的试样，重做试验。如仍不合格，则该批钢筋为不合格品。

（2）钢筋力学性能检验　混凝土结构工程用的钢筋，对其力学性能的试验主要是拉伸试验，包括：屈服点、抗拉强度、伸长率三项指标，同时还要做冷弯试验。试验结果应符合现行国家标准《钢筋混凝土用热轧带肋钢筋》GB 1499—1998 的规定。有下列使用情况时，还应增加相应的检验项目如下。

1）有附加保证条件的混凝土结构中的配筋，如有化学成分严格要求的配筋。

2）对高质量的热轧带肋钢筋，应有反向弯曲检查项目和屈服强度数据；用于抗震要求较高的主筋，应有屈服的数据。

3）预应力混凝土所用的钢丝，应有反复曲弯次数和松弛技术指标；钢绞线应有屈服负荷和整根破坏荷载的技术指标。

另外，还应逐捆（盘）对钢筋的外观进行检查。表面不得有裂纹、结疤和折叠，并不得有超出螺纹高度的凸块。钢筋的外形尺寸应符合有关规定。

2. 钢筋焊接的质量验收

详见本节三（二）内容。

3. 钢筋安装检查和要求

钢筋安装完毕后，应根据施工规范进行认真地检查，主要检查以下内容。

（1）根据设计图纸，检查钢筋的钢号、直径、根数、间距是否正确，特别要检查负筋的位置是否正确。

（2）检查钢筋接头的位置、搭接长度、同一截面接头百分率及混凝土保护层是否符合要求。水泥垫块是否分布均匀、绑扎牢固。

（3）钢筋的焊接和绑扎是否牢固，钢筋有无松动、位移和变形现象。

（4）钢筋表面是否有不均匀的油渍、漆污和颗粒（片）状铁锈等，钢筋骨架里边有无妨碍混凝土浇筑的杂物。

（5）钢筋安装位置的允许偏差是否在规范规定（表4-10）范围内。

（二）钢筋工程安全注意事项

（1）展开盘圆钢筋要一头卡牢，防止回弹；

（2）拉直钢筋时的卡头要卡牢、地锚要稳固，拉筋沿线的2m宽区域内禁止人员通过；

（3）钢筋堆放应分散、规整摆放，避免乱堆和叠压；

（4）绑扎墙、柱钢筋时应搭设适合的作业架，不得站在钢筋骨架上或攀钢筋骨架上下；

（5）高大钢筋骨架应设临时支撑固定，以防倾倒；

（6）使用切断机断料时不能超过机械的负载能力，在活动刀片前进时禁止送料，手与刀口的距离不得少于15cm；

（7）使用除锈机除锈时应戴口罩和手套，带钩的钢筋禁止上机除锈；

（8）上机弯曲长钢筋时，应有专人扶住并站于弯曲方向的外面，调头弯曲时，防止碰撞人、物；

（9）调直钢筋时，在机器运转中不得调整滚筒、严禁戴手套操作，调直到末端时，人员必须躲开，以防钢筋甩动伤人；

（10）焊接设备应有完整的保护外壳，一、二次接线柱外应有防护罩；

（11）在现场使用的电焊机应设有可防雨、防潮、防晒的机棚，并备有消防用品；

（12）施焊现场的10m范围内，不得堆放氧气瓶、乙炔瓶、木材等易燃物；

（13）作业后应清理场地、灭绝火种、切断电源和锁好闸箱。

# 第三节　混凝土工程

混凝土工程包括配料、拌制、运输、浇筑、养护等施工过程。近年来，由于科技的发展，混凝土工程施工技术有了很大进步，混凝土的拌制已机械化，大型混凝土搅拌站已实现了自动化，混凝土的运输和捣实也实现了机械化，很多城市实现了混凝土集中搅拌、运输，使混凝土供应商品化。外加剂和强化搅拌工艺的研究与应用，特殊条件下的施工（如寒冷、炎热、真空、水下、耐腐蚀及喷射等条件下混凝土的施工），特种混凝土（如轻骨料、膨胀、高强度、防射线、纤维、沥青及彩色等混凝土）的推广应用，使混凝土工程得到更进一步的发展。

## 一、混凝土制备

### （一）混凝土的配制

**1. 混凝土施工配合比**

由于试验室在试配混凝土时的砂、石是干燥的，而施工现场的砂、石均有一定的含水率，其含水量的大小随气候、季节而异。为保证现场混凝土准确的含水量，应按现场砂、石的实际含水率加以调整。

设混凝土试验室配合比为水泥∶砂∶石子＝$1∶x∶y$，水灰比为$w/c$，单方混凝土用灰量为$c$。现场测得的砂、石含水率分别为$w_1$、$w_2$，则施工配合比应为水泥∶湿砂∶湿石子＝$1∶x(1+w_1)∶y(1+w_2)$。若搅拌机容量为$z\,m^3$，则每次搅拌投入水泥∶$zC$，湿砂∶$zCx(1+w_1)$，湿石子∶$zCy(1+w_2)$，水∶$zC×W/C-zCxw_1-zCyw_2$。

**2. 配料精度**

混凝土的强度值对水灰比的变化十分敏感，根据试验资料表明：如配料时偏差值水泥量为$-2\%$，水为$+2\%$，混凝土的强度要降低$8.9\%$。因此，C60以下混凝土在现场的配料精度应控制在下列数值范围内：

水泥、外掺混合材料　±2%；

粗细骨料　±3%；

水、外加剂溶液　±2%。

配料一般用磅秤等，应定期对其维修校验，保持准确。骨料含水量应经常测定，调整用水量，雨天施工应增加测定含水量次数，以便及时调整。

### （二）混凝土搅拌机选择

**1. 自落式搅拌机**

自落式搅拌机的工作原理，是利用旋转着的搅拌筒上的叶片，使物料在重力作用下，相互穿插、翻拌、混合，以达到均匀拌和的目的。此类搅拌机多用于塑性混凝土和低流动性混凝土搅拌。筒体和叶片磨损较小，易于清理；但动力消耗大、效率低，搅拌时间一般为90～120s/盘。目前正日益被强制式搅拌机所代替。图4-58为自落式锥形反转出料搅拌机。

**2. 强制式搅拌机**

强制式搅拌机工作原理是依靠旋转的叶片对物料产生剪切、挤压、翻转和抛出等的组合作用进行拌和。这种搅拌机的搅拌作用强烈、搅拌均匀、生产率高、操作简便、安全等，适用于干硬性混凝土和轻骨料混凝土的拌制。也可以拌制低流动性混凝土，但搅拌部件磨损严重，功率消耗大，多用于搅拌站或预制厂。图4-59为涡桨式强制搅拌机。

选择混凝土搅拌机时，要根据工程量大小、混凝土浇筑强度、坍落度、骨料粒径等条件而定。选择搅拌机容量时不宜超载，如超过额定容积的10%时，就会影响混凝土的均匀性；反之，则影响生产效率。

**3. 搅拌机使用注意事项**

（1）安装　搅拌机应设置在平坦位置，用方木垫起前后轮轴，使轮胎搁高架空，以免搅

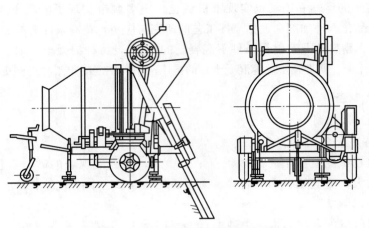

图 4-58　自落式锥形反转出料搅拌机

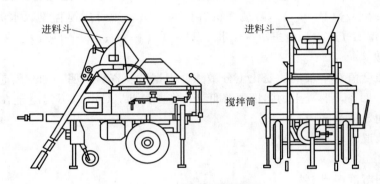

图 4-59　涡桨式强制搅拌机

拌机开动时发生走动。固定式搅拌机要装在固定的机座或底架上。

（2）检查　电源接通后，必须仔细检查并经 2～3min 空车试转，合格后方可使用。试运转时，应校验拌筒转速是否合适。一般情况下，空车速度比重车稍快 2～3 转，如相差较多时，应调整动轮与传动轮的比例。拌筒的旋转方向应符合箭头指示方向，如不符合应更正电机接线。

检查传动离合器和制动器是否灵活可靠、钢丝绳有无损坏、轨道滑轮是否良好、周围有无障碍以及各部位的润滑情况等。

（3）保护　电动机应装设外壳或采用其他保护措施，防止水分和潮气浸入而损坏，电动机必须安装启动开关，速度由缓变快。

开机后经常注意搅拌机各部件的运转是否正常，停机时经常检查搅拌机叶片是否打弯、螺丝有否打落或松动。

当混凝土搅拌完毕或预计停歇 1h 以上时，除将余料出净外，应用石子和清水倒入拌筒内，开机转动 3～5min，把粘在料筒上的砂浆清洗干净后全部卸出，料筒内不得有积水，以免料筒和叶片生锈。同时还应清理搅拌筒外积灰，使机械保持完好。

（三）搅拌制度

1. 搅拌时间

搅拌时间过短，混凝土不均匀，强度及和易性均降低；如适当延长搅拌时间，混凝土强度会有增长。例如自落式搅拌机如延长搅拌时间 2～3min，混凝土强度有较显著的增长，但再增加时间强度则增加较少，而塑性有所改善；如搅拌时间过长，会使不坚硬的骨料发生破碎或掉角，反而降低了强度。因此，搅拌时间不宜超过规定时间的 3 倍。表 4-13 为普通混凝土的最短搅拌时间。

表 4-13　普通混凝土的最短搅拌时间　　　　　单位：s

| 混凝土的坍落度/cm | 搅拌机类型 | 搅拌机容积/L | | |
| --- | --- | --- | --- | --- |
| | | 小于 250 | 250～500 | 大于 500 |
| 小于及等于 3 | 自落式 | 90 | 120 | 150 |
| | 强制式 | 60 | 90 | 120 |
| 小于 3 | 自落式 | 90 | 90 | 120 |
| | 强制式 | 60 | 60 | 90 |

搅拌时间是指从原材料全部投入搅拌筒开始搅拌时起，至开始卸料为止所经历的时间。轻骨料及掺有外加剂的混凝土均应适当延长搅拌时间。

2. 加料顺序

常用投料方法有一次投料法和二次投料法两种。

一次投料法应用最普遍。对自落式搅拌机采用一次投料法应先在筒内加部分水，然后在搅拌机料斗中依次装石子、水泥、砂，一次投料，同时陆续加水。这种投料方法可使砂子压住水泥，使水泥粉尘不致飞扬，并且水泥和砂先进入搅拌筒形成水泥砂浆，缩短包裹石子的时间。对于强制式搅拌机，因出料口在下面，不能先加水，应在投入干料的同时，缓慢均匀分散地加水。

二次投料法有水泥裹砂法（SEC 法）、预拌水泥砂浆法和预拌水泥浆法。

水泥裹砂法是先加一定量的水，将砂表面的含水量调节到某一定值，再将石子加入与湿砂一起搅拌均匀，然后投入全部水泥，与湿润后的砂、石拌和，使水泥在砂、石表面形成一低水灰比的水泥浆壳，最后将剩余的水和外加剂加入，搅拌成混凝土。这种工艺与一次投料法相比可提高强度 20%～30%，而且混凝土不易产生离析现象、泌水性也大为降低，施工性也好。

预拌水泥砂浆法是将水泥、砂和水加入强制式搅拌机中搅拌均匀，再加石子搅拌成混凝土。此法与一次投料法相比可减水 4%～5%，提高混凝土强度 3%～8%。预拌水泥浆法是先将水泥加水充分搅拌成均匀的水泥净浆，再加入砂、石搅拌成混凝土，可改善混凝土内部结构、减少离析、节约水泥 20%或提高混凝土强度 15%。

（四）混凝土搅拌站

根据竖向工艺布置不同，混凝土搅拌站分单阶式和双阶式两种。单阶式混凝土搅拌站是将原材料一次提升到贮料斗内，然后靠自重下落进入称量和搅拌工序，其特点是原材料从一道工序到下一道工序的时间短、效率高、自动化程度高、搅拌站占地面积小，适用于固定式大型混凝土搅拌站（厂）。双阶式混凝土搅拌站则是原材料提升进入贮料斗，由自重下落称量配料后，需经第二次提升进入搅拌机，其特点是搅拌站建筑物高度小、运输设备简单、投资少、建设快，但效率较单阶式低，适合施工现场搅拌站用。

## 二、混凝土运输

混凝土运输设备应根据结构特点（例如框架结构、设备基础等）、混凝土工程量大小、每天或每小时混凝土浇筑量、水平及垂直运输距离、道路条件、气候条件等各种因素综合考虑后确定。

混凝土在运输过程中的一般要求如下。

(1) 应保持混凝土的均匀性，不产生严重离析现象，否则浇筑后容易形成蜂窝或麻面；

(2) 运输时间应保证混凝土在初凝前浇入模板内并捣实完毕。

为保证上述要求，在运输过程中应注意如下事项。

(1) 道路尽可能平坦且运距尽可能短。为此，搅拌站位置应布置适中。

(2) 尽量减少混凝土转运次数，或不转运。

(3) 混凝土从搅拌机卸出后到浇筑进模板后时间间隔不得超过表 4-14 中所列的数值。若使用块硬水泥或掺有促凝剂的混凝土，其运输时间应由试验确定；轻骨料混凝土的运输、浇筑延续时间应适当缩短。

**表 4-14　混凝土从搅拌机中卸出后到浇筑完毕的延续时间**　　　　单位：min

| 混凝土强度等级 | 气温低于 25℃ | 气温高于 25℃ |
| --- | --- | --- |
| C30 及 C30 以下 | 120 | 90 |
| 高于 C30 | 90 | 60 |

(4) 运输混凝土的工具（容器）应不吸水、不漏浆。天气炎热时，容器应遮盖，以防阳光直射而水分蒸发。容器在使用前应先用水湿润。

混凝土运输分水平运输和垂直运输。

**（一）水平运输**

常用的水平运输设备有：手推车、机动翻斗车、混凝土搅拌运输车、自卸汽车等。

**1. 手推车及机动翻斗车运输**

双轮手推车容积约 $0.07 \sim 0.1 \mathrm{m}^3$，载重约 200kg，主要用于工地内的水平运输。当用于楼面水平运输时，由于楼面上已扎好钢筋、支好模板，需要铺设手推车用的行车道（称马道）。机动翻斗车容量约 $0.45 \mathrm{m}^3$，载重约 1t，用于地面运距较远或工程量较大时的混凝土运输。

**2. 混凝土搅拌运输车运输**

目前各地正在推广使用集中预拌，以商品混凝土形式供应各工地的方式。商品混凝土就是一个城市或一个区域建立一个或几个集中商品混凝土搅拌站（厂），工地每天所需的混凝土均向这些混凝土搅拌站（厂）订货购买，该站（厂）负责供应有关工地所需的各种规格的混凝土，并准时送到现场，这种混凝土拌和物集中搅拌、集中运输供应的办法，可以免去各工地分散设立小型混凝土搅拌站，减少材料浪费，少占土地，减少对环境的污染，提高了混凝土质量。

由于工地采用商品混凝土，混凝土运距就较远，因此一般多用混凝土搅拌运输车。这种运输车是在汽车底盘上安装倾斜的搅拌筒，它兼有运输和搅拌混凝土的双重功能，可以在运送混凝土的同时对其进行搅拌或扰动，从而保证所运送的混凝土质量。

**（二）垂直运输**

常用的垂直运输设备有塔式起重机、井架、龙门架等。

**1. 塔式起重机运输**

塔式起重机既能完成混凝土的垂直运输，又能完成一定的水平运输。在其工作幅度范围内能直接将混凝土从装料点吊升到浇筑地点送入模板内，中间不需要转运，因此是一种较有效的混凝土运输方式。

用塔式起重机运输混凝土时，应配备混凝土料斗配合使用。在装料时料斗放置地面，搅拌机（或机动翻斗车）将混凝土卸于料斗内，再由塔式起重机吊送至混凝土浇筑地点。料斗容量大小，应据所用塔式起重机的起吊能力、工作幅度、混凝土运输车的运输能力及浇筑速度等因素确定。常用的料斗容量为 $0.4m^3$、$0.8m^3$ 和 $1.2m^3$。

2. 井架、龙门架运输

井架、龙门架具有构造简单、成本低、装拆方便、提升与下降速度快等优点，因此运输效率较高，常用于多层建筑施工。

用井架、龙门架垂直运输混凝土时，应配以双轮手推车作水平运输。井架、龙门架将装有混凝土的手推车提升到楼面上后，手推车沿临时铺设的马道将混凝土送至浇筑地点，马道需布置成环行道，一面浇筑混凝土，一面向后拆迁，直至整个楼面混凝土浇筑完毕。

（三）混凝土泵运输

采用混凝土泵输送混凝土，称为泵送混凝土。适用于大型设备基础、坝体、现浇高层建筑、水下与隧道等工程的混凝土水平或垂直输送。泵送混凝土具有输送能力大、速度快、效率高、节省人力、连续输送等特点。泵送混凝土设备由混凝土泵、输送管和布料装置等组成。

1. 混凝土泵

混凝土泵有气压泵、柱塞泵（图 4-60）及挤压泵等几种类型。不同型号的混凝土泵每小时可输送混凝土为 $8\sim60m^3$（最大可达 $160m^3/h$），水平距离为 $200\sim400m$（最大可达 $700m$），垂直距离 $30\sim65m$（最大可达 $200m$）。表 4-15 为国产液压混凝土柱塞泵工作性能表。如建筑过高，可以在适当高度楼层处设立中继泵站，将混凝土继续向上运送。

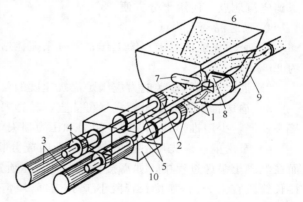

图 4-60　柱塞泵工作原理示意图
1—混凝土缸；2—混凝土活塞；3—油缸；4—油缸活塞；5—活塞杆；6—料斗；7—吸入阀；8—排出阀；9—Y 形管；10—水箱

**表 4-15　国产液压混凝土柱塞泵工作性能**

| 项目 | | 单位 | HB-8 | HB-15 | HB-30 | HB-60 |
|---|---|---|---|---|---|---|
| 泵送能力 | | $m^3/h$ | 8 | 15 | 30 | 60 |
| 最大输送距离 | 水平 | m | 200 | 250 | 350 | 400 |
| | 垂直 | m | 30 | 35 | 60 | 65 |
| 可泵送混凝土规格 | 坍落度 | mm | $60\sim150$ | $60\sim150$ | $50\sim230$ | $50\sim230$ |
| | 骨料最大粒径 | mm | 40 | 40 | 40 | 40 |

2. 输送管

常用钢管，有直管、弯管、锥形管三种。管径有 100mm，125mm，150mm，175mm，

200mm 等数种。长度有 4m，3m，2m，1m 等数种。一般标准长度为 4m，其余长度则为调整布管长度用。弯管的角度有 15°、30°、45°、60°、90°五种。当两种不同管径的输送管连接时，用锥形管过渡，其长度一般为 1m。在管道的出口处大都接有软管（用橡胶管或塑料管等），以便在不移动钢管的情况下，扩大布料范围。为便于管道装拆，输送管的连接均用快速接头。

混凝土拌和物在输送管中流动时，弯管、锥形管和软管的阻力比直管大，同时，垂直直管比水平管的阻力也大。因此在验算混凝土泵输送混凝土距离的能力时，都应将弯管、锥形管、软管和垂直直管换算成统一的水平管长，再用直管压力损失公式验算。例如直径为 100mm 的垂直管每米折算为水平长度为 4m；曲率半径为 1m 的 90°弯管折算为 9m；锥形管（100～125mm）每个折算为 20m；软管（5m）每段折算为 30m 等。

3. 布料装置

由于混凝土泵是连续供料，输送量大。因此，在浇筑地点应设置布料装置，将混凝土直接浇入模板内或铺摊均匀。一般的布料装置具有输送混凝土和摊铺混凝土的双重作用，称布料杆。布料杆分汽车式 [图 4-61(a)]、移置式 [图 4-61(b)、(c)]、固定式三种。固定式有分附着式和内爬式 [图 4-61(d)] 两种。

在混凝土泵车上装有可伸缩式或折叠式的布料杆，其末端有一软管，可将混凝土直接输送到浇筑地点，使用十分方便。

4. 泵送混凝土要点

1）必须保证混凝土连续工作，混凝土搅拌站供应能力至少比混凝土泵的工作能力高出约 20%。

2）混凝土泵的输送能力应满足浇筑速度的要求。

3）输送管布置应尽量短，尽可能直，转弯要少、缓（即选用曲率半径大的弯管）。管段接头要严，少用锥形管，以减少阻力和压力损失。

4）泵送前，应先用适量的与混凝土内成分相同的水泥浆或水泥砂浆润滑输送管内壁。而在混凝土泵送过程中，如需接长输送管，亦须先用水泥浆或水泥砂浆湿润接长管段，每次接长管段宜为 3m，如接长管段小于 3m 且管段情况良好，亦可不必事先湿润。

5）开始泵送时，操作人员应使混凝土泵低速运转，并应注意观察泵的压力和各部分工作情况，待工作正常顺利泵送后，再提高运转速度、加大行程，转入正常的泵送。正常泵送时，活塞应尽量采用大行程运转。

6）泵送开始后，如因特殊原因中途需停止泵送时，停顿时间不宜超过 15～20min，且每隔 4～5min 要使泵交替进行 4～5 个逆转和顺转动作，以保持混凝土运动状态，防止混凝土在管内产生离析。若停顿时间过长，必须排空管道内的混凝土。

7）在泵送过程中，混凝土泵受料斗内的混凝土应保持充满状态，以免吸入空气，形成堵管。

8）在泵送过程中，应注意坍落度损失。坍落度损失过多，会影响泵送施工，它与运输时间、水泥品种、气温高低、泵送高度、泵送延续时间等因素有关。

9）在泵送过程中，受料斗内应具有足够的混凝土，以防止吸入空气而产生阻塞。如吸入空气，应立即反泵将混凝土吸回料斗内，除去空气后再转为正常泵送。

10）在泵送混凝土时，水箱应充满洗涤水，并应经常更换和补充。泵送将结束时，由于混凝土经水或压缩空气推出后尚能使用，因此要估算残留在输送管线中的混凝土量。

11）混凝土泵或泵车使用完毕应及时清洗。清洗用水不得排入浇筑的混凝土内。清洗之

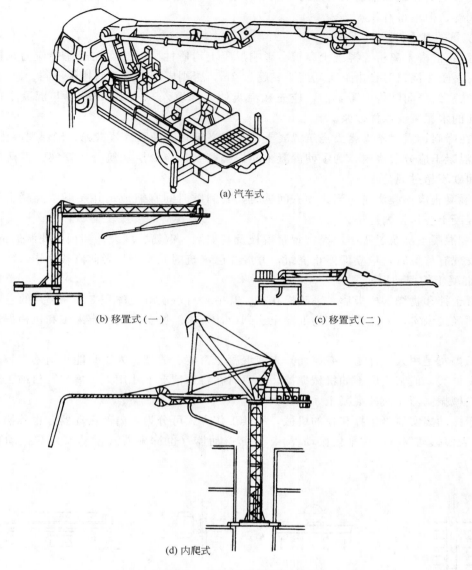

(a) 汽车式

(b) 移置式（一）　　　　(c) 移置式（二）

(d) 内爬式

图 4-61　混凝土布料杆示意图

前一定要反泵吸料，降低管线内的剩余压力。

12）用泵送混凝土浇筑的结构，要加强养护，防止因水泥用量较大而引起裂缝。

### 三、混凝土浇筑

混凝土的浇筑工作包括布料摊平、捣实和抹面修整等工序。混凝土浇筑前应检查模板的尺寸、轴线准确及其支架强度及稳定性是否合格，检查钢筋位置、数量等，并将检查结果做施工记录。在混凝土浇筑过程中，还应随时填写"混凝土工程施工日志"。

1. 浇筑前的准备工作

在地基或基土上浇筑混凝土时应清除淤泥和杂物，并应有排水或防水措施。对干燥的非黏性土，应用水湿润；对未风化的岩石，应用水清洗，但其表面不得留有积水。

对模板上的杂物和钢筋上的油污等应清理干净；对模板的缝隙和孔洞应予堵严；对模板应浇水润湿，但不得有积水。

2. 浇筑的基本要求

1）防止混凝土离析 混凝土离析会影响混凝土均质性。因此除在运输中应防止剧烈颠簸外，混凝土在浇筑时自由下落高度不宜超过 2m，否则应用串筒、斜槽等下料。

2）在浇筑竖向结构混凝土前，应先在浇筑处底部填入 50～100mm 厚与混凝土内砂浆成分相同的水泥浆或水泥砂浆。

3）在降雨、雪时不宜露天浇筑混凝土。当需浇筑时应采取有效措施，确保混凝土质量。

4）混凝土应分层浇筑。为了使混凝土能振捣密实，应分层浇筑分层捣实。但两层砼浇筑时间间歇不超过规范规定。

5）混凝土应连续浇筑，当必须有间歇时，其间歇时间宜缩短，并在下层混凝土初凝前将土层混凝土浇筑振捣完毕。

6）在混凝土浇筑过程中应经常观察模板及其支架、钢筋、埋设件和预留孔洞的情况。当发现有移位时，应立即停止浇筑，并应在已浇筑的混凝土初凝前修整完毕。

3. 混凝土的振动捣实

混凝土拌和物浇入模板后，呈疏松状态，其中含有占混凝土体积 5%～20% 的空隙和气泡。必须经过振实，才能使挠筑的混凝土达到设计要求。振实混凝土有人工和机械振捣两种方式。

人工捣实是用人工冲击（夯或插）来使混凝土密实、成型。人工只能将坍落度较大的塑性混凝土捣实，但密实度不如机械振捣，故只有在特殊情况下才用人工捣实，目前工地大部分采用机械振捣新浇筑的混凝土。

用于振动捣实混凝土拌和物的机械，按其工作方式可分为：内部振动器（也称插入式振动器）；表面振动器（也称平板振动器）、外部振动器（也称附着式振动器）和振动台四种（图 4-62）。

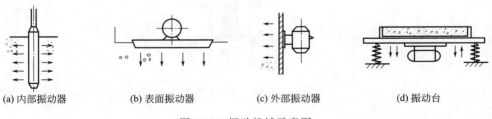

(a) 内部振动器　　(b) 表面振动器　　(c) 外部振动器　　(d) 振动台

图 4-62　振动机械示意图

（1）内部振动器 内部振动器的工作部分是一棒状空心圆柱体内部装有偏心振子，在电动机带动下高速旋转而产生高频谐振。

操作要点如下。

1）要"快插慢拔" "快插"是为了防止先将混凝土表面振实，与下面混凝土产生分层离析现象；"慢拔"是为了使混凝土填满振动棒抽出时形成的空洞。

2）振动器插点要均匀排列，可采取"行列式"或"交错式"，防止漏振。捣实普通混凝土每次移动位置的距离（即两插点间距）不宜大于振动器作用半径的 1.5 倍（振动器的作用半径一般为 300～400mm），最边沿的插点距离模板不应大于有效作用半径的 0.5 倍；振实轻骨料混凝土的移动间距，不宜大于其作用半径。

3) 每一插点的振捣延续时间，应使混凝土表面呈现浮浆和不再沉落。一般每点振捣时间为 20～30s，使用高频振动器时，亦应大于 10s。

4) 混凝土分层浇筑时，每层混凝土厚度应不超过振动棒长的 1.25 倍；在振捣上一层时应插入下层混凝土的深度不应小于 5cm，以消除两层间的接缝，同时要在下层混凝土初凝前进行。在振捣过程中，宜将振动棒上下略为抽动，使上下振捣均匀。

5) 振捣器应避免碰撞钢筋、模板、芯管、吊环、预埋件或空心胶囊等。

(2) 表面振动器（平板振动器）　平板振动器适用于表面积大且平整、厚度小的结构或预制构件。

操作要点如下。

1) 平板振动器在每一位置上应连续振动一定时间，一般为 25～40s，以混凝土表面均匀出现浮浆为准。

2) 振捣时的移动距离应保证振动器的平板能覆盖已振实部分的边缘，前后位置相互搭接 3～5cm，以防漏振。

3) 有效作用深度，在无筋及单筋平板中约 20cm；在双筋平板中约 12cm。

4) 大面积混凝土地面，可采用两台振动器，以同一方向安装在两条木杠上，通过木杠的振动使混凝土振实。

5) 振动倾斜混凝土表面时，应由低处逐渐向高处移动。

(3) 外部振动器（附着式振动器）　外部振动器直接安装在模板外侧，利用偏心块旋转时产生的振动力，通过模板传递给混凝土。适用于钢筋较密、厚度较小、不宜使用插入式振动器的结构构件。

操作要点如下。

1) 附着式振动器的振动作用深度约为 25cm，如构件尺寸较厚，需在构件两侧安设振动器同时振动。

2) 混凝土浇筑高度要高于振动器安装部位。当钢筋较密、构件断面较深较窄时，亦可采用边浇筑边振动的方法。

3) 设置间距应通过试验确定，并应与模板紧密连接。

(4) 振动台　振动台是混凝土构件成型工艺中生产效率较高的一种设备。适用于混凝土预制构件的振捣。

操作要点如下。

1) 当混凝土厚度小于 20cm 时，混凝土可一次装满振捣；如厚度大于 20cm 时，应分层浇筑，每层厚度不大于 20cm 应随浇随振。

2) 当采用振动台振实干硬性和轻骨料混凝土时，宜采用加压振动的方法，压力为 1～3kN/m²。

4. 施工缝的设置

施工缝的位置应在混凝土浇筑之前确定，并宜留在结构抗剪较小且便于施工的部位。施工缝的留置位置应符合下列规定。

(1) 柱宜留在基础的顶面、梁或吊车梁牛腿的下面、吊车梁的上面、无梁楼板柱帽的下面。

(2) 与板连成整体的大截面梁，留置在板底面以下 20～30cm 处。当板下有梁托时，留置在梁托下部。

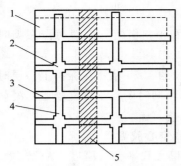

图 4-63  肋形楼板施工缝位置
1—楼板；2—柱；3—次梁；4—主梁；5—1/3 梁跨（施工缝位置）

（3）单向板留置在平行于板的短边的任何位置。

（4）有主次梁的楼板，宜顺着次梁方向浇筑，施工缝宜留置在次梁跨度中间 1/3 的范围内（图 4-63）。

（5）墙留置在门洞口过梁跨中 1/3 的范围内，也可留在纵横墙的交接处。

（6）楼梯。梁板式、板式楼梯砼施工缝应留置在楼梯跨度的 1/3 范围内。一般取 3 步台阶。

（7）双向受力板、大体积混凝土结构、拱、弯拱、薄壳、蓄水池、斗仓、多层钢架及其他结构复杂的工程，施工缝的位置应按设计要求留置。

（8）承受冲击荷载作用的设备基础、又抗渗要求的基础砼，不应留施工缝；当必须留置时，应征得设计单位的同意。

在施工缝处继续浇筑混凝土时，应符合下列规定。

（1）已浇筑的混凝土，其抗压强度不应小于 1.2N/mm² 时才可进行。混凝土达到 1.2N/mm² 强度所需的时间，根据水泥品种、外加剂种类、混凝土配合比及外界的温度而异，通过试块试验确定。

（2）在已凝结硬化的混凝土表面上，应清除水泥浆膜和松散石子以及软弱混凝土层并凿毛，然后加以充分湿润和冲洗干净，且不得积水。

（3）在浇筑混凝土前，宜先在施工缝处铺一层水泥浆或与混凝土成分相同的水泥砂浆。

（4）施工缝处的混凝土表面应加强振捣，使新旧混凝土紧密结合。

**5. 浇筑分层**

砼浇筑应分层，浇筑层厚度应符合表 4-16 中规定。

表 4-16　混凝土浇筑层的厚度　　　　　　单位：mm

| 捣实混凝土的方法 | | 浇筑层厚度 |
| --- | --- | --- |
| 插入式振捣 | | 振动器棒长 1.25 倍 |
| 表面振动器振捣 | | 200 |
| 人工捣实 | 基础，无筋混凝土或配筋稀疏的结构 | 250 |
| | 梁柱，墙板 | 200 |
| | 配筋密的结构 | 150 |
| 轻骨料混凝土 | 插入式振捣 | 300 |
| | 表面振动器振（振捣时要加荷） | 200 |

浇筑混凝土应连续进行。混凝土的运输、浇筑及间歇的全部时间不得超过表 4-17 中规定。

表 4-17　混凝土的凝结时间　　　　　　单位：min

| 混凝土强度 | 气温/℃ | |
| --- | --- | --- |
| | 低于 25 | 高于 25 |
| C30 及 C30 以下 | 210 | 180 |
| C30 以上 | 180 | 150 |

注：此时间包括混凝土拌和物的运输时间和浇筑时间。

6. 现浇多层钢筋混凝土框架结构浇筑

在每一施工层中，应先浇筑柱或墙。每排柱子由外向内对称地顺序进行，防止由一端向另一端推进，致使柱子模板逐渐受侧推而倾斜。

如果墙柱与梁板一起浇筑，待墙柱浇筑完毕后，应停息 1~1.5h，使混凝土获得初步沉实后，再浇筑梁板混凝土。梁和板应同时浇筑，只有当梁高 1m 以上时，为了施工方便才可单独先浇筑梁。

7. 大体积混凝土的浇筑

大体积混凝土，即指其结构尺寸很大，必须采取相应技术措施来处理温度差值、合理解决由于温度差而产生温度应力并控制温度裂缝开展的混凝土。这种混凝土具有结构厚、体积大、钢筋密、混凝土量大、工程条件复杂和施工技术要求高等特点。因此，除了必须满足强度、刚度、整体性和耐久性要求外，还存在如何控制温度变形裂缝开展的问题。因此，控制温度变形裂缝就不只是单纯的结构理论问题，还涉及结构计算、构造设计、材料组成和其物理力学性能以及施工工艺等多学科的综合性问题。

大体积混凝土的浇筑应合理地分段分层地进行，使混凝土沿高度均匀上升；浇筑宜在室外气温较低时进行，混凝土浇筑温度不宜超过 28℃。

大体积混凝土整体性要求高，通常不允许留施工缝。可选用图 4-64 中的几种浇筑方法。

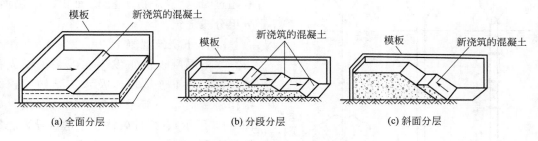

图 4-64　大体积混凝土浇筑方案

1）全面分层浇筑方案　如图 4-64（a）所示。它是将整个结构沿厚度方向分成几个浇筑层，每层皆从一边向另一边浇筑，当第一层全部浇筑完毕，在初凝前回来浇筑第二层，如此逐层进行，直至全部浇筑完毕。施工时从短边开始沿长边进行，亦可以从中间向两端或从两端向中间同时进行。不出现施工缝的条件是：

$$\frac{LWh}{Q} \leqslant t - t_{运}$$

式中　$L$，$W$——分别为构件长和构件宽；

　　　　$h$——分层厚；

　　　　$Q$——混凝土浇注强度，$m^3/h$；

　　　$t$，$t_{运}$——分别为初凝时间和运输用时。

2）分段分层浇筑方案　分段分层浇筑方案，如图 4-64（b）所示。他是将结构适当地分段，当底层混凝土浇筑一段长度后，回头浇筑第二层混凝土；同样，当第二层浇筑一段后，又回头浇筑第三层；如此依次浇筑以上各层。不出现施工缝的条件是：

$$\frac{l(H-h)W}{Q}\leqslant t-t_{运}$$

式中　$l$——分段长；

　　　$H$——构件厚；

其他符号同前。

3）斜面分层浇筑方案　如图 4-64(c) 所示。施工时将混凝土一次浇筑到顶，让混凝土自然地流淌，形成一定坡度的斜面。设斜面分层倾斜 45°，不出现施工缝的条件是：

$$\frac{\sqrt{2}\,HhW}{Q}\leqslant t-t_{运}$$

式中符号意义同前。

浇筑大体积混凝土时，由于水泥水化热大，形成较大的温度应力，以致混凝土产生温度裂缝。可采取下列措施：①选用水化热较低的水泥（如矿渣水泥、火山灰水泥、粉煤灰水泥等）来配制混凝土。②掺加缓凝剂或缓凝型减水剂。③选用级配良好的骨料，严格控制砂石含泥量；减少水泥用量，降低水灰比；注意振捣，以保证混凝土的密实性，减少混凝土的收缩和提高混凝土的抗拉强度。④降低混凝土的入模温度。⑤加强混凝土的保湿、保温养护，严格控制大体积混凝土内外温差。当设计无具体要求时，温差不宜超过 25℃。⑥扩大浇筑面积、散热面、分层分段浇筑。

**8. 水下浇筑混凝土**

水下混凝土浇筑发生在泥浆护壁成孔灌注桩、地下连续墙以及水工结构工程等结构施工时，一般采用导管法（多用，如图 4-65 所示）、挠性管法、泵送。导管法的钢管直径 200～300cm，壁厚 3～6mm，分段接长封闭。

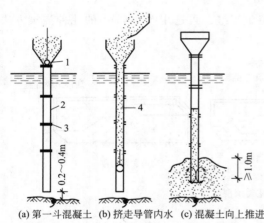

(a) 第一斗混凝土　(b) 挤走导管内水　(c) 混凝土向上推进

图 4-65　导管法水下浇筑混凝土

1—隔水塞；2—导管；3—接头；4—混凝土

水下混凝土浇筑的工艺流程如下。

（1）以提升机具将导管垂直插入水中，至导管底端距水底面 200～400mm，导管顶部露于地表以上。

（2）自导管顶部将预制的混凝土隔水拴以铁丝吊入导管内的水位以上。

（3）自导管顶部不断地灌注混凝土拌和物，逐渐放松悬吊隔水栓的铁丝，隔水拴在其上部混凝土拌和物重力作用下沿导管内向下移动，同时导管中的水自导管底部排出。

（4）当预计隔水栓以上导管中，以及导管顶部料斗中的混凝土拌和物数量，能足够达到导管埋入混凝土的最小深度的数量时，剪断悬吊隔水栓的铁丝，于是隔水栓连同其上部的混凝土拌和物沿导管内下落，同时导管中的水自导管迅速排出；隔水栓上部的混凝土拌和物冲出导管底部堆积，将导管底端埋入。

（5）继续不断地自导管顶部灌注混凝土拌和物，导管底端的混凝土拌和物被挤压出导管。随着继续灌注，缓慢地提升导管，但要始终保证导管底部埋入混凝土拌和物的高度不小于规定值；根据水下砼的深度，其最小值一般取 1m。

（6）混凝土浇筑至底部结构的设计标高以上 50～100mm 即完毕；上部结构施工时，先凿除表面软弱层。

生产实践中还有以木材、橡胶等做成球塞，其直径较导管内径小 15～20mm，并且可以重复使用。浇筑过程中只允许垂直提升导管，不能左右晃动导管。导管埋入混凝土拌和物的深度过小则混凝土浇筑质量不好，埋入深度过大则影响浇筑进度。应设专人测量导管埋深及导管内外混凝土的高差，认真填写水下浇筑施工记录。每根导管的作用半径不大于 3m，当结构面积过大时可以多根导管同时浇筑，从最深处开始，相邻导管的标高差不应超过导管间距的 1/20～1/15，并且浇筑的混凝土拌和物表面均匀上升。水下混凝土必须连续浇筑施工，浇筑持续时间宜按初盘混凝土的初凝时间控制。

### 四、混凝土养护

混凝土拌和物经浇筑振捣密实后，即进入静置养护期。其中水泥与水逐渐起水化作用而增长强度。在这期间应设法为水泥的顺利水化创造条件，称混凝土的养护。水泥的水化要一定的温度和湿度条件。温度的高低主要影响水泥水化的速度，而湿度条件则严重影响水泥水化能力。混凝土如在炎热气候下浇筑，又不及时洒水养护，会使混凝土中的水分蒸发过快，出现脱水现象。使已形成凝胶状态的水泥颗粒不能充分水化，不能转化为稳定的结晶而失去了粘结力，混凝土表面就会出现片状或粉状剥落，降低了混凝土的强度。另外，混凝土过早失水，还会因收缩变形而出现干缩裂缝，影响混凝土的整体性和耐久性。所以在一定温度条件下混凝土养护的关键是防止混凝土脱水。

混凝土养护分自然养护和蒸汽养护。蒸汽养护主要用于砼构件加工厂以及现浇构件冬季施工，以下主要介绍自然养护。

自然养护是指在日平均气温高于 5℃的自然条件下，对混凝土采取的覆盖、浇水、挡风、保温等的养护措施。

1. 覆盖浇水

对已浇筑完毕的混凝土应加以覆盖和浇水，其养护要点如下。

（1）应在混凝土浇筑后的 12h 内对混凝土加以覆盖和浇水。一般情况下，混凝土的裸露表面应覆盖吸水能力强的材料，如麻袋、草席、锯末、砂、炉渣等。

（2）混凝土浇水养护时间，对采用硅酸盐水泥、普通水泥或矿渣水泥拌制的混凝土，不得少于 7d；对掺有缓凝型外加剂或有抗渗要求的混凝土，不得少于 14d；对采用其他品种水泥时，混凝土的养护应根据所用水泥的技术性能确定。

（3）浇水次数应能保持混凝土处于润湿状态。

（4）混凝土养护用水应与拌制用水相同。

（5）当日平均气温低于 5℃时不得浇水。

2. 塑料薄膜养护

采用塑料薄膜养护，混凝土裸露的全部表面用塑料布覆盖严密，并应保持塑料布内有凝结水。

高耸结构如烟囱、立面较大的池罐等，若在混凝土表面不便浇水或覆盖时，宜涂刷或喷洒薄膜养生液等，形成不透水的塑料薄膜，使混凝土表面密封养护，能防止混凝土内部水分蒸发，保证水泥充分水化。

### 五、混凝土工程常用质量标准与安全注意事项

(一) 常用质量标准

1. 混凝土在施工前的检查

(1) 混凝土原材料的质量是否合格（包括水泥、砂、石、水和各种外加剂）；

(2) 配合比是否正确。首次使用的混凝土配合比应进行开盘鉴定，其工作性能应满足设计配合比的要求。混凝土拌制前，应测定砂、石含水率并根据测试结果调整材料用量，提出施工配合比。

2. 混凝土在拌制和浇筑过程中的质量检查

(1) 混凝土拌制计量准确，其原材料每盘称量的偏差应符合表 4-18 的规定。

表 4-18　原材料每盘称量的允许偏差

| 材料名称 | 允许偏差/% |
| --- | --- |
| 水泥、掺合料 | ±2 |
| 粗、细骨料 | ±3 |
| 水、外加剂 | ±2 |

(2) 混凝土运输、浇筑及间歇的全部时间不应超过混凝土的初凝时间。同一施工段的混凝土应连续浇筑，并应在底层混凝土初凝之前将上一层混凝土浇筑完毕。

(3) 后浇带的留置位置应按设计要求和施工技术方案确定。后浇带混凝土浇筑应按施工技术方案进行。

(4) 混凝土浇筑完毕后，应按施工技术方案及时采取有效的养护措施。

3. 养护后检查

主要检查结构构件混凝土强度和轴线、标高、几何尺寸等。如有特殊要求，还应检查混凝土的抗冻性、抗渗性等指标。

(1) 混凝土的强度等级必须符合设计要求。用于检查结构构件混凝土强度的试件，应在混凝土的浇筑地点随机抽取。取样与试件留置应符合下列规定。

1) 每拌制 100 盘且不超过 $100m^3$ 的同配合比混凝土，取样不得少于一次；

2) 每工作班拌制的同配合比混凝土不足 100 盘时，取样不得少于一次；

3) 每一楼层、同一配合比的混凝土，取样不得少于一次；

4) 当一次连续浇筑超过 $1000m^3$ 时，同一配合比的混凝土每 $200m^3$ 取样不得少于一次；

5) 每次取样应至少留置一组标准试件，同条件养护试件的留置组数，可根据实际需要确定。

(2) 对有抗渗要求的混凝土结构，抗渗性能符合要求。其混凝土试件应在浇筑地点随机取样。同一工程、同一配合比的混凝土，取样不应少于一次；留置组数可根据实际需要确定。

(3) 现浇结构的外观质量不应有严重缺陷，不宜有一般缺陷。

(4) 现浇结构不应有影响结构性能和使用功能的尺寸偏差。混凝土设备基础不应有影响结构性能和设备安装的尺寸偏差。

(5) 现浇结构的形状、截面尺寸、轴线位置及标高等应符合设计的要求，其偏差不得超

过《混凝土结构工程施工质量验收规范》（GB 50204—2002）规定的允许偏差值（表 4-19）。

表 4-19　现浇混凝土结构允许偏差和检验方法

| 项次 | 项目 | | 允许偏差/mm | 检验方法 |
|---|---|---|---|---|
| 1 | 轴线位置 | 基础 | 15 | 钢尺检查 |
| | | 独立基础 | 10 | |
| | | 墙、柱、梁 | 8 | |
| | | 剪力墙 | 5 | |
| 2 | 垂直度 | 层高 ≤5m | 8 | 经纬仪或吊线、钢尺检查 |
| | | 层高 >5m | 10 | |
| | | 全高（$H$） | $H/1000$ 且 ≤30 | 经纬仪、钢尺检查 |
| 3 | 标高 | 层高 | ±10 | 水准仪或拉线、钢尺检查 |
| | | 全高 | ±30 | |
| 4 | 截面尺寸 | | +8，−5 | 钢尺检查 |
| 5 | 表面平整（2m 长度以上） | | 8 | 2m 靠尺和塞尺检查 |
| 6 | 预埋设施中心线位置 | 预埋件 | 10 | 钢尺检查 |
| | | 预埋螺栓 | 5 | |
| | | 预埋管 | 5 | |
| 7 | 预留洞中心线位置 | | 15 | 钢尺检查 |
| 8 | 电梯井 | 井筒长宽对定位中心线 | +25，−0 | 钢尺检查 |
| | | 井筒全高（$H$）垂直度 | $H/1000$ 且 ≤30 | 经纬仪、钢尺检查 |

4. 当采用商品混凝土时，商品混凝土厂应提供下列资料

（1）水泥品种、标号及每立方米混凝土中水泥用量；

（2）骨料的种类和最大粒径；

（3）外加剂、掺合料的品种及掺量；

（4）混凝土强度等级和坍落度；

（5）混凝土配合比和标准试件强度；

（6）对轻骨料混凝土尚应提供其密度等级。

当采用商品混凝土时，应在商定交货地点进行坍落度检查。实测的混凝土坍落度与要求坍落度之间的允许偏差应符合表 4-20 中的要求。

表 4-20　混凝土坍落度与要求坍落度之间的允许偏差　　　　　单位：mm

| 要求坍落度 | 允许偏差 |
|---|---|
| <50 | ±10 |
| 50～90 | ±20 |
| >90 | ±30 |

5. 混凝土强度等级评定

（1）评定程序：取样→养护→加压→取代表值→代入判别式。

（2）检验批：混凝土强度应分批进行验收。同一检验批的混凝土应由强度等级相同、生

产工艺和配合比基本相同的混凝土组成。对现浇混凝土结构构件，尚应按单位工程的验收项目划分检验批：可按楼层、施工缝、变形缝划分。

（3）取样：每 100 盘或 100m³（连续浇筑超过 1000m³ 时，200m³）或配合比或工作班或楼层，至少一次（3 块）。

（4）养护、加压：标养 28d［20℃±2℃、相对湿度≥95％或 Ca(OH)$_2$ 饱和溶液——普通混凝土力学性能试验方法标准 GB/T 50081—2002，从搅拌加水开始计时，含在温度为 20℃±5℃ 的环境中静置 1～2 昼夜，然后编号、拆模］；侧面为上下承压面、每秒 0.4～0.8MPa（4～8kgf/cm²）的加荷速度。当试体接近破坏而迅速变形时，应停止调整试验机油门，直至试件破坏。

（5）取强度代表值：每组三个试件应在同盘混凝土中取样制作，并按下列规定确定该组试件的混凝土强度代表值。

① 取三个试件的强度平均值；

② 当三个试件强度中的最大值或最小值之一与中间值之差超过中间值的 15％ 时，取中间值；

③ 当三个试件强度中最大值和最小值与中间值之差均超过中间值的 15％ 时，该组试件不应作为强度评定的依据。

（6）代入判别式：分 3 种情况：连续生产条件一致且强度变异性稳定、其他情况［异于上述试验标准划分的合理理解为：不连续一致稳定或标准差计算试件组数（前一检验期 60～90d 试件组数≥45）不够，分为样本数≥10（统计方法）、样本数＜10（非统计法）］。

a. 连续生产条件一致且强度变异性稳定

$$m_{f_{cu}} \geq f_{cu,k} + 0.7\sigma_0 \tag{4-11}$$

$$f_{cu,min} \geq f_{cu,k} - 0.7\sigma_0 \tag{4-12}$$

$$\sigma_0 = \sqrt{\frac{\sum_{i=1}^{n} f_{cu,i}^2 - nm_{f_{cu}}^2}{n-1}} \tag{4-13}$$

当混凝土强度等级不高于 C20 时，强度最小值应符合下列要求

$$f_{cu,min} \geq 0.85 f_{cu,k} \tag{4-14}$$

当混凝土强度等级高于 C20 时，强度最小值应符合下列要求

$$f_{cu,min} \geq 0.90 f_{cu,k} \tag{4-15}$$

式中　$m_{f_{cu}}$——同一验收批混凝土立方体抗压强度平均值，N/mm²；

　　　$f_{cu,k}$——设计的混凝土立方体抗压强度标准值，N/mm²；

　　　$\sigma_0$——验收批混凝土立方体抗压强度标准值，N/mm²，$\sigma_0 < 2.0$N/mm² 时，$\sigma_0 = 2.5$N/mm²；

　　　$f_{cu,i}$——第 $i$ 组混凝土立方体强度代表值（N/mm²），每个检验期不少于 60d，不应超过 90d，且在该期间内验收批总批数不得少于 15 组；

　　　$n$——前一检验期内验收批总批数，不应少于 45；

　　$f_{cu,min}$——同一验收批混凝土立方体抗压强度最小值，N/mm²。

b. 不连续生产条件一致且强度变异性稳定或标准差计算试件组数（前一检验期 60～90d 试件组数≥45）不够，样本数≥10（统计方法）

$$m_{f_{cu}} \geq f_{cu,k} + \lambda_1 S_{f_{cu}} \tag{4-16}$$

$$f_{cu,min} \geqslant \lambda_2 f_{cu,k} \quad (4-17)$$

$$S_{f_{cu}} = \sqrt{\frac{\sum\limits_{i=1}^{n} f_{cu,i}^2 - nm_{f_{cu}}^2}{n-1}} \quad (4-18)$$

式中　$S_{f_{cu}}$——同一检验批混凝土立方体抗压强度标准差（N/mm²），当 $S_{f_{cu}}$ 的计算值小于 2.5N/mm² 时，则取 $S_{f_{cu}} = 2.5$N/mm²；

$\lambda_1$，$\lambda_2$——合格判定系数，按表 4-21 取用。

$n$——本检验期内的样本容量。

**表 4-21　混凝土强度合格判定系数（一）**

| 试件组数 | 10～14 | 15～19 | ＞20 |
|---|---|---|---|
| $\lambda_1$ | 1.15 | 1.05 | 0.95 |
| $\lambda_2$ | 0.9 | 0.85 | |

c. 不连续生产条件一致且强度变异性稳定或标准差计算试件组数（前一检验期 60～90d 试件组数≥45）不够，样本数＜10（非统计法）

$$m_{f_{cu}} \geqslant \lambda_3 f_{cu,k} \quad (4-19)$$

$$f_{cu,min} \geqslant \lambda_4 f_{cu,k} \quad (4-20)$$

式中　$\lambda_3$，$\lambda_4$——合格判定系数，按表 4-22 取用。

**表 4-22　混凝土强度合格判定系数（二）**

| 混凝土强度等级 | ＜ C60 | ≥ C60 |
|---|---|---|
| $\lambda_3$ | 1.15 | 1.10 |
| $\lambda_4$ | 0.95 | |

**（二）安全注意事项**

（1）用井架运输时，小车把不得伸出料笼（盘）外，车轮前后要挡牢；

（2）溜槽和串筒节间必须连接牢固，不准站在溜槽帮上焊接；

（3）混凝土料斗的斗门在装料吊运前一定要关好卡牢，以防止吊运过程被挤开抛卸；

（4）混凝土输送泵的管道应连接和支撑牢固，试送合格后才能正式输送，检修时必须卸压；

（5）浇筑梁、柱和框架混凝土时应设操作台，不得站在模板或支撑上操作；

（6）有倾倒掉落危险的浇筑作业应采取相应防护措施；

（7）使用振动器时应穿胶鞋、湿手不得接触开关，电源线不得有破皮漏电；

（8）振动中发现模板撑胀、变形时，应立即停止作业并进行处理。

# 第五章　预应力混凝土工程

20 世纪 30 年代以来，预应力混凝土技术开始在实际工程中应用。预应力混凝土早期主要应用于工业建筑、桥梁、轨枕、电杆和水池等结构和构件中。随着预应力混凝土设计理论和施工工艺与设备的不断完善和发展，高强材料性能的不断改进，预应力混凝土的应用逐步扩大到居住建筑、大跨度和大空间公共建筑、高层和高耸结构、地下结构、海洋结构、压力容器及跑道路面结构等各个领域，成为土木工程中的主要结构材料之一。

预应力混凝土有很多种不同的分类方法。按施加预应力的方法可分为：先张法预应力混凝土和后张法预应力混凝土。按预应力筋与混凝土的粘结状况不同可分为：有粘结预应力混凝土、无粘结预应力混凝土和缓粘结预应力混凝土。预应力混凝土施工按张拉手段的不同可分为：机械张拉和电热张拉。本章主要介绍先张法、后张法、有粘结预应力混凝土、后张法无粘结预应力混凝土、机械张拉等。

## 第一节　先　张　法

先张法一般用于构件厂生产定型的中小型构件。先张法施工工艺流程为：在构件浇筑之前，在台座或钢模上张拉预应力筋，然后浇筑构件混凝土；待混凝土达到一定的强度后放松预应力钢筋，依靠混凝土和预应力钢筋之间的粘结力，使混凝土构件获得预压应力。图 5-1 是先张法生产工艺示意图。

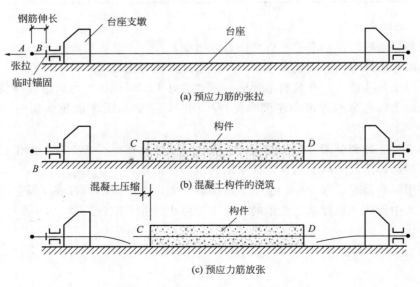

图 5-1　先张法生产工艺示意图

先张法构件的预应力筋，宜采用螺旋肋钢丝、刻痕钢丝、1×3 钢绞线和 1×7 钢绞线等高强预应力钢材。

**一、施工设备**

1. 台座

先张法的台座在施工过程中承受预应力筋的全部张拉力，必须具有足够的强度、刚度和稳定性。台座由台面、横梁和承力结构等组成，先张法的台座按构造形式不同主要有墩式台座和槽式台座等。

（1）墩式台座 以混凝土墩作为承力结构的台座称为墩式台座（图 5-2），一般用于生产中小型构件，如屋架、空心板、平板等。台座尺寸由场地大小、构件类型和产量等因素确定。墩式台座的长度宜为 100～150m，张拉一次预应力钢筋可以浇筑多个预应力构件，以减少张拉和临时固定工作。台座的宽度主要取决于构件的布筋宽度及张拉和浇筑混凝土是否方便，一般不大于 2m。在台座的端部应留出张拉操作场地和通道，两侧要有构件运输和堆放的场地。

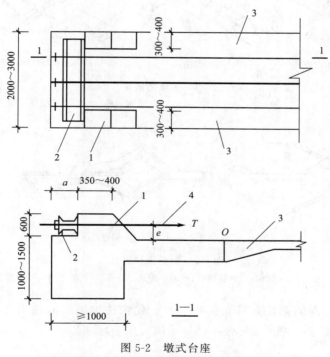

图 5-2 墩式台座

1—混凝土墩；2—钢横梁；3—局部加厚台面；4—压应力筋

（2）槽式台座 槽式台座（图 5-3）由钢筋混凝土压杆、上下横梁和台面等组成，即可承受张拉力，又可作为蒸汽养护槽，适用于制作张拉吨位较大的大型构件如吊车梁、屋架等。槽式台座的长度一般为 45～76m，宽度随构件外形及制作方式而定，一般不小于 1m。

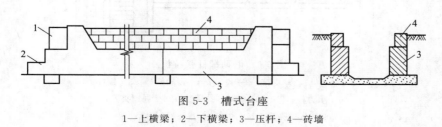

图 5-3 槽式台座

1—上横梁；2—下横梁；3—压杆；4—砖墙

为方便运送混凝土和蒸汽养护，槽式台座多低于地面。

2.先张法的张拉夹具和张拉设备

（1）钢丝的张拉夹具和张拉设备　夹具施工先张法施工时为保持预应力筋拉力并将其固定在张拉台座上的临时锚固装置。先张法中钢丝的夹具分为锚固夹具和张拉夹具两种。常用的锚固夹具有：圆锥齿板式夹具、圆锥槽式夹具、楔形夹具，如图5-4所示。张拉夹具有：钳式夹具、偏心式夹具、楔形夹具，如图5-5所示。钢丝的张拉分为单根张拉和多根张拉。单根钢丝的张拉一般采用电动螺杆张拉机（图5-6）和电动卷扬机（图5-7）。多根钢丝的张拉一般采用液压千斤顶张拉。

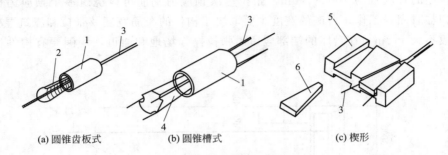

(a) 圆锥齿板式　　　(b) 圆锥槽式　　　(c) 楔形

图 5-4　钢丝锚固夹具

1—套筒；2—齿板；3—钢丝；4—锥塞；5—锚板；6—楔块

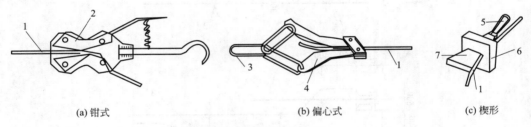

(a) 钳式　　　　　　(b) 偏心式　　　　　　(c) 楔形

图 5-5　钢丝张拉夹具

1—钢丝；2—钳齿；3—拉钩；4—偏心齿条；5—拉环；6—锚板；7—楔块

（2）钢筋或钢绞线的张拉夹具和张拉设备　先张法中钢筋的锚固夹具多用螺丝端杆锚具、镦头锚和夹片锚等。先张法的张拉设备采用液压千斤顶。

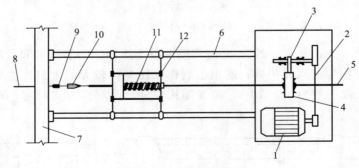

图 5-6　电动螺杆张拉机

1—电动机；2—皮带；3—齿轮；4—齿轮螺母；5—螺杆；
6—承力杆；7—台座横梁；8—钢丝；9—锚固夹具；
10—张拉夹具；11—弹簧测力计；12—滑动架

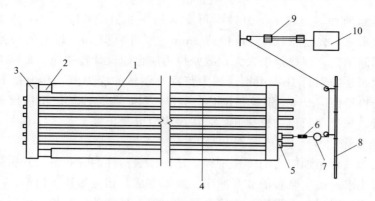

图 5-7　电动卷扬机张拉压应力筋

1—台座；2—放松装置；3—横梁；4—预应力筋；5—锚固夹具；

6—张拉夹具；7—测力计；8—固定梁；9—滑轮组；10—卷扬机

## 二、施工工艺

### 1. 铺设预应力筋

预应力筋钢丝和钢绞线下料，应采用砂轮切割机，不得采用电弧切割。长线台座的台面（或胎膜）在铺设预应力筋前应涂隔离剂。隔离剂不应沾污预应力筋，以免影响与混凝土的粘结。如果预应力筋遭受污染，应使用适宜的溶剂清洗干净。在生产过程中，应防止雨水冲刷台面上的隔离剂。

预应力钢丝宜用牵引车铺设。如果钢丝需要接长，可借助于钢丝连接器或铁丝密排绑扎。刻痕钢丝的绑扎长度不应小于 $80d$，钢丝搭接长度应比绑扎长度大于 $10d$（$d$ 为钢丝直径）。预应力钢绞线接长时，可采用接长连接器。预应力钢绞线与工具式螺杆连接时，可采用套筒式连接器。

### 2. 张拉预应力筋

预应力筋的张拉可采用单根张拉或多根同时张拉，当预应力筋数量不多，张拉设备拉力有限时常采用单根张拉。当预应力筋数量较多且密集布筋，另外张拉设备拉力较大时，则可采用多根同时张拉。

（1）张拉控制应力 $\sigma_{con}$

刻痕钢丝与钢绞线：$\sigma_{con} \leqslant 0.75 f_{ptk}$；

高强钢筋：$\sigma_{con} \leqslant 0.9 f_{pyk}$（$f_{pyk}$ 为屈服强度标准值）。

此外，在施工中为了提高构件的抗裂性能或为了部分抵消由于应力松弛、摩擦、钢筋分批张拉以及预应力筋与张拉台座之间温度因素产生的预应力损失，张拉应力可按上述 $\sigma_{con}$ 的数值提高 $0.05 f_{ptk}$ 或 $0.05 f_{pyk}$。

（2）张拉程序　在确定预应力筋张拉顺序时，应考虑尽可能减少台座的倾覆力矩和偏心力，先张拉靠近台座截面重心处的预应力筋。

先张法中的钢丝张拉工作量较大，宜采用一次张拉程序：$0 \rightarrow \sigma_{con}$ 或 $0 \rightarrow (1.03 \sim 1.05)\sigma_{con}$。

采用低松弛钢绞线时，对于单根张拉：$0 \rightarrow \sigma_{con}$；对于整体张拉：$0 \rightarrow$ 初应力调整 $\rightarrow \sigma_{con}$。

采用超张拉工艺的目的是为了减少预应力筋的松弛应力损失。所谓"松弛"即钢材在常温、高应力状态下具有不断产生塑性变形的特性。松弛的数值与张拉控制应力和延续时间有关，控制应力高，松弛也大，所以钢丝、钢绞线的松弛损失比冷拉热轧钢筋大，松弛损失还随着时间的延续而增加，但在第一分钟内可完成损失总值的 50%，24h 内则可完成 80%。所以采用超张拉工艺，先超张拉 5% 再持荷 2min，则可减少 50% 以上的松弛应力损失。而采用一次张拉锚固工艺，因松弛损失大，故张拉力应比原设计控制应力提高 3%。

先张法钢丝张拉锚固后 1h，用钢丝测力仪检查钢丝的应力值，其偏差不得大于或小于工程设计规定的检验值的 5%。钢丝张拉时，不得断丝，张拉伸长值不作校核。先张法张拉钢筋和钢绞线时，张拉伸长值的校核同后张法预应力混凝土施工。

3. 预应力筋放张

预应力筋放张过程是预应力的传递过程，是先张法构件能否获得良好质量的一个重要环节，应根据放张要求，确定合宜的放张顺序、放张方法及相应的技术措施。

（1）施加预应力时混凝土强度　应符合设计要求，且同条件养护的混凝土立方体抗压强度。应符合下列规定：①不应低于设计混凝土强度等级值的 75%；②采用消除应力钢丝或钢绞线作为预应力筋的先张法构件，尚不应低于 30MPa；③不应低于锚具供应商提供的产品技术手册要求的混凝土最低强度要求；④后张法预应力梁和板，现浇结构混凝土的龄期分别不宜小于 7d 和 5d。为防止混凝土早期裂缝而施加预应力时，可不受本条的限制，但应满足局部受压承载力的要求。

（2）放张顺序　预应力筋的放张顺序，如设计无规定时，可按下列要求进行。

1）轴心受预压的构件（如拉杆、桩等），所有预应力筋应同时放张。

2）偏心受预压的构件（如梁等），应先同时放张预压力较小区域的预应力筋，再同时放张预应力较大区域的预应力筋。

3）如不能满足以上两项要求时，应分阶段、对称、交错的放张，以防止在放张过程中构件产生翘曲、裂纹和预应力断裂。

（3）放张方法　放张前，应拆除侧模，使放张时构件能自由压缩，否则将损坏模板或使构件开裂。预应力筋的放张工作应缓慢进行，防止冲击。

当预应力混凝土构件用钢丝配筋时，若钢丝数量不多，钢丝放张可采用剪切、锯割或氧-乙炔焰熔断的方法，并应从靠近生产线中间处剪断，这样比在靠近台座一端处剪断时回弹减小，且有利于脱模。若钢丝数量较多，所有钢丝应同时放张，不允许采用逐根放张的方法，否则，最后的几根钢丝将承受过大的应力而突然断裂，导致构件应力传递长度骤增，或使钩件端部开裂。放张方法可采用放张横梁来实现。横梁可用千斤顶或预先设置在横梁支点处的放张装置（砂箱或楔块等）来放张。

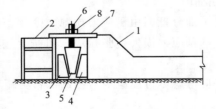

图 5-8　楔块放张

1—台座；2—横梁；3,4—钢块；5—钢楔块；
6—螺杆；7—承力板；8—螺母

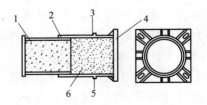

图 5-9　穿心式砂箱

1—活塞；2—钢套箱；3—进砂口；4—钢套
箱底板；5—出砂口；6—砂子

粗钢筋预应力筋应缓慢放张。当钢筋数量较少时，可采用逐根加热熔断或借预先设置在钢筋锚固端的楔块（图 5-8）或穿心式砂箱（图 5-9）等单根放张。当钢筋数量较多时，所有钢筋应同时放张。

采用湿热养护的预应力混凝土构件宜热态放张，不宜降温后放张。

长线台座上预应力筋的切断顺序，应由放张端开始，逐次切向另一端。

## 第二节　后张法有粘结预应力混凝土施工

后张法预应力混凝土施工可分为有粘结预应力混凝土施工、无粘结预应力混凝土施工和缓粘结预应力混凝土施工三类。其中，缓粘结预应力体系是有粘结和无粘结两种施工体系的有机结合。本节主要介绍后张法有粘结预应力混凝土的施工工艺。

后张法有粘结预应力混凝土施工是先制作构件并预留预应力筋孔道，待构件的混凝土强度达到规定的强度（一般不低于设计强度标准值的75%）后，直接在构件上张拉预应力筋并锚固，依靠锚具将预应力筋的预张拉力传给混凝土，使其产生预压应力，如图5-10所示。

预应力筋的穿筋工作可在混凝土浇筑前或浇筑后进行。

安装底模
安装钢筋、预留孔道、支模
浇筑混凝土
养护、拆模
张拉预应力筋
孔道灌浆
切割封锚


图5-10　后张法有粘结预应力混凝土施工工艺流程

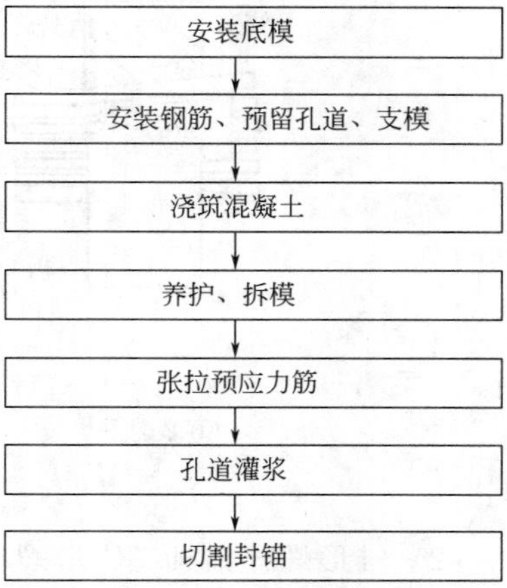

### 一、锚具

锚具是后张法预应力结构或构件中为保持预应力筋的拉力并将其传递到构件或结构上所用的永久性锚固装置。锚具通常由若干个机械部件组成。锚具的类型很多，各有其一定的适用范围。

1. 单根粗钢筋（钢绞线、精轧螺纹钢筋）锚具

单根钢绞线夹片锚具见图5-11、挤压锚具见图5-12。精轧螺纹钢筋锚具见图5-13。

钢绞线
锚环
夹片
(a)
(b)
(c)
(d)


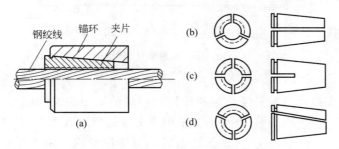

图5-11　单孔夹片锚具

(a) 组装图；(b) 二片式夹片；(c) 三片式夹片；(d) 斜缝式夹片

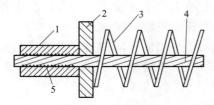

1
2
3
4
5


图5-12　挤压锚具

1—挤压套筒；2—垫板；3—螺旋筋；4—钢绞线；5—异形钢丝衬圈

图5-13　精轧螺纹钢筋锚具

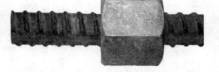

2. 钢丝束锚具

（1）钢质锥形锚具 钢质锥形锚具由锚环和锚塞组成（图 5-14），适用于锚固 6 根、12 根、18 根与 24 根 $A^p5$ 钢丝束。锚环采用 45 号钢，锥度约为 5°，调质热处理硬度为 HB251～283。锚塞采用 45 号钢或 $T_7$、$T_8$ 碳素钢制作，表面刻有细齿，热处理硬度为 HRC55～60。锚环与锚塞的锥度应严格保持一致。锚环与锚塞配套使用时，锚环锚孔与锚塞的大小头只允许同时出现正偏差或负偏差。

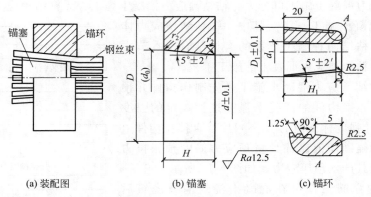

(a) 装配图　　　　　(b) 锚塞　　　　　(c) 锚环

图 5-14　钢质锥形锚具

（2）锥形螺杆锚具 锥形螺杆锚具由锥形螺杆、套筒、螺母、垫板组成（图 5-15），适用于锚固 12～28 根 $A^p5$ 钢丝束。使用时，先将钢丝束均匀整齐的紧贴在螺杆锥体部分，然后套上套筒，用拉杆式千斤顶或穿心式千斤顶顶推端杆锥，使其通过钢丝挤压套筒，从而锚紧钢丝。锚具的预紧力取张拉力的 120%～130%。

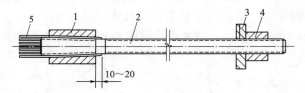

图 5-15　锥形螺杆锚具

1—套筒；2—锥形螺杆；3—垫板；4—螺母；5—钢丝束

（3）钢丝束镦头锚具 镦头锚具是利用钢丝两端的镦粗头来锚固预应力钢丝的一种锚具。常用镦头锚具分为 A 型与 B 型，如图 5-16 所示。A 型由锚杯与螺母组成，用于张拉端。B 型为锚板，用于固定端。镦头锚具加工简单，张拉方便，锚固可靠，成本较低，但对钢丝束的等长要求较严格。这种锚具可根据张拉力大小和使用条件设计成多种形式和规格，能锚固任意根数的钢丝。

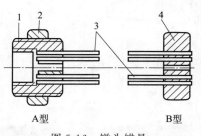

图 5-16　镦头锚具

1— 锚环；2—螺母；3—钢丝束；4—锚板

钢丝镦头可采用液压冷镦器，对镦头的要求：镦头尺寸要足，头形圆整，不偏歪，颈部母材不受损伤。

3. 钢绞线束锚具

主要有 KT-Z 型锚具（图 5-17）、JM 锚具（图 5-18）、XM 型锚具（图 5-19）、QM 型锚

具（图 5-20）。

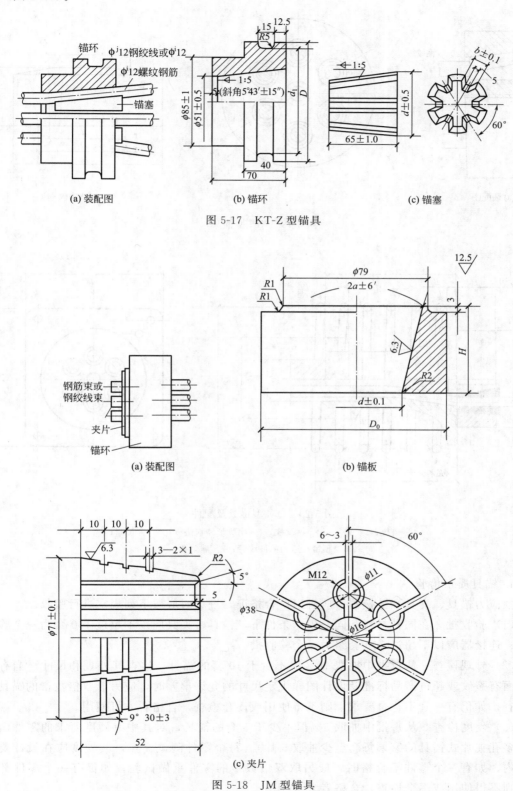

(a) 装配图　　　　　　(b) 锚环　　　　　　(c) 锚塞

图 5-17　KT-Z 型锚具

(a) 装配图　　　　　　　　　　(b) 锚板

(c) 夹片

图 5-18　JM 型锚具

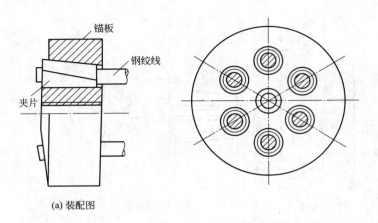

(a) 装配图            (b) 锚板

图 5-19　XM 型锚具

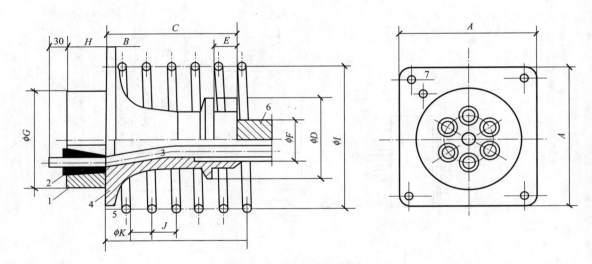

图 5-20　QM 型锚具及配件

1—锚板；2—夹片；3—钢绞线；4—喇叭形铸铁垫板；5—弹簧圈；

6—预留孔道用的波纹管；7—灌浆孔

**4. 锚具质量检验**

预应力锚具、夹具和链接器，应有出厂合格证，进场时应按下列规定进行验收。

（1）验收批　在同种材料和同一生产条件下，锚具、夹具应以不超过 100 套为一个验组收批；连接器应以不超过 500 套组为一个验收批。

（2）外观检查　从每批中抽取 10％但不少于 10 套的锚具，检查其外观和尺寸。当有一套表面有裂纹或超过产品标准及设计图样规定尺寸的允许偏差时，应另取双倍数量的锚具重做检查，如仍有一套不符合要求，则不得使用或逐套检查，合格者方可使用。

（3）硬度检查　从每批中抽取 5％但不少于 5 套的锚具，对其中有硬度要求的零件做试验（多孔夹片式锚具的家，每套至少抽取 5 片）。每个零件测试 3 点，其硬度应在设计要求范围内。如有一个零件不合格时，应另取双倍数量的零件重做试验，如仍有一个零件部合格，则不得使用或逐个检查，合格者方可使用。

（4）静载锚固性能试验 在外观与硬度检查合格后，应从同批中抽 6 套锚具（夹具或连接器）与预应力筋组成三个预应力筋锚具（夹具、连接器）组装件，进行静载锚固性能试验。组装件应符合设计要求，当设计无具体要求时，不得在锚固零件上添加影响锚固性能的物质，如金刚砂、石墨等。预应力筋应等长平行，使之受力均匀，其受力长度不得小于 3m（单根预应力筋的锚具组装件，预应力的受力长度不得小于 0.6m）。试验时，先用张拉设备分四级张拉至预应力筋标准抗压强度的 80% 并进行锚固（对支承式锚具，也可直接用试验设备加荷），然后持荷 1h 再用试验设备逐步加荷至破坏。当有一套试件不符合要求，应另取双倍数量的锚具（夹具或连接器）重做试验，如仍有一套不合格，则该批锚具（夹具或连接器）为不合格品。

对常用的定型锚具（夹具或连接器）进场验收时，如由质量可靠信誉好的专业锚具厂生产，其静载锚固性能可由锚具生产厂提供试验报告。

对单位自制锚具，应加倍抽样。

## 二、张拉设备

### 1. 拉杆式千斤顶

拉杆式千斤顶（图 5-21）适用于张拉以螺丝端杆锚具锚固的粗钢筋，张拉以锥形螺杆锚具锚固的钢丝束。

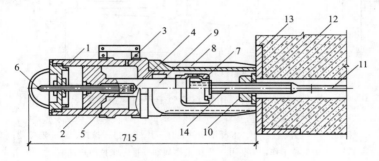

图 5-21 拉杆式千斤顶

1—主缸；2—主缸活塞；3—主缸油嘴；4—副缸；5—副缸活塞；6—副缸油嘴；
7—连接器；8—顶杆；9—拉杆；10—螺母；11—预应力筋；
12—混凝土构件；13—预埋钢板；14—螺纹端杆

拉杆式千斤顶张拉预应力筋过程分解如下。

（1）安装连接器与预应力的螺纹端杆相连，顶杆支撑在构件端部的预埋钢板上；

（2）张拉预应力筋：开动油泵，高压油进入主缸时，则推动主缸活塞向左移动，并带动拉杆和连接器及螺纹端杆同时向左移动，对预应力筋进行张拉；

（3）拧紧螺母进行锚固：待预应力筋达到张拉力时，拧紧预应力筋的螺母，将预应力筋锚固在构件的端部；

（4）油泵回油、退缸，完成张拉：开动油泵回油，则高压油进入副缸，推动副缸使主缸活塞和拉杆向右移动，使其恢复初始位置，至此完成一次张拉过程。

### 2. 双作用穿心式千斤顶

双作用穿心式千斤顶（图 5-22）由张拉油缸、顶压油缸、顶压活塞和回程弹簧等组成。双作用指张拉过程中张拉预应力筋和顶压锚具同时进行。

张拉前，首先将预应力筋穿过千斤顶固定在千斤顶尾部的工具锚上。张拉预应力筋时，

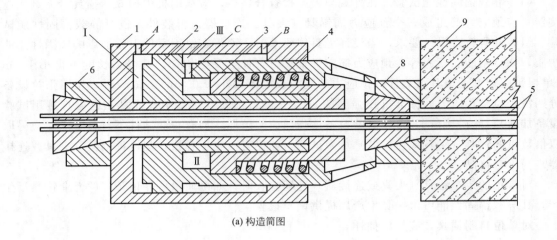

(a) 构造简图

735(最大935)

(b) 加顶杆后的YC-60型穿心式千斤顶

图 5-22　双作用穿心式型千斤顶构造简图

1—张拉油缸；2—顶压油缸（即张拉活塞）；3—顶压活塞；4—弹簧；5—预应力筋；6—工具式锚具；

7—螺帽；8—工作锚具；9—混凝土构件；10—顶杆；11—拉杆；12—连接器；

Ⅰ—张拉工作油室；Ⅱ—顶压工作油室；Ⅲ—张拉回程油室；

A—张拉缸油嘴；B—顶压缸油嘴；C—油孔

$A$ 油嘴进油，$B$ 油嘴回油，顶压油缸和撑套连成一体，向右移动顶住锚环，张拉油缸、端盖与穿心套练成一体，带动工具锚向左移动。顶压锚固时，在保持张拉力稳定的条件下 $A$ 油嘴稳压，$B$ 油嘴进油，顶压活塞将夹片或锚塞推入锚环内。此时，张拉缸内油压会升高，应控制其升高值，使预应力筋应力不超过屈服强度。张拉油缸采用液压回程，此时，$B$ 油嘴进油，$A$ 油嘴回油，顶压活塞在弹簧力作用下回程复位。

双作用穿心式千斤顶常用型号为 YC-60，公称张拉力为 600kN，张拉行程为 150mm，顶压力为 300kN，顶压行程为 50mm。这种千斤顶的适应性强，既可张拉用夹片锚具锚固的钢绞线束，也可张拉用钢质锥形锚具锚固的钢丝束。

3. 锥锚式千斤顶

锥锚式千斤顶（图 5-23）是一种具有张拉、顶压的双作用千斤顶，这种锚具适用于张拉以 KT-Z 型锚具锚固的钢筋束或钢绞线束及以钢质锥形锚具锚固的钢丝束。

4. 大孔径穿心式千斤顶

大孔径穿心式千斤顶（图 5-24）又称为群锚千斤顶，是一种具有大穿心孔径的单作用千斤顶。千斤顶的前端安装顶压器（液压、弹簧）或限位板，尾部安装工具锚。限位板的作

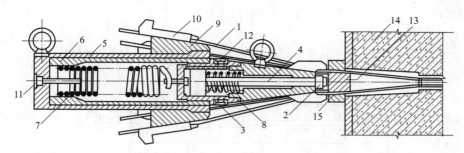

图 5-23　锥锚式千斤顶

1—预应力筋；2—顶压头；3—副缸；4—副缸活塞；5—主缸；6—主缸活塞；
7—主缸拉力弹簧；8—副缸压力弹簧；9—锥形卡环；10—楔块；11—主
缸油嘴；12—副缸油嘴；13—锚塞；14—混凝土构件；15—锚环

用是在钢绞线束张拉过程中限制工作锚夹片的外露长度，以保证在锚固时夹片内缩一致，并不大于预期值。工具锚是专用的，能多次使用，锚固后拆卸夹片方便。这种千斤顶的张拉力较大（1000～10000kN）、构造简单、不顶锚、操作方便，但要求锚具有良好的自锚性能，广泛应用于大吨位钢绞线束的张拉施工。

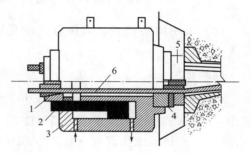

图 5-24　YCQ 型大孔径
穿心式千斤顶构造图

1—工具锚；2—千斤顶活塞；3—千斤顶缸体；
4—限位板；5—工作锚；6—钢绞线

5. 前卡式千斤顶

见图 5-25，简称前卡式千斤顶。

6. 千斤顶的标定

千斤顶在使用前需要进行标定。标定就是采用一定的方法测定千斤顶的实际张拉力与压力表读数之间的关系。标定千斤顶可采用试验机进行标定，也可采用测力计进行标定。千斤顶的标定期限不宜超过半年。

图 5-25　前卡式千斤顶实景图

**三、预应力筋制作**

预应力筋的制作与所用的预应力钢材品种、锚（夹）具形式及生产工艺等有关。

1. 预应力钢丝束下料长度

（1）钢质锥形锚具、锥锚式千斤顶张拉（图 5-26）时，钢丝的下料长度 $L$ 为：

两端张拉　　　　　　　　　　$L = l + 2(l_4 + l_5 + 80)$　　　　　　　　　　（5-1）

一端张拉
$$L = l + 2(l_4 + 80) + l_5 \tag{5-2}$$

式中 $l_4$——锚环厚度；

$l_5$——千斤顶分丝头至卡盘外端距离，对 YZ850 千斤顶为 470mm。

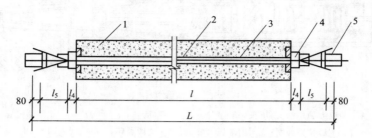

图 5-26 采用钢质锥形锚具时钢丝下料长度计算简图

1—混凝土构件；2—孔道；3—钢丝束；4—钢质锥形锚具；5—锥锚式千斤顶

（2）采用镦头锚具、以拉杆式千斤顶在构件上张拉（图 5-27）时，钢丝的下料长度 $L$ 为：

两端张拉
$$L = l + 2a + 2b - (H - H_1) - \Delta L - c \tag{5-3}$$

一端张拉
$$L = l + 2a + 2b - 0.5(H - H_1) - \Delta L - c \tag{5-4}$$

式中 $a$——锚杯底部厚度或锚板厚度；

$b$——钢丝镦头留量，对 $A^P5$ 钢丝取 10mm；

$H_1$——螺母高度；

$\Delta L$——钢丝束张拉伸长值，$\Delta L = \dfrac{FL}{E_s A_p}$；

$c$——张拉时构件混凝土的弹性压缩量$\left( c = \dfrac{Fl}{E_c A_n}，曲线筋时可实测\right)$；

$H$——锚杯高度；

$l$——孔道长；

$F$——平均张拉力；

$E_s$、$E_c$——预应力筋、混凝土的弹性模量；

$A_p$、$A_n$——预应力筋面积、构件净截面积（含非预应力筋换算面积 $\alpha_E A_s$）。

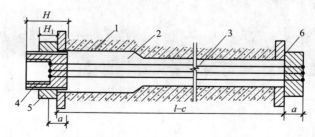

图 5-27 采用镦头锚时钢丝下料长度计算简图

1—构件；2—孔道；3—钢丝；4—锚杯；5—螺母；6—锚板

（3）采用锥形螺杆锚具、以拉杆式千斤顶在构件上张拉（图 5-28）时，钢丝束的下料长度为：

$$L=l+2l_2-2l_1+2(l_6+a) \tag{5-5}$$

式中　$l_6$——锥形螺杆锚具的套筒长度；

　　　$a$——钢丝伸出套筒的长度，取 $a=20\text{mm}$。

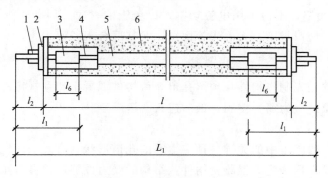

图 5-28　采用锥形螺杆锚具时钢丝下料长度计算简图

1—螺母；2—垫圈；3—套筒长度；4—钢丝束；5—孔道；6—构件

2. 钢筋束或钢绞线束的下料长度

当采用夹片式锚具、以穿心式千斤顶在构件上张拉（图 5-29）时，钢筋束或钢绞线束的下料长度 $L$ 为：

两端张拉　　　　　　　$L=l+2(l_7+l_8+l_9+100) \tag{5-6}$

一端张拉　　　　　　　$L=l+2(l_7+100)+l_8+l_9 \tag{5-7}$

式中　$l_7$——夹片式工作锚厚度；

　　　$l_8$——穿心式千斤顶长度；

　　　$l_9$——夹片式工具锚厚度。

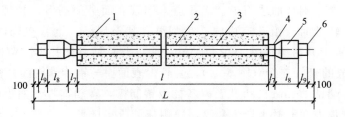

图 5-29　钢筋束下料长度计算简图

1—混凝土构件；2—孔道；3—钢筋束；4—夹片式工作锚；

5—穿心式千斤顶；6—夹片式工具锚

3. 下料

采用镦头锚具时，同束钢丝应等长下料，其极差不应大于 $L/5000$（$L$ 为钢丝设计长度），且不应大于 5mm。当成组张拉长度不大于 10m 的钢丝时，同组钢丝的极差不得大于 2mm。钢丝下料宜采用限位下料法。钢丝切断后的端面应与母材垂直，以保证镦头质量。

钢丝束镦头锚具的张拉端应扩孔，以便钢丝穿入孔道后伸出固定端一定长度进行镦头。扩大孔长度：一般为 500mm，两端张拉时另一端宜取 100mm。

钢丝编束与张拉端锚具安装可同时进行。钢丝一端先穿入锚杯镦头，在另一端用细铁丝将内外圈钢丝按锚杯处相同的顺序分别进行编扎，然后将整束钢丝的端头扎紧，并沿钢丝束的整个长度适当编扎几道。

采用钢质锥形锚具时,钢丝下料方法同钢绞线束。

钢绞线在出厂前经过低温回火处理,因此在进场后无须预拉。钢绞线下料前应在切口两侧各50mm处用20号铁丝绑扎牢固,以免切割后松散。钢绞线线的切割,宜采用砂轮锯和切断机,也用氧-乙炔焰,不得采用电弧切割,以免影响材质。用砂轮锯、切割机下料具有操作方便,效率高、切口规则、无毛头等优点,尤其适合现场使用。

### 四、施工工艺

后张法施工步骤是先制作构件,预留孔道,待构件混凝土达到规定的强度后,在孔道内穿放预应力筋,张拉预应力筋并锚固,最后进行孔道灌浆。

#### 1. 孔道留设

孔道留设是后张法施工中的关键。预应力筋的孔道形状有直线、曲线和折线三种。孔道的直径与布置,主要根据预应力混凝土构件或结构的受力性能,并参考预应力筋张拉锚固体系特点与尺寸确定。

对粗钢筋,孔道的直径应比预应力筋直径、钢筋对焊接头处外径或需穿过孔道的锚具或连接器外径大10~15mm。

对钢丝或钢绞线,孔道的直径应比预应力束外径或锚具外径大5~10mm,且孔道面积应大于预应力筋面积的2倍。

预应力筋孔道之间的净距不应小于50mm,孔道至构件边缘的净距不应小于40mm,凡需要起拱的构件,预留孔道宜随构件同时起拱。

预应力筋的孔道可采用钢管抽芯、胶管抽芯和预埋管等方法成型。对孔道成型的基本要求是:孔道的尺寸与位置应正确,孔道应平顺,接头不漏浆,端部预埋钢板应垂直于孔道中心线等。孔道成型的质量,对孔道摩阻损失的影响较大,应严格把关。

(1) 钢管抽芯法　钢管抽芯用于直线孔道。钢管表面必须圆滑,预埋前应除锈、刷油,如用弯曲的钢管,转动时会沿孔道方向产生裂缝,甚至塌陷。钢管在构件中用钢筋井字架(图5-30)固定位置,井字架每隔1.0~1.5m一个,与钢筋骨架扎牢。两根钢管接头处可用0.5mm厚铁皮做成的套管连接(图5-31),套管内表面要与钢管外表面紧密贴合,以防漏浆堵塞孔道。钢管一端钻16mm的小孔,以备插入钢筋棒,转动钢管。抽管前每隔10~15min应转管一次。如发现表面混凝土产生裂纹,应用抹子压实抹平。

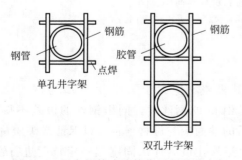

图 5-30　固定钢管或胶管位置用的井字架

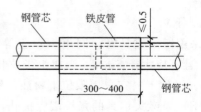

图 5-31　铁皮套管

抽管时间与水泥的品种、气温和养护条件有关。抽管宜在混凝土初凝之后、终凝以前进行,以用手指按压混凝土表面不显指纹时为宜。抽管过早,会造成坍孔事故。太晚,混凝土与钢管粘结牢固,抽管困难,甚至抽不出来。常温下抽管时间约在混凝土灌注后3~5h、抽管顺序宜先上后下地进行。抽管方法可采用人工卷扬机。抽管时必须速度均匀、边抽边转，并与孔道保持在一直线上。抽管后，应及时检查孔道情况，并做好孔道清理工作，防止以后穿筋困难。

采用钢丝束镦头锚具时，张拉端的扩大孔也可采用钢管抽芯成型（图 5-32）。留孔时应注意端部扩大孔应与中间孔道同心。抽管时先抽中间钢管，后抽扩孔钢管，以免碰坏扩孔部分并保持孔道清洁和尺寸准确。

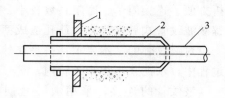

图 5-32 张拉端扩大孔
用钢管抽芯成型
1—预埋钢板；2—端部扩大
孔的钢管；3—中间孔成型

（2）胶管抽芯法 留孔用胶管采用 5~7 层帆布夹层胶管、壁厚 6~7mm 的普通橡胶管、钢丝网橡胶管，可用于直线、曲线或折线孔道。使用前，把胶管一头密封，勿使漏水漏气。密封的方法是将胶管一端外表面削去 1~3 层胶皮及帆布，然后将外表面带有螺纹的钢管（钢管一端用铁板密封焊牢）插入胶管端头孔内，再用 20 号铁丝在胶管外表面密缠牢固，铁丝头用锡焊牢（图 5-33），胶管另一端接上阀门，其接法与密封基本相同（图 5-34）。

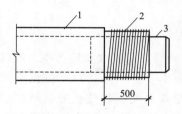

图 5-33 胶管封端
1—胶管；2—20 号铁丝；3—钢管堵头

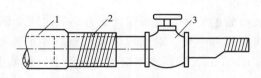

图 5-34 胶管与阀门连接
1—胶管；2—20 号铁丝密扎；3—阀门

短构件留孔时可用一根胶管对弯后穿入两个平行孔道。长构件留孔，必要时可将两根胶管用铁皮套管接长使用，套管长度 400~500mm 为宜，内径应比胶管外径大 2~3mm。固定胶管位置用的钢筋井字架，一般每隔 600mm 放置一个，并与钢筋骨架扎牢。然后充水（或充气）加压到 0.5~0.8N/mm$^2$，此时胶皮管直径可增大约 3mm。浇捣混凝土时，振动棒不要碰胶管，并应经常检查水压表的压力是否正常，如有变化必须补压。

抽管前，先放水降压，待胶管断面缩小与混凝土自行脱离即可抽管。抽管时间比抽钢管略迟。抽管顺序一般先上后下，先曲后直。

在没有充气或充水设备的单位或地区，也可在胶皮管内塞满细钢筋，能收到同样的效果。

（3）预埋波纹管法

1）金属波纹管 波纹管（亦称螺旋管），按照每两个相邻的折叠咬口之间凸出（及钢带宽度内）的数量分为单波与双波；按照截面形状分为圆管和扁管（图 5-35）；按照表面处理情况分为镀锌管和不镀锌管。

(a) 双圆纹波纹管　　　　　　　　(b) 扁波纹管

图 5-35 金属波纹管外形

　　金属波纹管是由薄钢带（厚 0.3～0.4mm）经压波后卷成。它具有重量轻、刚度好、弯折方便、连接简单、摩阻系数较小、与混凝土粘结良好等优点，可做成各种形状的孔道。镀锌双波纹管式后张预应力筋孔道成型用的理想材料。

　　对波纹管的基本要求：一是在外荷载的作用下，有抵抗变形的能力；二是在浇筑混凝土过程中，水泥浆不得渗入管内。

　　波纹管的连接，采用大一号同型波纹管。接头的长度：当管径为 40～65mm 时取 200mm；管径 70～85mm 时取 250mm；管径 90～105mm 时取 300mm。用塑料热塑或密封胶带封裹接口部位，见图 5-36。

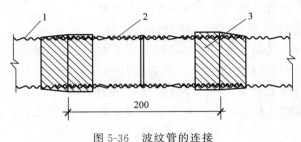

图 5-36　波纹管的连接
1—波纹管；2—接头管；3—密封胶带

　　波纹管的安装，应根据预应力筋的曲线坐标在箍筋上画线，以波纹管底为准。波纹管的固定可采用井字架，对圆形金属波纹管钢筋支架间距宜为 1.0～1.2m，对扁波纹管间距不宜大于 1.0mm。钢筋支架应焊在箍筋上，箍筋下面要用垫块垫实。波纹管安装就位后，必须用铁丝将波纹管与钢筋支架扎牢，以防浇筑混凝土时波纹管上浮而引起质量事故。

　　波纹管安装时接头位置宜错开，就位过程中应尽量避免波纹管反复弯曲，以防止管壁开了，同时还应防止电焊火花灼伤管壁。

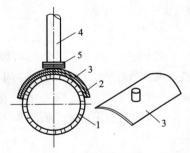

图 5-37　灌浆孔与波纹管的连接
1—波纹管；2—海绵垫片；
3—塑料弧形压板；4—增
强塑料管；5—铁丝绑扎

　　灌浆孔与波纹管的连接见图 5-37。其做法是在波纹管上开洞，覆盖海绵垫片与带嘴的塑料弧形压板，并用铁丝扎牢，再用增强塑料管插在嘴上，将其引出梁顶面 400～500mm。

　　2）塑料波纹管　塑料波纹管具强度高、刚度大、摩擦系数小、不导电和防腐性能好等特点。宜用于曲率半径小、密封性能以及抗疲劳性能要求高的孔道，配合真空辅助灌浆效果更好。塑料波纹管也有圆形管和变形管两类。圆形塑料波纹管的供货长度一般为 6m、8m、10m；变形波纹管可成盘供货，每盘长度可根据工程需要和运输情况而定。塑料波纹管应满足环向刚度、局部横向荷载、柔韧性和不圆度等基本要求。塑料波纹管的连接可采用熔焊法或专用塑料套管接头。

　　2. 预应力筋的穿入

　　预应力筋穿入预留孔道的方法可分为先穿筋法和后穿筋法。

　　先穿筋法是在浇筑混凝土之前穿筋。采用该方法施工较为方便，但穿筋占用工期，预应力筋的自重引起波纹管摆动会增大孔道摩擦损失，预应力筋端部保护不当会生锈。

后穿筋法是在浇筑混凝土后穿筋。采用后穿筋法可在混凝土养护期间内进行穿筋工作，不占用工期。穿筋后即进行张拉，预应力筋不易生锈，但穿筋较为费力。

钢丝束应整束穿入孔道，钢绞线可整束穿入孔道或单根穿入孔道。穿束可采用人工穿入，当预应力筋较长穿筋困难时，也可采用卷扬机和穿筋机进行穿筋。

3. 预应力筋的张拉

张拉预应力筋时，构架混凝土的强度应按设计规定，如设计无规定则不宜低于混凝土设计强度等级的 75%。现浇结构张拉预应力筋时混凝土最小龄期：对后张楼板不宜小于 5 天，对后张框架不宜小于 7d。

对于拼装预应力构架，其拼缝处混凝土或砂浆强度如无设计要求时，不宜低于块体混凝土设计强度等级的 40%，且不低于 15MPa。后张法构件为了搬运需要，可提前施加一部分预应力，是构件建立较低的预应力值以承受自重荷载。但此时混凝土的立方体强度不应低于设计强度等级的 60%。

根据预应力混凝土结构特点、预应力筋形状与长度，以及施工方法的不同，预应力筋的张拉方式有以下几种。

（1）张拉端　后张预应力筋应根据设计和专项施工方案的要求采用一端或两端张拉；采用两端张拉时，宜两端同时张拉，也可一端先张拉锚固，另一端补张拉。当设计无具体要求时应符合下列规定：①有粘结预应力筋长度不大于 20m 时可一端张拉；大于 20m 时宜两端张拉；预应力筋为直线可延长至 35m；②无粘结预应力筋长度不大于 40m 时可一端张拉，大于 40m 时宜两端张拉；③现浇预应力混凝土楼盖，宜先张拉楼板、次梁的预应力筋，后张拉主梁的预应力筋。

（2）分批张拉　分批张拉是指对配有多束预应力筋的构件或结构分批进行张拉的方式。由于后批预应力筋张拉所产生的混凝土弹性变形对先批张拉的预应力筋造成预应力的影响，所以先批张拉的预应力筋张拉力应调整该影响值或将影响值统一考虑到每根预应力筋的张拉力内。

混凝土结构规范第 6.2.6 条指出，后张法构件的预应力钢筋采用分批张拉时，应考虑后张拉钢筋所产生的混凝土弹性压缩（或伸长）对先批张拉钢筋的影响，将先批张拉钢筋的张拉控制应力 $\sigma_{con}$ 增加（或减少）$\alpha_E \sigma_{pci}$，此处 $\sigma_{pci}$ 为后批张拉钢筋在先批张拉钢筋重心处产生的混凝土法向应力，$\alpha_E$ 为预应力筋弹性模量与钢筋混凝土弹性模量之比。所以，先批张拉的预应力筋张拉力应调整或补张（对使应力减小的情况，但小于张拉应力限值）。

后批预加力在先批筋重心处产生的混凝土法向应力（根据混凝土设计规范 10.1.6，见图 5-38）公式为

$$\sigma_{pci} = N_{p2}/A_n \pm N_{p2} y_{pn2} y_{pn1}/I_n \tag{5-8}$$

式中　$N_{p2}$——后批预加力；

　　　$A_n$——净截面积＝混凝土截面积＋非预筋折算混凝土截面积；

　　　$y_{pn2}$——后批筋重心到净截面重心轴距离；

　　　$y_{pn1}$——先批筋重心到净截面重心轴距离；

　　　$I_n$——净截面惯性矩。

图 5-39 示出了预应力混凝土屋架下弦钢丝束的张拉顺序。钢丝束的长度不大于 30m，采用一端张拉方式。图 5-39（a）预应力筋为两束，用两台千斤顶分别设置在构件两端对称

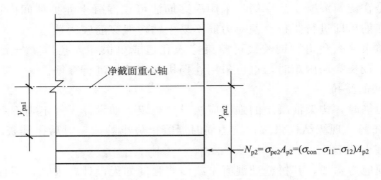

图 5-38　后批预加力在先批筋重心处产生的混凝土法向应力计算简图

$A_{p2}$——后批筋截面积；$\sigma_{pe2}$——后批筋有效预应力；$\sigma_{con}$——后批筋张拉控制应力（可为超张力）；

$\sigma_{l1}$——锚具变形和钢筋内缩的预应力损失值；$\sigma_{l2}$——预应力筋摩擦的

预应力损失值（包括孔道、锚口、转向装置）

张拉，一次完成。图 5-39（b）预应力筋为四束，需要分两批张拉，用两台千斤顶分别张拉对角线上的二束，然后张拉另二束。由于分批张拉引起的预应力损失，统一增加到张拉力内。

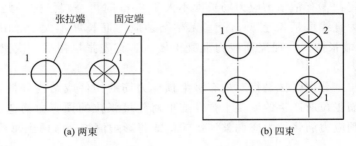

图 5-39　屋架下线杆预应力筋张拉顺序

　　图 5-40 示出双跨预应力混凝土框架梁钢绞线束的张拉顺序。钢绞线束为双跨曲线筋，长度达 40m，采用两段张拉方式。图中四束钢绞线分为两批张拉，两台千斤顶分别设置在梁的两端，按左右对称各张拉一束，待两批四束均进行一端张拉后，再分批在另一端补张拉。这种张拉顺序，还可减少先批张拉预应力筋的弹性收缩损失。

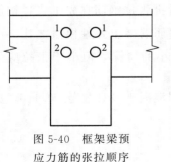

图 5-40　框架梁预应力筋的张拉顺序

　　（3）平卧重叠构件张拉　后张法预应力混凝土屋架等构件一般在施工现场平卧重叠制作，重叠层数为 3～4 层。预应力筋张拉时宜先上后下逐层进行。由于叠层之间的摩擦力、粘结力与咬合力，会减小下层构件在预应力筋张拉时混凝土的弹性压缩变形。预应力筋锚固后，叠层之间的阻力逐渐减小，直至上层构件起吊后完全消失，这段时间会增加下层构件混凝土的弹性压缩变形，从而引起预应力损失。

　　为了减少上下层之间因摩擦损失引起的预应力损失，可逐层加大张拉力。根据有关单位试验研究与大量工程实践，得出不同预应力筋与不同隔离层的平卧重叠构件逐层增加的张拉力百分数，列于表 5-1。

表 5-1  平卧重叠浇筑构件逐层增加的张拉力百分数

| 预应力筋类别 | 隔离层类别 | 逐层增加的张拉百分数 | | | |
|---|---|---|---|---|---|
| | | 顶层 | 第二层 | 第三层 | 底层 |
| 高强钢丝束 | Ⅰ | 0 | 1.0 | 2.0 | 3.0 |
| | Ⅱ | 0 | 1.5 | 3.0 | 4.0 |
| | Ⅲ | 0 | 2.0 | 3.5 | 5.0 |
| Ⅱ级冷拉钢筋 | Ⅰ | 0 | 2.0 | 4.0 | 6.0 |
| | Ⅱ | 1.0 | 3.0 | 6.0 | 9.0 |
| | Ⅲ | 2.0 | 4.0 | 7.0 | 10.0 |

注：第Ⅰ类隔离剂：塑料薄膜、油纸。
第Ⅱ类隔离剂：废机油滑石粉、纸筋灰、石灰水废机油、柴油石蜡。
第Ⅲ类隔离剂：废机油、石灰水、石灰水滑石粉。

（4）张拉伸长值的校核  预应力筋张拉时，通过实际伸长值与计算伸长值的校核，可以综合反映张拉力是否足够、校核油压表是否失灵、孔道摩擦损失是否偏大、预应力筋是否有异常现象等。因此，对张拉伸长值的校核，要引起重视。

预应力筋张拉伸长值的量测，应在建立初应力之后进行。其实际伸长值 $\Delta L$ 为

$$\Delta L = \Delta L_1 + \Delta L_2 - A - B - C \tag{5-9}$$

式中  $\Delta L_1$——从初应力至最大张拉力之间的实测伸长值；

$\Delta L_2$——初应力以下的推算伸长值；

$A$——张拉过程中锚具楔紧引起的预应力筋内缩值；

$B$——千斤顶内预应力筋的张拉伸长值；

$C$——施加应力时，后张法混凝土构件的弹性压缩值（其值微小时可略去不计）。

关于初应力以下的推算伸长值 $\Delta L_2$，可根据弹性范围内张拉力与伸长值成正比的关系，用计算法或图解法确定。

采用图解法时（图 5-41），以伸长值为横坐标，张拉力为纵坐标，将各级张拉力的实测伸长值标在图上，绘成张拉力与伸长值的关系线 $CAB$，然后延长此线与横坐标交于点 $O'$，则 $OO'$ 段即为推算伸长值。此法以实测伸长值为依据，比计算法准确。

根据规范规定（详见本章第四节），如实际伸长值比计算伸长值超出限值，应暂停张拉，在采取措施予以调整后，方可继续张拉。

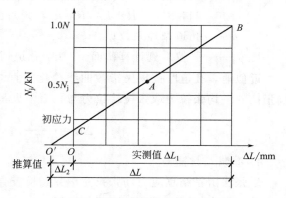

图 5-41  预应力筋实际伸长值图解

此外，在锚固时应坚持张拉端预应力筋内的内缩值，以免由于锚固引起的预应力损失超过设计值。如果实测的预应力筋内缩值大于规定值，则应改善操作工艺，更换锚具或采取超张拉办法弥补。

计算伸长值：

① 直线筋

$$\Delta L = \frac{FL}{A_p E_s} \tag{5-10}$$

式中  $F$——张拉端拉力；

$A_p$——预应力筋截面积；

$E_S$——预应力筋弹性模量；

$L$——预应力筋长度。

② 曲线筋

孔道摩擦损失指数曲线见图 5-42。

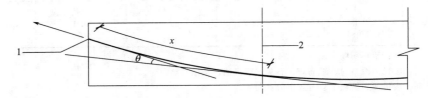

图 5-42　预应力摩擦损失计算

1—张拉端；2—计算截面

$$\Delta L = \int_0^{L_T} \frac{F e^{-(Kx+\mu\theta)}}{A_p E_S} \mathrm{d}x = \int_0^{L_T} \frac{F e^{-\left(K+\frac{\mu}{R}\right)x}}{A_p E_S} \mathrm{d}x = \frac{1}{-\left(K+\dfrac{\mu}{R}\right)} e^{-\left(K+\frac{\mu}{R}\right)x} \Bigg|_0^{L_T}$$

$$= \frac{F L_T}{A_p E_S} \left[ \frac{1 - e^{-(KL_T+\mu\theta_1)}}{K L_T + \mu\theta_1} \right] \tag{5-11}$$

式中　$L_T$——张拉端到计算截面的孔道长度；

　　　$K$——每米孔道局部偏差摩擦系数；

　　　$x$——张拉端到计算截面孔道长，近似取该段孔道在纵轴投影长（孔道曲线近似为

　　　　　　圆，$\theta = x/R = L_T/R = \theta_1$，张）；

　　　$\mu$——孔道摩擦系数；

　　$\theta$、$\theta_1$——张拉端到计算截面 $x$、$L_T$ 孔道切线夹角（弧度）。

近似地，孔道摩擦损失指数曲线简化为直线［即 $1 - e^{-(KL_T+\mu\theta)}$ 简化为 $KL_T + \mu\theta$］，两端张拉的平均张拉力取张拉端拉力与孔道中央张拉力的平均值，则

$$\Delta L = \frac{F L_T}{A_p E_S} \left( 1 - \frac{K L_T + \mu\theta}{2} \right)$$

4. 灌浆及封锚

后张法由粘结预应力筋张拉完毕并经检查合格后，应尽早进行孔道灌浆，孔道内水泥浆应饱满、密实。

后张法预应力筋锚固后的外露多余长度，宜采用机械方法切割，也可采用氧—乙炔焰切割。其外露长度不宜小于预应力筋直径的 1.5 倍，且不应小于 30mm。

孔道灌浆前应进行下列准备。

（1）应确认孔道、排气兼泌水管及灌浆孔畅通；对预埋管成型孔道，可采用压缩空气清孔；

（2）应采用水泥浆、水泥砂浆等材料封闭端部锚具缝隙，也可采用封锚罩封闭外露锚具；

（3）采用真空灌浆，应确认孔道系统的密封性。

配制水泥浆用水泥、水及外加剂除应符合国家现行有关标准的规定外，尚应符合下列

规定。

（1）宜采用普通硅酸盐水泥或矿酸盐水泥；

（2）拌和用水和掺加的外加剂中，不应含有对预应力筋或水泥有害的成分；

（3）外加剂应与水泥作配合比试验并确定掺量。

灌浆用水泥浆应符合下列规定。

（1）采用普通灌浆工艺时，稠度宜控制在 12～20s；采用真空灌浆工艺时，稠度宜控制在 18～25s；

（2）水灰比不应大于 0.45；

（3）3h 自由泌水率宜为 0，且不应大于 1%，泌水应在 24h 内全部被水泥浆吸收；

（4）24h 自由膨胀率。采用普通灌浆工艺时不应大于 6%；采用真空灌浆工艺时不应大于 3%；

（5）水泥浆中氯离子含量不应超过水泥重量的 0.06%；

（6）28d 标准养护的边长为 70.7mm 的立方体水泥浆试块抗压强度不应低于 30MPa；

（7）稠度、泌水率及自由膨胀率的试验方法应符合现行国家标准《预应力孔道灌浆剂》GB/T 25182 的规定。

注：① 一组水泥浆试块由 6 个试块组成；

② 抗压强度为一组试块的平均值。当一组试块中抗压强度最大值或最小值与平均值相差超过 20%时，应取中间 4 个试块强度的平均值。

灌浆用水泥浆的制备及使用，应符合下列规定。

（1）水泥浆宜采用高速搅拌机进行搅拌，搅拌时间不应超过 5min；

（2）水泥浆使用前应经筛孔尺寸不大于 1.2mm×1.2mm 的筛网过滤；

（3）搅拌后不能在短时间内灌入孔道的水泥浆，应保持缓慢搅动；

（4）水泥浆应在初凝前灌入孔道，搅拌后至灌浆完毕的时间不宜超过 30min。

灌浆施工应符合下列规定。

（1）宜先灌注下层孔道，后灌注上层孔道。

（2）灌浆应连续进行，直至排气管排除的浆体稠度与注浆孔处相同且无气泡后，再顺浆体流动方向依次封闭排气孔；全部出浆口封闭后，宜继续加压 0.5～0.7MPa，并应稳压 1～2min 后封闭灌浆口。

（3）当泌水较大时，宜进行二次灌浆和对泌水孔进行重力补浆。

（4）因故中途停止灌浆时，应用压力水将未灌注完孔道内已注入的水泥浆冲洗干净。

真空辅助灌浆，是在孔道一端用真空泵抽真空，另一端灌浆泵灌浆，孔道抽真空负压宜稳定保持为 0.08～0.10MPa。

孔道灌浆应填写灌浆记录。

外露锚具及预应力筋应按设计要求采取可靠的封锚保护措施，如钢筋网混凝土。

# 第三节　电　张　法

电张法是利用钢筋热胀冷缩原理来张拉预应力筋。施工时，将低电压、强电流通过钢筋，由于钢筋有一定电阻，致使钢筋温度升高而产生纵向伸长，待伸长至规定长度时，切断电流立即加以锚固，钢筋冷却时便建立预应力。

电张法一般用于后张法，在后张法中可在预留孔道中张拉预应力筋，也可在预应力表面涂以热塑料涂料（硫黄砂浆、沥青）后直接浇筑于混凝土中，然后通电张拉。用波纹管或其他金属管道作预留孔道的结构，不得用电张法张拉。

用电张法张拉预应力筋，设备简单，张拉速度快。可避免摩擦损失，张拉曲线形钢筋或高空进行张拉更有优越性。

电张法是以钢筋的伸长值来控制预应力值的，此值的控制不如千斤顶张拉时应力控制法精确，当材质掌握不准时会直接影响预应力值的准确性。故成批生产时应用千斤顶进行抽样校核，对理论电张伸长值加以修正后再进行施工。因此，电张法不宜用于抗裂要求较高的构件。

电张法施工，钢筋伸长值是控制预应力的依据。钢筋伸长率是控制应力和电张后钢筋弹性模量的比值，计算中还须考虑钢筋的长度，电热后产生的塑性变形及锚具、台座或钢模等的附加伸长值等多种因素。

由于电张法施加预应力时，预应力值较难准确控制，且施工中电能消耗量大，目前已经很少采用。

# 第四节　后张法无粘结和缓粘结预应力混凝土施工

无粘结预应力混凝土施工方法是后张法预应力混凝土的发展，主要应用在预应力混凝土楼板结构中，而在预应力混凝土梁内很少采用。在普通后张法预应力混凝土中，预应力筋与混凝土通过灌浆或其他措施相互间存在粘结力，在使用荷载作用下，构件的预应力筋与混凝土不会产生纵向的相对滑动。

无粘结预应力在国外发展较早，目前我国在建筑工程中也广泛使用。无粘结预应力混凝土施工方法为：将无粘结预应力筋同普通钢筋一样按设计要求在模板内安装好，然后浇筑混凝土，待混凝土达到设计要求强度后，进行预应力筋的张拉锚固。无粘结预应力工艺的特点是不需要预留孔道和灌浆，施工简单，张拉时摩阻力小，预应力筋易弯成曲线形状，适合直线或曲线配筋的结构。

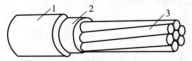

图 5-43　无粘结预应力筋

1—塑料套筒；2—油脂；

3—钢绞线或钢丝束

无粘结预应力筋是指施加预应力后沿全长与周围混凝土不粘结的预应力筋。它由预应力钢材、涂料层和护套层组成（图 5-43）。

## 一、无粘结预应力筋布置与构造

### 1. 楼面结构形式

无粘结预应力混凝土现浇楼板有以下形式：单向平板、无柱帽双向平板、带柱帽双向平板、梁支承双向平板、密肋板、扁梁等。

### 2. 预应力筋布置

（1）多跨单向平板　无粘结预应力筋采用纵向多波连续曲线配筋方式。曲线筋的形式与板承受的荷载形式及活荷载与恒荷载的比值等因素有关。

（2）多跨双向平板　无粘结预应力筋在纵横两方向均采用多波连续曲线配筋方式，在均布荷载作用下其配筋形式有以下几种。

　　1）按柱上板带与跨中板带布筋［图5-44（a）］。在垂直荷载作用下，通过柱内或靠近柱边的无粘结预应力筋远比远离柱边的无粘结预应力筋分担的抗弯承受能力多。对长宽比不超过1.33的板，在柱上板带内配置60%～75%的无粘结筋，其余分布在跨中板带。这种布筋方式的缺点是穿筋、编网和定位给施工带来不便。

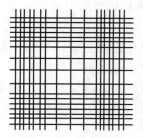

　　(a) 按柱上板带与跨中板带布筋　　　(b) 一向带状集中布筋，另一向均匀分散分筋

图5-44　多跨双向平板预应力筋布置方式

　　2）一向带状集中布筋，另一向均匀分散布筋［图5-44（b）］。预应力混凝土双向平板的抗弯承受能力主要取决于板在每一方向上的预应力筋的总量，与预应力筋的配筋形式关系较小。因此可将无粘结预应力筋在一个方向上沿柱轴线呈带状集中布置在宽度1.0～1.25m的范围内，而在另一方向上采取均匀分散布置的方式。这种布筋方式可产生具有双向预应力的单向板效果。平板中的带状预应力筋起到了支承梁的作用。这种布筋方式避免了无粘结预应力筋的编网工作，易于保证无粘结预应力筋的施工质量，便于施工。

　　3）多跨双向密肋板。在多跨双向密肋板中，每根肋内部布置无粘结预应力筋，柱间采用双向无粘结预应力扁梁。在这类板中，也有仅在一个方向的肋内布置预应力筋的做法。

　　3. 细部构造

　　（1）一般规定

　　1）无粘结预应力筋保护层的最小厚度，考虑耐火要求，应符合有关规定。

　　2）无粘结预应力筋的间距，对均布荷载作用下的板，一般为250～500mm。其最大间距不得超过板厚的6倍，且不宜大于1.0m。各种布筋方式每一方向穿过柱的无粘结预应力筋的数量不得少于2根。

　　3）对无粘结预应力混凝土平板，混凝土平均预压应力不宜小于$1.0N/mm^2$，也不宜大于$3.5N/mm^2$。在裂缝控制较严的情况下，平均预压应力值应小于$1.4N/mm^2$。

　　对抵抗收缩与温度变形的预应力筋，混凝土平均预压应力不宜小于$0.7N/mm^2$。

　　在双向平板中，平均预压应力不大于$0.86N/mm^2$时，一般不会因弹性压缩或混凝土徐变而产生过大的尺寸变化。

　　4）在单向板体系中，非预应力钢筋的配筋率不应小于0.2%，且其直径不应小于8mm，间距不应大于20mm。

　　在等厚的双向板体系中，正弯矩区每一方向的非预应力筋配筋率不应小于0.15%，且其直径不应小于6mm，间距不应大于200mm。在柱边的负弯矩区每一方向的非预应力筋配筋率不应小于0.075%，且每一方向至少应设置4根直径不小于A 16钢筋，间距不应大于300mm，伸出柱边长度至少为支座每边净跨的1/6。

5）在双向平板边缘和拐角处，应设置暗圈梁或设置钢筋混凝土边梁。暗圈梁的纵向钢筋直径不应小于 12mm，且不应小于 4 根；箍筋直径不应小于 6mm，间距不应大于 250mm。

6）在双向平板中，增强板柱节点抗冲切力可采取以下办法解决：①节点处局部加厚或加柱帽；②节点处板内设置双向暗梁；③节点处板内设置双向型钢剪力架。

（2）锚固区构造

1）在平板中单根无粘结预应力筋的张拉端可设在边梁或墙体外侧，有凸出式或凹入式作法（图 5-45）。前者利用外包钢筋混凝土圈梁封裹，后者利用掺膨胀剂的砂浆封口。承压钢板的参考尺寸为 80mm×80mm×12mm 或 90mm×90mm×12mm，根据预应力筋规格与锚固区混凝土强度确定。螺旋筋为 A6 钢筋，螺旋直径为 70mm，可直接点焊在承压钢板上。

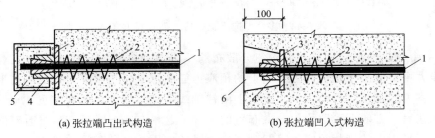

(a) 张拉端凸出式构造　　　　　　　　(b) 张拉端凹入式构造

图 5-45　平板中单根无粘结预应力筋的张拉端做法

1—无粘结预应力筋；2—螺旋钢筋；3—承压钢板；
4—夹片锚具；5—混凝土圈梁；6—砂浆

2）在梁中成束布置的无粘结预应力筋，宜在张拉端分散为单根布置，承压钢板上预应力筋的间距为 60～70mm。当一块钢板上预应力筋根数较多时，宜采用钢筋网片。网片采用 A6～A8 钢筋 4～6 片。

3）无粘结预应力筋的固定端可利用镦头锚板或挤压锚具采取内埋式作法（图 5-46）。

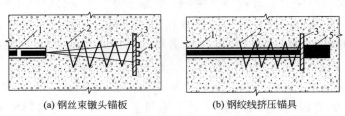

(a) 钢丝束镦头锚板　　　　　　　　(b) 钢绞线挤压锚具

图 5-46　无粘结预应力筋固定端内埋式构造

1—无粘结预应力筋；2—螺旋钢筋；3—承压钢板；4—冷镦头；5—挤压锚具

对多根无粘结预应力筋，为避免内埋式固定端拉力集中使混凝土开裂，可采取错开位置锚固。

4）当无粘结预应力筋搭接铺设，分段张拉时，预应力筋的张拉端设在板面的凹槽处，其固定端埋设在板内。在预应力筋搭接处，由于无粘结筋的有效高度减少而影响截面的抗弯能力，可增加非预应力钢筋补足（图 5-47）。

（3）减少约束影响的措施　在后张楼板中，如平均预压应力约为 $1N/mm^2$，则一般不会因楼板弹性缩短和混凝土收缩、徐变而产生大的变形，无须采取特别的构造措施来减少约束力。然而，当建筑物的尺寸或施工缝间的尺寸变得很大，或板支承于刚性构件上时，如不采取有效的构造措施，将会产生很大的约束力，仍要当心。

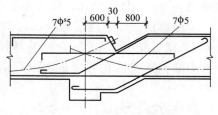

图 5-47　无粘结预应力筋
搭接铺设分段张拉构造

1）合理布置和设计支承构件：如将抗侧力构件布置在结构位移中心不动点附近，使产生的约束作用减为最小；采用相对细长的柔性柱可以使约束力减小；需要时应在柱中配置附加钢筋承担约束作用产生的附加弯矩。

2）板在施工缝之间的长度超过 50m 时，可采用后浇带或临时施工缝将结构分段。在后浇带中应有预应力筋与非预应力筋通过使结构达到连续。

3）对平面外形不规则的板，宜划分为平面规则单元，使各部分能独立变形，减少约束。

（4）板上开洞

1）当板上需要设置不大的空洞时，可将板内无粘结预应力筋在两侧绕开洞处铺设（图 5-48）。无粘结预应力筋距洞边不宜小于 150mm，洞边应配置构造钢筋。

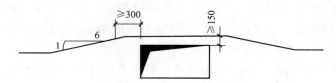

图 5-48　洞口处无粘结预应力筋构造要求

2）当板上需要设置较大的空洞时，若需要在洞口处中断一些预应力筋；宜采用图 5-49（a）所示的"限制裂缝"的中断方式，而不采用图 5-49（b）所示的"助生裂缝"的中断方式。

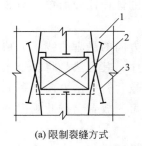

(a)限制裂缝方式　　　　　　　　(b)助生裂缝方式

图 5-49　洞口预应力筋布置
1—板；2—洞口；3—预应力筋

3）对大空洞为控制孔角裂缝，应配置适量的斜钢筋，靠近板的上、下保护层配置。在有些情况下，为将孔边的荷载传到板中去，需沿开孔周边配置附加的构造钢筋成暗梁，利用孔边的无粘结预应力筋和附加普通钢筋承担孔边荷载。另外，在单向板和双向板中，孔洞宜设置在跨中区域，以减少开孔对墙或柱附近抗剪能力的不利影响。

**二、无粘结预应力混凝土施工顺序**

1.超高层建筑预应力楼板

这类建筑多数采用筒体结构，其平面形状接近方形，每层面积小（1000m² 以下），层数特别多（30层以上），多数为标准层。根据这一特点，对预应力楼板的施工顺序如下。

（1）逐层浇注、逐层张拉　标准层施工周期：内筒提前施工，不计工期；外筒柱施工1～2d，楼板支模2～2.5d，钢筋与预应力筋铺设1.5～2d，混凝土浇筑1d等共计6～7d；预应力筋张拉安排在混凝土浇筑后第五天进行，即上层楼板混凝土浇筑前1d进行，不占工期。

这种方案的优点是可减少外筒柱的约束力，并减少支模层数，但受到预应力筋张拉制约，对加快施工速度有些影响。

（2）数层浇筑、顺向张拉　这种方案的优点是无须等待预应力筋张拉，如普通混凝土结构一样，可加快施工速度。但缺点是支模层数增多，模板耗用量大。采用早拆模板体系，即先拆模板而保留支柱，拆模强度仅为混凝土立方强度的50％，只要一层模板、三层支柱就可满足快速施工需要。

这种方案虽然在大多数中间层由于上下层张拉的相互影响而最终达到同样的效果，但该层板刚张拉时达不到预期的压力，对施工阶段的抗裂有些影响。

2. 多层大面积预应力楼板

在多层轻工业厂房及大型公共建筑中，无粘结预应力楼板的面积有时会很大（达到10000m²），并不设伸缩缝。根据这一特点，从施工顺序来看，采用"逐层浇筑，逐层张拉"方案，还要采用分段流水的施工方法。

沿预应力筋方向布置的剪力墙，会阻碍板中预应力的建立。施工中为消除这一影响，可对剪力墙采取三面留施工缝，与柱和楼板脱开；待楼板预应力筋张拉完毕后，再补浇施工缝处的混凝土。

### 三、无粘结预应力混凝土楼板施工

1. 无粘结预应力筋铺设与固定

（1）铺设顺序　在单向板中，无粘结预应力筋的铺设比较简单，与非预应力筋铺设基本相同。

在双向板中，无粘结预应力筋需要配置成两个方向的悬垂曲线。无粘结筋相互穿插，施工操作较为困难，必须事先编出无粘结筋的铺设顺序。其方法是将各个无粘结筋各搭接点的标高标出，对各搭接点相应的两个标高分别进行比较，若一个方向某一无粘结筋的各点标高均分别低于与其相交的各筋相应点标高时，则此筋可先放置。按此规律编出全部无粘结筋的铺设顺序。

无粘结预应力筋的铺设，通常是在底部钢筋铺设后进行。水电管线一般宜在无粘结筋铺设后进行，且不得将无粘结筋的竖向位置抬高或压低。支座处负弯矩钢筋通常是在最后铺设。

（2）就位固定　无粘结预应力筋应严格按设计要求的曲线形状就位并固定牢靠。

无粘结筋的垂直位置，宜用支撑钢筋或钢筋马凳控制，其间距为1～2m。无粘结筋的水平位置应保持顺直。

在双向连续平板中，各无粘结筋曲线高度的控制点用铁马凳垫好并扎牢。在支座部分，无粘结筋可直接绑扎在梁或墙的顶部钢筋上。在跨中部分，无粘结筋可直接绑扎在板的底部钢筋上。

（3）张拉端固定　张拉端模板应按施工图中规定的无粘结预应力筋的位置钻孔。张拉端的承压板应采用钉子固定在端模板上或用点焊固定在钢筋上。

　　无粘结预应力曲线筋或折线筋末端的切线应与承压板相垂直，曲线段的起始点至张拉锚固点应有不小于 300mm 的直线段。

　　当张拉端采用凹入式做法时，可采用塑料或泡沫穴模（图 5-50）等形成凹口。

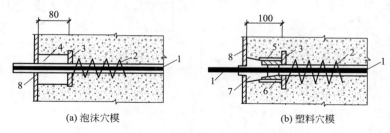

图 5-50　无粘结预应力筋张拉端凹口做法

1—无粘结预应力筋；2—螺旋钢筋；3—承压钢板；4—泡沫穴模；

5—锚环；6—带杯口的塑料套管；7—塑料穴模；8—模板

　　无粘结预应力铺设固定完毕后，应进行隐蔽工程验收，当确认合格后，方可浇筑混凝土。

　　混凝土浇筑时，严禁踏压撞碰无粘结预应力筋、支撑钢筋及端部预埋件；张拉端与固定端混凝土必须振捣密实。

　　2. 无粘结预应力筋张拉与锚固

　　无粘结预应力筋张拉前，应清理承压板面，并检查承压板后面的混凝土质量。如有空鼓现象，应在无粘结预应力筋张拉前修补。

　　无粘结预应力混凝土楼盖结构的张拉顺序，宜先张拉楼板，后张拉楼面梁。板中的无粘结筋，可依次张拉。梁中的无粘结筋宜对称张拉。

　　板中的无粘结筋一般采用前卡式千斤顶单根张拉。并用单孔夹片锚具锚固。

　　无粘结曲线预应力筋的长度超过 25cm，宜采取两端张拉。当筋长超过 60cm 时，宜采取分段张拉。如遇到摩擦损失较大，则宜先松动一次再张拉。

　　在梁板顶面或墙壁侧面的斜槽内张拉无粘结预应力筋时，宜采用边角张拉装置。

　　变角张拉装置是由定压器、变角块、千斤顶等组成（图 5-51）。其关键部位是变角块。变角块可以使整体的或分块的。前者仅为某一特定工程用，后者通用性强。分块式变角块的搭接，采用阶梯形定位方式（图 5-52）。每一变角块的变角量为 5°，通过叠加不同数量的变角块，可以满足 5°～60°的变角要求。变角块与预压器和千斤顶的连接，都要一个过渡块。如顶压器重新设计，则可省去过渡块。安装变角块时要求注意块与块之间的槽口连接，一定要保证变角轴线向结构外侧弯转。

　　无粘结预应力筋张拉伸长值校核与有粘结预应力筋相同；对超长无粘结筋由于张拉初期的阻力大，初拉力以下的伸长值比常规推算伸长值，应通过试验修正。

　　3. 锚固区防腐蚀处理

　　无粘结预应力筋张拉完毕后，应及时对锚固区进行保护。

　　无粘结预应力筋的锚固区，必须有严格的密封保护措施，严防水汽进入锈蚀预应力筋。

　　无粘结预应力筋锚固后的外露长度不小于 30mm，多余部分宜采用手提砂轮锯切割，但不得采用电弧切割。

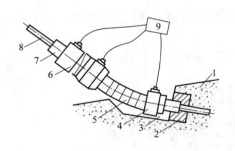

图 5-51　变角张拉装置

1—凹口；2—锚垫板；3—锚具；4—液压顶压器；
5—变角块；6—千斤顶；7—工具锚；
8—预应力筋；9—液压泵

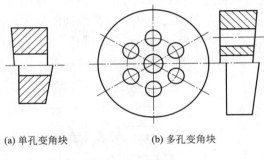

(a) 单孔变角块　　　　(b) 多孔变角块

图 5-52　变角块

在锚具与承压板表面涂以防水涂料。为了使无粘结筋端头全封闭，在锚具端头涂防腐润滑油脂后，罩上封端塑料盖帽。

对凹入锚固区，锚具表面经上述处理后，再用微胀混凝土或低收缩防水砂浆密封。

### 四、缓粘结预应力混凝土施工

缓粘结预应力技术是对传统预应力技术的又一次重大革新，是预应力技术不断发展、不断进步的创新产物。缓粘结预应力技术体系是无粘结和有粘结两种体系的结合。在缓粘结体系中，预应力筋周围包裹一种特殊的物质，前期预应力筋与这种特殊物质几乎没有粘结力，与无粘结体系相同；后期特种物质固化，固化后强度高于混凝土，将预应力筋与混凝土粘结在一起，形成有粘结预应力体系。因此缓粘结的最大特点是：秉承了无粘结预应力技术简便易行的施工优点，克服有粘结预应力技术施工工艺复杂、节点使用条件受限的弊端，其简单的施工工艺、优良的力学指标，使结构的抗震性能得到显著改善。

缓粘结预应力筋有预应力钢材、缓粘结材料和塑料护套组成。预应力钢材宜采用钢绞线，特别是应优先选用多股大直径的钢绞线；缓粘结材料是由树脂粘结剂和其他材料混合而成，具有延迟凝固性能；塑料护套应带有纵横向外肋，以增强预应力筋与混凝土的粘结力。

缓粘结材料的粘度会随时间、温度等因素逐步变化，其摩擦系数 $\mu$ 值缓慢增大。试验表明：缓粘结预应力筋前期摩阻较小且增大缓慢，后期的摩阻会急剧增加形成突变。因此，把握张拉时间显得特别重要，缓粘结预应力筋必须在摩阻力发生突变前张拉。试验表明：龄期 6 个月的缓粘结预应力筋，合适的张拉时间应在 50d 以内。

缓粘结预应力技术研究大约持续了 20 年，日本在 1987 年开始研制缓粘结预应力钢筋，并于 1996 年开始应用于桥梁的横向预应力部位，2001 年应用在桥梁的纵向预应力部位。我国于 1995 年左右开始研究缓粘结预应力技术，主要的材料形式为缓凝砂浆，采用手工涂抹和缠绕的方法现场制作，没有开展大批量的生产和工程应用。21 世纪初，我国开始研制以树脂为缓粘介质的缓粘结预应力钢筋，并在天津某工程项目中试点应用。

## 第五节　预应力混凝土工程施工安全注意事项

预应力混凝土施工有一系列安全问题，如张拉钢筋时断裂伤人、电张时触电伤人等。因此，应注意以下技术环节。

（1）高压液压泵和千斤顶，应符合产品说明书的要求。机具设备及仪表，应由专人使用和管理，并定期维护与检验。

（2）张拉设备测定期限，不宜超过半年。当遇下列情况之一时应重新测定：千斤顶经拆卸与修理；千斤顶久置后使用；压力计受过碰撞或出现过失灵，更换压力计。张拉中发生多根筋破断事故或张拉伸长值误差较大。弹簧测力计应在压力实验机上测定。

（3）预应力筋的一次伸长值不应超过设备的最大张拉行程。

（4）操作千斤顶和测量伸长值的人员，应站在千斤顶侧面操作，严格遵守操作规程。液压泵开动工程中，不得擅自离开岗位。如需离开，必须把液压阀门全部松开或切断电路。

（5）钢丝束镦头锚固体系在张拉过程中应随时拧上螺母，保证安全；锚固时如遇钢丝束偏长或偏短，应增加螺母或用连接器解决。

（6）负荷时严禁拆换液压管或压力计。

（7）机壳必须接地，经检查线路绝缘确属可靠后方可试运转。

（8）锚、夹具应有出厂合格证，并经进场检查合格。

（9）螺纹端杆与预应力筋的焊接应在冷拉前进行，冷拉时螺母应位于螺纹端杆的端部，经冷拉后螺纹端杆不得发生塑性变形。

（10）帮条锚具的帮条应与预应力筋同级别，帮条按120°等分，帮条与衬板接触的截面在一个垂直面上。

（11）施焊时严禁将地线搭在预应力筋上，且严禁在预应力筋上引弧。

（12）锚具的预紧力应取张拉力的120%～130%。顶紧锚塞时用力不要过猛以免钢丝断裂。

（13）切断钢丝时应在生产线中间，然后再在剩余段的中点切断。

（14）台座两端、千斤顶后面应设防护设施，并在台座长度方向每隔4～5m设一个防护架。台座、预应力筋两端严禁站人，更不准进入台座。操作千斤顶的人应站在千斤顶的侧面，不操作时应松开全部液压阀门或切断电路。

（15）预应力筋放张，应缓慢，防止冲击。用乙炔或电弧切割时应采取隔热措施以防烧伤构件端部混凝土。

（16）锥锚式千斤顶张拉钢丝束时，应使千斤顶张拉缸进油至压力计略启动后，检查并调整使每根钢丝的松紧一致，然后再打紧楔块。

（17）电张时作好钢筋的绝缘处理。先试张拉，检查电压、电流、电压降是否符合要求。停电冷却12h后，将预应力筋、螺母、垫层、预埋铁板相互焊牢。电张构件两端应设防护设施。操作人员必须穿绝缘鞋，戴绝缘手套，操作时站在构件侧面。电张时发生碰火现象应立即停电处理后方可继续。电张中经常电压、电流、电压降、温度、通电时间等，如通电时间较长，混凝土发热、钢筋伸长缓慢或不伸长，应立即停电，待钢筋冷却后再加大电流进行。冷拉钢筋电热张拉的重复张拉次数不应超过3次。采用预埋金属管孔道的不得电张。孔道灌浆须在钢筋冷却后进行。

## 第六节　预应力混凝土工程施工常用质量标准

### 一、一般规定

（1）后张法预应力工程的施工应由相应资质等级的预应力专业施工单位承担。

（2）预应力筋张拉机具设备及仪表应定期维护和校验。张拉设备应配套标定，并配套使用。张拉设备的标定期限不应超过半年。当使用过程中出现反常现象时或千斤顶检修后，应重新标定。张拉设备标定时，千斤顶活塞的运行方向应与实际张拉工作状态一致；压力计的精度不应低于 1.5 级，标定张拉设备的试验机或测力精度不应低于 ±2%。

（3）在浇筑混凝土之前，应进行预应力隐蔽工程验收，其内容包括以下部分。

1）预应力筋的品种、规格、数量、位置等。

2）预应力筋锚具和连接器的品种、规格、数量、位置等。

3）预留孔道的规格、数量、位置、形状及灌浆孔、排气兼泌水管等。

4）锚固区局部加强构造等。

## 二、原材料

1. 主控项目

（1）预应力筋进场时，应按国家标准《预应力混凝土用钢绞线》GB/T 524 等的规定抽取试件作力学性能试验，其质量必须符合有关标准的规定。检查数量：按进场的批次和产品的抽样检验方案确定。检验方法：检查产品合格证、出厂检验报告和进场复检报告。

（2）无粘结预应力的涂包质量应符合无粘结预应力钢绞线标准的规定。检查数量：每 60 为一批，每批抽取一组试件。检验方法：观察、检查产品合格证、出厂检验报告和进场复检报告。当有工程经验，并经观察认为质量有保证时，可不作油脂用量和护套厚道的进场复检。

（3）预应力筋用锚具、夹具和连接器应按设计要求采用，其性能应符合现行国家标准《预应力用锚具、夹具和连接器》GB/T 14370 等的规定。检查数量：按进场复检报告。对锚具用数量较少的一班工程，如供货方提供有效的试验报告，可不作静载锚固性能试验。

（4）孔道灌浆用水泥应采用普通硅酸盐水泥，其质量应按符合现行《混凝土结构工程施工质量验收规范》的规定。孔道灌浆用外加剂的质量应符合现行《混凝土结构工程施工质量验收规范》的规定。检查数量：按进场批次和产品的抽样检验方案确定。检验方法：检查产品合格证、出厂检验报告和进场复检报告。对孔道灌浆用水泥和外加剂用量较少的一般工程，当有可靠依据时，可不作材料性能的进场复检。

2. 一般项目

（1）预应力筋使用前应进行外观检查，其质量应符合下列要求：①有粘结预应力筋展开后应平顺，不得有弯折，表面不应有裂缝、小刺、机械损伤、氧化铁皮和油污等。②无粘结预应力筋护套应光滑、无裂缝、无明显褶皱。检查数量：全数检查。检验方法：观察。无粘结预应力护套轻微破损者应外包防水塑料胶带修复，严重破损者不得使用。

（2）预应力筋用锚具、夹具和连接器使用前应进行外观检查，其表面应无污物、锈蚀、机械损伤和裂纹。检查数量：全数检查。检验方法：观察。

（3）预应力混凝土用金属旋管的尺寸和性能应符合国家现行标准《预应力混凝土用金属螺旋管》JG/T 3013 的规定。检查数量：按进场批次和产品的抽样检验方案确定。检验方法：检查产品合格证、出厂检验报告和进场复检报告。对金属螺旋管用量较少的一般工程，当有可靠依据时，可不作径向刚度、抗渗漏性能的进场复检。

（4）预应力混凝土用金属螺旋管在使用前应进行外观检查，其表面应清洁，无锈蚀，不应有油污、孔洞和不规则的褶皱，咬口不应有开裂和脱扣。检查数量：全数检查。检验方法：观察。

### 三、制作与安装

**1. 主控项目**

1）预应力安装时，其品种、级别、规格数量必须符合设计要求。检查数量：全数检查。检验方法：观察，钢直尺检查。

2）先张法预应力混凝土施工时应选用非油质类模板隔离剂，并应避免玷污预应力筋。检查数量：全数检查。检验方法：观察。

3）施工过程中应避免电火花损伤预应力筋；受损伤的预应力筋应予以更换。检查数量：全数检查。检验方法：观察。

**2. 一般项目**

1）预应力筋下料应符合下列要求：①预应力筋应采用砂轮锯或切断机切断，不得采用电弧切割。②当钢丝束两端采用镦头锚具时，同一束中各根钢丝长度的极差不应大于钢丝长度的1/5000，且不应大于5mm。当成组张拉长度不大于10m的钢丝时，同组钢丝长度的极差不得大于2mm。检查数量：每工作抽查预应力筋总数的3％，且不少于3束。检验方法：观察，钢直尺检查。

2）预应力筋端部锚具的制作质量应符合下列要求：①挤压锚具制作时压力计液压应符合操作说明书的规定，挤压后预应力筋外端应露出挤压套筒1～5mm。②钢绞线压花锚成形时，表面应清洁、无油污，梨形头尺寸和直线长度应符合设计要求。③钢丝镦头的强度不得低于钢丝强度标注值的98％。

检查数量：对挤压锚，每工件班抽查5％，且不应少于5件；对压花锚，每工件班抽查3件；对钢丝镦头强度，每批钢丝检查6个镦头时间。检验方法：观察，钢直尺检查，检查镦头强度试验报告。

3）后长法有粘结预应力筋预留孔道的规格、数量、位置和形状除应符合设计要求外，尚应符合下列规定：①预留孔道的定位应牢固，浇筑混凝土时不应出现移位和变形。②孔道应平顺，端部的预埋锚垫板应垂直于孔道中心线。③成孔用管道应密封良好，接头应严密且不得漏浆。④灌浆孔的间距：对预埋金属螺旋管不宜大于30m；对抽芯成形孔道不宜大于12m。⑤在曲线孔道的曲线波峰部位应设置排气兼泌水管，必要时可在最低点设置排水孔。⑥灌浆孔及泌水管的孔径应能保证浆液畅通。

检查数量：全数检查。检验方法：观察、钢直尺检查。

4）预应力筋束形控制点的竖向位置偏差应符合表5-2的规定。

表5-2　束形控制点的竖向位置允许偏差

| 截面高(厚)度/mm | $h \leqslant 300$ | $300 < h \leqslant 1500$ | $h > 1500$ |
|---|---|---|---|
| 允许偏差/mm | ±5 | ±10 | ±15 |

检查数量：在同一检验批内，抽查各类构件中预应力筋总数的5％，且对各类型构件均不少于5束，每束不应少于5处。检查方法：钢直尺检查。束形控制点的竖向位置偏差合格点率应达到90％及以上，且不得有超过表5-2中数值1.5倍的尺寸偏差。

5）无粘结预应力筋的铺设除应符合上一条的规定外，尚应符合下列要求：①无粘结预应力筋的定位应牢固，浇筑混凝土时不应出现移位和变形；②端部的预埋锚垫板应垂直与预应力筋；③内埋式固定端垫板不应重叠，锚具与垫板应贴紧；④无粘结预应力筋成束布置时应能保证混凝土密实并能裹住预应力筋；⑤无粘结预应力筋的护套应完整，局部破损处应用防水胶带缠绕紧密。

检查数量：全数检查。

检验方法：观察。

6）浇筑混凝土前穿入孔道的后张又粘结预应力筋，宜采取防止锈蚀的措施。

检查数量：全数检查。

检查方法：观察。

### 四、张拉和放张

1. 主控项目

1）预应力筋张拉或放张时，混凝土强度应符合设计要求；当设计无具体要求时，不应低于设计的混凝土立方体抗压强度标准值的 75%。检查数量：全数检查。检验方法：检查同条件养护试件实验报告。

2）预应力筋的张拉力、张拉或放张顺序及张拉工艺应符合设计及施工技术方案的要求，并应符合下列规定：①当施工需要超张拉时，最大张拉应力不应大于国家现行标准《混凝土结构设计规范》GB 50010 的规定。②张拉工艺应能保证同一束中各根预应力筋的应力均匀一致。③后张法施工中，当预应力筋是逐根或逐束张拉时，应保证各阶段不出现对结构不利的应力状态；同时宜考虑后批张拉预应力筋所产生的结构构件的弹性压缩对先批张拉预应力筋的影响，确定张拉力。④先张法预应力筋放张时，宜缓慢放松锚固装置，使各根预应力筋同时缓慢放松。⑤应校核预应力筋的伸长值。实际伸长值与设计计算理论伸长值的相对允许偏差为 ±6%。检查数量：全数检查。检验方法：检查张拉记录。

3）预应力筋张拉锚固后实际建立的预应力值与工程设计规定检验值的相对允许偏差为 ±5%。检查数量：对先张法施工，每工作班抽查预应力筋总数的 1%，且不少于 3 根；对后张法施工，在同一检验批内，抽查预应力筋总数的 3%，且不少于 5 束。检验方法：对先张法施工，检查预应力筋应力监测记录；对后张法施工，检查见证张拉记录。

4）张拉工程中应避免预应力筋断裂或滑脱；当发生断裂或滑脱时，必须符合下列规定：①对后张法预应力结构构件，断裂或滑脱的数量严禁超过同一截面预应力筋总根数的 3%，且每束钢丝不得超过一根；对多跨双向连续板，其同一截面应按每跨计算。②对先张法预应力构件，在浇筑混凝土前发生断裂或滑脱的预应力筋必须予以更换。检查数量：全数检查。检验方法：观察、检查张拉记录。

2. 一般项目

1）锚固阶段张拉端预应力筋的内缩量应符合设计要求；当设计无具体要求时，应符合规范的规定。检查数量：每工件班抽查预应力筋总数的 3%，且不少于 3 束。检验方法：钢直尺检查。

2）先张法预应力筋张拉后与设计位置的偏差不得大于 5mm，且不得大于构件截面短边变长的 4%。检查数量：每工件班抽查预应力筋总数的 3%，且不少于 3 束。检验方法：钢直尺检查。

### 五、灌浆及封锚

1. 主控项目

1）后张法有粘结预应力筋张拉后应尽早进行孔道灌浆，孔道内水泥浆应饱满、密实。

检查数量：全数检查。检验方法：观察、检查灌浆记录。

2）锚具的封闭保护应符合设计要求；当设计无具体要求时，应符合下列规定：①应采取防止锚具腐蚀和遭受机械损伤的有效措施。②凸出式锚固端锚具的保护层厚度不应小于 50mm。③外露预应力筋的保护层厚度：处于正常环境时，不应小于 20mm；处于易受腐蚀的环境时，不应小于 50mm。

检查数量：在同一检验批内，抽查预应力筋总数的 5％，且不少于 5 处。检验方法：观察，钢直尺检查。

2. 一般项目

1）后张法预应力筋锚固后的外露部分宜采用机械方法切割，其外露长度不宜小于预应力筋直径的 1.5 倍，且不宜小于 30mm。检查数量：在同一检验批内，抽查预应力筋总数的 3％，且不少于 5 束。检验方法：观察，钢直尺检查。

2）灌浆用水泥浆的水灰比不应大于 0.45，搅拌后 3h 泌水率不宜大于 2％，且不应大于 3％。泌水应能在 24h 内全部重新被水泥浆吸收。检测数量：同一配合比检查一次。检验方法：检查水泥浆性能试验报告。

3）灌浆用水泥浆的抗压强度不应小于 $30N/mm^2$。检查数量：每工班留置一组变长为 70.7mm 的立方体试件。检验方法：检查水泥浆试件强度试验报告。一组试件由 6 个试件组成，试件应标注养护 28d；抗压强度为一组试件的平均值，当一组试件中抗压强度最大值或最小值与平均值相差超过 20％时，应取中间 4 个试件强度的平均值。

# 第六章  结构安装工程

结构安装工程是构件由预制构件厂或现场预制成型，然后在施工现场由起重机械把它们吊装到设计的位置上去。也称吊装工程。

吊装工程的特点如下。

1）受预制构件类型和质量的影响较大。如预制构件的外形尺寸、预埋件位置是否准确、构件强度是否达到设计要求、预制构件类型的变化多少等，都直接影响吊装进度和工程质量。

2）正确选用起重机械是完成吊装工程施工的主导因素。选择起重机械的依据是：构件的尺寸、重量、安装高度以及位置。而吊装的方法及吊装进度又取决于起重机械的选择。

3）构件在施工现场的布置（摆放）随起重机械的变化而不同。

4）构件在吊装过程中，受力情况复杂。必要时还要对构件进行吊装强度、稳定性的验算。

5）高空作业多，应注意采取安全注意事项措施。

本章主要介绍结构安装的起重机械、钢筋混凝土单层工业厂房安装。

## 第一节  结构安装的起重机械

建筑结构安装施工常用的起重机械有：桅杆式起重机、自行杆式起重机、塔式起重机等几大类。

### 一、桅杆式起重机

桅杆式起重机是用木材或金属材料制作的起重设备，它具有制作简单、装拆方便、起重量大（可达 200t 以上）、受地形限制小等特点，宜在大型起重设备不能进入时使用。但是它的起重半径小、移动较困难，需要设置较多的缆风绳。它一般适用于安装工程量集中、结构重量大、安装高度大以及施工现场狭窄的多层装配式或单层工业厂房构件的安装。

桅杆式起重机可分为独脚拔杆、人字拔杆、悬臂拔杆和牵缆式桅杆起重机等。

（一）独脚拔杆

独脚拔杆有木独脚拔杆和钢管独脚拔杆以及格构式独脚拔杆三种（图 6-1）。

独脚拔杆由拔杆、起重滑轮组、卷扬机、缆风绳和锚碇等组成。

木独脚拔杆由圆木做成，圆木直径 200～300mm，最好用整根木料。起重高度在 15m 以内，起重量在 10t 以下。如拔杆需要接长可采用对接和搭接；钢管独脚拔杆起重高度在 20m 以内，起重量在 30t 以下；格构式独脚拔杆一般制作成若干节，以便于运输，吊装中根据安装高度及构件重量组成需要长度。其起重高度可达 70m，起重量可达 100t。

独脚拔杆在使用时，保持不大于 10°的倾角，以便吊装构件时不至碰撞拔杆，底部要设

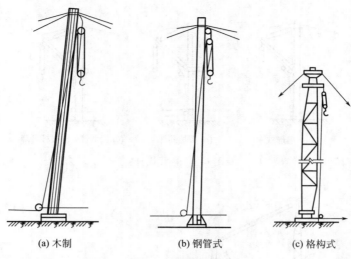

(a) 木制　　　　　　(b) 钢管式　　　　　　(c) 格构式

图 6-1　独脚拔杆

拖撬以便移动，拔杆主要依靠缆风绳来保持稳定，其根数应根据起重量、起重高度、以及绳索强度而定，一般为 6～12 根，但不少于 4 根。缆风绳与地面的夹角 $\alpha$ 一般取 $30°～45°$，角度过大则对拔杆产生较大的压力。

（二）人字拔杆

人字拔杆是由两根圆木或钢管、缆风绳、滑轮组、导向轮等组成。在人字拔杆的顶部交叉处，悬挂滑轮组。拔杆下端两脚的距离约为高度的 1/3～1/2。缆风绳一般不少于 5 根（图 6-2）。人字拔杆顶部相交成 $20°～30°$ 夹角，以钢丝绳绑扎成铁件铰接。人字拔杆其特点是，侧向稳定性好、缆风绳用量少。但起吊构件活动范围小，一般仅用于安装重型柱，也可作辅助起重设备用于安装厂房屋盖上的轻型构件。

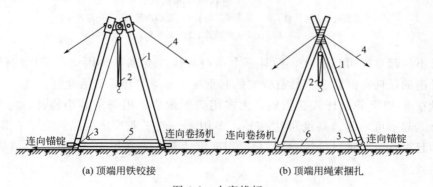

(a) 顶端用铁铰接　　　　　　　　(b) 顶端用绳索捆扎

图 6-2　人字拔杆

1—拔杆；2—起重滑轮组；3—导向滑轮；4—缆风绳；5—拉杆；6—拉绳

（三）悬臂拔杆

在独脚拔杆中部或 2/3 高度处装上一根起重臂成悬臂拔杆（图 6-3）。

悬臂拔杆的特点是有较大的起重高度和起重半径，起重臂还能左右摆动 $120°～270°$，这为吊装工作带来较大的方便。但其起重量较小，多用于起重高度较高的轻型构件的吊装。

（四）牵缆式桅杆起重机

牵缆式桅杆起重机是在独脚拔杆的下端装上一根可以回转和起伏的吊杆而成（图 6-4）。

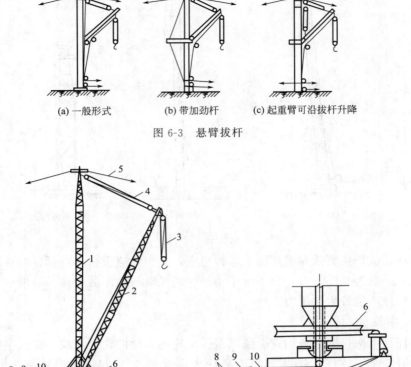

(a) 一般形式　　　　(b) 带加劲杆　　　(c) 起重臂可沿拔杆升降

图 6-3　悬臂拔杆

(a) 全貌图　　　　　　　　(b) 底座构造示意图

图 6-4　牵缆式桅杆起重机

1—拔杆；2—起重臂；3—起重滑轮组；4—变幅滑轮组；5—缆风绳；
6—回转盘；7—底座；8—回转索；9—起重索；10—变幅索

这种起重机不仅起重臂可以起伏，而且整个机身可作 360°回转，因此，能把构件吊送到有效起重半径内的任何空间位置。具有较大的起重量和起重半径，灵活性好。

起重量在 5t 以下的桅杆式起重机，大多用圆木做成，用于吊装小构件；起重量在 10t 左右的桅杆式起重机，起重高度可达 25m，多用于一般工业厂房的结构安装；用格构式截面的拔杆和起重臂，起重量可达 60t，起重高度可达 80m，常用于重型厂房的吊装，缺点是使用缆风绳较多。

## 二、自行杆式起重机

自行杆式起重机可分为：履带式起重机、轮胎式起重机、汽车起重机三种，这三种起重机在建筑安装中使用广泛。

自行杆式起重机的优点是灵活性大，移动方便，能为整个建筑工地服务。起重机是一个独立的整体，一到现场即可投入使用无需进行拼接等工作，施工起来更方便，只是稳定性稍差。

### （一）履带式起重机

履带式起重机（图 6-5），是一种自行式，360°回转的起重机，它是一种通用式工程机械，只要改变工作装置，它既能起重，又能挖土。操作灵活，行驶方便，可在一般道路上行走，对地耐力要求不高。臂杆可以接长或更换，有较大的起重能力及工作速度，在平整坚实的道路上还可负载行驶。但其行走速度较慢，因其稳定性差，不宜超负荷吊装。履带对路面破坏性较大。在一般单层工业厂房安装中常用履带式起重机。

履带式起重机主要由动力装置、传动机构、行走机构（履带）、工作机构（起重杆、起重滑轮组、变幅滑轮组、卷扬机等）、机身及平衡重等组成。

履带式起重机主要技术性能包括三个主要参数：起重量 $Q$、起重半径 $R$ 和起重高度 $H$。起重量一般不包括吊钩、滑轮组的重量，起重半径 $R$ 是指起重机回转中心至吊钩的水平距离，起重高度 $H$ 是指重吊钩中心至停机面的距离。

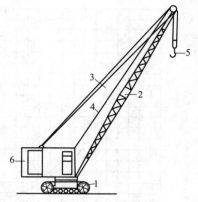

图 6-5　履带式起重机

1—履带；2—起重臂；3—起落起重臂钢丝绳；4—起落吊钩钢丝绳；5—吊钩；6—机身

常用履带式起重机的起重性能及外形尺寸及技术参数见表 6-1；此外还可用性能曲线来表示起重机的性能（图 6-6）。

表 6-1　国内生产的几种履带起重机主要技术性能

| 型　号 | | W₁-100 | QU20 | QU25 | QU32A | QU40 | QUY50 | W200A | KH180-3 |
|---|---|---|---|---|---|---|---|---|---|
| 最大起重量/t | 主钩<br>副钩 | 15<br>— | 20<br>2.3 | 25<br>3 | 36<br>3 | 40<br>3 | 50 | 50<br>5 | 50 |
| 最大起升高度/m | 主钩<br>副钩 | 19 | 11～27.6 | 28<br>32.3 | 29<br>33 | 31.5<br>36.2 | 9～50 | 12～36<br>40 | 9～50 |
| 臂长/m | 主钩<br>副钩 | 23<br>— | 13～30<br>5 | 13～30 | 10～31<br>4 | 10～34<br>6.2 | 13～52 | 15;30;40<br>6 | 13～62<br>6.1～15.3 |
| 起升速度/(m/min)<br>行走速度/(km/h) | | 1.5 | 23.4;46.8<br>1.5 | 50.8<br>1.1 | 7.95～23.8<br>1.26 | 6～23.9<br>1.26 | 35;70<br>1.1 | 2.94～30<br>0.36;1.5 | 35;70<br>1.5 |
| 最大爬坡度/%<br>接地比压/MPa | | 20<br>0.089 | 36<br>0.096 | 36<br>0.082 | 30<br>0.091 | 30<br>0.086 | 40<br>0.068 | 31<br>0.123 | 40<br>0.061 |
| 发动机 | 型号<br>功率<br>/kW | 6135<br>88 | 6135K-1<br>88.24 | 6135AK-1<br>110 | 6135AK-1<br>110 | 6135AK-1<br>110 | 6135K-15<br>128 | 12V135D<br>176 | PD604<br>110 |
| 外形尺寸/mm | 长<br>宽<br>高 | 5303<br>3120<br>4170 | 5348<br>3488<br>4170 | 6105<br>2555<br>5327 | 6073<br>3875<br>3920 | 6073<br>4000<br>3554 | 7000<br>3300～4300<br>3300 | 7000<br>4000<br>6300 | 7000<br>3300～4300<br>3100 |
| 整机自重/t | | 40.74 | 44.5 | 41.3 | 511.5 | 58 | 50 | 75;77;79 | 46.9 |
| 生产厂 | | 抚顺挖掘机厂 | 抚顺挖掘机厂 | 长江挖掘机厂 | 江西采矿机械厂 | 江西采矿机械厂 | 抚顺挖掘机厂 | 杭州重型机械厂 | 抚顺·日立合作生产 |

从起重机性能表和性能曲线可以看出，起重量、回转半径、起重高度三个工作参数之间存在着互相制约的关系。即起重量、回转半径和起重高度的数值，取决于起重臂长度及其仰角。当起重臂长度一定时，随着起重臂仰角的增大，则起重量和起重高度增大，而回转半径则减小。当起重臂仰角不变时随着起重臂的长度的增加，则回转半径和起重高度都增加，而起重量变小。

为了安全履带式起重机在进行安装工作时，起重机吊钩中心与臂架顶部定滑轮中心之间

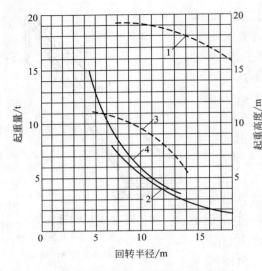

图 6-6　W₁-100 型起重机性能曲线
1—起重臂长 23m 时起重高度曲线；
2—起重臂长 23m 时起重量曲线；
3—起重臂长 13m 时起重高度曲线；
4—起重臂长 13m 时起重量曲线

应有一定的最小安全距离，其值视起重机大小而定，一般为 2.5～3.5m。起重机进行工作时对现场的道路应采用枕木或钢板焊成路基箱垫好道路，以保证起重机工作的安全。起重机工作时的地面允许最大坡角不应超过 3°。起重臂最大仰角不得超过 78°。起吊最大额定重物时，起重机必须置于坚硬而水平的地面上，如地面松软不平时，应采取措施整平。起吊时的一切动作要以缓慢速度进行。履带式起重机一般不宜同时做起重和旋转的操作，也不宜边起重边改变臂架的幅度。如起重机必须负载行驶，则载荷不应超过允许重量的 70%。起重机吊起满载荷重物时，应先吊离地面 20～50cm，检查起重机的稳定性、制动器的可靠性和绑扎的牢固性等，确认可靠后才能继续起吊。两台起重机双机抬吊时，构件重量不得超过两台起重机所允许起重量总和的 75%。

（二）汽车式起重机

汽车式起重机是装在普通汽车底盘上或特制汽车底盘上的一种起重机，也是一种自行式全回转起重机。其行驶的驾驶室与起重操作室是分开的，它具有行驶速度高、机动性能好的特点。但吊重时需要打支腿，因此不能负载行驶，也不适合在泥泞或松软的地面上工作。

常用的汽车式起重机（图 6-7）有 Q₁ 型（机械传动和操纵）、Q₂ 型（全液压式传动和伸缩式起重臂）、Q₃ 型（多电动机驱动各工作机构）以及 YD 型随车起重机和 QY 系列等。

重型汽车式起重机 Q₂-32 型起重臂长 30m，最大起重量 32t，可用于一般厂房的构件安装和混合结构的预制板安装工作。目前

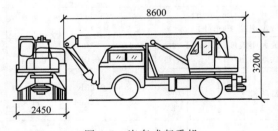

图 6-7　汽车式起重机

引进的大型汽车式起重机最大起重量达 120t，最大起重高度可达 75.6m，能满足吊装重型构件的需要。

在使用汽车式起重机时不准负载行驶或不放下支腿就起重，在起重工作之前要平整场地，以保证机身基本水平（一般不超过 3°），支腿下要垫硬木块。支腿伸出应在吊臂起升之前完成，支腿的收入应在吊臂放下搁稳之后进行。

（三）轮胎式起重机

轮胎式起重机（图 6-8）是把起重机构安装在加重型轮胎和轮轴组成的特制底盘上的一种自行式全回转起重机。随着起重量的大小不同，底盘下装有若干根轮轴，配备有 4～10 个

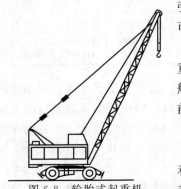

图 6-8　轮胎式起重机

或更多个轮胎。吊装时一般用四个支腿支撑以保证机身的稳定性；构件重力在不用支腿允许荷载范围内也可不放支腿起吊。轮胎式起重机与汽车式起重机的优缺点基本相似，其行驶均采用轮胎，故可以在城市的路面上行走不会损伤路面。轮胎式起重机可用于装卸和一般工业厂房的安装和低层混合结构预制板的安装工作。

# 第二节　装配式钢筋混凝土单层工业厂房安装

单层工业厂房由于构件类型少，数量多，除基础在施工现场就地浇筑外，其他构件均为预制构件。其主要构件有柱、吊车梁、屋架、薄腹梁、天窗架、屋面板、连系梁、地基梁、各种支撑等。尺寸大、重量重的大型构件（柱、屋架等）一般在施工现场就地制作；中小型构件则集中在构件厂制作，运到施工现场安装。

## 一、构件吊装准备

由于工业厂房吊装的构件种类，数量较多，为了进行合理而有序的安装工程，构件吊装前要做好各项准备工作，其内容有：基础的准备；清理及平整场地；修建临时道路；各种构件运输、就位和堆放；构件的强度、型号、数量和外观等质量检查；构件的拼装与加固；构件的弹线、编号以及吊具准备等。

### （一）基础的准备

柱基施工时，杯底标高一般比设计标高低 50mm。基础准备是指在柱构件吊装前，对基础底的标高抄平记录；在基础杯口顶面弹线划出定位线；通过对各柱基础的测量检查，计算出杯底标高调整值，并标注在杯口内；其目的是为了确保柱牛腿顶面的设计标高准确，因此这是一项细致认真，不得失误的构件校核工作。

凡基础杯底标高出现有一定的偏差时，可用 1:2 水泥砂浆或细石砼将杯底偏差找平弥补。

### （二）构件的弹线、编号

柱子应在柱身的三个面上弹出安装中心线，并与基础杯口顶面弹的定位线相适应。对矩形截面的柱子，可按几何中线弹出；对工字形截面的柱子为便于观测和避免视差，则应靠柱边弹出控制准线。此外，在柱顶和牛腿面还要弹出屋架及吊车梁的安装中心线（图 6-9）。

屋架在上弦顶面弹出几何中心线，并从跨中向两端分别标出天窗架、屋面板的吊装中心线，端头标出吊装中心线。

吊车梁在两端及顶面标出吊装中心线。在对构件弹线的同时，还应根据设计图纸对构件进行编号。

## 二、柱吊装

### （一）柱的绑扎

柱子的绑扎位置和绑扎点数，应根据柱的形状、断面、长度、配筋部位和起重机性能等情况确定。因柱的吊升过程中所承受的荷载与使用阶段荷载不同，因此绑扎点应高于柱的重心，这样柱吊起后才不致摇晃倾翻。吊装时应对柱的受力进行验算，其最合理的绑扎点应在柱产生的正负弯矩绝对值相等的位置。自重13t 以下的中、小型柱，大多绑扎一点；重型或配筋小而细长的柱则需要绑扎两点、甚至三点。有牛腿的柱，一点绑扎的位置，常选在牛腿以下，如上部柱较长，也可绑扎在牛腿以上。工字型断面柱的绑扎点应选在矩形断面处，否则应在绑扎位置用方木加固翼缘。双肢柱的绑扎点应选在平腹杆处。在吊索与构件之间还应垫上麻袋、木板等，以免吊索与构件之间摩擦造成损伤。

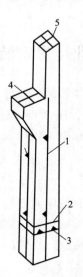

图 6-9　柱子弹线图

1—柱中心线；2—地墙标高线；

3—基础顶面线；4—吊车梁

对位线；5—柱顶中心线

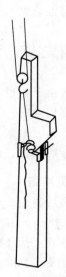

图 6-10　柱的斜吊绑扎法

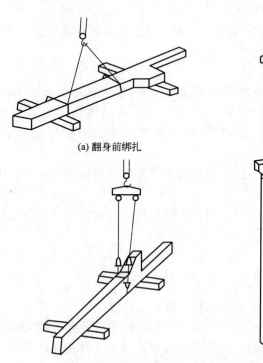

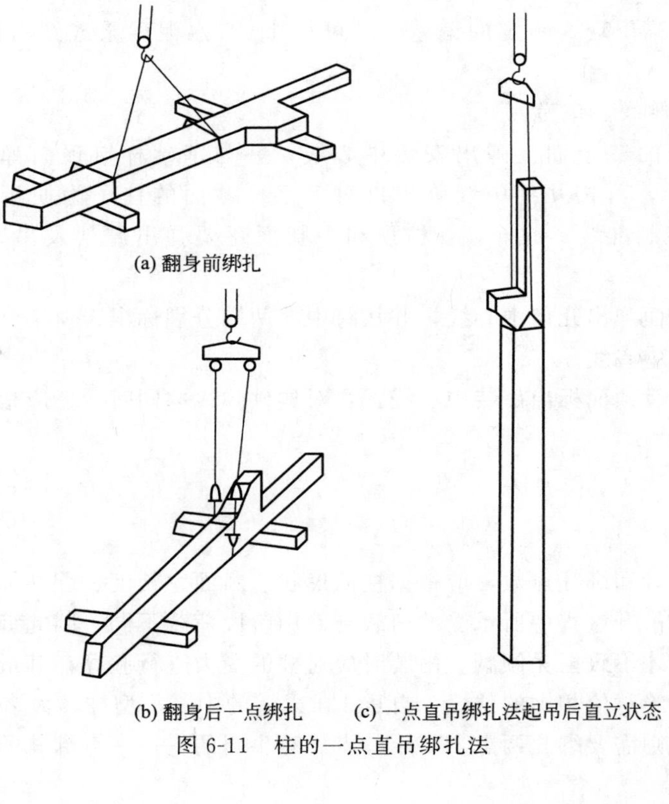

(a) 翻身前绑扎

(b) 翻身后一点绑扎　　(c) 一点直吊绑扎法起吊后直立状态

图 6-11　柱的一点直吊绑扎法

按柱起吊后柱身是否垂直分为斜吊法（图 6-10、图 6-12）和直吊法（图 6-11、图 6-12）。

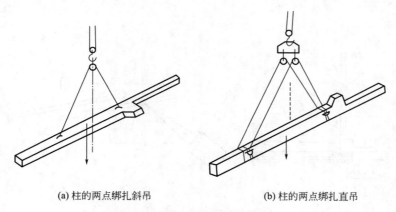

(a) 柱的两点绑扎斜吊　　　　　　　　　　(b) 柱的两点绑扎直吊

图 6-12　柱的两点绑扎法

当柱平卧起吊抗弯能力满足要求时，可采用斜吊法。当柱平卧起吊抗弯能力不足时，吊装前需对柱先翻身后再绑扎起吊。吊索从柱的两侧引出，上端通过卡环或滑轮组挂在横吊梁上，这种方法称为直吊法。

**（二）柱的吊升方法**

工业厂房中的预制柱子安装就位时，常用旋转法和滑行法两种形式吊升到位。

**1. 旋转法**

采用此方法时，要求柱脚靠近柱基础。起吊操作时，应使柱的绑扎点、柱脚和基础中心点均位于起重半径的圆弧上。这样布置后，当起重机的伸臂边升钩边回转时，可命名柱子在提升中，旋转直立，并较快地插入基础杯口内。这种方法的优点是：柱在吊装过程中振动较小，生产率较高（图 6-13）。

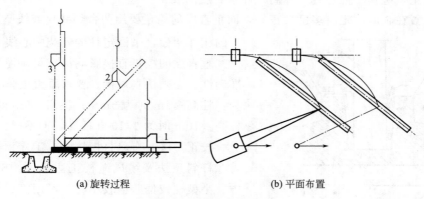

(a) 旋转过程　　　　　　　　　　　　(b) 平面布置

图 6-13　旋转法吊柱

1—柱平放时；2—起吊中途；3—直立

**2. 滑行法**

采用此方法时，要求柱子的吊点靠近基础杯口（与旋转法的柱子布置相反），起重吊钩在柱子吊点上方。起吊时，起重机只升吊钩，不旋转，这样就使柱的下端，随着被提升沿地面缓缓滑向基础杯口附近，直至柱子完全垂直并离地后，然后由起重机转臂使柱子对准基础杯口就位（图 6-14）。这种方法的优点是：起重机可在最小作用半径下工作，且起重臂可不转动，操作比旋转法简单。因此可起吊较重或较长的柱构件。

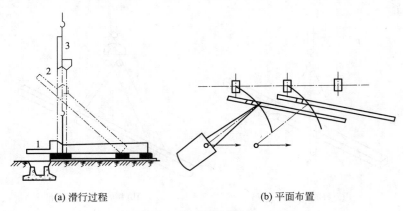

(a) 滑行过程　　　　　　　　(b) 平面布置

图 6-14　滑行法吊柱

1—柱平放时；2—起吊中途；3—直立

另外要说明的是：旋转法和滑行法是柱吊装的基本方法。但在实际施工现场中，可能存在复杂情况，那么吊升方法就是灵活应用，并研究切实可行的方法去处理解决存在的问题。如柱的重量较大，使用一台起重机无法吊装时，可以采用两台或多台起重机进行"抬吊"，也可将柱分节吊装。

（三）柱的对位与临时固定

柱脚插入杯口后，应悬离杯底适当距离进行对位，对位时从柱子四周放入 8 只楔块，并用撬棍拨动柱脚，使柱的吊装准线对准杯口上的吊装准线，并使柱基本保持垂直。

柱子对位后，应先将楔块略为打紧，经检查符合要求后，方可将楔块打紧，这就是临时固定。

（四）柱的校正与最后固定

柱的校正，包括平面位置（标高）和垂直度的校正。

平面位置在临时固定时多已校正好，而垂直度的校正要用两台经纬仪或线坠从柱大致垂直的相邻两面，来测定柱的安装中心线是否垂直。

垂直度的校正直接影响吊车梁、屋架等吊装的准确性、必须认真对待。要求垂直度偏差的允许值为：柱高≤5m 时为 5mm；柱高＞5m 时为 10mm；柱高≥10m 时为 1/1000 柱高，但不得大于 20mm。

校正方法：有敲打楔块法、千斤顶校正法、钢管撑杆斜顶法及缆风绳校正法等（图6-15）。对于中、小型柱或偏差值较小时，可用打紧或稍放松楔块进行校正；若为重型柱或偏差值较大时，则用撑杆、千斤顶或缆风绳等校正。

柱子校正后应立即进行最后固定。方法是在柱脚与杯口的空隙中浇筑比柱混凝土强度等级高一级的细石混凝土，浇筑分两次进行：第一次浇筑至原固定柱的楔块底面，待混凝土强度达到 25％时拔去楔块，再将混凝土灌满杯口。待第二次浇筑的混

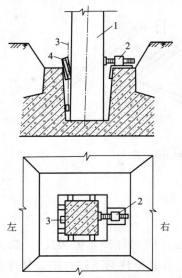

图 6-15　用反推法校正柱的平面位置

1—柱；2—丝杠千斤顶；3—大锤；4—木楔

凝土强度达到 70％后，方可安装其上部构件。

### 三、吊车梁吊装

吊车梁的类型，通常有 T 型、鱼腹型和组合型等。

吊车梁吊装时，应两点绑扎，对称起吊。起吊后应基本保持水平，对位时不宜用撬棍在纵轴方向撬动吊车梁，以防使柱身受挤动产生偏差。

吊车梁吊装后需校正其标高、平面位置和垂直度。吊车梁的标高主要取决于柱牛腿标高，一般只要牛腿标高准确时，其误差就不大。如仍有微差，可待安装轨道时再调整。在检查及校正吊车梁中心线的同时，可用垂球检查吊车梁的垂直度，如有偏差时，可在支座处加斜垫铁纠正。

一般较轻的吊车梁或跨度较小些的吊车梁，可在屋盖吊装前或吊装后进行校正；而对于较重的吊车梁或跨度较大些的吊车梁，宜在屋盖吊装前进行校正。

吊车梁平面位置的校正，常用通线法与平移轴线法（图 6-16、图 6-17）。通线法是根据柱子轴线用经纬仪和钢尺，准确地校核一跨度两端的四根吊车梁位置，对吊车梁的纵轴线和轨距校正好之后，再依据校正好的端部吊车梁，沿其轴线拉上钢丝通线，逐根拨正。平移轴线法是根据柱子和吊车梁的定位轴线间的距离（一般为 750mm），逐根拨正吊车梁的安装中心线。

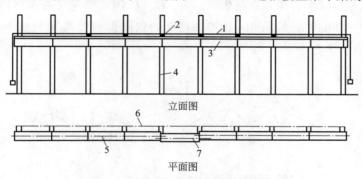

图 6-16　通线法校正吊车梁的平面位置

1—钢丝；2—圆钢；3—吊车梁；4—柱；5—吊车梁设计中线；6—柱设计轴线；7—偏离中心线的吊车梁

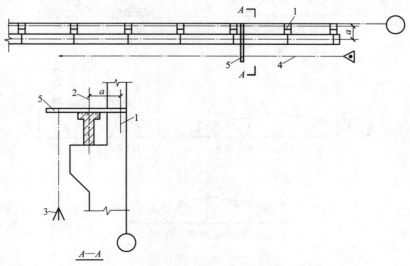

图 6-17　平移轴线法校正吊车梁的平面位置

1—校正基准线；2—吊车梁中线；3—经纬仪；4—经纬仪视线；5—木尺

吊车梁校正后，应立即焊接固定，并在吊车梁的接头处浇筑细石混凝土嵌实。

**四、屋架吊装**

屋盖系统包括有：屋架、屋面板、天窗架、支撑、天窗侧板及天沟板等构件。屋盖系统一般采用按节间进行综合安装：即每安装好一榀屋架，就随即将这一节间的全部构件安装上去。这样做可以提高起重机的利用率，加快安装进度，有利于提高质量和保证安全。在安装起始的两个节间时，要及时安好支撑，以保证屋盖安装中的稳定。

**（一）绑扎**

屋架的绑扎点应选在上弦节点处左右对称，并高于屋架重心，以免屋架起吊后晃动和倾翻。翻身或直立屋架时，吊索与水平线的夹角不宜小于 60°，吊装时不宜小于 45°，以免屋架承受过大的横向压力。必要时，为了减小绑扎高度及所受横向压力可采用横吊梁。吊点的数目及位置与屋架的型式和跨度有关，一般应经吊装验算确定。

当跨度小于等于 18m 时，用两根吊索 $A$、$C$、$E$ 三点绑扎。这种屋架翻身时，如翻身时也在 $A$、$C$、$E$ 点绑扎，则因 $C$ 点处受力太大，可能会在 $C$ 点上产生裂纹，则应绑于 $A$、$B$、$D$、$E$ 四点（图 6-18）。

当跨度为 18～24m 时，用两根吊索 $A$、$B$、$C$、$D$ 四点绑扎（图 6-18）。

当跨度为 30～36m 时，采用 9m 长的横吊梁，以降低吊装高度和减小吊索对屋架上弦的轴向压力（图 6-18）。

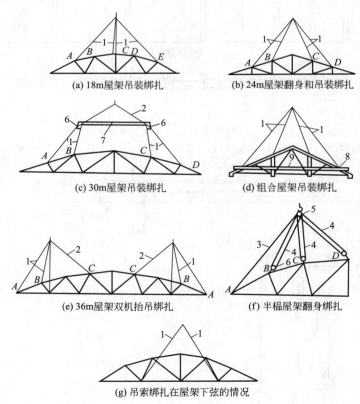

(a) 18m屋架吊装绑扎  (b) 24m屋架翻身和吊装绑扎

(c) 30m屋架吊装绑扎  (d) 组合屋架吊装绑扎

(e) 36m屋架双机抬吊绑扎  (f) 半榀屋架翻身绑扎

(g) 吊索绑扎在屋架下弦的情况

图 6-18　屋架的绑扎方法

1—长吊索对折使用；2—单根吊索；3—平衡吊索；4—长吊索穿滑轮组；

5—双门滑车；6—单门滑车；7—横吊梁；8—铅丝；9—加固木杆

组合屋架吊装采用四点绑扎，下弦绑木杆加固。

图 6-18（g）中 1 为对折吊索（共两根），把屋架夹在中间，以防起吊时屋架倾倒。这种绑扎方法的起吊高度低，可在起重机吊杆长度不足的情况下使用。

（二）屋架的扶直与就位

钢筋砼屋架一般在施工现场平卧浇筑，吊装前应将屋架扶直就位。屋架是平面受力构件，侧向刚度差。扶直时由于自重会改变杆件的受力性质，容易造成屋架损伤，所以必须采取有效措施或合理的扶直方法。

按照起重机与屋架的相对位置的不同，屋架扶直分为正向扶直和反向扶直两种方法。

1. 正向扶直

起重机位于屋架下弦一侧，吊钩对准屋架中心。屋架绑扎起吊过程中，应使屋架以下弦为轴心，缓慢旋转为直立状态。

2. 反向扶直

起重机位于屋架上弦一侧，吊钩对准屋架中心。屋架绑扎起吊过程中，使屋架以下弦为轴心，缓慢旋转为直立状态。

正向扶直和反向扶直的最大不同点是：起重机在起吊过程中，对于正向扶直时要升钩并升臂；而在反向扶直时要升钩并降臂；一般将构件在操作中升臂比降臂较安全，故应尽量采用正向扶直。

屋架扶直后，应立即进行就位。就位指移放在吊装前最近的便于操作的位置。屋架就位位置应在事先加以考虑，它与屋架的安装方法，起重机械的性能有关，还应考虑到屋架的安装顺序，两端朝向，尽量少占场地，便利吊装。就位位置一般靠柱边斜放或以 3～5 榀为一组平行于柱边。屋架就位后，应用 8 号铁丝、支撑等与已安装的柱或其他固定体相互拉结，以保持稳定。

（三）屋架的吊升、对位与临时固定

在屋架吊离地面约 300mm 时，将屋架引至吊装位置下方，然后再将屋架吊升超过柱顶一些，进行屋架与柱顶的对位落点施工。

屋架对位应以建筑物的定位轴线为准，对位成功后，立即进行临时固定。临时固定的方法可利用屋架与抗风柱或缆风绳连接，也可用多根工具式支撑在屋架开间内连接。

（四）屋架的校正与最后固定

屋架的垂直度应用垂球或经纬仪（图 6-19）检查校正，有偏差时采用工具式撑杆（图 6-20）纠正，并在柱顶加垫铁片稳定。屋架校正完毕后，应立即按设计规定用螺母或电焊固定，屋架固定后，起重机方可松卸吊钩。

中、小型屋架，一般均用单机吊装，当屋架跨度大于 24m 或重量较大时，应采用双机抬吊。

## 五、天窗架吊装

一般情况下，天窗架是单独进行吊装。吊装时应等天窗架两侧的屋面板吊装后再进行，并用工具式夹具或绑扎木杆临时加固。待对天窗架的垂直度和位置校正后，即可进行焊接固定。

也可在地面上先将天窗架与屋架拼装成开间整体后同时吊装。这种吊装对起重机的起重量和起重高度要求较高，须慎重对待。

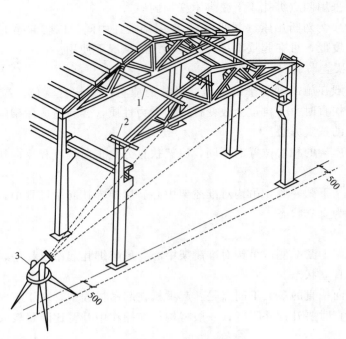

图 6-19　屋架的校正
1—工具式支撑；2—卡尺；3—经纬仪

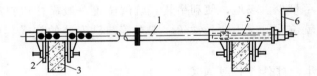

图 6-20　屋架校正器
1—钢管；2—撑脚；3—屋架上弦；4—螺母；5—螺杆；6—摇把

### 六、屋面板吊装

单层工业厂房的屋面板，一般为大型的槽形板，板四角吊环就是为起吊时用的。为了避免屋架承受半边荷载，屋面板吊装的顺序应自两边檐口开始，对称地向屋架中点铺放；在每块板对位后应立即电焊固定，必须保证有三个角点焊接。

### 七、起重机选择

起重机是结构安装工程的主导设备，它的选择直接影响结构安装的方法，起重机的开行路线以及构件的平面布置。

起重机的选择，应根据厂房外形尺寸，构件尺寸和重量，以及安装位置和施工现场条件等因素综合考虑。对于一般中小型工业厂房，由于外形平面尺寸较大，构件的重量与安装高度却不大，因此选用履带式起重机最为适宜。对于大跨度的重型工业厂房，则选用大型的履带式起重机，牵缆式拔杆或重型塔吊等进行吊装。

起重机类型确定后，还要进一步选择起重机的型号，了解起重臂的长度以及起重量、起重高度、起重半径等，使这些参数值均能满足结构吊装的要求。

1. 起重量

起重机的起重量必须大于所安装最重构件的重量与索具重量之和。

$$Q \geqslant Q_1 + Q_2 \qquad (6-1)$$

式中　$Q$、$Q_1$、$Q_2$——分别是起重机的起重量，所吊最重构件的重量和索具的重量。

2. 起重高度

起重机的起重高度必须满足所吊装构件的高度要求（图 6-21）

$$H \geqslant H_1 + H_2 + H_3 + H_4 \qquad (6-2)$$

式中　$H$——起重机的起重高度；

　　　$H_1$——安装点的支座表面高度，从停机地面算起；

　　　$H_2$——安装对位时的空隙高度，不小于 0.3m；

　　　$H_3$——绑扎点至构件吊起时底面的距离；

　　　$H_4$——绑扎点至吊钩距离。

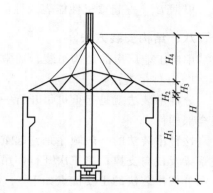

图 6-21　起重高度计算图

3. 起重半径

起重半径的确定，可以按以下三种情况考虑。

（1）当起重机可以开到构件附近去吊装时　对起重半径没有什么要求，只要计算出起重量和起重高度后，便可以查阅起重机资料来选择起重机的型号及起重臂长度，并可查得在一定起重量 $Q$ 及起重高度 $H$ 下的起重半径 $R$；还可为确定起重机的开行路线以及停机位置参考。

（2）当起重机不能够开到构件附近去吊装时　应根据实际所要求的起重半径 $R$、起重量 $Q$ 和起重高度 $H$ 这三个参数，查阅起重机起重性能表或曲线来选择起重机的型号及起重臂的长度。

（3）当起重臂需跨过已安装好的构件（屋架或天窗架）进行吊装时　应验算起重臂与已安装好的构件不相碰的最小起重臂长度。起重臂长度可按下式计算（图 6-22）：

$$L = L_1 + L_2 = h/\sin\alpha + (f+g)/\cos\alpha \qquad (6-3)$$

式中　$L$——起重臂最小长度，m；

　　　$L_1$，$L_2$——过屋面板支座的水平线交起重臂轴线，把 $L$ 一分为二；

　　　$a$——臂杆仰角；

　　　$h$——起重臂下铰点至屋面板吊装支座的垂直高度，m，$h = h_1 - E$；

　　　$h_1$——停机地面至屋面板吊装支座的高度，m；

　　　$f$——起重吊钩需跨过已安装好结构的水平距离，m；

　　　$g$——在屋面板支座标高处，起重臂轴线与已安装好结构之间的水平距离，至少取 1m。

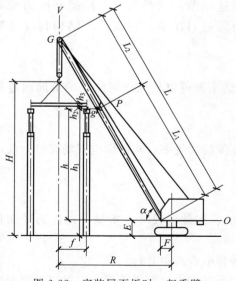

图 6-22　安装屋面板时，起重臂
最小长度计算简图

为了使起重臂长度最小，可把上式进行一次微分，并令 $dL/d\alpha = 0$。

在 $\alpha$ 的可能区间（0，$\pi/2$）仅有

$$\alpha = \arctan\sqrt[3]{\frac{h}{f+g}} \tag{6-4}$$

又由 $d^2L/d\alpha^2 > 0$ 知，$L$ 有最小值。

把 $\alpha$ 值代入公式(6-3)，即可求出最小起重臂的长度 $L_{min}$；相应起重半径 $R = F + L\cos\alpha$（式中 $F$——起重臂下铰点至回转轴中心的水平距离）。

根据 $L_{min}$ 查起重机性能表或性能曲线，满足 $R$、$Q$、$H$ 要求。

### 八、结构安装方法

单层工业厂房的结构吊装，通常有两种方法：分件吊装法和综合吊装法。

1. 分件吊装法

分件吊装法就是起重机每开行一次只安装一类或一、二种构件。通常分三次开行即可吊完全部构件。

这种吊装法的一般顺序是：起重机第一次开行，安装柱子；第二次开行，吊装吊车梁，连系梁及柱向支撑；第三次开行，吊装屋架、天窗架，屋面板及屋面支撑等。

分件吊装法的主要优点如下。

1）构件便于校正；

2）构件可以分批进场，供应亦较单一，吊装现场不会过分拥挤；

3）对起重机来说，一次开行只吊装一种或两种构件，使吊具变换次数少，而且操作容易熟练，有利于提高安装效率；

4）可以根据不同构件类型，选用不同性能的起重机（大机械可吊大件，小机械可吊小件）有利于发挥机械效率，减少施工费用。

缺点：不能为后续工程及早地提供工作面；起重机开行路线长。

2. 综合吊装法（又称节间吊装法）

这种方法是：一台起重机每移动一次，就是吊装完一个节间内的全部构件。其顺序是：先吊装完这一节间柱子，柱子固定后立即吊装这个节间的吊车梁、屋架和屋面板等构件；完成这一节间吊装后，起重机移至下一个节间进行吊装，直至厂房结构构件吊装完毕。

综合吊装法的主要优点如下。

1）由于是以节间为单位进行吊装，因此其他后续工种可以进入已吊装完的节间内进行工作，有利于加速整个工程的进度。

2）起重机开行路线短。

缺点：由于同时吊装多种类型构件，机械不能发挥最大效率；构件供应现场拥挤，校正困难，故目前很少采用此法。

### 九、起重机开行路线及停机位置

起重机的开行路线及停机位置，与起重机的性能、构件的尺寸、重量、构件的平面位置、构件的供应方式以及吊装方法等问题有关。

当吊装屋架、屋面板等屋面构件时，起重机大多是沿着跨中开行。

当吊装柱子时，根据厂房跨度大小、柱子尺寸和重量，以及起重机性能，可以沿着跨中开行，也可以沿着跨边开行。

如果用 $L$ 表示厂房跨度，用 $b$ 表示柱的开间距离，用 $a$ 表示起重机开行路线到跨边的距离，那么，起重机除了满足起重量、起重高度要求以外，起重半径 $R$ 还应满足一定条件，如下所示。

当 $R \geqslant L/2$ 时，起重机可沿着跨中开行，每个停机位置可吊装两根柱子；

当 $R < L/2$ 时，起重机则需沿着跨边开行，每个停机位置只能吊装一根柱子。

当柱子的就位布置在跨外时，起重机沿着跨外开行，停机位置与跨边开行相似。

### 十、构件平面布置与运输堆放

单层工业厂房构件的平面布置，是吊装工程中一件很重要的工作，如果构件布置的合理，可以免除构件在场内的二次搬运，充分发挥机械效益，提高劳动生产率。

关于构件的平面布置，它与吊装的方法，起重机性能、构件制作方法等有关。所以应该在确定了吊装方法和起重机后，根据施工现场实际情况，进行制定平面布置堆放构件。

构件的平面布置，分为预制阶段的平面布置和吊装阶段的平面布置两种。

（一）预制阶段的平面布置

需要在施工现场预制的构件，通常有：柱子、屋架、吊车梁等，其他构件一般由构件工厂或现场以外制作，运来进行吊装。

1. 柱子的布置

柱子的布置有斜向布置和纵向布置两种，是配合柱起吊方法而排列的。柱的起吊方法有旋转法和滑行法两种。

（1）斜向布置　如采用旋转法吊装柱子，那么由三点（吊点、柱脚、杯口）共弧，就决定了柱子必须是斜向布置，并且浇筑预制柱时的位置，最好就是起吊就位的位置。步骤如下（图 6-23）。

① 确定起重机开行路线到柱基中心距离 $a$，其值与基坑大小，起重机的性能，构件的尺寸和重量有关。$a$ 的最大值不能超过起重机

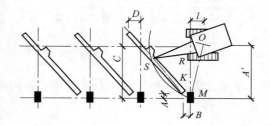

图 6-23　柱子斜向布置方式之一（三点共弧）

吊装该柱时的最大起重半径 $R$；$a$ 值也不宜取的太小，以免起重机与基坑距离太近而失稳。另外应注意当起重机回转时，其尾部不得与其他物体相碰。综合这些因素后，可决定 $a$ 的大小，即可画出起重机的开行路线。

② 确定起重机停机位置，按旋转法要求：吊点、柱脚与柱基中心三者均在以起重半径 $R$ 为圆弧的线上，柱脚靠近基础。

所以，先以杯形基础中心 $M$ 为圆心，以 $R$ 为半径画弧与开行路线相交于 $O$ 点，$O$ 点即为停机点；再以 $O$ 点为圆心，以 $R$ 为半径画弧，在弧线上靠近柱基的弧上选一点 $K$ 为柱脚位置；又以 $K$ 为圆心，以柱脚到吊点距离为半径画弧，"两弧"相交于 $S$ 点，以 $KS$ 为中心线画出柱的模板图，即为柱子预制时的场地位置。最后标出柱顶、柱脚与柱到纵轴线的距离（$A$、$B$、$C$、$D$），即为支模时的依据。

布置柱子时，还应注意牛腿的朝向问题，要使吊装以后，其牛腿朝向符合设计要求。因此，当柱子在跨内预制或就位时，牛腿应朝向起重机；若柱子在跨外布置，牛腿应背向起重机。

柱子布置时，有时由于场地限制或柱子太长，很难做到三点共弧，那么可以安排两点共

弧。两点共弧有两种办法如下。

一种是将柱脚与柱基安排在起重半径 $R$ 的圆弧上，而把吊点放在起重半径 $R$ 之外，吊装时先用较大的起重半径 $R'$ 吊起柱子，然后升吊臂，使 $R'$ 变为 $R$，停止升起的重臂，可按旋转法吊装柱子（图6-24）。

另一种是将吊点与柱基安排在起重半径 $R$ 的同一弧上，而柱脚可斜向任意方向，吊装时，柱子可以用旋转法，也可以用滑行法（图6-25）。

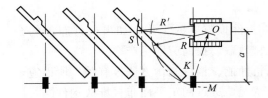

图6-24　柱子斜向布置方式之二

（柱脚、柱基中心两点共弧）

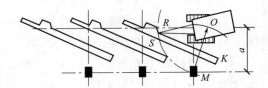

图6-25　柱子斜向布置方式之三

（吊点与柱基中心两点共弧）

（2）纵向布置　吊装柱子采用滑行法时，柱子可以纵向布置。若柱长小于12m，可以排成一行进行预制，为了节约模板及场地，对于矩形柱可以采用叠浇。如果柱长大于12m，可以排成两行进行预制，也可采用叠浇。起重机停在两柱基中间，每停机一次，可吊装2根。柱子排放的位置应把吊点放在以半径 $R$ 为圆弧线上（图6-26）。

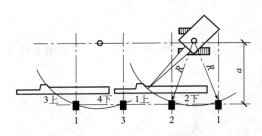

图6-26　柱子的纵向布置

**2. 屋架的布置**

屋架一般在跨内平卧叠浇进行预制。

布置方法有三种：斜向布置、正反斜向布置、正反纵向布置（图6-27）。

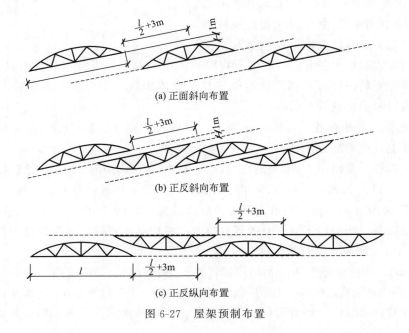

（a）正面斜向布置

（b）正反斜向布置

（c）正反纵向布置

图6-27　屋架预制布置

上述三种形式中：应优先考虑采用斜向布置，因为它便于屋架的扶直和就位。只有当场地受限制时，才用后两种布置形式。另外还应注意其他要求：如屋架两端的朝向、预埋件的位置等。

3. 吊车梁的布置

吊车梁可靠近柱基础顺纵轴方向或略为倾斜布置，也可以布置在两柱基空档处。如有运输条件，一般在工厂制作。

（二）吊装阶段的平面布置

为了配合吊装工艺要求，各种构件在吊装阶段应按一定要求进行堆放。

由于柱子在预制时，即已按吊装阶段的堆放要求进行了布置，所以柱子在两个阶段的布置是一致的。一般先吊柱子，以便腾出场地堆放其他构件。所以吊装阶段构件的堆放，主要是指屋架、吊车梁、屋面板等构件。

1. 屋架的扶直就位

预制屋架布置应在本跨内，以 3～4 榀为一叠；为了适应吊装阶段吊装屋架的工艺要求，首先用起重机把屋架由平卧转为直立，这叫屋架的扶直或翻身起扳。屋架扶直以后，用起重机把屋架吊起并移到吊装前的堆放位置，叫就位。堆放方式一般有两种：即斜向就位和纵向就位。

（1）斜向就位（图 6-28）步骤如下。

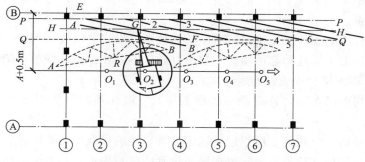

图 6-28 屋架靠柱边斜向就位

1）确定起重机吊装屋架时的开行路线及停机位置 吊装屋架时，起重机一般沿跨中开行。那么在跨中标出开行路线（在图上画出开行路线）。

停机位置的确定，是以要吊装屋架的节间轴线中心为圆心，以所选择的起重半径 $R$ 为半径画弧线交于开行路线于 $O$ 点，该点即为吊装该屋架时的停机点。

2）确定屋架的就位范围 屋架宜靠柱边就位，即可利用柱子作为屋架就位后的临时支撑。所以要求屋架离开柱边不小于 0.2m。

外边线：场地受限制时，屋架端头可以伸出跨外一些。这样，我们首先可以定出屋架就位的外边线 $P$-$P$。

内边线：起重机在吊装时要回转，若起重机尾部至回转中心距离为 $A$，那么在距离起重机开行路线 $A+0.5$m 范围内不宜有构件堆放。所以，由此可定出内边线 $Q$-$Q$；在 $P$-$P$ 和 $Q$-$Q$ 两线间，即为屋架的就位范围。

3）确定屋架的就位位置 屋架就位范围确定之后，画出 $P$-$P$ 与 $Q$-$Q$ 的中心线 $H$-$H$，那么就位后屋架的中心点均应在 $H$-$H$ 线上。

以②轴屋架为例，屋架就位位置确定方法是：以停机点 $O_2$ 为圆心，起重半径 $R$ 为半径，画弧线交于 $H\text{-}H$ 线上于 $G$ 点，$G$ 点即为②轴线就位后屋架的中点。再以 $G$ 点为圆心，以屋架长度的 $1/2$ 为半径，画线交于 $P\text{-}P$、$Q\text{-}Q$ 两线于 $E$ 和 $F$ 点，连接 $EF$，即为②轴线屋架就位的位置。其他屋架就位位置均应平行此屋架。

只有①轴线的屋架，当已安装好抗风柱时，需要退到②轴线屋架附近就位。

（2）纵向就位（图 6-29）　步骤如下。

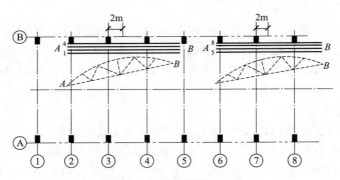

图 6-29　屋架成组纵向就位

屋架纵向就位，一般以 3～5 榀为一组靠近边柱顺轴线纵向排列。屋架与柱之间，屋架与屋架之间的净距不小于 $0.2m$，相互之间用铅丝绑扎牢靠。每组之间应留出 3m 左右的间距，作为横向通道。

每组屋架就位中心线，应安排在该组屋架倒数第二榀安装轴线之后 2m 外。这样可以避免在已安装好的屋架下绑扎和起吊屋架；起吊以后也不会和已安装好的屋架相碰。

2. 吊车梁、连系梁和屋面板的运输堆放

单层工业厂房的吊车梁、连系梁和屋面板等，一般在预制厂集中生产，然后运至工地安装。

构件运至现场后，应按施工组织设计规定位置，按编号及吊装顺序进行堆放。

吊车梁、连系梁的就位位置，一般在吊装位置的柱列附近，不论跨内跨外均可，条件允许时也可随运输随吊装。

屋面板则由起重机吊装时的起重半径确定。当在跨内布置时，约后退 3～4 个节间沿柱边堆放；在跨外布置时，应后退 1～2 个节间靠柱边堆放。每 6～8 块为一叠堆放。

# 第三节　结构安装工程安全注意事项

（1）患心脏病或高血压的人，不宜作高空作业，以免发生头昏眼花而造成人身安全事故。

（2）不准酒后作业。

（3）进入施工现场的人员，必须戴好安全帽和手套；高空作业还要系好安全带；所带的工具，要用绳子扎牢或放入工具包内。

（4）在高空进行电焊焊接，要系安全带、戴防护面罩；潮湿地点作业，要穿绝缘胶鞋。

（5）进行结构安装时，要统一用哨声、红绿旗、手势等指挥、有条件的工地，可用对讲机、移动手机进行指挥。

（6）使用的钢丝绳应符合要求。

（7）起重机负重开行时，应缓慢行驶，且构件离地不得超过 500mm。严禁碰触高压电线，为安全起见，起重机的起重臂、钢丝绳起吊的构件，与架空高压线要保持一定的距离。

（8）发现吊钩与卡环出现变形或裂纹，不得再使用。

（9）起吊构件时，吊钩的升降要平稳，以避免紧急制动和冲击。

（10）对于新购置的，或改装、修复的起重机，在使用前，必须进行动荷、静荷的试运行。试验时，所吊重物为最大起重量的 125%，且离地面 1m，悬空 10min。

（11）停机后，要关闭上锁，以防止别人启动而造成事故；为防止吊钩摆动伤人，应空钩上升一定高度。

（12）吊装现场，禁止非工作人员入内。

（13）高空作业时，尽可能搭设临时操作平台，并设爬梯，供操作人员上下。

# 第四节　结构安装工程常用质量标准

## 一、结构安装工程施工质量验收一般规定

1. 预制构件应进行结构性能检验

结构性能检验不合格的预制构件不得用于混凝土结构。

2. 叠合结构中预制构件的叠合面要求

应符合设计要求。

3. 外观质量一般规定

1）装配式结构外观质量应由监理（建设）单位、施工单位等各方面根据其结结构性能和使用功能影响的严重程度，按表 6-2 的规定。

表 6-2　装配式结构外观质量缺陷

| 名　称 | 现　象 | 严重缺陷 | 一般缺陷 |
|---|---|---|---|
| 露筋 | 构件内钢筋未被混凝土包裹而外露 | 纵向受力钢筋有露筋 | 其他钢筋有少量露筋 |
| 蜂窝 | 混凝土表面缺少水泥砂浆而形成石子外露 | 构件主要受力部位有蜂窝 | 其他部位有少量蜂窝 |
| 孔洞 | 混凝土中孔穴深度和长度均超过保护层厚度 | 构件主要受力部位有蜂窝 | 其他部位有少量孔洞 |
| 夹渣 | 混凝土中夹有杂物且深度超过保护层厚度 | 构件主要受力部位有夹渣 | 其他部位有少量夹渣 |
| 疏松 | 混凝土中局部不密实 | 构件主要受力部位有疏松 | 其他部位有少量疏松 |
| 裂缝 | 缝隙从混凝土表面延伸至混凝土内部 | 构件主要受力部位有影响结构性能或使用功能的裂缝 | 其他部位有少量不影响结构性能或使用功能的裂缝 |
| 连接部位缺陷 | 构件连接处混凝土缺陷及连接钢筋、连接件松动 | 连接部位有影响结构传力性能的缺陷 | 连接部位有基本不影响结构传力性能的缺陷 |
| 外形缺陷 | 缺棱掉角、棱角不直、翘曲不平、飞边凸肋等 | 清水混凝土的构件有影响使用功能或装饰效果的外形缺陷 | 其他混凝土构件有不影响使用功能的外形缺陷 |
| 外表缺陷 | 构件表面麻面、掉皮、起砂、沾污等 | 具有重要装饰效果的清水混凝土构件有外表缺陷 | 其他混凝土构件有不影响使用功能的外表缺陷 |

2）装配式结构应由监理（建设）单位、施工单位对外观质量和尺寸偏差进行检查，作出记录，并应及时按施工技术方案对缺陷进行处理。

外观质量主控项目如下。

装配式结构外观质量不应有严重缺陷。对已经出现的严重缺陷，应由施工单位提出技术处理方案，并经监理（建设）单位认可后进行处理。对经处理的部位，应重新检查验收。检查数量：全数检查。检验方法：观察，检查技术处理方案。

外观质量一般项目如下。

现浇结构的外观质量不宜有一般缺陷。对已经出现的一般缺陷，应由施工单位按技术处理方案进行处理，并重新检查验收。检查数量：全数检查。检验方法：观察、检查技术处理方案。

尺寸偏差主控项目如下。

装配式结构不应有影响结构性能和使用功能的尺寸偏差。混凝土设备基础不应有影响结构性能和设备安装的尺寸偏差。对超过尺寸允许偏差且影响结构性能和安装、使用功能的部位，应由施工单位提出技术处理方案，并经监理（建设）单位认可后进行处理。对经处理的部位，应重新检查验收。检查数量：全数检查。检验方法：量测，检查技术处理方案。

尺寸偏差一般项目如下。

装配式结构的尺寸偏差应符合表 6-3 的规定。检查数量：按楼层、结构缝或施工段划分检验批。在同检验批内，对梁、柱和独立基础，应抽查构件数量的 10%，且不少于 3 件；对墙和板，应按有代表性的自然间抽查 10%，且不少于 3 间；对大空间结构，墙可按相邻轴线间高度 5m 左右划分检查面，板可按纵、横轴线划分检查面，抽查 10%，且均不少于 3 面；对电梯井，应全数检查。对设备基础，应全数检查。

表 6-3　装配式结构尺寸允许偏差和检验方法

| 项　　目 | | | 允许偏差/mm | 检验方法 |
|---|---|---|---|---|
| 轴线位置 | | 基础 | 15 | 钢尺检查 |
| | | 独立基础 | 10 | |
| | | 墙、柱、梁 | 8 | |
| | | 剪力墙 | 5 | |
| 垂直度 | 层高 | ≤5m | 8 | 经纬仪或吊线、钢尺检查 |
| | | >5m | 10 | 经纬仪或吊线、钢尺检查 |
| | 全高($H$) | | $H/1000$ 且≤30 | 经纬仪、钢尺检查 |
| 标高 | 层高 | | ±10 | 水准仪或拉线、钢尺检查 |
| | 全高 | | ±30 | |
| 截面尺寸 | | | $+8,-5$ | 钢尺检查 |
| 电梯井 | 井筒长、宽对定位中心线 | | $+25,0$ | 钢尺检查 |
| | 井筒全高($H$)垂直度 | | $H/1000$ 且≤30 | 经纬仪、钢尺检查 |
| 表面平整度 | | | 8 | 2m 靠尺和塞尺检查 |
| 预埋设施中心线位置 | 预埋件 | | 10 | 钢尺检查 |
| | 预埋螺栓 | | 5 | |
| | 预埋管 | | 5 | |
| 预留洞中心线位置 | | | 15 | 钢尺检查 |

注：检查轴线、中心线位置时，应沿纵、横两个方向量测，并取其中的较大值。

**二、预制构件施工质量验收**

1. 主控项目

1）预制构件应在明显部位标明生产单位、构件型号、生产日期和质量验收标志。构件上的预埋件、插筋和预留孔洞的规格、位置和数量应符合标准图或设计的要求。检查数量：全数检查。检验方法：观察。

2）预制构件的外观质量不应有严重缺陷。对已经出现的严重缺陷，应按技术处理方案处理，并重新检查验收。检查数量：全数检查。检验方法：观察，检查技术处理方案。

3）预制构件不应有影响结构性能和安装、使用功能的尺寸偏差。对超过尺寸允许偏差且影响结构性能和安装、使用功能的部位，应按技术处理方案进行处理，并重新检查验收。检查数量：全数检查。检验方法：量测，检查技术处理方案。

2. 一般项目

1）预制构件的外观质量不宜有一般缺陷。对已经出现的一般缺陷，应按技术处理方案进行处理，并重新检查验收。检查数量：全数检查。检验方法：观察，检查技术处理方案。

2）预制构件的尺寸偏差应符合表6-4的规定。检查数量：同一工作班生产的同类型构件，抽查5%且不少于3件。

表 6-4　预制构件尺寸的允许偏差及检验方法

| 项　　目 | | 允许偏差/mm | 检验方法 |
|---|---|---|---|
| 长度 | 板、梁 | +10，−5 | 钢尺检查 |
| | 柱 | +5，−10 | |
| | 墙板 | ±5 | |
| | 薄腹梁、桁架 | +15，−10 | |
| 宽度、高(厚)度 | 板、梁、柱、墙板、薄腹梁、桁架 | ±5 | 钢尺量一端及中部，取其中较大值 |
| 侧向弯曲 | 梁、柱、板 | $l/750$ 且≤20 | 拉线、钢尺量最大侧向弯曲处 |
| | 墙板、薄腹梁、桁架 | $l/1000$ 且≤20 | |
| 预埋件 | 中心线位置 | 10 | 钢尺检查 |
| | 螺栓位置 | 5 | |
| | 螺栓外露长度 | +10，−5 | |
| 预留孔 | 中心线位置 | 5 | 钢尺检查 |
| 预留洞 | 中心线位置 | 15 | 钢尺检查 |
| 主盘保护层厚度 | 板 | | 钢尺或保护层厚度测定仪量测 |
| | 梁、柱、墙板、薄腹梁、桁架 | +10，−5 | |
| 对角线差 | 板、墙板 | 10 | 钢尺量两个对角线 |
| 表面平整度 | 板、墙板、柱、梁 | 5 | 2m靠尺和塞尺检查 |
| 预应力构件预留孔道位置 | 梁、墙板、薄腹梁、桁架 | 3 | 钢尺检查 |
| 翘曲 | 板 | $l/750$ | 调平尺在两端量测 |
| | 墙板 | $l/1000$ | |

注：1. $l$ 为构件长度（单位：mm）；

2. 检查中心线、螺栓和孔道位置时，应沿纵、横两个方向量测，并取其中的较大值《混凝土结构工程施工质量验收规范》；

3. 对形状复杂或有特殊要求的构件，其尺寸偏差应符合标准图或设计的要求。

### 三、结构性能检验

预制构件应按标准图或设计要求的试验参数及检验指标进行结构性能检验。

检验内容：钢筋混凝土构件和允许出现裂缝的预应力混凝土构件进行承载力、挠度和抗裂检验；预应力混凝土构件中的非预应力杆件按钢筋混凝土构件的要求进行检验。对设计成熟、生产数量较少的大型构件，当采取加强材料和制作质量检验的措施时，可仅作挠度、抗裂或裂缝宽度检验；当采取上述措施并有可靠的实践经验时，可不作结构性能检验。

检验数量：对成批生产的构件，应按同一工艺正常生产的不超过1000件且不超过3个月的同类型产品为一批。当连续检验10批且每批的结构性能检验结果均符合《混凝土结构工程施工质量验收规范》规定的要求时，对同一工艺正常生产的构件，可改为不超过2000件且不超过3个月的同类型产品为一批。在每批中应随机抽取一个构件作为试件进行检验。

检验方法：按《混凝土结构工程施工质量验收规范》（GB 50204—2002）附录C规定的方法采用短期静力加载检验。

"加强材料和制作质量检验的措施"包括下列内容。

1）钢筋进场检验合格后，在使用前再对用作构件受力主盘的同批钢筋按不超过5t抽取一组试件，并经检验合格；对经逐盘检验的预应力钢丝，可不再抽样检查；

2）受力主盘焊接接头的力学性能，应按国家现行标准《钢筋焊接及验收规程》JGJ 18检验合格后，再抽取一组试件，并经检验合格；

3）混凝土按5m³且不超过半个工作班生产的相同配合比的混凝土，留置一组试件，并经检验合格；

4）受力主筋焊接接头的外观质量、入模后的主盘保护层厚度、张拉预应力总值和构件的截面尺寸等，应逐件检验合格。

"同类型产品"是指同一钢种、同一混凝土强度等级、同一生产工艺和同一结构形式的构件。对同类型产品进行抽样检验时，试件宜从设计荷载最大、受力最不利或生产数量最多的构件中抽取。对一类型的其他产品，也应定期进行抽样检验。

### 四、装配式结构施工质量验收

1. 主控项目

1）进入现场的预制构件，其外观质量、尺寸偏差及结构性能应符合标准图或设计的要求。检查数量：按批检查。检验方法：检查构件合格证。

2）预制构件与结构之间的连接应符合设计要求。连接处钢筋或埋件采用焊接或机械连接时，接头质量应符合国家现行标准《钢筋焊接及验收规程》JGJ 18、《钢筋机械连接通用技术规程》JGJ 107的要求。检查数量：全数检查。检验方法：观察，检查施工记录。

3）承受内力的接头和拼缝，当其混凝土强度未达到设计要求时，不得吊装上一层结构构件；当设计无具体要求时，应在混凝土强度不小于 $10N/mm^2$ 或具有足够的支承时方可吊装上一层结构构件。已安装完毕的装配式结构，应在混凝土强度到达设计要求后，方可承受全部设计荷载。检查数量：全数检查。检验方法：检查施工记录及试件强度试验报告。

2. 一般项目

1）预制构件码放和运输时的支承位置和方法应符合标准图或设计的要求。检查数量：全数检查。检验方法：观察检查。

2）预制构件吊装前，应按设计要求在构件和相应的支承结构上标志中心线、标高等控制尺寸，按标准图或设计文件校核预埋件及连接钢筋等，并作出标志。检查数量：全数检查。检验方法：观察，钢尺检查。

3）预制构件应按标准图或设计的要求吊装。起吊时绳索与构件水平面的夹角不宜小于45°，否则应采用吊架或经验算确定。检查数量：全数检查。检验方法：观察检查。

4）预制构件安装就位后，应采取保证构件稳定的临时固定措施，并应根据水准点和轴线校正位置。检查数量：全数检查。检验方法：观察，钢尺检查。

5）装配式结构中的接头和拼缝应采用混凝土浇筑，当设计无具体要求时，应符合下列规定：①对承受内力的接头和拼缝应采用混凝土浇筑，其强度等级应比构件混凝土强度等级提高一级；②对不承受内力的接头和拼缝应采用混凝土或砂浆浇筑，其强度等级不应低于C15 或 M15；③用于接头和拼缝的混凝土或砂浆，宜采取微膨胀措施和快硬措施，在浇筑过程中应振捣密实，并应采取必要的养护措施。检查数量：全数检查。检验方法：检查施工记录及试件强度试验报告。

# 第七章 防水工程

本章主要介绍建筑屋面防水、建筑地下工程防水、厨卫间防水的施工技术。

## 第一节 卷材防水屋面施工

卷材防水层常使用基层处理剂、胶黏剂、高聚物改性沥青卷材、合成高分子卷材。基层处理剂增强防水材料与基层之间的粘结力，或称为与各种高聚物改性沥青卷材和合成高分子卷材配套的底胶。粘贴卷材的胶黏剂可分为基层与卷材粘贴的胶黏剂及卷材与卷材搭接的胶黏剂两种。高聚物改性沥青卷材以合成高分子聚合物改性沥青为涂盖层，纤维织物或纤维毡为胎体，粉状、粒状、片状或薄膜材料为覆面材料制成，克服了沥青卷材温度敏感性大、延伸率小的缺点，具有高温不流淌、低温不脆裂、抗拉强度高、延伸率大的特点，能够较好地适应基层开裂及伸缩变形的要求，常用几种高聚物改性沥青卷材有：SBS 改性沥青卷材［苯乙烯-丁二烯-苯乙烯（SBS）热塑性弹性体作改性剂］、APP 改性沥青卷材（无规聚丙烯 APP 或聚烯烃类聚合物 APAO、APO 作改性剂）、PVC 改性沥青卷材、再生胶改性沥青卷材。合成高分子卷材以合成橡胶、合成树脂或它们两者的共混体为基料，加入适量的化学助剂和填充料等，经不同工序加工而成的可卷曲片状防水材料；或将上述材料与合成纤维等复合形成两层或两层以上可卷曲的片状防水材料称为合成高分子防水卷材。目前使用的合成高分子卷材主要有三元乙丙橡胶防水卷材、聚氯乙烯防水卷材、氯化聚乙烯防水卷材、氯化聚乙烯-橡胶共混防水卷材等。

**一、卷材防水层施工工艺流程**（图 7-1）。

基层表面清理、修补

喷、涂基层处理剂

节点附加增强处理

定位、弹线、试铺

铺贴卷材

收头处理、节点密封

清理、检查、修整

保护层施工

图 7-1 卷材防水施工工艺流程图

**二、找平层施工要点**

（1）找平层是铺贴卷材防水层的基层，可采用水泥砂浆、细石混凝土或沥青砂浆。

（2）为了避免或减少找平层开裂，找平层宜留设分格缝，缝宽为 20mm，并嵌填密封材料或空铺卷材条。分格缝兼作排汽屋面的排汽道时，可适当加宽，并应与保温层连通。

（3）找平层坡度应符合设计要求。

### 三、卷材防水层施工要点

1. 基层处理剂的喷涂

喷涂基层处理剂前要首先检查找平层的质量和干燥程度并加以清扫，符合要求后才可进行，在大面积喷、涂前，应用毛刷对屋面节点、周围边、拐角等部位先行处理。

2. 铺设方向

卷材的铺设方向应根据屋面坡度和屋面是否有振动、按规范确定。

3. 卷材搭接

铺贴油毡应采用搭接方法，上下两层及相邻两幅油毡的搭接缝均应错开。各层油毡的搭接宽度按规范。平行于屋脊搭接缝，应顺流水方向搭接；垂直于屋脊的搭接缝应顺主导风向搭接。

铺贴油毡时，应将油毡展平压实，各层油毡的搭接缝必须用沥青胶结材料仔细封严。

4. 卷材与基层的粘贴方法

卷材与基层的粘结方法可分为满粘法、点粘法、条粘法和空铺法等形式。通常都采用满粘法，而条粘、点粘和空铺法更适合于防水层上有重物覆盖或基层变形较大的场合，是一种克服基层变形拉裂卷材防水层的有效措施。设计中应明确规定、选择适用的工艺方法。

空铺法：铺贴卷材防水层时，卷材与基层仅在四周一定宽度内粘结，其余部分不粘结；条粘法：铺贴卷材时，卷材与基层粘结面不少于两条，每条宽度不小于 150mm；点粘法：铺贴防水卷材时，卷材或打孔卷材与基层采用点状粘结，每平方米粘结不少于 5 点，每点面积为 100mm×100mm。

无论采用空铺、条粘还是点粘法，施工时都必须注意：距屋面周边 800mm 内的防水层应满粘，保证防水层四周与基层粘结牢固；卷材与卷材之间应满粘，保证搭接严密。

5. 高聚物改性沥青卷材热熔法施工要点

热熔法施工是指高聚物改性沥青热熔卷材的铺贴方法。热熔卷材是一种在工厂生产过程中底面即涂有一层软化点较高的改性沥青熔胶的卷材，铺贴时不需涂刷胶黏剂，而用火焰（酒精喷灯、汽油喷灯或燃气罐）烘烤后直接与基层粘贴。

6. 高聚物改性沥青卷材及合成高分子卷材冷粘贴施工要点

（1）胶黏剂的调配与搅拌 胶黏剂一般由厂家配套供应，对单组分胶黏剂只需开桶搅拌均匀后即可使用；而双组分胶黏剂则必须严格按厂家提供的配合比和配制方法进行计量、掺合、搅拌均匀后才能使用。同时有些卷材在与基层粘贴时采用的基层胶黏剂和卷材粘贴时采用的接缝胶黏剂为不同品种，使用时不得混用，以免影响粘贴效果。

（2）涂刷胶黏剂 ①卷材表面的涂刷：某些卷材要求底面和基层表面均涂胶黏剂。卷材表面涂刷基层胶黏剂时，先将卷材展开摊铺在旁边平整干净的基层上，用长柄滚刷蘸胶黏剂，均匀涂刷在卷材的背面，不得涂刷得太薄而露底，也不得涂刷过多而产生聚胶。还应注意在搭接缝部位不得涂刷胶黏剂，此部位留作涂刷接缝胶黏剂，留置宽度即卷材搭接宽度。②基层表面的涂刷：涂刷基层胶黏剂的重点和难点与基层处理剂相同，即阴阳角、平立面转角处，卷材收头处、排水口、伸出屋面管道根部等节点部位。这些部位有增强层时应用接缝胶黏剂，涂刷工具宜用油漆刷，涂刷时，切忌在一处来回涂滚，以免将底胶"咬起"，形成凝胶而影响质量。条粘法、点粘法应按规定的位置和面积涂刷胶黏剂。

（3）卷材的铺贴　各种胶黏剂的性能和施工环境不同，有的可以在涂刷后立即粘贴卷材，有的得待溶剂挥发一部分后才能粘贴卷材，尤以后者居多，因此要控制好胶黏剂涂刷与卷材铺贴的间隔时间。一般要求基层及卷材上涂刷的胶黏剂达到表干程度，其间隔时间与胶黏剂性能及气温、湿度、风力等因素有关，通常为 10～30min，施工时可凭经验确定：用指触不粘手时即可开始粘贴卷材。间隔时间的控制是冷粘贴施工的难点，这对粘结力和粘结的可靠性影响甚大。

（4）搭接缝的粘贴　卷材铺好压粘后，应将搭接部位的结合面清除干净，可用棉纱蘸少量汽油擦洗。然后采用油漆刷均匀涂刷，不得出现露底、堆积现象。涂胶量可按产品说明控制，待胶黏剂表面干燥后（指触不粘）即可进行粘合。粘合时应从一端开始，边压合边驱除空气，不许有气泡和皱折现象，然后用手持压辊顺边认真仔细辊压一遍，使其粘结牢固。三层重叠处最不易压严，要用密封材料预先加以填封，否则将会成为渗水通道。高聚物改性沥青卷材也可用热熔法接缝。

搭接缝全部粘贴后，缝口要用密封材料封严，密封时用刮刀沿缝刮涂，不能留有缺口，密封宽度不应小于 10mm。

7. 卷材屋面施工其他注意事项

1）雨天、雪天严禁进行卷材施工。五级风及其以上时不得施工，气温低于 0℃ 时不宜施工，如必须在负温下施工时，应采取相应措施，以保证工程质量。热熔法施工时的气温不宜低于 −10℃。施工中途下雨、雪，应做好已铺卷材四周的防护工作。

2）夏季施工时，屋面如有露水潮湿，应待其干燥后方可铺贴卷材，并避免在高温烈日下施工。

3）应采取措施保证沥青胶结材料的使用温度和各种胶黏剂配料称量的准确性。

4）卷材防水层的找平层应符合质量要求，达到规定的干燥程度。

5）在屋面拐角、天沟、水落口、屋脊、卷材搭接、收头等节点部位，必须仔细铺平、贴紧、压实、收头牢靠，符合设计要求和屋面工程质量验收规范等有关规定；在屋面拐角、天沟、水落口、屋脊等部位应加铺卷材附加层；水落口加雨水罩后，必须是天沟的最低部位，避免水落口周围存水。

6）卷材铺贴时应避免过分拉紧和皱折，基层与卷材间排气要充分，向横向两侧排气后方可用辊子压平粘实。不允许有翘边、脱层现象。

7）由于卷材和胶黏剂种类多，使用范围不同，盛装胶黏剂的桶应用明显标志，以免错用。

8）为保证卷材搭接宽度和铺贴顺直，应严格按照基层所弹标线进行。

## 四、卷材保护层施工要点

卷材铺设完毕，经检查合格后，应立即进行保护层的施工，及时保护防水层免受损伤。保护层的施工质量对延长防水层使用年限有很大影响，必须认真施工；常用的方式如下。

1. 浅色、反射涂料保护层

浅色、反射涂料目前常用的有铝基沥青悬浊液、丙烯酸浅色涂料或在涂料中掺入铝料的反射涂料，反射涂料可在现场就地配制。

2. 绿豆砂保护层

绿豆砂保护层主要是在沥青卷材防水屋面中采用。绿豆砂材料价格低廉，对沥青卷材有一定的保护和降低辐射热的作用，因此在非上人沥青卷材屋面中应用广泛。

用绿豆砂做保护层时，应在卷材表面涂刷最后一道沥青玛琋脂时，趁热撒铺一层粒径为3～5mm 的绿豆砂（或人工砂），绿豆砂应铺撒均匀，全部嵌入沥青玛琋脂中。绿豆砂应事先经过筛选，颗粒均匀，并用水冲洗干净。使用时应在铁板上预先加热干燥（温度 130～150℃），以便与沥青玛琋脂牢固地结合在一起。

铺绿豆砂时，一人涂刷玛琋脂，另一人趁热撒砂子，第三人用扫帚扫平或用刮板刮平。撒时要均匀，扫时要铺平，不能有重叠现象，扫过后马上用软辊轻轻滚一遍，使砂粒一半嵌入玛琋脂内。滚压时不得用力过猛，以免刺破油毡。绿豆砂应沿屋脊方向，顺卷材的接缝全面向前推进。

由于绿豆砂颗粒较小，在大雨时容易被水冲刷掉，同时还易堵塞水落口，因此，在降雨量较大的地区宜采用粒径为 6～10mm 的小豆石，效果较好。

3. 细砂、云母及蛭石保护层

细砂、云母或蛭石主要用于非上人屋面的涂膜防水层的保护层，使用前应先筛去粉料。

4. 预制板保护层

预制板块保护层的结合层可以采用砂或水泥砂浆。板块铺砌前应根据排水坡度要求挂线，以满足排水要求，保护层铺砌的块体应横平竖直。

5. 水泥砂浆保护层

水泥砂浆保护层与防水层之间也应设置隔离层。保护层用的水泥砂浆配合比一般为水泥∶砂＝1∶（2.5～3）（体积比）。

保护层施工前，应根据结构情况每隔 4～6m 用木模设置纵横分格缝。铺设水泥砂浆时，应随铺随拍实，并用刮尺找平，随即用直径为 8～10mm 的钢筋或麻绳压出表面分格缝，间距不大于 1m。终凝前用铁抹子压光保护层。

保护层表面应平整，不能出现抹子抹压的痕迹和凹凸不平的现象，排水坡度应符合设计要求。

6. 细石混凝土保护层

细石混凝土整浇保护层施工前，也应在防水层上铺设一层隔离层，并按设计要求支设好分格缝木模，设计无要求时，每格面积不大于 36m$^2$，分格缝宽度为 20mm。一个分格内的混凝土应尽可能连续浇筑，不留施工缝。

# 第二节　涂膜防水屋面施工

涂膜防水屋面是在屋面基层上涂刷防水涂料，经固化后形成一层有一定厚度和弹性的整体涂膜，从而达到防水目的的一种防水屋面形式。涂料按其稠度有厚质涂料和薄质涂料之分，施工时有加胎体增强材料和不加胎体增强材料之别。

涂膜防水屋面常用材料有沥青基涂料（常见石灰乳化沥青涂料、膨润土乳化沥青涂料和石棉乳化沥青涂料）、高聚物改性沥青防水涂料（常用氯丁橡胶改性沥青涂料、SBS 改性沥青涂料及 APP 改性沥青涂料）、合成高分子防水涂料［常用聚氨酯防水涂料（可分为焦油型和无焦油型两种）、丙烯胶防水涂料、有机硅防水涂料］。

## 一、涂膜防水施工工艺流程

防水涂膜施工工艺流程如图 7-2 所示。涂膜防水的施工顺序应按"先高后低，先远后近"的原则进行。遇高低跨屋面时，一般先涂布高跨屋面，后涂布低跨屋面；相同高度屋面上，要合理安排施工段，先涂布距上料点远的部位，后涂布近处；同一屋面上先涂布排水较集中的水落口、天沟、檐口等节点部位，再进行大面积涂布。

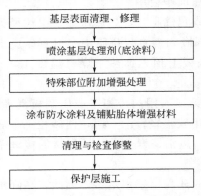

图 7-2　防水涂膜施工工艺流程

## 二、胎体增强材料铺设

需铺设胎体增强材料时，由屋面最低处向上施工。在天沟、檐口、泛水或其他基层采用卷材防水时，卷材与涂膜的接缝应顺流水方向搭接，搭接宽度不应小于 100mm。

## 三、沥青基涂料施工要点

### 1. 涂刷基层处理剂

基层处理剂一般采用冷底子油，涂刷时应做到均匀一致，覆盖完全。石灰乳化沥青防水涂料，夏季可采用石灰乳化沥青稀释后作为冷底子油涂刷一道；春秋季宜采用汽油沥青冷底子油涂刷一道。膨润土、石棉乳化沥青防水涂料涂布前可不涂刷基层处理剂。

### 2. 涂布防水涂料

涂布时，一般先将涂料直接分散倒在屋面基层上，用胶皮刮板来回刮涂，使它厚薄均匀一致，不露底、不存在气泡、表面平整，然后待其干燥。

### 3. 胎体增强材料的铺设

一般采用湿铺法，即在头遍涂层表面刮平后，立即铺贴胎体增强材料，铺贴应平整，不起波，但也不能拉伸过紧。铺贴后用刮板或抹子轻轻刮压或抹压，使布网眼中充满涂料，待干燥后继续进行二遍涂料施工。

## 四、改性沥青涂料及合成高分子涂料施工要点

高聚物改性沥青防水涂料和合成高分子防水涂料，在使用于涂膜防水屋面时其设计涂膜总厚度在 3mm 以下，一般称之为薄质涂料，其施工方法基本相同。

### 1. 涂刷基层处理剂

基层处理剂的种类有以下三种。

1）若使用水乳型防水涂料，可用掺 0.2%～0.5%乳化剂的水溶液或软化水将涂料稀释，比例一般为：防水涂料/乳化剂水溶液（或软水）＝1/(0.5～1)。

2）若使用溶剂型防水涂料，由于其渗透能力比水乳型防水涂料强，可直接用涂料薄涂作基层处理。若涂料较稠，可用相应的溶剂稀释后使用。

3）高聚物改性沥青防水涂料也可用沥青溶液（即冷底子油）作为基层处理剂，或在现场以煤油/30 号石油沥青＝60/40 的比例配制而成的溶液作为基层处理剂。

基层处理剂涂刷时，应用刷子用力薄涂，使涂料尽量刷进基层表面的毛细孔中，并将基层可能留下来的少量灰尘等无机杂质，像填充料一样混入基层处理剂中，使之与基层牢固结合。

2. 涂刷防水涂料

涂料涂刷可采用棕刷、长柄刷、胶皮板、圆滚刷等进行人工涂布，也可采用机械喷涂。

涂料涂布时，涂刷致密是保证质量的关键。刷基层处理剂时要用力薄涂，涂刷后续涂料时则应按规定的涂层厚度（控制材料用量）均匀、仔细地涂刷，各道涂层之间的涂刷方向相互垂直，以提高防水层的整体性和均匀性。涂层间的接槎，在每遍涂刷时应退槎 50～100mm，接槎时也应超过 50～100mm，避免在搭接处发生渗漏。

3. 铺设胎体增强材料

在涂料第二遍涂刷时，或第三遍涂刷前，即可加铺胎体增强材料。

由于涂料与基层粘结力较强，涂层又较薄，胎体增强材料不容易滑移，因此，胎体增强材料应尽量顺屋脊方向铺贴，以方便施工、提高劳动效率。

### 五、涂膜保护层施工要点

1）采用细砂等粒料作保护层时，应在刮涂最后一遍涂料时，边涂边撒布粒料，使细砂等粒料与防水层粘结牢固，并要求撒布均匀、不露底、不堆积。但是尽管精心施工，还会有与防水层粘结不牢或多余的细砂等粒料，因此要待涂膜干燥后，将多余的细砂等粒料及时清除掉，避免因雨水冲刷将多余的细砂等粒料堆积到排水口处，堵塞排水口而影响排水通畅或使屋面产生局部积水而影响防水效果。

2）在水乳型防水涂料防水层上用细砂等粒料做保护层时，撒布后应进行辊压，因为在水乳型涂膜上撒布不同于在溶剂型涂膜上撒布，粘结不易牢固，所以要通过辊压使其与涂膜牢固粘结。多余粒料也应在涂膜固化后扫净。

3）采用浅色涂料做保护层时，也应在涂膜固化后才能进行保护层涂刷，使得保护层与防水层粘结牢固，又不损伤防水层，充分发挥保护层对防水层的保护作用。

4）保护层材料的选择应根据设计要求及所用防水涂料的特性，（通常涂料说明书中对保护层材料有规定要求）而确定。一般薄质涂料可用浅色涂料或粒料作保护层，厚质涂料可用粉料或粒料作保护层。水泥砂浆、细石混凝土或板块保护层对这两类涂料均适用。

### 六、涂膜施工其他注意事项

1）防水涂膜严禁在雨天、雪天施工；五级风及其以上时不得施工；预计涂膜固化前下雨时不得施工，施工中遇雨应采取遮盖保护。

沥青基防水涂膜在气温低于 5℃ 或高于 35℃ 时不宜施工；高聚物改性沥青防水涂膜和合成高分子防水涂膜，当为溶剂型时，施工环境温度宜为 −5～35℃；当为水乳型时，施工环境温度宜为 5～35℃。

2）涂膜防水层的基层应符合规定要求，对由于强度不足引起的裂缝应进行认真修补，凹凸处也应修理平整。基层干燥程度应符合所用防水涂料的要求。

3）防水涂料配料时计量要准确，搅拌要充分、均匀。尤其是双组分防水涂料操作时更要精心，而且不同组分的容器、搅拌棒、料勺等不得混用，以免产生凝胶。

4）节点的密封处理、附加增强层的施工要满足要求。

5）胎体增强材料铺设的时机、位置要加以控制；铺设时要做到平整、无皱折、无翘边，搭接准确；胎体增强材料上面涂刷涂料时，应使涂料浸透胎体，覆盖完全，不得有胎体外露现象。

6）严格控制防水涂膜层的厚度和分遍涂刷厚度及间隔时间。涂刷应厚薄均匀、表面平整。

7）防水涂膜施工完成后，应有自然养护时间，一般不少于7d，在养护期间不得上人行走或在其上操作。

## 第三节　刚性防水屋面施工

刚性屋面防水层，一般是在屋面板上灌筑一层约40mm，等级为C20的细石混凝土，配置双向φ4@200钢筋；当屋面面积较大时，还应留设伸缩缝，在伸缩缝中用油膏填嵌，其上再覆盖一毡二油（图7-3）。

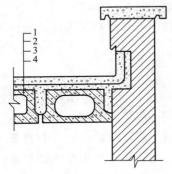

图7-3　刚性屋面防水构造图
1—防水砂浆；2—细石混凝土配双向钢筋网；3—水泥浆；4—空心板

灌筑面层混凝土前先将屋面清扫干净，适当润湿，并在其上刷一遍薄水泥浆。面层混凝土灌筑，要滚压密实，在混凝土初凝以前，还需进行二次压浆抹光；灌筑后加强养护，以免发生干缩裂纹现象。最后再在上面抹一遍防水砂浆。

密封材料嵌缝，指刚性防水屋面分格缝以及天沟、檐沟、泛水、变形缝等细部构造的密封处理。密封材料嵌缝不构成一道独立的防水层次，但它是各种形式的防水屋面的重要组成部分。

## 第四节　地下工程防水施工

地下工程防水的做法主要有：混凝土防水、水泥砂浆防水、卷材防水、涂料防水、金属板防水。

### 一、防水混凝土施工要点

防水混凝土使结构承重和防水合为一体。防水混凝土包括普通防水混凝土、外加剂防水混凝土和膨胀水泥防水混凝土；普通防水混凝土的配合比应通过试验确定，并符合规范。

**1. 防水混凝土的振捣**

防水混凝土必须采用机械振捣密实，振捣时间宜为10～30s，以混凝土开始泛浆和不冒气泡为准，并应避免漏振、欠振和超振。

掺引气剂或引气型减水剂时，应采用高频插入式振捣器振捣。

**2. 防水混凝土的浇筑和施工缝留置**

防水混凝土应连续浇筑，宜少留施工缝。当留置施工缝时，应采用以下方法。

1）顶板、底板不宜留施工缝，顶拱、底拱不宜留纵向施工缝，墙体水平施工缝不应留在剪力与弯矩最大处或底板与侧墙的交接处，应留在高出底板表面不小于200mm的墙体上。墙体有孔洞时，施工缝距孔洞边缘不宜小于300mm。拱墙结合的水平施工缝，宜留在起拱线以下150～300mm处，先拱后墙的施工缝可留在起拱线处，但必须加强防水措施。施工缝的形式选用可见图7-4。

2）垂直施工缝应避开地下水和裂隙水较多的地段，并宜与变形缝相结合。

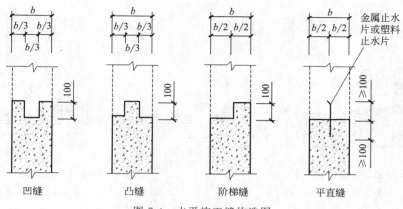

凹缝　凸缝　阶梯缝　平直缝

图 7-4　水平施工缝构造图

3. 施工缝的处理

在施工缝上浇灌混凝土前，应将施工缝处的混凝土表面凿毛，清除浮粒和杂物，用水冲洗干净，保持湿润，再铺一层 20～25mm 厚的 1：1 水泥砂浆。

防水混凝土的养护时间不少于 14d。

**二、水泥砂浆防水层施工方法要点**

水泥砂浆防水层分多层抹面防水层和掺外加剂的水泥砂浆防水层，适用于不因结构沉降、温度湿度变化及振动而产生裂缝的地上和地下防水工程。

1. 多层抹面水泥砂浆防水层施工方法要点

水泥为普通硅酸盐水泥、膨胀水泥、矿渣硅酸盐水泥，强度等级不低于 32.5。砂采用粒径 1～3mm 的粗砂，坚硬、粗糙、洁净。

背水面用四层作法，向水面用五层作法。

施工前基层要清理干净，浇水湿润，表面平整、坚实、粗糙。

第一层，素灰，水灰比 0.4～0.5，厚 2mm；先刮抹 1mm 素灰，铁抹子刮抹 5～6 遍，然后抹 1mm 素灰。第二层，水泥砂浆，水灰比 0.4～0.45，厚 4～5mm，水泥：砂＝1：2.5；在素灰初凝时进行，使砂浆压入素灰层约 1/4；水泥砂浆初凝前，用扫帚扫出横条纹。第三层，素灰，水灰比 0.37～0.4，厚 2mm；在第二层具有一定强度后（约 24h）进行，方法同第一层；如第二层表面析出白膜，则需用水冲刷干净。第四层，水泥砂浆，水灰比 0.4～0.45，厚 4～5mm，水泥：砂＝1：2.5；方法同第二层，但不扫条纹，而是在水泥砂浆凝固前用铁抹子抹压 5～6 遍，最后压光，用时约 11～16h（因温湿度而异）。第五层，素灰；在第四层抹压 2 遍后，抹压压光。每层应连续施工，素灰层与水泥砂浆层应在同一天完成。

如必须设施工缝时，留槎应符合下列规定。

1）平面槎采用阶梯形槎，接槎要依层次顺序操作，层层搭接紧密（图 7-5）。接槎位置一般宜在地面上，也可在墙面上，但须离开阴阳角处 200mm。

2）基础底面与墙面防水层转角留槎如图 7-6 所示。

2. 掺外加剂的水泥砂浆防水层施工要点

掺各种防水剂的水泥砂浆又称防水砂浆。常用防水剂有氯化钙、氯化铝、氯化铁等金属盐类防水剂（又称防水浆）和碱金属化合物、氨水、硬脂酸、水混合皂化的金属皂类防水剂（又称避水浆）两类。

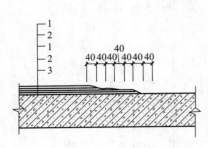

图 7-5 平面留槎示意图
1—砂浆层；2—水泥浆层；3—围护结构

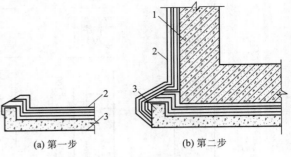

(a) 第一步　　　　(b) 第二步

图 7-6 转角留槎示意图
1—围护结构；2—水泥砂浆防水层；3—混凝土垫层

施工应在结构变形趋于稳定时进行。可加金属网片以抗裂。抹压法：基层抹水灰比 0.4 的素灰，然后分层抹防水砂浆 20mm 以上（下层凝固后再抹上层）；扫浆法：基层薄涂防水净浆，然后分层刷防水砂浆，第一层凝固后刷第二层，每层厚 10mm，相临两层防水砂浆铺刷方向相互垂直，最后将表面扫出条纹。掺外加剂的水泥砂浆防水层施工后 8~12h 即应养护，养护至少 14d。

施工水泥砂浆防水层时，气温不应低于 5℃，且基层表面温度应保持在 0℃ 以上。掺氯化物金属盐类防水剂及膨胀剂的防水砂浆，不应在 35℃ 以上或烈日照射下施工。

### 三、合成高分子卷材防水层施工要点

合成高分子卷材防水是以基层胶黏剂、卷材接缝胶黏剂、卷材接缝密封剂，将高分子油毡单层粘结在结构基层上而成的防水层。

1. 合成高分子防水卷材施工用的辅助材料

（1）基层处理剂　主要作用是隔绝底层渗透来的水分和提高卷材与基层之间的黏附能力，相当于传统石油沥青油毡施工用的冷底子油，因此又称为底胶；一般用聚氨酯底胶。

（2）基层胶黏剂　主要用于卷材与基层表面的粘结；如 CX-404 胶。

（3）卷材接缝胶黏剂　是卷材与卷材接缝粘结的专用胶黏剂，双组分或单组分。

（4）卷材接缝密封剂　单组分或双组分，作为卷材接缝以及卷材收头的密封剂。

（5）二甲苯　是基层处理剂的稀释剂和施工机具的清洗剂。

（6）表面着色剂　涂刷在油毡表面，以反射阳光、美化屋面；由高分子溶液与铝粉等制成，银色或绿色。

2. 施工工艺

涂刷聚氨酯底胶前，先将尘土、杂物清扫干净。

（1）配制、涂刷聚氨酯底胶　配制底胶：先将聚氨酯涂膜防水材料按比例配合搅拌均匀，配制成底胶。涂刷底胶：将配好的底胶用长把滚刷均匀涂刷在大面积基层上，厚薄应一致，不得有漏刷和白底现象；阴阳角、管根等部位可用毛刷涂刷；常温情况下，干燥 4h 以上，手感不粘时，即可进行下道工序。

（2）复杂部位增补处理　增补剂配制：将聚氨酯涂膜防水材料按比例配合搅拌均匀，即可进行涂刷。配制量视需要确定，不宜过多，防止其固化。按上述要求配制好以后，用毛刷在地漏、伸缩缝等处，均匀涂刷防水增补剂，作为附加层，厚度以 2mm 为宜；待其固化后，即可进行下道工序。

（3）铺贴卷材防水层 铺贴前在未涂胶的基层表面排好尺寸，弹出标准线、为铺好卷材创造条件。

铺贴卷材时，先将卷材摊开在干净、平整的基层上清扫干净，用长把滚刷蘸 CX-404 胶均匀涂刷在卷材表面，但卷材接头部位应空出 10cm 不涂胶，刷胶厚度要均匀，不得有漏底或凝聚胶块存在，当 CX-404 胶基本干燥后手感不粘时，按原状再卷起来，卷时要求端头平整，不得卷成竹笋状，并要防止带入砂粒、尘土和杂物。

当基层底胶干燥后，在其表面涂刷 CX-404 胶，涂刷时要用力适当，不要在一处反复涂刷，防止粘起底胶，形成凝聚块，影响铺贴质量；复杂部位可用毛刷均匀涂刷，用力要均匀；涂胶后手感不粘时，开始铺贴卷材。

铺贴时将已涂刷好 CX-404 胶（胶黏剂）预先卷好的卷材，穿入 φ30mm，长 1.5mm 的锹把或铁管，由二人抬起，将卷材一端粘结固定，然后沿弹好的标准线向另一端铺贴；操作时卷材不要拉得太紧，每隔 1m 左右向标准线靠近一下，依次顺序边对线边铺贴；或将已涂好的卷材，按上述方法推着向后铺贴。无论采用哪种方法均不得拉伸卷材，防止出现皱折。

铺贴卷材时要减少阴阳角和大面积的接头。

铺贴平面与立面相连接的卷材，应由下向上进行，使卷材紧贴阴角，不得有空鼓或粘贴不牢等现象。

排除空气，每铺完一张卷材，应立即用干净的长把滚刷从卷材的一端开始在卷材的横方向顺序用力滚压一遍，以便将空气排出。

滚压，为使卷材粘贴牢固，在排除空气后，用 30kg 重、30cm 外包橡皮的铁辊滚压一遍。

（4）接头处理 在未刷 CX-404 胶的长、短边 10cm 处，每隔 1m 左右用 CX-404 胶涂一下，在其基本干燥后，将接头翻开临时固定。

卷材接头用丁基胶黏剂粘结，先将 A、B 两组分材料，按 1：1 的（质量比）配合搅拌均匀，用毛刷均匀涂刷在翻开的接头表面，待其干燥 30min 后（常温 15min 左右），即可进行粘合，从一端开始用手一边压合一边挤出空气，粘贴好的搭接处，不允许有皱折、气泡等缺陷，然后用铁辊滚压一遍；凡遇有卷材重叠三层的部位，必须用聚氨酯嵌缝膏填密封严。

（5）卷材末端收头 为使卷材收头粘结牢固。防止翘边和渗漏，用聚氨酯嵌缝膏等密封材料封闭严密后，再涂刷一层聚氨酯涂膜防水材料。

（6）地下工程防水层做法 地下工程防水层施工一般采用外防水外贴法；只有受施工条件限制而不能用外贴法时才用内贴法，如图 7-7 所示。

外防水外贴法施工时，应先铺贴平面，后铺贴立面，平立面交接处，应交叉搭接；铺贴完成后的外侧应按设计要求，砌筑保护墙，并及时进行回填土。

采用外防水内贴施工时，应先铺贴立面，后铺贴平面。铺贴立面时，应先贴转角，后贴大面，贴完后应按规定做好保护层，做保护层前，应在卷材层上涂刷一层聚氨酯防水涂料，在其未固化前，撒上一些砂粒，以改善水泥砂浆保护层与立面卷材的粘结。

防水层铺贴不得在雨天、大风天施工；冬季施工的环境温度，应不低于 5℃。

**四、聚氨酯涂膜防水施工要点**

聚氨酯防水材料，是一种双组分化学反应固化型的高弹性防水涂料。聚氨酯防水涂料固化前为无定形黏稠状液态物质，在任何结构复杂的基层表面均易于施工，涂膜具有橡胶弹

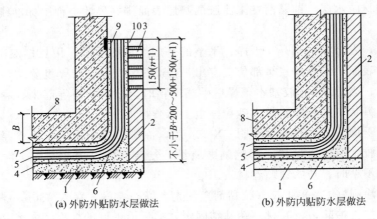

图 7-7　地下结构卷材铺贴

1—混凝土垫层；2—永久性保护墙；3—临时性保护墙；4—找平层；

5—卷材防水层；6—卷材附加层；7—保护层；8—需防水结构；

9—永久木条；10—临时木条；$n$—防水卷材层数；$B$—底板厚度

性，延伸性好，抗拉强度高，粘结性好，体积收缩小，涂膜防水层无接缝，整体性强，冷施工作业，施工方法简便，适用于厕浴间、地下室防水工程、贮水池、游泳池防漏工程等。

地下室聚氨酯涂膜防水构造如图 7-8 所示；施工顺序如下。

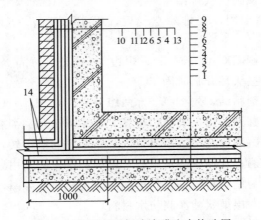

图 7-8　地下室聚氨酯涂膜防水构造图

1—夯实素土；2—素混凝土垫层；3—无机铝盐防水砂浆找平层；4—聚氨酯底胶；

5—第一、二层聚氨酯涂膜；6—第三层聚氨酯涂膜；7—虚铺沥青油毡保护隔

离层；8—细石混凝土保护层；9—钢筋混凝土底板；10—聚乙烯泡沫塑料

软保护层；11—第五层聚氨酯涂膜；12—第四层聚氨酯涂膜；

13—钢筋混凝土立墙；14—涤纶纤维无纺布增强层

1）基层清扫。拟做防水施工的基层表面，必须彻底清扫干净。

2）涂布底胶：将聚氨酯甲、乙两组分和二甲苯按比例搅拌均匀，涂刷在基层表面上。待干燥 4h 以上，再进行下一工序。

3）防水层施工。将聚氨酯防水涂料甲、乙组分按比例混合搅拌均匀，涂刷在基层表面上，涂刷厚度要均匀一致。在第一层涂膜固化 24h 以后，再按上述配比和方法进行第二层涂刷。两次涂刷方向要相互垂直。当涂膜固化完全、检查验收合格后即可进行保护层施工。

4）平面铺设油毡保护隔离层。当平面的最后一层聚氨酯涂膜完全固化，经过检查验收合格后，即可虚铺一层纸胎石油沥青毡作保护隔离层。

5）浇筑细石混凝土保护层。对平面部位可在石油沥青油毡保护隔离层上浇筑 40～50mm 厚的细石混凝土保护层。施工时切勿损坏油毡和涂膜防水层，如有损坏必须立即涂刷聚氨酯的混合材料修复，再浇筑细石混凝土，以免留下渗漏水的隐患。

6）在完成细石混凝土保护层的施工和养护后，即可结构施工。

7）粘贴聚乙烯泡沫塑料保护层。对立墙部位，可在聚氨酯涂膜防水层的外侧直接粘贴 5～6mm 厚的聚乙烯泡沫塑料片材保护层。施工方法是在涂完第四层防水涂膜、完全固化和经过认真的检查验收合格后，再均匀涂布第五层涂膜，在该层涂膜未固化前，应立即粘贴聚乙烯泡沫塑料片材作保护层；粘贴时要求片材拼缝严密，防止在回填灰土时损坏防水涂膜。

8）回填。完成聚乙烯泡沫塑料保护层的施工后，即可回填。

# 第五节 厨卫间防水施工

厨卫间因管道多而多采用涂膜防水。以下介绍厨卫间聚氨酯涂膜防水层冷作业做法。

## 一、材料要求

（1）聚氨酯涂膜防水材料（双组分）。应有出厂合格证。甲组分是以聚氨酯和二异氰酸酯等原料，经过聚合及反应制成的含有端异氰酸酯基的聚氨基甲酸酯预聚物，外观为浅黄黏稠状，桶装，每桶 20kg。乙组分是由固化剂、促进剂、增韧剂、防霉剂、填充剂和稀释剂等混合加工制成；外观有红、黑、白、黄及咖啡色等膏状物，桶装、每桶 40kg。甲组分储存在室内通风干燥处，储期不超过 6 个月。乙组分储存在室内，储期不超过 12 个月。两组材料应分别保管，严禁混存在一室；动用后剩余的材料，应将容器的封盖盖紧，防止材料失效。

主要技术性能：

含固量：≥93％

拉伸强度：≥0.7MPa

断裂伸长率：300％～400％

耐热度：80℃，不流淌

低温柔度：−20℃绕 $\phi$20mm 圆棒，无裂纹

不透水性：＞0.3N/mm²。

防水卷材不透水性测试仪器测试原理：在一定的温度下，使试样的两侧形成一特定的湿度差，水蒸气透过试样进入干燥的一侧，通过测定透湿杯重量随时间的变化量，从而求出试样的水蒸气透过率等参数。

（2）32.5 级普通硅酸盐水泥，用于配制水泥砂浆保护层。中砂：含泥量不大于 3％。

（3）磷酸或苯磺酰氯：用于做缓凝剂。

二月桂酸二丁基锡：用于做促凝剂。

乙酸乙酯：清洗手上凝胶用。

二甲苯：用于稀释和清洗工具。

涤纶无纺布或玻璃丝布：规格为 60g/m²。

## 二、主要机具

一般应备有电动搅拌器（功率 0.3～0.5kW，200～500r/min）、搅拌桶（容积 10L）、油漆桶（3L）、塑料或橡胶刮板、滚动刷、油漆刷、弹簧秤、干粉灭火器等。

## 三、作业条件

（1）涂刷防水层的基层表面，必须将尘土、杂物等清扫干净，表面残留的灰浆硬块和突出部分应铲平、扫净、压光，阴阳角处应抹成圆弧或钝角。

（2）涂刷防水层的基层表面应保持干燥，并要平整、牢固、不得有空鼓、开裂及起砂等缺陷。

（3）在找平层连接处的地漏、管根、出水口、卫生洁具根部（边沿），要收头圆滑。坡度符合设计要求，部件必须安装牢固，嵌封严密。

（4）突出地面的管根、地漏、排水口、阴阳角等细部，应先做好附加层墙补处理，刷完聚氨酯底胶后，经检查并办完隐蔽工程验收。

（5）防水层所用的各类材料，基层处理剂、二甲苯等均属易燃物品，储存和保管要远离为源，施工操作时，应严禁烟火。

（6）防水层施工不得在雨天、大风天进行，冬期施工的环境温度应不低于 5℃。

## 四、操作工艺

工艺流程为：清理基层表面→细部处理→配制底胶→涂刷底胶→涂刷底胶（相当于冷底子油）→细部附加层施工→第一遍涂膜→第二遍涂膜→第三遍涂膜防水层施工→防水层一次试水→保护层饰面层施工→防水层二次试水→防水层验收。

操作要点如下。

（1）防水层施工前，应将基层表面的尘土、杂物等清除干净，并用干净的湿布擦一次。

（2）涂刷防水层的基层表面，不得有凸凹不平、松动、空鼓、起砂、开裂等缺陷。含水率一般不大于 9%，基层表面均匀泛白，无明显水印。

（3）涂刷底胶相当于冷底子油。

1）配制底胶，先将聚氨酯甲料、乙料加入甲苯，比例为 1∶1.5∶2（质量比）配合搅拌均匀，配制量应视具体情况订，不宜过多。

2）涂刷底胶，将按上法配制好的底胶混合料，用长把滚刷均匀涂刷在基层表面，涂后常温季节 4h 以后，手感不粘时，即可做下道工序。

（4）涂膜防水层施工。

1）材料配制。聚氨酯防水材料为聚氨酯甲料、聚氨酯乙料和二甲苯，配比为 1∶1.5∶3（质量比）；在施工中涂膜防水材料，其配合比计量要准确，并必须用电动搅拌机进行强力搅拌。

2）细部做附加层。突出地面的地漏、管根、出水口、卫生洁具等根部（边沿）、阴阳角等薄弱部位，应在大面积涂刷前，先做一布二油防水附加层，底胶表干后将纤维布裁成与地漏、管根等尺寸、形状相同并将周围加宽 20cm 的布套在管根等细部，并涂刷涂膜防水材料，常温 4h 表干后，再刷第二道涂膜防水材料，24h 实干后，即可进行大面积涂膜防水层施工。

3）涂膜防水层。第一道涂膜防水层：将已配好的聚氨酯涂膜防水材料，用塑料或橡皮刮板均匀涂刮在已涂好底胶的基层表面,用量为 $1.5kg/m^2$,厚度为 $1.3\sim1.5mm$,不得有漏刷和鼓泡等缺陷,24h 固化后,可进行第二道涂层。

第二道涂层:在已固化的涂层上,采用与第一道涂层相互垂直的方向均匀涂刷在涂层表面,涂量略少于第一道,用量为 $1kg/m^2$,厚度为 $0.7\sim1mm$,不得有漏刷和鼓泡等缺陷,24h 固化后,进行第一次试水,遇有渗漏,应进行补修,至不出现渗漏为止。

除上述涂刷方法外,可采用长把滚刷分层进行相互垂直的方向分四次涂刷,每次涂量为 $0.6kg/m^2$;如条件允许,也可采用喷涂的方法,但要掌握好厚度和均匀度。细部不易喷涂的部位,应在实干后进行补刷。

4)在涂膜防水层施工前,应按照工艺标准,组织有关人员认真进行技术和使用材料的交底,防水层施工完成后,经过 24h 以上的蓄水试验,未发现渗水漏水为合格,然后进行隐蔽工程检查验收,交下道施工。

(5)在施工过程中遇到问题应做如下处理。

1)当发现涂料黏度过大不易涂刷时,可加入少量二甲苯稀释,其加入量应不大于乙料的 10%。

2)当发现涂料固化太快,影响施工时,可加入少量磷酸或苯磺酰氯等缓凝剂,其加入量应不大于甲料的 0.5%。

3)当发现涂料固化太慢,影响施工时,可加入少量二月桂酸二丁基锡作促凝剂,其加入量应不大于甲料的 0.3%。

4)涂膜防水层涂刷 24h 未固化仍有发黏现象,涂刷第二道涂料有困难时,可先涂一层滑石粉,再上人操作时,可不粘脚,且不会影响涂膜质量。

如发现乙料有沉淀现象时,应搅拌均匀后再进行与甲料配制,否则会影响涂膜的质量。

## 五、成品保护

(1)已涂刷好的聚氨酯涂膜防水层,应及时采取保护措施,在未做好保护层以前,不得穿带钉鞋出入室内,以免破坏防水层。

(2)突出地面管根、地漏、排水口、卫生洁具等处的周边防水层不得碰损,部件不得变位。

(3)地漏、排水口等处应保持畅通,施工中要防止杂物掉入,试水后应进行认真清理。

(4)聚氨酯涂膜防水层施工过程中,未固化前不得上人走动,以免破坏防水层,造成渗漏的隐患。

(5)聚氨酯涂膜防水层施工过程中,应注意保护有关门口、墙面等部位,防止污染成品。

## 六、应注意的质量问题

(1)空鼓 防水层空鼓一般发生在找平层与涂膜防水层之间和接缝处,原因是基层含水率过大,使涂膜空鼓,形成气泡,施工中应控制含水率,并认真操作。

(2)渗漏 防水层渗漏水,多发生在穿过楼板的管根、地漏、卫生洁具及阴阳角等部位,原因是管根、地漏等部件松动、粘结不牢、涂刷不严密或防水层局部损坏,产生空隙,部件接槎封口处搭接长度不够所造成。在涂膜防水层施工前,应认真检查并加以修补。

# 第六节　防水工程安全注意事项

（1）卷材屋面防水施工，时有被沥青胶烫伤、坠落等事故。

（2）有皮肤病、眼病、刺激过敏等的人，不宜操作。施工中如发生恶心、头晕、过敏等情况时，应立即停止操作。

（3）沥青操作人员不得赤脚、穿短裤和短袖衣服，裤脚袖口应扎紧，并戴手套和护脚。

（4）防止下风向人员中毒或烫伤。

（5）存放卷材和粘结剂的仓库或现场要严禁烟火；如用明火，必须有放火措施，且设置一定数量的灭火器材和砂袋。

（6）高处作业人员不得过分集中，必要时系安全带。

（7）屋面周围应设防护栏杆；屋面上的孔洞应盖严或在孔洞周边设防护栏杆，并设水平安全网。

（8）刮大风时停止作业。

（9）熬油锅灶应在下风向，上方不得有电线，地下5m不得有电缆。锅内沥青不得超过锅容量的2/3，并防止外溢。熬油人员应随时注意温度变化，沥青脱完水后应慢火升温。锅内白烟变浓的红黄烟，是着火的前兆，应立即停火。配冷底子油时要严格掌握沥青温度，严禁用铁棒搅拌；如发现冒出大量蓝烟应立即停止加入稀释剂。配制、贮存、涂刷冷底子油的地点严禁烟火，并不得在附近电焊、气焊。

（10）运油的铁桶、油壶要咬口接头，严禁锡焊。桶宜加盖，装油量不得超过桶高的2/3，油桶应平放，不得两人抬运。屋面吊运油桶的操作平台应设置防护栏杆，提升时要拉牵绳以防油桶摆动；油桶下方10m半径范围内禁止站人。

（11）坡屋面操作应防滑，油桶下面应加垫来保证油桶放置平稳。

（12）浇油与贴卷材者应保持一定距离，并根据风向错位，以防热沥青飞溅伤人。浇油时檐口下方不得有人行走或停留，以防热沥青流下伤人。

（13）避免在高温烈日下施工。

# 第七节　防水工程施工常用质量标准

## 一、屋面防水工程施工质量标准

### （一）术语

防水层合理使用年限：屋面防水层能满足正常使用要求的年限。

一道防水设防：具有单独防水能力的一道防水层。

分格缝：在屋面找平层、刚性防水层、刚性保护层上预先留设的缝。

满粘法：铺贴防水卷材时，卷材与基层全部粘结的施工方法。

空铺法：铺设防水卷材时，卷材与基层在周边一定宽度内粘结，其余部分不粘结的施工方法。

点粘法：铺贴防水卷材时，卷材或打孔卷材与基层采用点状粘结的施工方法。

条粘法：铺贴防水卷材时，卷材与基层采用条状粘结的施工方法。

冷粘法：在常温下采用胶黏剂等材料进行卷材与基层、卷材与卷材间粘结的施工方法。

热熔法：采用火焰加热器熔化热熔型防水卷材底层的热熔胶进行粘结的施工方法。

自粘法：采用带有自粘胶的防水卷材进行粘结的施工方法。

热风焊接法：采用热空气焊枪进行防水卷材搭接粘合的施工方法。

倒置式屋面：将保温层设置在防水层上的屋面。

架空屋面：在屋面防水层上采用薄型制品架设一定高度的空间，起到隔热作用的屋面。

蓄水屋面：在屋面防水上蓄一定高度的水，起到隔热作用的屋面。

种植屋面：在屋面防水屋上铺以种植介质，并种植植物的屋面。

（二）基本规定

1）屋面工程应根据建筑物的性质、重要程度、使用功能要求以及防水层合理使用年限，按不同等级进行设防，并应符合表 7-1 的要求。

表 7-1　屋面防水等级和设防要求

| 项目 | 屋面防水等级和设防要求 | | | |
|---|---|---|---|---|
| | I | II | III | IV |
| 建筑物类别 | 特别重要或对防水有特殊要求的建筑 | 重要的建筑和高层建筑 | 一般的建筑 | 非永久性的建筑 |
| 防水层合理使用年限 | 25 年 | 15 年 | 10 年 | 5 年 |
| 防水层选用材料 | 宜选用合成高分子防水卷材、高聚物改性沥青防水卷材、金属板材、合成高分子防水涂料、细石混凝土等材料 | 宜选用高聚物改性沥青防水卷材、合成高分子防水卷材、金属板材、合成高分子防水涂料、高聚物改性沥青防水涂料、细石混凝土、平瓦、油毡瓦等材料 | 宜选用三毡四油沥青防水卷材、高聚物改性沥青防水卷材、合成高分子防水卷材、金属板材、高聚物改性沥青防水涂料、合成高分子防水涂料、细石混凝土、平瓦、油毡瓦等材料 | 可选用二毡三油沥青防水卷材、高聚物改性沥青防水涂料等材料 |
| 设防要求 | 三道或三道以上防水设防 | 二道防水设防 | 一道防水设防 | 一道防水设防 |

2）屋面工程应根据工种特点、地区自然条件等，执照屋面防水等级的设防要求，进行防水构造设计，重要部位应有详图；对屋面保温层的厚度，应通过计算确定。

3）屋面工程施工前，施工单位应进行图纸会审，并应编制屋面工程施工方案或技术措施。

4）屋面工程施工时，应建立各道工序的自检、交接检和专职人员检查的"三检"制度，并有完整的检查记录。每道工序完成，应经监理单位（或建设单位）检查验收，合格后方可进行下道工序的施工。

5）屋面工程的防水层应由经资质审查合格的防水专业队伍进行施工。作业人员应持有当地建设行政主管部门颁发的上岗证。

6）屋面工程所采用的防水、保湿隔热材料应有产品合格证书和性能检测报告，材料的品种、规格、性能等应符合现行国家产品标准和设计要求。材料进场后，应按规范的规定抽样复验，并提出试验报告；不合格的材料，不得在屋面工程中使用。

7）当下道工序或相邻工程施工时，对屋面已完成的部分应采取保护措施。

8）伸出屋面的管道、设备或预埋件等，应在防水屋施工前安设完毕。屋面防水屋完工后，不得在其上凿孔打洞或重物冲击。

9) 屋面工程完工后,应按现行规范的有关规定对细部构造、接缝、保护层等进行外观检验,并应进行淋水或蓄水检验。淋水持续 2h,蓄水时间不应小于 24h。

10) 屋面的保温层和防水层严禁在雨天、雪天和五级风及其以上时施工。施工环境气温宜符合表 7-2 的要求。

**表 7-2　屋面保温和防水层施工环境气温**

| 项　　目 | 施工环境气温 |
| --- | --- |
| 粘结保温层 | 热沥青不低于 −10℃;水泥砂浆不低于 5℃ |
| 沥青防水卷材 | 不低于 5℃ |
| 高聚物改性沥青防水卷材 | 冷粘法不低于 5℃;热熔法不低于 −10℃ |
| 合成高分子防水卷材 | 冷粘法不低于 5℃;热风焊接法不低于 −10℃ |
| 聚物改性沥青防水涂料 | 溶剂型不低于 −5℃;水溶型不低于 5℃ |
| 合成高分子防水涂料 | 溶剂型不低于 −5℃;水溶型不低于 5℃ |
| 刚性防水层 | 不低于 5℃ |

11) 屋面工程各子分部工程和分项工程的划分,应符合表 7-3 的要求。

**表 7-3　屋面工程各子分部工程和分项工程的划分**

| 分部工程 | 子分部工程 | 分项工程 |
| --- | --- | --- |
| 屋面工程 | 卷材防水屋面 | 保温层,找平层,卷材防水层,细部构造 |
| | 涂膜防水屋面 | 保温层,找平层,涂膜防水层,细部构造 |
| | 刚性防水屋面 | 细石混凝土防水屋面,密封材料嵌缝,细部构造 |
| | 瓦屋面 | 平瓦屋面,油毡瓦屋面,金属板材屋面,细部构造 |
| | 隔热屋面 | 架空屋面,蓄水屋面,种植屋面 |

12) 屋面工程各分项工程的施工质量检验批量应符合下列规定:①卷材防水屋面、涂膜防水屋面、刚性防水屋面、瓦屋面和隔热屋面工程,应按屋面面积每 100m² 抽查一处,每处 10m²,且不得少于 3 处。②接缝密封防水,每 50m 应抽查一处,每处 5m,且不得少于 3处。③细部构造根据分项工程的内容,应全部进行检查。

**(三) 卷材防水屋面工程**

**1. 屋面找平层**

适用于防水层基层采用水泥砂浆、细石混凝土或沥青砂浆的整体找平层。

1) 找平层的厚度和技术要求应符合表 7-4 的规定。

**表 7-4　找平层的厚度和技术要求**

| 类　　别 | 基 层 种 类 | 厚度/mm | 技 术 要 求 |
| --- | --- | --- | --- |
| 水泥砂浆找平层 | 整体混凝土 | 15~20 | (1:2.5)~(1:3)(水泥:砂)体积比,水泥强度等级不低于 32.5 级 |
| | 整体或板状材料保温层 | 20~25 | |
| | 装配式混凝土板,松散材料保温层 | 20~30 | |
| 细石混凝土找平层 | 松散材料保温层 | 30~35 | 混凝土强度等级不低于 C20 |
| 沥青砂浆找平层 | 整体混凝土 | 15~20 | 1:8(沥青:砂)质量比 |
| | 装配式混凝土板,整体或板状材料保温层 | 20~25 | |

2) 找平层的基层采用装配式钢筋混凝土板时，应符合下列规定：板端、侧缝应用细石混凝土灌缝，其强度等级不应低于 C20。板缝宽度大于 40mm 或上窄下宽时，板缝内应设置构造钢筋。板端缝应进行密封处理。

3) 找平层的排水坡度应符合设计要求。平屋面采用结构找坡不应小于 3%，采用材料找坡宜为 2%；天沟、檐沟纵向找坡不应小于 1%，沟底水落差不得超过 200mm。

4) 基层与突出屋面结构（女儿墙、山墙、天窗壁、变形缝、烟囱等）的交接处和基层的转角处，找平层均应做成圆弧形，圆弧半径应符合表 7-5 的要求。内部排水的水落口周围，找平层应做成略低的凹坑。

**表 7-5 转角处圆弧半径**

| 卷 材 种 类 | 圆弧半径/mm |
|---|---|
| 沥青防水卷材 | 100～150 |
| 高聚物改性沥青防水卷材 | 50 |
| 合成高分子防水卷材 | 20 |

5) 找平层宜设分格缝，并嵌填密封材料。分格缝应留设在板端缝处，其纵横缝的最大间距：水泥砂浆或细石混凝土找平层，不宜大于 6m；沥青砂浆找平层，不宜大于 4m。

6) 主控项目：找平层的材料质量及配合比，必须符合设计要求。检验方法：检查出厂合格证、质量检验报告和计量措施。

屋面（含天沟、檐沟）找平层的排水坡度，必须符合设计要求。检验方法：用水平仪（水平尺）、拉线和尺量检查。

7) 一般项目：基层与突出屋面结构的交接处和基层的转角处，均应做成圆弧形，且整齐平顺。检验方法：观察和尺量检查。

水泥砂浆、细石混凝土找平层应平整、压光，不得有酥松、起砂、起皮现象；沥青砂浆找平层不得有拌和不匀、蜂窝现象。检验方法：观察检查。

找平层分格缝的位置和间距应符合设计要求。检验方法：观察和尺量检查。

找平层表面平整度的允许偏差为 5mm。检验方法：用 2m 靠尺和楔形塞尺检查。

2. 屋面保温层

适用于松散、板状材料或整体现浇（喷）保温层。

1) 保温层应干燥，封闭式保温层的含水率应相当于该材料在当地自然风干状态下的平衡含水率。

2) 屋面保温层干燥有困难时，应采用排汽措施。

3) 倒置式屋面应采用吸水率小、长期浸水不腐烂的保温材料。保温层上应用混凝土等块材、水泥砂浆或卵石做保护层；卵石保护层与保温层之间，应干铺一层无纺聚酯纤维布做隔离层。

4) 松散材料保温层施工应符合下列规定：铺设松散材料保温层的基层应平整、干燥和干净；保温层含水率应符合设计要求；松散保温材料应分层铺设并压实，压实的程度与厚度应经试验确定；保温层施工完成后，应及时进行找平层和防水层的施工；雨季施工时，保温层应采取遮盖措施。

5) 板状材料保温层施工应符合下列规定：板状材料保温层的基层应平整、干燥和干净；板状保温材料应紧靠在需保温的基层表面上，并应铺平垫稳；分层铺设的板块上下层接缝应相互错开；板间缝隙应采用同类材料嵌填密实；粘贴的板状保温材料应贴严、粘牢。

6）整体现浇（喷）保温层施工应符合下列规定：沥青膨胀蛭石、沥青膨胀珍珠岩宜用机械搅拌，并应色泽一致，无沥青团；压实程度根据试验确定，其厚度应符合设计要求，表面应平整；硬质聚氨酯泡沫塑料应按配比准确计量，发泡厚度均匀一致。

7）主控项目：保温材料的堆积密度或表观密度、导热系数以及板材的强度、吸水率，必须符合设计要求。检验方法：检查出厂合格证、质量检验报告和现场抽样复验报告。

保温层的含水率必须符合设计要求。检验方法：检查现场抽样检验报告。

8）一般项目：保温层的铺设应符合下列要求：松散保温材料：分层铺设，压实适当，表面平整，找坡正确；板状保温材料：紧贴（靠）基层，铺平垫稳，拼缝严密，找坡正确；整体现浇保温层：拌和均匀，分层铺设，压实适当，表面平整，找坡正确。检验方法：观察检查。

保温层厚度的允许偏差：松散保温材料和整体现浇保温层为＋10％，－5％；板状保温材料为±5％，且不得大于 4mm。检验方法：用钢针插入和尺量检查。

当倒置式屋面保护层采用卵石铺压时，卵石应分布均匀，卵石的质（重）量应符合设计要求。检验方法：观察检查和按堆积密度计算其质（重）量。

3. 卷材防水层

适用于防水等级为Ⅰ～Ⅳ级的屋面防水。

1）卷材防水层应采用高聚物改性沥青防水卷材、合成高分子防水卷材或沥青防水卷材。所选用的基层处理剂、接缝胶黏剂、密封材料等配套材料应与铺贴的卷材材性相容。

2）在坡度大于 25％的屋面上采用卷材作防水层时，应采取固定措施。固定点应密封严密。

3）铺设屋面隔汽层和防水层前，基层必须干净、干燥。干燥程度的简易检验方法，是将 1m² 卷材平坦地干铺在找平层上，静置 3～4h 后掀开检查，找平层覆盖部位与卷材上未见水印即可铺设。

4）卷材铺贴方向应符合下列规定：屋面坡度小于 3％时，卷材宜平行屋脊铺贴；屋面坡度在 3％～15％时，卷材可平行或垂直屋脊铺贴；屋面坡度大于 15％或屋面受震动时，沥青防水卷材应垂直屋脊铺贴，高聚物改性沥青防水卷材和合成高分子防水卷材可平行或垂直屋脊铺贴；上下层卷材不得相互垂直铺贴。

5）卷材厚度选用应符合表 7-6 的规定。

表 7-6　卷材厚度选用表

| 屋面防水等级 | 设防道数 | 合成高分子防水卷材 | 高聚物改性沥青防水卷材 | 沥青防水卷材 |
| --- | --- | --- | --- | --- |
| Ⅰ | 三道或三道以上设防 | 不应小于 1.5mm | 不应小于 3mm | — |
| Ⅱ | 二道设防 | 不应小于 1.2mm | 不应小于 3mm | — |
| Ⅲ | 一道设防 | 不应小于 1.2mm | 不应小于 4mm | 三毡四油 |
| Ⅳ | 一道设防 | — | — | 二毡三油 |

6）铺贴卷材采用搭接法时，上下层及相邻两幅卷材的搭缝应错开。各种卷材搭接宽度

应符合表 7-7 的要求。

**表 7-7　卷材搭接宽度**　　　　　　　　　　　　　　单位：mm

| 卷材种类 | 铺贴方法 | 短边搭接 | | 长边搭接 | |
|---|---|---|---|---|---|
| | | 满粘法 | 空铺、点粘、条粘法 | 满粘法 | 空铺、点粘、条粘法 |
| 沥青防水卷材 | | 100 | 150 | 70 | 100 |
| 高聚物改性<br>沥青防水卷材 | | 80 | 100 | 80 | 100 |
| 合成高分子防水卷材 | 胶黏剂 | 80 | 100 | 80 | 100 |
| | 胶黏带 | 50 | 60 | 50 | 60 |
| | 单缝焊 | 60,有效焊接宽度不小于 25 | | | |
| | 双缝焊 | 80,有效焊接宽度 10×2＋空腔宽 | | | |

7）冷粘法铺贴卷材应符合下列规定：胶黏剂涂刷应均匀，不露底，不堆积；根据胶黏剂的性能，应控制胶黏剂涂刷与卷材铺贴的间隔时间；铺贴的卷材下面的空气应排尽，并辊压粘结牢固；铺贴卷材应平整顺直，搭接尺寸准确不得扭曲、皱折；接缝口应用密封材料封严，宽度不应小于 10mm。

8）热熔法铺贴卷材应符合下列规定：火焰加热器加热卷材应均匀，不得过分加热或烧穿卷材；厚度小于 3mm 的高聚物改性沥青防水卷材严禁采用热熔法施工；卷材表面热熔后应立即滚铺卷材，卷材下面的空气应排尽，并辊压粘结牢固，不得空鼓；卷材接缝部位必须溢出热熔的改性沥青胶；铺贴的卷材应平整顺直，搭接尺寸准确，不得扭曲、皱折。

9）自粘法铺贴卷材应符合下列规定：铺贴卷材前基层表面应均匀涂刷基层处理剂，干燥后应及时铺贴卷材；贴卷材时，应将自粘胶底面的隔离纸全部撕净；卷材下面的空气应排尽，并辊压粘结牢固；铺贴的卷材应平整顺直，搭接尺寸准确，不得扭曲、皱折。搭接部位宜采用热风加热，随即粘贴牢固；接缝口应用密封材料封严，宽度不应小于 10mm。

10）卷材热风焊接施工应符合下列规定：焊接前卷材的铺设应平整顺直，搭接尺寸准确，不得扭曲、皱折；卷材的焊接面应清扫干净，无水滴、油污及附着物；焊接时应先焊长边搭接缝，后焊短边搭接缝；控制热风加热温度和时间，焊接处不得有漏焊、跳焊、焊焦或焊接不牢现象；焊接时不得损害非焊接部位的卷材。

11）沥青玛琦脂的配制和使用应符合下列规定：配制沥青玛琦脂的配合比应视使用条件、坡度和当地历年极端最高气温，并根据所用的材料经试验确定，施工中应按确定的配合比严格配料，每工作班应检查软化点和柔韧性；热沥青玛琦脂的热温度不应高于 240℃，使用湿度不应低于 190℃；冷沥青玛琦脂使用时应搅匀，稠度太大时可加少量溶剂稀释搅匀；沥青玛琦脂应涂刮均匀，不得过厚或堆积。粘结层厚度：热沥青玛琦脂宜为 1～1.5mm，冷沥青玛琦脂宜为 0.5～1mm；面层厚度：热沥青玛琦脂宜为 2～3mm，冷沥青玛琦脂宜为 1～1.5mm。

12）天沟、檐沟、檐口、泛水和立面卷材收头的端部应裁齐，塞入预留凹槽内，用金属压条钉压固定，最大钉距不应大于 900mm，并用密封材料嵌填封严。

13）卷材防水层完工并经验收合格后，应做好成品保护。保护层的施工应符合下列规定：绿豆砂应清洁、预热、铺撒均匀，并使用与沥青玛脂粘结牢固，不得残留未粘结的绿豆砂；云母或蛭石保护层不得有粉料，撒铺应均匀，不得露底，多余的云母或蛭石应清除；水泥砂浆保护层的表面应抹平压光，并设表面分格缝，分格面积宜为 1m²；块体材料保护层应留设分格缝，分格面积不宜大于 100m²，分格缝宽度不宜小于 20mm；细石混凝土保护层，混凝土应密实，表面抹平压光，并留设分格缝，分格面积不大于 36m²；浅色涂料保护层应与卷材粘结牢固，厚薄均匀，不得漏涂；水泥砂浆、块材或细石混凝土保护层与防水层之间应设置隔离层；刚性保护层与女儿墙、山墙之间预留宽度为 30mm 的缝隙，并用密封材料嵌填严密。

14）主控项目：卷材防水层所用卷材及其配套材料，必须符合设计要求，检验方法：检查出厂合格证、质量检验报告和现场抽样复验报告；卷材防水层不得有渗漏或积水现象，检验方法：雨后或淋水、蓄水检验；卷材防水层在天沟、檐沟、檐口、水落口、泛水、变形缝和伸出屋面管道的防水构造，必须符合设计要求，检验方法：观察检查和检查隐蔽工程验收记录。

15）一般项目：卷材防水层的搭接缝应粘（焊）结牢固，密封严密，不得有皱折、翘边和鼓泡等缺陷，防水层的收头应与基层粘结并固定牢固，缝口封严，不得翘边，检验方法：观察检查；卷材防水层上的撒布材料和浅色涂料保护层应铺撒或涂刷均匀，粘结牢固，水泥砂浆、块材或细石混凝土保护层与卷材防水层间应设置隔离层，刚性保护层的分格缝留置应符合设计要求，检验方法：观察检查；排汽屋面的排汽道应纵横贯通，不得堵塞，排汽管应安装牢固，位置正确，封闭严密，检验方法：观察检查；卷材的铺贴方向应正确，卷材搭接宽度的允许偏差为 −10mm，检验方法：观察和尺量检查。

（四）涂膜防水屋面工程

1. 屋面找平层

涂膜防水屋面找平层工程应符合本节"（三）1"的规定。

2. 屋面保温层

涂膜防水屋面保温层工程应符合本节"（三）2"的规定。

3. 涂膜防水层

适用于防水等级为Ⅰ～Ⅳ级屋面防水。

1）防水涂料应采用高聚物改性沥青防水涂料、合成高分子防水涂料。

2）防水涂膜施工应符合下列规定：膜应根据防水涂料的品种分遍涂布，不得一次涂成；应待先涂的涂层干燥成膜后，方可涂后一遍涂料；需铺设胎体增强材料时，屋面坡度小于 15％时可平行屋脊铺设，屋面坡度大于 15％时应垂直于屋脊铺设；胎体长边搭接宽度不应小于 50mm，短边搭接宽度不应小于 70mm；采用二层胎体增强材料时，上下层不得相互垂直铺设，搭接缝应错开，其间距不应小于幅宽的 1/3。

3）涂膜厚度选用应符合表 7-8 的规定。

表 7-8　涂膜厚度选用表

| 屋面防水等级 | 设 防 道 数 | 高聚物改性沥青防水涂料 | 合成高分子防水涂料 |
|---|---|---|---|
| Ⅰ级 | 三道或三道以上设防 | — | 不应小于 1.5mm |
| Ⅱ级 | 二道设防 | 不应小于 3mm | 不应小于 1.5mm |
| Ⅲ级 | 一道设防 | 不应小于 3mm | 不应小于 2mm |
| Ⅳ级 | 一道设防 | 不应小于 2mm | — |

4）屋面基层的干燥程度应视所用涂料特性确定。当采用溶剂型涂料时，屋面基层应

干燥。

5) 多组分涂料应按配合比准确计量，搅拌均匀，并应根据有效时间确定使用量。

6) 天沟、檐沟、檐口、泛水和立面涂膜防水层的收头，应用防水涂料多遍涂刷或用密封材料封严。

7) 涂膜防水层完工并经验收合格后，应做好成品保护。保护层的施工应符合规范规定。

8) 主控项目：防水涂料和胎体增强材料必须符合设计要求，检验方法：检查出厂合格证、质量检验报告和现场抽样复验报告；涂膜防水层不得有渗漏或积水现象，检验方法：雨后或淋水、蓄水检验；涂膜防水层在天沟、檐沟、檐口、水落口、泛水、变形缝和伸出屋面管道的防水构造，必须符合设计要求，检验方法：观察检查和检查隐蔽工程验收记录。

9) 一般项目：涂膜防水层的平均厚度应符合设计要求，最小厚度不应小于设计厚度的80%，检验方法：针测法或取样量测；涂膜防水层与基层应粘结牢固，表面平整，涂刷均匀，无流淌、皱折、鼓泡、露胎体和翘边等缺陷，检验方法：观察检查；涂膜防水层上的撒布材料或浅色涂料保护层应铺撒或涂刷均匀，粘结牢固，水泥砂浆、块材或细石混凝土保护层与涂料防水层间应设置隔离层，刚性保护层的分格缝留置应符合设计要求，检验方法：观察检查。

（五）刚性防水屋面工程

**1. 细石混凝土防水层**

适用于防水等级为Ⅰ～Ⅲ级的屋面防水；不适用于设有松散材料保温层的屋面以及受较大震动或冲击的和坡度大于15%的建筑屋面。

1) 细石混凝土不得使用火山灰质水泥；当采用矿渣硅酸水泥时，应采用减少泌水性的措施。粗骨料含泥量不应大于1%，细骨料含泥量不应大于2%。混凝土水灰比不应大于0.55；每立方米混凝土水泥用量不得小于330kg；含砂率宜为35%～40%；灰砂比宜为(1∶2)～(1∶2.5)；混凝土强度等级不应低于C20。

2) 混凝土中掺加膨胀剂、减水剂、防水剂等外加剂时，应按配合比准确计量，投料顺序得当，并应用机械搅拌，机械振捣。

3) 细石混凝土防水层的分格缝，应设在屋面板的支承端、屋面转折处、防水层与突出屋面结构的交接处，其纵横间距不宜大于6m。分格缝内应嵌填密封材料。

4) 细石混凝土防水层的厚度不应小于40mm，并应配置双向钢筋网片。钢筋网片在分格缝处应断开，其保护层厚度不应小于10mm。

5) 细石混凝土防水层与立墙及突出屋面结构等交接处，均应做柔性密封处理；细石混凝土防水层与基层间宜设置隔离层。

6) 主控项目：细石混凝土的原材料及配合比符合设计要求，检验方法：检查出厂合格证、质量检验报告、计量措施和现场抽样复验报告；细石混凝土防水层不得有渗漏或积水现象，检验方法：雨后或淋水、蓄水检验；细石混凝土防水层在天沟、檐沟、檐口、水落口、泛水、变形缝和伸出屋面管道的防水构造，必须符合设计要求，检验方法：观察检查和检查隐蔽工程验收记录。

7) 一般项目：细石混凝土防水层应表面平整、压实抹光，不得有裂缝、起壳、起砂等缺陷，检验方法：观察检查；细石混凝土防水层的厚度和钢筋位置应符合设计要求，检验方法：观察和尺量检查；细石混凝土分格缝的位置和间距应符合设计要求，检验方法：观察和尺量检查；细石混凝土防水层表面平整度的允许偏差为5mm，检验方法：用2m靠尺和楔形塞尺检查。

2. 密封材料嵌缝

适用于刚性防水屋面分格缝以及天沟、檐沟、泛水、变形缝等细部构造的密封处理。

1) 密封防水部位的基层质量应符合下列要求：基层应牢固，表面应平整、密实，不得有蜂窝、麻面、起皮和起砂现象；嵌填密封材料的基层应干净、干燥。

2) 密封防水处理连接部位的基层，应涂刷与密封材料相配套的基层处理剂。基层处理剂应配比准确，搅拌均匀。采用多组分基层处理剂时，应根据有效时间确定使用量。

3) 接缝处的密封材料底部应填放背衬材料，外露的密封材料上应设置保护层，其宽度不应小于200mm。

4) 密封材料嵌填完成后不得碰损及污染，固化前不得踩踏。

5) 主控项目：密封材料的质量必须符合设计要求，检验方法：检查产品出厂合格证、配合比和现场抽样复验报告；密封材料嵌填必须密实、连续、饱满，粘结牢固，无气泡、开裂、脱落等缺陷，检验方法：观察检查。

6) 一般项目：嵌填密封材料的基层应牢固、干净、干燥，表面应平整、密实，检验方法：观察检查；密封防水接缝宽度的允许偏差为±10%，接缝深度为宽度的0.5~0.7倍，检验方法：尺量检查；嵌填的密封材料表面应平滑，缝边应顺直，无凹凸不平现象，检验方法：观察检查。

（六）细部构造

适用于屋面的天沟、檐沟、檐口、泛水、小落口、变形缝、伸出屋面管道等防水构造。

1) 用于细部构造处理的防水卷材、防水涂料和密封材料的质量，均应符合规范有关规定的要求。

2) 卷材或涂膜防水层在开沟、檐沟与屋面交接处、泛水、阴阳角等部位，应增加卷材或涂膜附加层。

3) 天沟、檐沟的防水构造应符合下列要求：沟内附加层在天沟、檐沟与屋面交接处宜空铺，空铺的宽度不应小于200mm；卷材防水层应由沟底翻上至沟外檐顶部，卷材收头应用水泥钉固定，并用密封材料封严；涂膜收头应用防水涂料多遍涂刷或用密封材料封严；在天沟、檐沟与细石混凝土防水层的交接处，应留凹槽并用密封材料嵌填严密。

4) 檐口的防水构造应符合下列要求：铺贴檐口800mm范围内的卷材应采取满粘法；卷材收头应压入凹槽，采用金属压条钉压，并用密封材料封口；涂膜收头应用防水涂料多遍涂刷或用密封材料封严；檐口下端应抹出鹰嘴和滴水槽。

5) 女儿墙泛水的防水构造应符合下列要求：铺贴泛水处的卷材应采取满粘法；砖墙上的卷材收头可直接铺压在女儿墙压顶下，压顶应做防水处理，也可压入砖墙凹槽内固定密封，凹槽距屋面找平层不应小于250mm，凹槽上部的墙体应做防水处理；涂膜防水层应直接涂刷至女儿墙的压顶下，收头处理应用防水涂料多遍涂刷封严，压顶应做防水处理；混凝土墙上的卷材收头应采用金属压条钉压，并用密封材料封严。

6) 水落口的防口构造应符合下列要求：水落口杯上口的标高应设置在沟底的最低处；防水层贴入水落口杯内不应小于50mm；水落口周围直径500mm范围内的坡度不应小于5%，并采用防水涂料或密封材料涂封，其厚度不应小于2mm；水落口杯与基层接触处应留宽20mm、深20mm凹槽，并嵌填密封材料。

7) 变形缝的防水构造应符合下列要求：变形缝的泛水高度不应小于250mm；防水层应

铺贴到变形缝两侧砌体的上部；变形缝内应填充聚苯乙烯泡沫塑料，上部填放衬垫材料，并用卷材封盖；变形缝顶部应加扣混凝土或金属盖板，混凝土盖板的接缝应用密封材料嵌填。

8）伸出屋面管道的防水构造应符合下列要求：管道根部直径 500mm 范围内，找平层应抹出高度不小于 30mm 的圆台；管道周围与找平层或细石混凝土防水层之间，应预留 20mm×20mm 的凹槽，并用密封材料嵌填严密；管道根部四周应增设附加层，宽度和高度均不应小于 300mm；管道上的防水层收头处应用金属箍坚固，并用密封材料封严。

9）主控项目：天沟、檐沟的排水坡度，必须符合设计要求，检验方法：用水平仪（水平尺）、拉线和尺量检查；天沟、檐沟、檐口、水落口、泛水、变形缝和伸出屋面管道的防水构造，必须符合设计要求，检验方法：观察检查和检查隐蔽工程验收记录。

（七）分部工程验收

1）屋面工程施工应按工序或分项工程进行验收，构成分项工程的各检验批应符合相应质量标准的规定。

2）屋面工程验收的文件和记录应按表 7-9 要求执行。

表 7-9　屋面工程的文件和记录

| 序号 | 项　　目 | 文件和记录 |
| --- | --- | --- |
| 1 | 防水设计 | 设计图纸及会审记录、设计变更通知单和材料代用核定单 |
| 2 | 施工方案 | 施工方法、技术措施、质量保证措施 |
| 3 | 技术交底记录 | 施工操作要求及注意事项 |
| 4 | 材料质量证明文件 | 出厂合格证、质量检验报告和试验报告 |
| 5 | 中间检查记录 | 分项工程质量验收记录、隐蔽工程验收记录、施工检验记录、淋水或蓄水检验记录 |
| 6 | 施工日志 | 逐日施工情况 |
| 7 | 工程检验记录 | 抽样质量检验及观察检查 |
| 8 | 其他技术资料 | 事故处理报告、技术总结 |

3）屋面工种隐蔽验收记录应包括以下主要内容：卷材、涂膜防水层的基层；密封防水处理部位；天沟、檐沟、泛水和变形缝等细部做法；卷材、涂膜防水层的搭接宽度和附加层；刚性保护层与卷材、涂膜防水层之间设置的隔离层。

4）屋面工程质量应符合下列要求：防水层不得有渗漏或积水现象；使用的材料应符合设计要求和质量标准的规定；找平层表面应平整，不得有酥松、起砂、起皮现象；保温层的厚度、含水率和表观密度应符合设计要求；天沟、檐沟、泛水和变形缝等构造，应符合设计要求；卷材铺贴方法和搭接顺序应符合设计要求，搭接宽度正确，接缝严密，不得有皱折、鼓泡和翘边现象；涂膜防水层的厚度应符合设计要求，涂层无裂纹、皱折、流淌、鼓泡和露胎体现象；刚性防水层表面应平整、压光，不起砂，不起皮，不开裂。分格缝应平直，位置正确；嵌缝密封材料应与两侧基层粘牢，密封部位光滑、平直，不得有开裂、鼓泡、下坍现象；平瓦屋面的基层应平整、牢固，瓦片排列整齐、平直，搭接合理，接缝严密，不得有残缺瓦片。

5）检查屋面有无渗漏、积水和排水系统是否畅通，应在雨后或持续淋水 2h 后进行。有可能作蓄水检验的屋面，其蓄水时间不应小于 24h。

6）屋面工程验收后，应填写分部工程质量验收记录，交建设单位和施工单位存档。

（八）建筑防水工程材料现场抽样复验

建筑防水工程材料现场抽样复验应符合表 7-10 的规定。

表 7-10　建筑防水工程材料现场抽样复验项目

| 序号 | 材料名称 | 现场抽样数量 | 外观质量检验 | 物理性能检验 |
|---|---|---|---|---|
| 1 | 沥青防水卷材 | 大于 1000 卷抽 5 卷，每 500～1000 卷抽 4 卷，100～499 卷抽 3 卷，100 卷以下抽 2 卷，进行规格尺寸和外观质量检验。在外观质量检验合格的卷材中，任取一卷作物理性能检验 | 孔洞、硌伤、露胎、涂盖不匀、折纹、皱折、裂纹、裂口、缺边，每卷卷材的接头 | 纵向拉力，耐热度，柔度，不透水性 |
| 2 | 高聚物改性沥青防水卷材 | 同 1 | 孔洞、缺边、裂口、边缘不整齐、胎体露白、未浸透、撒布材料粒度、颜色，每卷卷材的接头 | 拉力，最大拉力时延伸率，耐热度，低温柔度，不透水性 |
| 3 | 合成高分子防水卷材 | 同 1 | 折痕，杂质，胶块，凹痕，每卷材的接头 | 断裂拉伸强度，扯断伸长率，低温弯折，不透水性 |
| 4 | 石油沥青 | 同一批至少抽一次 | — | 针入度，延度，软化点 |
| 5 | 沥青玛脂 | 每工作班至少抽一次 | — | 耐热度，柔韧性，粘结力 |
| 6 | 高聚物改性沥青防水涂料 | 每 10t 为一批，不足 10t 按一批抽样 | 包装完好无损，且标明涂料名称、生产日期、生产厂名、产品有效期；无沉淀、凝胶、分层 | 固体含量，耐热度，柔性，不透水性，延伸 |
| 7 | 合成高分子防水涂料 | 同 6 | 包装完好无损，且标明涂料名称、生产日期、生产厂名、产品有效期 | 固体含量，拉伸强度，断裂延伸率，柔性，不透水性 |
| 8 | 胎体增强材料 | 每 3000m² 为一批，不足 3000m² 按一批抽样 | 均匀，无团状，平整，无折皱 | 拉力，延伸率 |
| 9 | 改性石油沥青密封材料 | 每 2t 为一批，不足 2t 按一批抽样 | 黑色均匀膏状，无结块和未浸透的填料 | 耐热度，低温柔性，拉伸粘结性，施工度 |
| 10 | 合成高分子密封材料 | 每 1t 为一批，不足 1t 按一批抽样 | 均匀膏状物，无结皮、凝胶或不易分散的固体团状 | 拉伸粘结性，柔性 |
| 11 | 平瓦 | 同一批至少抽一次 | 边缘整齐，表面光滑，不得有分层、裂纹、露砂 | — |
| 12 | 油毡瓦 | 同一批至小抽一次 | 边缘整齐，切槽清晰，厚薄均匀，表面无孔洞、硌伤、裂纹、折皱及起泡 | 耐热度，柔度 |
| 13 | 金属板材 | 同一批至少抽一次 | 边缘整齐，表面光滑，色泽均匀，外形规则，不得有扭翘、脱膜、锈蚀 | — |

## 二、地下防水工程施工质量验收

（一）术语

地下防水工程：指对工业与民用建筑地下工程、防护工程、隧道及地下铁道等建（构）筑物，进行防水设计、防水施工和维护管理等各项技术工作的工程实体。

防水等级：根据地下工程的重要性和使用中对防水的要求，所确定结构允许渗漏水量的等级标准。

　　刚性防水层：采用较高强度和无延伸能力的防水材料，如防水砂浆、防水混凝土所构成的防水层。

　　柔性防水层：采用具有一定柔韧性和较大延伸率的防水材料，如防水卷材、有机防水涂料构成的防水层。

（二）基本规定

1）地下工程的防水等级分为 4 级，各级标准应符合表 7-11 的规定。

**表 7-11　地下工程防水等级标准**

| 防水等级 | 标　准 |
|---|---|
| 1 级 | 不允许渗水，结构表面无湿渍 |
| 2 级 | 不允许漏水，结构表面可有少量湿渍<br>工业与民用建筑：湿渍总面积不大于总防水面积的 1‰，单个湿渍面积不大于 0.1m²，任意 100m² 防水面积不超过 1 处<br>其他地下工程：湿渍总面积不大于总防水面积的 6‰，单个湿渍面积不大于 0.2m²，任意 100m² 防水面积不超过 4 处 |
| 3 级 | 有少量漏水点，不得有线流和漏泥砂<br>单个湿渍面积不大于 0.3m²，单个漏水点的漏水量不大于 2.5L/d，任意 100m² 防水面积不超过 7 处 |
| 4 级 | 有漏水点，不得有线流和漏泥砂<br>整个工程平均漏水量不大于 2L/(m²·d)，任意 100m² 防水面积的平均漏水量不大于是 4L/(m²·d) |

2）地下工程的防水设防要求，应按表 7-12 选用。

**表 7-12　明挖法地下工程防水设防**

| 工程部位 | | 主体 | | | | | | 施工缝 | | | | | 后浇带 | | | 变形缝、诱导缝 | | | | | |
|---|---|---|---|---|---|---|---|---|---|---|---|---|---|---|---|---|---|---|---|---|---|
| 防水措施 | | 防水混凝土 | 防水砂浆 | 防水卷材 | 防水涂料 | 塑料防水板 | 金属板 | 遇水膨胀止水条 | 中埋式止水带 | 外贴式止水带 | 外抹防水砂浆 | 外涂防水涂料 | 膨胀混凝土 | 遇水膨胀止水条 | 外贴式止水带 | 防水嵌缝材料 | 中埋式止水带 | 外贴式止水带 | 可卸式止水带 | 防水嵌缝材料 | 外贴防水卷材 | 外涂防水涂料 | 遇水膨胀止水条 |
| 防水等级 | 1 级 | 应选 | 应选一至二种 | | | | | 应选二种 | | | | | 应选 | 应选二种 | | | 应选 | 应选二种 | | | | |
| | 2 级 | 应选 | 应选一种 | | | | | 应选一至二种 | | | | | 应选 | 应选一至二种 | | | 应选 | 应选一至二种 | | | | |
| | 3 级 | 应选 | 宜选一种 | | | | | 宜选一至二种 | | | | | 应选 | 宜选一至二种 | | | 应选 | 宜选一至二种 | | | | |
| | 4 级 | 宜选 | — | | | | | 宜选一种 | | | | | 应选 | 宜选一种 | | | 应选 | 宜选一种 | | | | |

　　3）地下防水工程施工前，施工单位应进行图纸会审，掌握工程主体及细部构造的防水技术要求，并编制防水工程的施工方案。

　　4）地下防水工程的施工，应建立各道工序的自检、交接检和专职人员检查的"三检"制度，并有完整的检查记录。未经建设（监理）单位对上道工序的检查确认，不得进行下道工序的施工。

　　5）地下防水工程必须由相应资质的专业防水队伍进行施工；主要施工人员应持有建设行政主管部门或其指定单位颁发的执业资格证书。

　　6）地下防水工程所使用的防水材料，应有产品的合格证书和性能检测报告，材料的品种、规格、性能等应符合现行国家产品标准和设计要求。对进场的防水材料应按规范的规定抽样复验,并提出试验报告;不合格的材料不得在工程中使用。

7)地下防水工程施工期间,明挖法的基坑以及暗挖法的竖井、洞口,必须保持地下水位稳定在基底 0.5m 以下,必要时应采取降水措施。

8)地下防水工程的防水层,严禁在雨天、雪天和五级风及其以上时施工,其施工环境气温条件宜符合表 7-13 的规定。

**表 7-13 防水层施工环境气温条件**

| 防水层材料 | 施工环境气温 |
| --- | --- |
| 高聚物改性沥青防水卷材 | 冷粘法不低于 5℃,热熔法不低于 −10℃ |
| 合成分子防水卷材 | 冷粘法不低于 5℃,热风焊接法不低于 −10℃ |
| 有机防水涂料 | 溶剂型 −5～35℃,水溶性 5～35℃ |
| 无机防水涂料 | 5～35℃ |
| 防水混凝土、水泥砂浆 | 5～35℃ |

9)地下防水工程是一个子分部工程,其分项工程的划分应符合表 7-14 的要求。

**表 7-14 地下防水工程的分项工程**

| 子分部工程 | 分项工程 |
| --- | --- |
| 地下防水工程 | 地下建筑防水工程:防水混凝土,水泥砂浆防水层,卷材防水层,涂料防水层,塑料板防水层,金属板防水层,细部构造 |
| | 特殊施工法防水工程:锚喷支护,地下连续墙,复合式衬砌,盾构法隧道 |
| | 排水工程:渗排水、盲排水,隧道、坑道排水 |
| | 注浆工程:预注浆、后注浆,衬砌裂缝注浆 |

10)地下防水工程应按工程设计的防水等级标准进行验收。地下防水工程渗漏水调查与量测方法按规范执行。

(三)地下建筑防水工程

**1. 防水混凝土**

适用于防水等级为 1～4 级的地下整体式混凝土结构。不适用环境温度高于 80℃ 或处于耐侵蚀系数小于 0.8 的侵蚀性介质中使用的地下工程。耐侵蚀系数是指在侵蚀性水中养护 6 个月的混凝土试块的抗折强度与在饮用水养护 6 个月的混凝土试块的抗折强度之比。

1)防水混凝土所用的材料应符合下列规定:水泥品种应按设计要求选用,其强度等级不应低于 32.5 级,不得使用过期或受潮结块水泥;碎石或卵石的粒径宜为 5～40mm,含泥量不得大于 1.0%,泥块含量不得大于 0.5%;砂宜用中砂,含泥量不得大于 3.0%,泥块含量不得大于 1.0%;拌制混凝土所用的水,应采用不含有害物质的洁净水;外加剂的技术性能,应符合国家或行业标准一等品及以上的质量要求;粉煤灰的级别不应低于二级,掺量不宜大于 20%,硅粉掺量不应大于 3%,其他掺合料的掺量应通过试验确定。

2)防水混凝土的配合比应符合下列规定:试配要求的抗渗水压值应比设计值提高 0.2MPa;水泥用量不得小于 300kg/m³,掺有活性掺合料时,水泥用量不得少于 280kg/m³;砂率宜为 35%～45%,灰砂比宜为 1:2～1:2.5;水灰比不得大于 0.55mm;普通防水混凝土坍落度不宜大于 50mm,泵送时入泵坍落度宜为 100～140mm。

3）混凝土拌制和浇筑过程控制应符合下列规定：拌制混凝土所用材料的品种、规格和用量，每工作班检查不应少于两次，每盘混凝土各组成材料计量结果的偏差应符合表 7-15 的规定；混凝土在浇筑地点的坍落度，每工作班至少检查两次。混凝土的坍落度试验应符合现行《普通混凝土拌和物性能试验方法》GBJ 80 的有关规定，混凝土实测的坍落度与要求坍落度之间的偏差应符合表 7-16 的规定。

**表 7-15　混凝土组成材料计量结果的允许偏差**　　　　　　　　单位：%

| 混凝土组成材料 | 每盘计量 | 累计计量 |
| --- | --- | --- |
| 水泥、掺合料 | ±2 | ±1 |
| 粗、细骨料 | ±3 | ±2 |
| 水、外加剂 | ±2 | ±1 |

注：累计计量适用于控制计量的搅拌站。

**表 7-16　混凝土坍落度允许偏差**

| 要求坍落度/mm | 允许偏差/mm |
| --- | --- |
| ≤40 | ±10 |
| 50～90 | ±15 |
| ≥100 | ±20 |

4）防水混凝土抗渗性能，应采用标准条件下养护混凝土抗渗试件的试验结果评定。试件应在浇筑地点制作。连续浇筑混凝土每 500m³ 应留置一组抗渗试件（一组为 6 个抗渗试件），且每项工程不得少于两组。采用预拌混凝土的抗渗试件，留置组数应视结构的规模和要求而定。抗渗性能试验应符合现行《普通混凝土长期性能和耐久性能试验方法》GBJ 82 的有关规定。

5）防水混凝土的施工质量检验数量，应按混凝土外露面积每 100m² 抽查 1 处，且不得少于 3 处；细部构造应按全数检查。

6）主控项目：防水混凝土的原材料、配合比及坍落度必须符合设计要求，检验方法：检查出厂合格证、质量检验报告、计量措施和现场抽样试验报告；防水混凝土的抗压强度和抗渗压力必须符合设计要求，检验方法：检查混凝土抗压、抗渗试验报告；防水混凝土的变形缝、施工缝、后浇带、穿墙管道、埋设件等设置和构造，均须符合设计要求，严禁有渗漏，检验方法：观察检查和检查隐蔽工程验收记录。

7）一般项目：防水混凝土结构表面应坚实、平整，不得有露筋、蜂窝等缺陷，埋设件位置应正确，检验方法：观察和尺量检查；防水混凝土结构表面的裂缝宽度不应大于 0.2mm，并不得贯通，检验方法：用刻度放大镜检查；防水混凝土结构厚度不应小于 250mm，其允许偏差为 +15mm、−10mm，迎水面钢筋保护层厚度不应小于 50mm，其允许偏差为 ±10mm，检验方法：尺量检查和检查隐蔽工程验收记录。

2. 水泥砂浆防水层

适用于混凝土或砌体结构的基层上采用多层抹面的水泥砂浆防水层。不适用环境有侵蚀性、持续振动或温度高于 80℃ 的地下工程。

1）普通水泥砂浆防水层的配合比应按表 7-17 选用；掺外加剂、掺合料、聚合物水泥砂浆的配合比应符合所掺材料的规定。

表 7-17　普通水泥砂浆防水层的配合比

| 名称 | 配合比（质量比） | | 水灰比 | 适用范围 |
| | 水泥 | 砂 | | |
| --- | --- | --- | --- | --- |
| 水泥浆 | 1 | — | 0.55～0.60 | 水泥砂浆防水层的第一层 |
| 水泥浆 | 1 | — | 0.37～0.40 | 水泥砂浆了水层的第三、五层 |
| 水泥砂浆 | 1 | 1.5～2.0 | 0.40～0.50 | 水泥砂浆防水层的第二、四层 |

2）水泥砂浆防水层所用的材料应符合下列规定：水泥品种应按设计要求选用，其强度等级不应低于 32.5 级，不得使用过期或受潮结块水泥；砂宜采用中砂，粒径 3mm 以下，含泥量不得大于 1%，硫化物和硫酸盐含量不得大于 1%；水应采用不含有害物质的洁净水；聚合物乳液的外观质量，无颗粒、异物和凝固物；外加剂的技术性能应符合国家或行业标准一等品及以上的质量要求。

3）水泥砂浆防水层的基层质量应符合下列要求：水泥砂浆铺抹前，基层的混凝土和砌筑砂浆强度应不低于设计值的 80%；基层表面应坚实、平整、粗糙、洁净，并充分湿润，无积水；基层表面的孔洞、缝隙应用与防水层相同的砂浆填塞抹平。

4）水泥砂浆防水层施工应符合下列要求：分层铺抹或喷涂，铺抹时应压实、抹平和表面压光；防水层各层应紧密贴合，每层宜连续施工，必须留施工缝时应用阶梯坡形槎，但离开阴阳角处不得小于 200mm；防水层的阴阳角处应做成圆弧形；水泥砂浆终凝后应及时进行养护，养护温度不宜低于 5℃并保持湿润，养护时间不得小于 14d。

5）水泥砂浆防水层的施工质量检验数量，应按施工面积每 100m² 抽查 1 处，且不得少于 3 处。

6）主控项目：水泥砂浆防水层的原料及配合比必须符合设计要求，检验方法：检查出厂合格证、质量检验报告、计量措施和现场抽样试验报告；水泥砂浆防水层各层之间必须结合牢固，无空鼓现象，检验方法：观察和用小锤轻击检查。

7）一般项目：水泥砂浆防水层表面应密实、平整，不得有裂纹、起砂、麻面等缺陷，阴阳角处应做成圆弧形，检验方法：观察检查；水泥砂浆防水层施工缝留槎位置应正确，接槎应按层次顺序操作，层层搭接紧密，检验方法：观察检查和检查隐蔽工程验收记录；水泥砂浆防水层的平均厚度应符合设计要求，最小厚度不得小于设计值的 85%，检验方法：观察和尺量检查。

3. 卷材防水层

适用于受侵蚀性介质或受振动作用的地下工程主体迎水面铺贴的卷材防水层。

1）卷材防水层应采用高聚物改性沥青防水卷材和合成高分子防水卷材。所选用的基层处理剂、胶黏剂、密封材料等配套材料，均应与铺贴的卷材材性相容。

2）铺贴防水卷材前，应将找平层清扫干净，在基面上涂刷基层处理剂；当基面较潮湿时，应涂刷湿固化型胶黏剂或潮湿界面隔离剂。

3）防水卷材厚度选用应符合表 7-18 的规定。

4）两幅卷材短边和长边的搭接宽度均不应小于 100mm。采用多层卷材时，上下两层和相邻两幅卷材的接缝应错开 1/3 幅宽，且两层卷材不得相互垂直铺贴。

5）冷粘法铺贴卷材应符合下列规定：胶黏剂涂刷应均匀，不露底，不堆积；铺贴卷材时应控制胶黏剂涂刷与卷材铺贴的间隔时间，排除卷下面的空气，并辊压粘结牢固，不得有

表 7-18 防水卷材厚度

| 防水等级 | 设防道数 | 合成高分子防水卷材 | 高聚物改性沥青防水卷材 |
|---|---|---|---|
| 1 级 | 三道或三道以上设防 | 单层：不应小于 1.5mm；双层：每层不应小于 1.2mm | 单层：不应小于 4mm；双层：每层不应小于 3mm |
| 2 级 | 二道设防 | | |
| 3 级 | 一道设防 | 不应小于 1.5mm | 不应小于 4mm |
| | 复合设防 | 不应小于 1.2mm | 不应小于 3mm |

空鼓；铺贴卷材应平整、顺直，搭接尺寸正确，不得有扭曲、皱折；接缝口应用密封材料封严，其宽度不应小于 10mm。

6）热熔法铺贴卷材应符合下列规定：火焰加热器加热卷材应均匀，不得过分加热或烧穿卷材，厚小于 3mm 的高聚物改性沥青防水卷材，严禁采用热熔法施工；卷材表面热熔后应立即滚铺卷材，排除卷材下面的空气，并辊压粘结牢固，不得有空鼓、皱折；滚铺卷材时接缝部位必须溢出沥青热熔胶，并应随即刮封接口使接缝粘结严密；铺贴后的卷材应平整、顺直，搭接尺寸正确，不得有扭曲。

7）卷材防水层完工并经验收合格后应及时做保护层。保护层应符合下列规定：顶板的细石混凝土保护层与防水层之间宜设置隔离层；底板的细石混凝土保护层厚度应大于 50mm；侧墙宜采用聚苯乙烯泡沫塑料保护层，或砌砖保护墙（边砌边填实）和铺抹 30mm 厚水泥砂浆。

8）卷材防水层的施工质量检验数量，应按铺贴面积每 100m² 抽查 1 处，每处 10m²，且不得少于 3 处。

9）主控项目：卷材防水层所用卷材及主要配套材料必须符合设计要求，检验方法：检查出厂合格证、质量检验报告和现场抽样试验报告；卷材防水层及其转角处、变形缝、穿墙管道等细部做法均须符合设计要求，检验方法：观察检查和检查隐蔽工种验收记录。

10）一般项目：卷材防水层的基层应牢固，基面应洁净、平整，不得有空鼓、松动、起砂和脱皮现象，基层阴阳角处应做成圆弧形，检验方法：观察检查和检查隐蔽工程验收记录；卷材防水层的搭接缝应粘（焊）结牢固，密封严密，不得有皱折、翘边和鼓泡等缺陷，检验方法：观察检查；侧墙卷材防水层的保护层与防水层应粘结牢固，结合紧密、厚度均匀一致，检验方法：观察检查；卷材搭接宽度的允许偏差为−10mm，检验方法：观察和尺量检查。

4. 涂料防水层

适用于受侵蚀性介质或受振动作用的地下工程主体迎水面或背水面涂刷的涂料防水层。

1）涂料防水层应采用反应型、水乳型、聚合物水泥防水涂料或水泥基、水泥基渗透结晶型防水涂料。

2）防水涂料厚度选用应符合表 7-19 的规定。

表 7-19 防水涂料厚度 单位：mm

| 防水等级 | 设防道数 | 有机涂料 | | | 无机涂料 | |
|---|---|---|---|---|---|---|
| | | 反应型 | 水乳型 | 聚合物水泥 | 水泥基 | 水泥基渗透结晶型 |
| 1 级 | 三道或三道以上设防 | 1.2~2.0 | 1.2~1.5 | 1.5~2.0 | 1.5~2.0 | ≥0.8 |
| 2 级 | 二道设防 | 1.2~2.0 | 1.2~1.5 | 1.5~2.0 | 1.5~2.0 | ≥0.8 |
| 3 级 | 一道设防 | — | — | ≥2.0 | ≥2.0 | — |
| | 复合设防 | — | — | ≥1.5 | ≥1.5 | — |

3）涂料防水层的施工应符合下列规定：涂料涂刷前应先在基面上涂一层与涂料相容的基层处理剂；涂膜应多遍完成，涂刷应待前遍涂层干燥成膜后进行；每遍涂刷时应交替改变涂层的涂刷方向，同层涂膜的先后搭茬宽度宜为 30～50mm；涂料防水层的施工缝（甩槎）应注意保护，搭接缝宽度应大于 100mm，接涂前应将其甩茬表面处理干净；涂刷程序应先做转角处、穿墙管道、变形缝等部位的涂料加强层，后进行大面积涂刷；涂料防水层中铺贴的胎体增强材料，同层相邻的搭接宽度应大于 100mm，上下层接缝应错开 1/3 幅宽。

4）防水涂料的保护层应符合本节"二（三）3.7"条的规定。

5）涂料防水层的施工质量检验数量，应按涂层面积每 100m² 抽查 1 处，每处 10m²，且不得少于 3 处。

6）主控项目：涂料防水层所用材料及配合必须符合设计要求，检验方法：检查出厂合格证、质量检验报告、计量措施和现场抽样试验报告；涂料防水层及其转角处、变形缝、穿墙管道等细部做法均须符合设计要求，检验方法：观察检查和检查隐蔽工程验收记录。

7）一般项目：涂料防水层的基层应牢固，基面应洁净、平整，不得有空鼓、松动、起砂和脱皮现象，基层阴阳角处应做成圆弧形，检验方法：观察检查和检查隐蔽工程验收记录；涂料防水层应与基层粘结牢固、表面平整、涂刷均匀，不得有流淌、皱折、鼓泡、露胎体和翘边等缺陷，检验方法：观察；涂料防水层的平均厚度应符合设计要求，最小厚度不得小于设计厚度的 80%，检验方法：针测法或割取 20mm×20mm 实样用卡尺测量；侧墙涂料防水层的保护层与防水层粘结牢固，结合紧密，厚度均匀一致，检验方法：观察检查。

5. 细部构造

适用于防水混凝土结构的变形缝、施工缝、后浇带、穿墙管道、埋设件等细部构造。

1）防水混凝土结构的变形缝、施工缝、后浇带等细部构造，应采用止水带、遇水膨胀橡胶腻子止水条等高分子防水材料和接缝密封材料。

2）变形缝的防水施工应符合下列规定：止水带宽度和材质的物理性能均应符合设计要求，且无裂缝和气泡，接头应采用热接，不得叠接，接缝平整、牢固，不得有裂口和脱胶现象；中埋式止水带中心线应和变形缝中心线重合，止水带不得穿孔或用铁钉固定；变形缝设置中埋式止水带时，混凝土浇筑前应校正止水带位置，表面清理干净，止水带损坏处应修补，顶、底板止水带的下侧混凝土应振密实，边墙止水带内外侧混凝土应均匀，保持止水带位置正确、平直，无卷曲现象；变形缝处增设的卷材或涂料防水层，应按设计要求施工。

3）施工缝的防水施工应符合下列规定：水平施工缝浇筑混凝土前，应将其表面浮浆和杂物清除，铺水泥砂浆或涂刷混凝土界面处理剂并及时浇筑混凝土；垂直施工浇筑混凝土前，应将其表面清理干净，涂刷混凝土界面处理剂并及时浇筑混凝土；施工缝采用遇水膨胀橡胶腻子止水条时，应将止水条牢固地安装在缝表面预留槽内；施工缝采用中埋止水带时，应确保止水带位置准确、固定牢靠。

4）后浇带的防水施工应符合下列规定：后浇带应在其两侧混凝土龄期达到 42d 后再施工；后浇带的接缝处理应符合本节"二（三）5.3"条的规定；后浇带应采用补偿收缩混凝土，其强度等级不得低于两侧混凝土；后浇带混凝土养护时间不得小于 28d。

5）穿墙管道的防水施工应符合下列规定：穿墙管止水环与主管或翼环与套管应连续满焊，并做好防腐处理；穿墙管处防水层施工前，应将套管内表面清理干净；套管内的管道安装完毕后，应在两管间嵌入内衬填料，端部用密封材料填缝。柔性穿墙时，穿墙内侧应用法兰压紧；穿墙管外侧防水层应铺设严密，不留接茬，增铺附加层时，应按设计要求施工。

6）埋设件的防水施工应符合下列规定：埋设件端部或预留孔（槽）底部的混凝土厚度不得小于 250mm，当厚度小于 250mm 时，必须局部加厚或采取其他防水措施；预留地坑、孔洞、沟槽内的防水层，应与孔（槽）外的结构防水层保持连续；固定模板用的螺栓必须穿过混凝土结构时，螺栓或套管应满焊止水环或翼环，采用工具式螺栓或螺栓加堵头做法，拆模后应采取加强防水措施将留下的凹槽封堵密实。

7）密封材料的防水施工应符合下列规定：检查粘结基层的干燥程度以及接缝的尺寸，接缝内部的杂物应清除干净；热灌法施工应自下向上进行并尽量减少接头，接头应采用斜槎，密封材料熬制及浇灌温度，应按有关材料要求严格控制；冷嵌法施工应分次将密封材料嵌填在缝内，压嵌密实并与缝壁粘结牢固，防止裹入空气，接头应采用斜槎；接缝处的密封材料底部应嵌填背衬材料，外露密封材料上应设置保护层，其宽度不得小于 100mm。

8）防水混凝土结构细部构造的施工质量检验应按全数检查。

9）主控项目：细部构造所用止水带、遇水膨胀橡胶腻子止水条和接缝密封材料必须符合设计要求，检验方法：检查出厂合格证、质量检验报告和进场抽样试验报告；变形缝、施工缝、后浇带、穿墙管道、埋设件等细部构造作法，均须符合设计要求，严禁有渗漏，检验方法：观察检查和检查隐蔽工程验收记录。

10）一般项目：中埋式止水带中心线应与变形缝中心线重合，止水带应固定牢靠、平直，不得有扭曲现象，检验方法：观察检查和检查隐蔽工程验收记录；穿墙管止水环与主管或翼环与套管应连续满焊，并做防腐处理，检验方法：观察检查和检查隐蔽工程验收记录；接缝处混凝土表面应密实、洁净、干净、干燥；密封材料应嵌填严密、粘结牢固，不得有开裂、鼓泡和下坍现象，检验方法：观察检查。

# 第八章 装饰工程

建筑装饰工程有美化、保护建筑物，创造舒适、美观而整洁的生活环境等功能。建筑装饰工程项目主要有门窗、吊顶、抹灰、楼地面、饰面、涂料、幕墙等，其施工特点是：劳动量大，劳动量约占整个工程劳动总量 30％～40％；工期长，约占整个工程施工期的一半以上甚至更多；造价高，一般工程装修部分占工程总造价的 30％左右，高级装修工程则可达到 50％以上；操作性强，装饰项目细节多，他们有一般的操作程序，但不同的人操作往往效果不同。本章主要介绍门窗安装、墙面和顶棚抹灰、地面施工、墙饰面施工、吊顶、幕墙施工、涂饰施工。

## 第一节 门窗工程

门、窗有采光、通风、交通、隔热等作用。目前国内建筑所用门窗，材料上主要有木、塑、铝（合金）等几种；施工方法上主要是工厂制作、现场安装，少量和不规则的门窗、门窗套等，需要进行现场制作、安装。

### 一、木门窗

（一）木门窗的制作

木门窗的制作多在木材加工厂进行。其工序包括：放样→配料、截料→创料→划线→打眼→开榫、拉肩→裁口与倒棱→拼装。成品门窗应置于清洁、干燥、通风、避雨之处，竖直加垫存放，不得日晒雨淋和碰撞。

（二）木门窗的安装

木门窗安装前应检查门窗的品种、规格、形状、开启方向，并对其外形及平整度检查校正。如有窜角、翘扭、弯曲、劈裂等，应及时修整。门窗框靠墙或地的一侧应刷防腐涂料；对于上下垂直，左右水平的门窗洞口在门窗框安装前应找好垂线和水平，确定安装位置。

（1）门窗框的安装 传统上，安装门窗框有两种方法：先立口，后塞口；现在，一般室内木门不安框，只作门套。

门窗套的现场制作方法（也有预制安装做法）是：钉木工板（之前在钉位划线、打眼、钉木楔）→粘贴饰面板（裁口加纤维板制作，强力万能胶和钉子固定饰面板）→钉木线条。

（2）门窗扇的安装 安装前检查门窗的型号、规格、数量是否符合要求，如发现问题，应事先修好或更换。安装门窗扇时，先量出樘口净尺寸，考虑风缝的大小，再在扇上确定所需的高度和宽度，进行修刨。修刨高度方向时，先将梃的余头锯掉，对下冒头边略为修刨，主要是修刨上冒头。宽度方向，两边的梃都要修刨，不要单刨一边的梃。双扇门窗要对口后，再决定修刨两边的框。如发现门窗扇的高、宽有短缺的情况，高度上应将补钉的板条钉在下冒头下面；在宽度上，在装合页一边梃上补钉板条。为了开关方便，平开扇上、下冒头最好刨成斜面，倾角约 3°～5°。另外，安装时还应先将扇试装于樘口中，有木楔垫在下冒头下面的缝内并塞紧，看看四周风缝大小是否合适；双扇门窗还要看两扇的冒头或窗梃是否对齐和呈水平。认为合适后，在扇及樘上划出铰链位置线，取下门窗扇，装钉五金，进行装扇。

### 二、铝合金门窗

#### （一）铝合金门窗的制作

装饰工程中，使用铝型材制作门、窗较为普遍。其制作多在生产工厂进行。首先是经过表面处理的型材（有 38、50、70、90、100 等系列，厚度 0.8～1.7mm），通过下料、打孔、铣槽、改丝、制窗等加工工艺制成门窗框料构件，然后再与连接件、密封件、开闭五金件一起组合装配而成。

铝合金门窗与普通木门窗相比，具有明显的优点，主要表现为：轻质、高强；密闭性能好；使用中变形小；立面美观；便于工业化生产。

#### （二）铝合金门窗的安装

安装前应检查铝合金成品及构配件各部位，如发现变形，应予以校正和修理；同时还要检查洞口标高线及几何形状，预埋件位置、间距是否符合规定，埋设是否牢固，不符合要求者，应按规定纠正后才能进行安装。

铝合金门窗一般的是先安装门窗框，后安装门窗扇。门窗框安装要求位置准确、横平竖直、高低一致、进出一致、牢固严密。安装时将门窗框安放到洞口中正确位置，先用木楔临时定位后，拉通线进行调整，使上、下、左、右的门窗分别在同一竖直线、水平线上；框边四周间隙与框表面距墙体外表面尺寸一致。再仔细校正其正、侧面垂直度，水平度及位置合格后，楔紧木楔，再校正一次。然后要按设计规定的门窗框与墙体或预埋件连接固定方式进行焊接固定，或者用钢钉固定的、膨胀螺钉固定、木螺钉固定（图 8-1）。

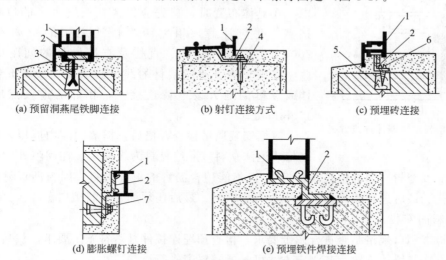

(a) 预留洞燕尾铁脚连接　　(b) 射钉连接方式　　(c) 预埋砖连接

(d) 膨胀螺钉连接　　(e) 预埋铁件焊接连接

图 8-1　铝合金门窗框与墙体连接方式

1—门窗框；2—连接铁件；3—燕尾铁脚；4—射（钢）钉；5—木砖；6—木螺钉；7—膨胀螺钉

门窗与墙体连接固定时应遵守以下规定。

1）门窗框与墙体连接必须牢固，不得有松动现象。

2）铁件应对称排列在门窗框两侧，相邻铁件宜内外错开，连接铁件不得露出装饰。

3）焊接连接铁件时，应用橡胶或石棉布、板遮盖门窗框，不得烧损门窗框，焊接完毕应清除焊渣，焊接应牢固，焊缝不得有裂纹和漏焊现象。

4）固件离墙体边缘应不小于50mm，且不能装在缝隙中。

5）门窗框与墙体连接的预埋件、连接铁件、紧固件规格和要求，必须符合设计图的规定。

门窗框安装质量检查合格后，用水泥砂浆（配合比1∶2）或细石混凝土嵌填洞口与门窗框间缝隙，使门窗框牢固固定的洞内。

嵌填前应先把缝隙中的残留物清除干净，然后浇湿。拉好检查外形平直度的直线。嵌填操作应轻而细致，不破坏原安装位置。应边嵌填边检查门窗框是否变形移位。嵌填时应注意，不可污染门窗框和不嵌填部位，嵌填必须密实饱满不得有间隙，也不得松动或移动木楔，并洒水养护。

门窗框的安装要求位置准确、平直，缝隙均匀，严密牢固，启闭灵活，并且五金零配件安装位置准确，能起到各自的作用。对推拉式门窗扇，先装室内侧门窗扇，后装室外侧的门窗扇；对固定扇应装在室外侧并固定牢固不会脱落，以确保使用安全。平开式门窗扇装于门窗框内，要求门窗扇关闭后四周压合严密，搭接量一致，相邻两门窗扇在同一平面内。

### 三、塑料门窗安装

#### 1. 塑料窗安装

塑料窗安装时，要求窗框与墙壁之间预留10～20mm间隙，若尺寸不符合的要求时进行处理，合格后方可安装窗框。然后按设计要求的连接方式与墙体固定（图8-2）。

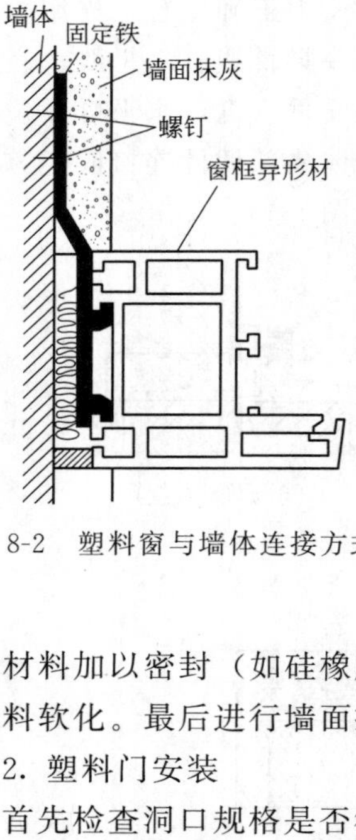

塑料窗框与墙体固定时应遵守下列规定：

（1）窗框与墙体连接必须牢固，不得有任何松动现象。

（2）连接件的位置与数量应根据力的传递和变形来考虑，在具体布置时，首先应保证在铰链水平的位置上设连接点。并应注意，相邻两连接点之间的距离不应大小700mm，而且在转角、直档及有搭钩处的间距应更小一些。另外，为了适应型材的线性膨胀，一般不允许在有横档或竖梃的地方设框墙连接点，相邻的连接点应在距其150mm处。

图8-2　塑料窗与墙体连接方式

窗框安装质量检查合格后，框墙间隙内应填入矿棉、玻璃棉或泡沫塑料等隔绝材料为缓冲层。在间隙外侧应用弹性封缝材料加以密封（如硅橡胶条密封）。而不能用含沥青的封缝材料，因为沥青材料可能会使塑料软化。最后进行墙面抹灰。工程有要求时，最后还须加装塑料盖口。

#### 2. 塑料门安装

首先检查洞口规格是否符合图纸要求，检查预埋连接件是否符施工要求。然后按设计要求的连接方式与墙体固定。其固定方法可参考塑料窗进行。

塑料门窗优点虽很突出，但也易老化和变形。为此塑料门窗也有加筋的，并且进场时应根据设计图纸和国家标准进行严格检查验收，不得有开焊、断裂、变形、退色、颜色不一致等质量问题，合格者应置于室内无热源处存放。

### 四、全玻璃装饰门及自动门安装

#### 1. 全玻璃装饰门安装

全玻璃装饰门所用玻璃多为厚度在12mm以上的平板玻璃、雕花玻璃、钢化玻璃等，金属装饰多是不锈钢、黄铜等。

全玻璃装饰门固定部分安装程序为：玻璃裁割→固定底托（图 8-3）→安装玻璃板→注胶封口。底托木方上钉木板条，距玻璃板面一定距离，然后在木板条上涂万能胶，把饰面板粘卡在木方上。

全玻璃装饰门活动门扇安装程序为：划线（转动销、地弹簧位置）→确定门扇高度→固定上下横挡（图 8-4、图 8-5）→门扇固定→安装拉手（图 8-6）。

2. 自动门安装

自动门是微波、压力或光电感应实现开关。

自动门安装程序为：地面导轨安装→安装横梁→将机箱固定在横梁→安装门扇→调试。

地面导轨安装如图 8-7 所示。微波自动门控制装置在机箱，至于横梁之上，横梁的安装如图 8-8 所示。

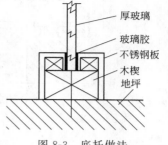

图 8-3　底托做法

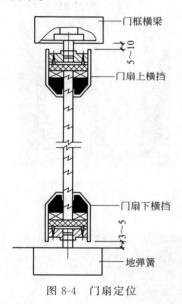

图 8-4　门扇定位

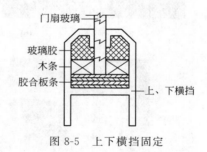

图 8-5　上下横挡固定

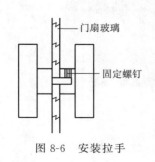

图 8-6　安装拉手

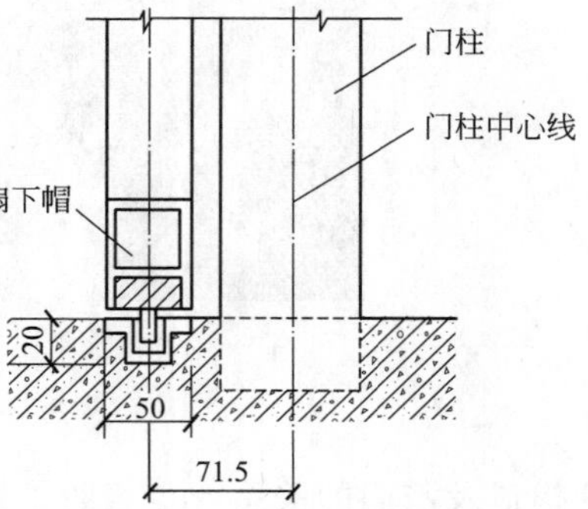

图 8-7　地面导轨安装图

## 五、门锁、地弹簧安装节点

图 8-9 反映了锁的构造及与门的关系，也表明了门锁的安装方法。图 8-10 反映了地弹

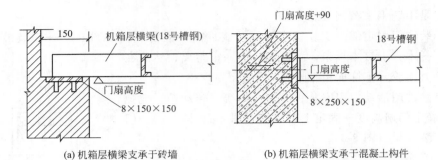

(a) 机箱层横梁支承于砖墙      (b) 机箱层横梁支承于混凝土构件

图 8-8 横梁安装图

(a) 拆除一侧把手    (b) 一侧把手拆除后正面      (c) 一侧把手拆除后侧面

 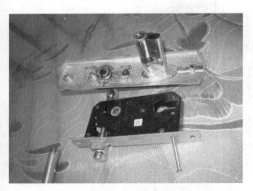

(d) 锁芯         (e) 锁芯和一侧把手

图 8-9 门锁拆解照片

簧的构造及与门的关系，也表明了地弹簧的安装方法。

### 六、门窗工程施工常用质量标准

（一）木门窗

（1）木门窗的木材品种、材质等级、规格、尺寸、框扇的线型等应符合设计要求。

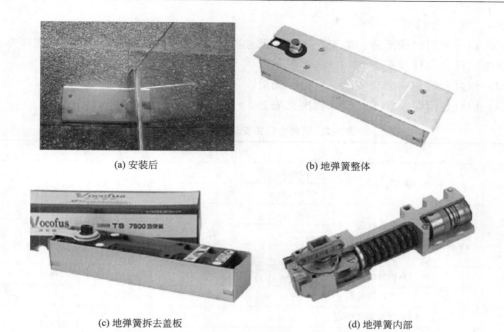

(a) 安装后　　　　　　　　　　　(b) 地弹簧整体

(c) 地弹簧拆去盖板　　　　　　　　(d) 地弹簧内部

图 8-10　地弹簧安装

（2）木门窗表面应洁净，不得有创痕、锤印。

（3）木门窗品种、类型、规格、开启方向、安装位置及连接方式应符合设计要求。

（4）木门窗安装质量验收标准见表 8-1。

表 8-1　木门窗安装质量验收标准

| 项次 | 项　目 | 留缝限值/mm | | 允许偏差/mm | | 检　验　方　法 |
|---|---|---|---|---|---|---|
| | | 普通 | 高级 | 普通 | 高级 | |
| 1 | 门窗槽口对角线长度差 | — | — | 3 | 2 | 用钢尺检查 |
| 2 | 门窗框的正、侧面垂直度 | — | — | 2 | 1 | 用 1m 垂直检测尺检查 |
| 3 | 框与扇、扇与扇接缝高低差 | — | — | 2 | 1 | 用钢直尺和塞尺检查 |
| 4 | 门窗扇对口缝 | 1～2.5 | 1.5～2 | — | — | 用塞尺检查 |
| 5 | 工业厂房双扇大门对口缝 | 2～5 | | — | — | |
| 6 | 门窗扇与上框间留缝 | 1～2 | 1～1.5 | — | — | 用塞尺检查 |
| 7 | 门窗扇与侧框间留缝 | 1～2.5 | 1～1.5 | — | — | |
| 8 | 窗扇与下框间留缝 | 2～3 | 2～2.5 | — | — | |
| 9 | 门扇与下框间留缝 | 3～5 | 3～4 | — | — | |
| 10 | 双层门窗内外框间距 | — | — | 4 | 3 | 用钢尺检查 |
| 11 | | 4～7 | 5～6 | | | 用塞尺检查 |
| | | 5～8 | 6～7 | | | |
| | | 8～12 | 8～10 | | | |
| | | 10～20 | | | | |

（二）铝合金门窗

（1）铝合金门窗的品种、类型、规格、尺寸、性能、开启方向、安装位置、连接方式及型材壁厚应符合设计规定。

（2）铝合金门窗表面应洁净、平整、光滑、色泽一致，无锈蚀。

（3）铝合金门窗安装质量验收标准见表 8-2。

**表 8-2　铝合金门窗安装质量验收标准**

| 项次 | 项　　目 | | 允许偏差/mm | 检验方法 |
|---|---|---|---|---|
| 1 | 门窗槽口宽度、高度 | ≤1500mm | 2 | 用钢尺检查 |
| | | >1500mm | 3 | |
| 2 | 门窗槽口对角线长度差 | ≤2000mm | 4 | 用钢尺检查 |
| | | >2000mm | 5 | |
| 3 | 门窗框的正、侧面垂直度 | | 3 | 用垂直检测尺检查 |
| 4 | 门窗横框的水平度 | | 3 | 用1m水平尺和塞尺检查 |
| 5 | 门窗横框标高 | | 5 | 用钢尺检查 |
| 6 | 门窗竖向偏离中心 | | 5 | 用钢尺检查 |
| 7 | 双层门窗内外框间距 | | 4 | 用钢尺检查 |
| 8 | 推拉门窗扇与框搭接量 | | 2 | 用钢直尺检查 |

（三）塑料门窗

（1）塑料门窗的品种、类型、规格、尺寸、开启方向、安装位置、连接方式及填嵌密封处理应符合设计要求。

（2）塑料门窗应开关灵活、关闭严密，无倒翘，密封条不得脱槽。

（3）塑料门窗表面应洁净、平整、光滑，大面应无划痕、碰伤。

（4）塑料门窗安装质量验收标准见表 8-3。

**表 8-3　塑料门窗安装质量验收标准**

| 项次 | 项　　目 | | 允许偏差/mm | 检验方法 |
|---|---|---|---|---|
| 1 | 门窗槽口宽度、高度 | ≤1500mm | 2 | 用钢尺检查 |
| | | >1500mm | 3 | |
| 2 | 门窗槽口对角线长度差 | ≤2000mm | 3 | 用钢尺检查 |
| | | >2000mm | 5 | |
| 3 | 门窗框的正、侧面垂直度 | | 3 | 用1m垂直检测尺检查 |
| 4 | 门窗横框的水平度 | | 3 | 用1m水平尺和塞尺检查 |
| 5 | 门窗横框标高 | | 5 | 用钢尺检查 |
| 6 | 门窗竖向偏离中心 | | 5 | 用钢直尺检查 |
| 7 | 双层门窗内外框间距 | | 4 | 用钢尺检查 |
| 8 | 同樘平开门窗相邻扇高度差 | | 2 | 用钢直尺检查 |
| 9 | 平开门窗铰链部位配合间隙 | | +2;-1 | 用塞尺检查 |
| 10 | 推拉门窗扇与框搭接量 | | +1.5;-2.5 | 用钢直尺检查 |
| 11 | 推拉门窗扇与竖框平行度 | | 2 | 用1m水平尺和塞尺检查 |

### 七、门窗工程安全注意事项

为确保安全施工，对安全注意事项，劳动保护、防火、防毒等方面，均应按国家现行的安全法规和各有关部门制定的安全规定，结合工程实际情况编制有针对性的具体措施。在作业前，向班组及有关人员交代并监督贯彻执行。

（1）施工前，必须先认真检查作业环境，条件是否符合安全生产要求。发现不安全因素应及时报告，妥善处理好后方可进行操作。

（2）机电设备（如切割机、电动木工开槽机、修边机、钉枪等）应有固定专人并培训合格后方能操作。

（3）焊接连接件时，严禁在铝合金门窗框上拴接地线或打火（引弧）。

（4）在填缝材料（水泥砂浆）固结前，绝对禁止在门窗框上工作，或在其上搁置任何物品。

（5）在夜间或黑暗处施工时，应用低压照明设备，并满足照度要求。

（6）操作时精神要集中，不准嬉笑打闹，严禁从门窗口向外抛掷东西或倒灰渣。

（7）塑料门窗堆放时严禁接近热源。

# 第二节 抹 灰 工 程

抹灰工程按面层不同分为一般抹灰和装饰抹灰。一般抹灰其面层材料有石灰砂浆、水泥砂浆、水泥混合砂浆、麻刀灰、纸筋灰和石膏灰等。装饰抹灰是指抹灰层面层为水刷石、水磨石、斩假石、假面砖、喷涂、滚涂、弹涂、彩色抹灰等。一般抹灰按其质量要求和主要操作工序的不同，分为高级、普通抹灰两级。

（1）高级抹灰　适用于大型公共建筑、纪念性建筑物（如剧院、礼堂、展览馆和高级住宅）以及有特殊要求的高级建筑物等。高级抹灰要求做一层底层，数层中层和一层面层。其主要工序是阴阳角找方，设置标筋，分层赶平，修整和表面压光。

（2）普通抹灰　适用于一般居住、公用和工业房屋（如住宅、宿舍、教学楼、办公楼）以及简易住宅，大型设施和非居住的房屋（如汽车库、仓库）等。普通抹灰要求做一层底层，一层中层和一层面层。其主要工序是阳角找方，设置标筋，分层赶平，修整和表面压光。

装饰抹灰底层、中层应按高级标准进行施工。

为了保证抹灰表面平整，避免裂缝，抹灰施工一般应分层操作。抹灰层由底层、中层和面层组成。底层主要起与基体粘结的作用，其使用材料根据基体不同而异，厚度一般为5～9mm；中层主要起找平的作用，使用材料同底层，厚度一般为5～12mm；面层起装饰作用，厚度由面层使用的材料不同而异，麻刀石灰膏罩面，其厚度不大于3mm；纸筋石灰膏或石膏灰罩面，其厚度不大于2mm；水泥砂浆面层和装饰面层不大于10mm。

常用抹灰工具如图8-11所示。

### 一、基体处理

1）砖石、混凝土和加气混凝土基层表面的灰尘、污垢、油渍应清除干净，并填实各种网眼，抹灰前一天，浇水湿润基体表面。

2）基体为混凝土、加气混凝土、灰砂砖和煤矸石砖时，在湿润的基体表面还需刷掺有

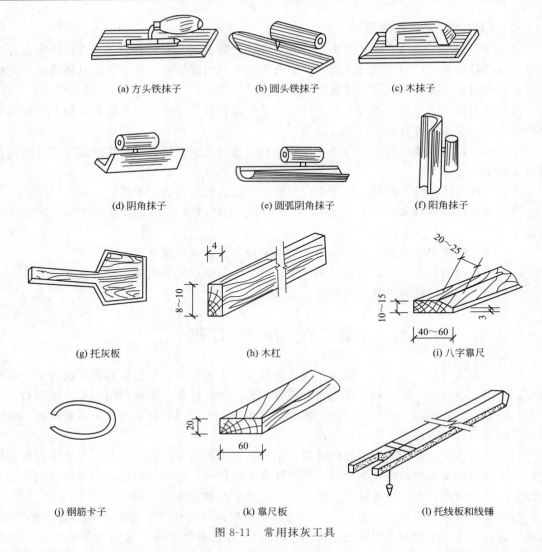

图 8-11　常用抹灰工具

建筑胶的水泥浆一道，从而封闭基体的毛细孔，使底灰不至于早期脱水，以增强基体与底层灰的粘结力。

3）墙面的脚手架孔洞应堵塞严密；水暖、通风管道的墙洞及穿墙管道必须用 1∶3 水泥砂浆堵严。

4）不同基体材料相接处铺设金属网，铺设宽度以缝边起每边不得小于 100mm。

## 二、材料要求

1）水泥　应采用硅酸盐水泥、普通硅酸盐水泥、矿渣水泥和白水泥，强度等级应不小于 32.5，白水泥强度等级应不小于 42.5。

2）石膏　一般用建筑石膏，磨成细粉无杂质，其凝结时间不迟于 30min。

3）砂　砂最好采用中砂或粗砂，细砂也可使用，但特细砂不得使用。砂使用前应过筛。

4）炉渣　炉渣应洁净，其中不应含有有机杂质和未燃尽的煤矿块，炉渣使用前应过筛，粒径不宜超过 1.2～3mm，并浇水湿透，一般 15d 左右。

5）纸筋　使用前应用水浸透、捣烂、洁净，罩面纸筋宜用机碾磨细。

6）麻刀 要求柔软干燥、敲打松散、不含杂质，长度为 10～30mm，使用前四五天用石灰膏调好。

7）其他掺合料 主要包括建筑胶、乳胶、防裂剂、罩面剂等，通过试验确定掺量。

### 三、一般抹灰施工

**1. 墙面抹灰**

墙面一般抹灰按表 8-4 的操作工序进行。

表 8-4 一般抹灰的操作工序

| 项 次 | 工 序 名 称 | 一般抹灰质量等级 | | |
|---|---|---|---|---|
| | | 普通抹灰 | 中级抹灰 | 高级抹灰 |
| 1 | 基体清理 | + | + | + |
| 2 | 湿润墙面 | + | + | + |
| 3 | 阴角找方 | | + | + |
| 4 | 阳角找方 | | | + |
| 5 | 涂刷 107 号胶水泥浆 | + | + | + |
| 6 | 抹踢脚板、墙裙及护有底面 | + | + | + |
| 7 | 抹墙面底层灰 | + | + | + |
| 8 | 设置标筋 | | + | + |
| 9 | 抹踢脚板、墙裙及护角中层灰 | + | + | + |
| 10 | 抹墙面中层灰（高级抹灰墙面中层灰应分遍找平） | + | + | + |
| 11 | 检查修整 | | + | + |
| 12 | 抹踢脚板、墙裙面层灰 | + | + | + |
| 13 | 抹墙面面层灰并修整 | + | + | + |
| 14 | 表面压光 | + | + | + |

注：表中"＋"号表示应进行的工序。

1）弹准线 将房间用弯尺规方，小房间可用一面墙做基线；大房间或有柱网时，应在地面上弹十字线，在距墙阴角 100mm 处用线锤吊直，弹出竖线后，再按规方地线及抹面平整度向里反弹出墙角抹灰准线，并在准线上下两端打上铁钉，挂上白线，作为抹灰饼、冲筋的标准。

2）抹灰饼、冲筋（标筋、灰筋） 如图 8-12 所示，首先，距顶棚约 200mm 处先做两个上灰饼；其次，以上灰饼为基准，吊线做下灰饼。下灰饼的位置一般在踢脚线上方 200～250mm 处；最后，根据上下灰饼，再上下左右拉通线做中间灰饼，灰饼间距 1.2～1.5m，应做在脚手板面，位置不超过脚手板面 200mm。灰饼大小一般为 400mm×40mm，应用抹灰层相同的砂浆。待灰饼砂浆收水后，在竖向灰饼之间填充灰浆做成冲筋。冲筋时，以垂直方向的上下两个灰饼之间的厚度为准，用灰饼相同的砂浆冲筋，抹好冲筋砂浆后，用硬尺把冲筋通平。一次通不平，可补灰，直至通

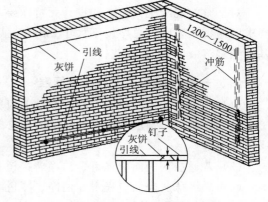

图 8-12 灰饼、冲筋（标筋、灰筋）

平为止。冲筋面宽 50mm，底宽 80mm 左右，墙面不大时，可只做两条竖筋。冲筋后应检查冲筋的垂直平整度，误差在 0.5mm 以上者，必须修整。

3）抹底层灰　冲筋达到一定强度，刮尺操作不致损坏时，即可抹底层灰。

抹底层灰前，基层要进行处理，底层砂浆的厚度为冲筋厚度 2/3，用铁抹子将砂浆抹上墙面并进行压实，并用木抹子修补、压实、搓平、搓粗。

4）抹中层灰　待已抹底层灰凝结后（达至 7 至 8 成干，用手指按压不软，但有指印和潮湿感），抹中层灰，中层砂浆同底层砂浆。抹中层灰时，依冲筋厚以装满砂浆为准，然后用大刮尺贴冲筋，将中层灰刮平，最后用木抹子搓平，搓平后用 2m 长的靠尺检查。检查的点数要充足，凡有超过质量标准者，必须修整，直至符合标准为止。

5）抹罩面灰　当中层灰干至 7 至 8 成后，普通抹灰可用麻刀灰罩面，中、高级抹灰应用纸筋灰罩面，用铁抹子抹平，并分两遍连续适时压实收光。如中层灰已干透发白，应先适度洒水湿润后，再抹罩面灰。不刷浆的高级抹灰面层，宜用漂白细麻石灰膏中纸筋石灰膏涂抹，并压实收光，表面达到光滑、色泽一致，不显接槎为好。

6）墙面阳角抹灰　墙面阳角抹灰时，先将靠尺在墙角的一面用线锤找直，然后在墙角的另一面顺靠尺抹上砂浆。

室内墙裙、踢脚板一般要比罩面灰墙面凸出 3～5mm。因此，应根据高度尺寸弹线，把八字靠尺靠在线上用铁抹子切齐，修边清理。然后再抹墙裙和踢脚板。

2. 顶棚抹灰

混凝土顶棚抹灰工艺流程：基层处理→弹线→湿润→抹底层灰→抹中层灰→抹罩面灰。

基层处理包括清除板底浮灰、砂石和松动的混凝土，剔平混凝土突出部分，清除板面隔离剂。当隔离剂为滑石粉或其他粉状物时，先用钢丝刷刷除，再用清水冲洗干净。当为油脂类隔离剂时，先用浓度为 10％的火碱溶液洗刷干净，再用清水冲洗干净。

抹底层灰前一天，用水湿润基层，抹底层灰的当天，根据顶棚湿润情况，用茅草帚洒水再湿润，接着满刷一遍建筑胶水泥浆，随刷随抹底层灰。底层灰使用水泥砂浆，抹时用力挤入缝隙中，厚度为 3～5mm，并随手带成粗糙毛面。

抹底层灰后（常温 12h 后），采用水泥混合砂浆抹中层灰，抹完后先用刮尺顺平，然后用木抹子搓平，低洼处当即找平，使整个中层灰表面顺平。

待中层灰凝结后，即可抹罩面灰，用铁抹子抹平压实收光。如中层灰表面已发白（太干燥），应先洒水湿润后再抹罩面灰。面层抹灰经抹平压实后的厚度，不得大于 2mm。

对平整的混凝土大板，如设计无特殊要求，可不抹灰，而用腻子分遍刮平砂光后刷浆，要求各遍粘结牢固，总厚度不大于 2mm，腻子合比为：乳胶：滑石粉（或大白粉）：2％甲基纤维素溶液＝1：5：3.5。

**四、一般抹灰施工常用质量标准**

（1）一般抹灰采用材料的品种和性能应符合设计要求。

（2）抹灰层与基层之间及抹灰层之间必须粘贴牢固，抹灰层应无脱层、空鼓，面层应无爆灰和裂缝。

（3）普通抹灰表面应光滑、洁净，接槎平整，分格缝应清晰。

（4）高级抹灰表面应光滑、洁净、颜色均匀，无抹纹，分格缝和灰线应清晰美观。

（5）一般抹灰工程质量验收标准见表 8-5。

**表 8-5　一般抹灰工程质量验收标准**

| 项次 | 项　目 | 允许偏差/mm | | 检验方法 |
| --- | --- | --- | --- | --- |
| | | 普通抹灰 | 高级抹灰 | |
| 1 | 立面垂直度 | 4 | 3 | 用 2m 垂直检测尺检查 |
| 2 | 表面平整度 | 4 | 3 | 用 2m 靠尺和塞尺检查 |
| 3 | 阴阳角方正 | 4 | 3 | 用直角检测尺检查 |
| 4 | 分格条(缝)直线度 | 4 | 3 | 拉 5m 线,不足 5m 拉通线,用钢直尺检查 |
| 5 | 墙裙、勒脚上口直线度 | 4 | 3 | 拉 5m 线,不足 5m 拉通线,用钢直尺检查 |

### 五、抹灰工程安全注意事项

（1）操作中必须正确使用防护措施，严格遵守各项安全规定，进入高空作业和有坠落危险的施工现场人员必须戴好安全帽。在高空的人员必须系好安全带。上下交叉作业，要有隔离设施，出入口搭防护棚，距地面 4m 以上作业要有防护栏杆、挡板或安全网。高层建筑工程的安全网，要随墙逐层上升，每四层必须有道固定的安全网。

（2）施工现场坑、井、沟和各种孔洞，易燃易爆场所，变压器四周应指派专人设置围栏或盖板并设置安全标志，夜间要设置红灯示警。

（3）脚手架未经验收不准使用，验收后不得随意拆除及自搭飞跳。

（4）做水刷石、喷涂时，挪动水管、电缆线应注意不要将跳板、水桶、灰盆等物拖动，避免造成瞎跳或物体坠落伤人。

（5）层高 3.6m 以下抹灰架子，由抹灰工自己搭设。如采用脚手凳时其间距不应大于 2m，不准搭设探头板，也不准支搭在暖气片或管道上，必须按照有关规定搭设，使用前应检查，确实牢固可靠，方可上架操作。

（6）在搅拌灰浆和操作中，尤其在抹顶棚灰时，要注意防止灰浆入眼造成伤害。

（7）冬季施工采用热作业时应防止煤气中毒和火灾，在外架上要经常扫雪，采取防滑措施，春暖开冻时要注意防止外架沉陷。

（8）高空作业中如遇恶劣天气或风力 5 级以上影响安全时，应停止施工。大风大雨以后要进行的检查，检查架子有无问题，发现问题应及时处理，处理后才能继续作用。

# 第三节　楼地面工程

楼地面是房屋建筑底层地坪和楼层地坪的总称。由面层、垫层和基层等部分构成。面层材料有：土、灰土、三合土、菱苦土、水泥砂浆、混凝土、水磨石、马赛克、木、砖和塑料地面等。面层结构有：整体地面（如水泥砂浆、混凝土、现浇水磨石等）、块材地面（如马赛克、石材等）、卷材地面（如地毯、软质塑料等）和木地面。

### 一、基层施工

（1）抄平弹线，统一标高。检测各个房间的地坪标高，并将统一水平标高线弹在各房间四壁上，离地面 500mm 处。

（2）楼面的基层是楼板，应做好楼板板缝灌浆、堵塞工作和板面清理工作。

地面下的基土经夯实后的表面应平整，用 2m 靠尺检查，要求基土表面凹凸不大于

10mm，标高应符合设计要求，水平偏差不大于 20mm。

## 二、垫层施工

（1）刚性垫层　刚性垫层指的是水泥混凝土、碎砖混凝土、水泥炉渣混凝土等各种低强度等级混凝土垫层。

（2）半刚性垫层　半刚性垫层一般有灰土垫层和碎砖三合土垫层。

（3）柔性垫层　柔性垫层包括用土、砂、石、炉渣等散状材料经压实的垫层。砂垫层厚度不小于 60mm，适于用平板振动器振实；砂石垫层的厚度不小于 100mm，要求粗细颗粒混合摊铺均匀，浇水使砂石表面湿润，碾压或夯实不少于三遍至不松动为止。

## 三、面层施工

### 1. 水泥砂浆地面

水泥砂浆地面面层厚 15～20mm，一般用强度等级不低于 42.5 的硅酸盐水泥与中砂或粗砂配制，配合比（1∶2）～（1∶2.5）（体积比），砂浆应是干硬性的，以手捏成团稍出浆为准。

操作前先按设计测定地坪面层标高，同时将垫层清扫干洒水湿润后，刷一道含 4%～5% 的建筑胶素水泥浆，紧接着铺水泥砂浆，用刮尺赶平并用木抹子压实，待砂浆初凝后终凝前，用铁抹子反复压光为止，不允许撒干灰砂收水抹压。压光一般分三遍成活，第一道压光应在面层收水后，用铁抹子压光，这一遍要压得轻些，尽量抹得浅一些；第二遍压光应在水泥砂浆初凝后，干凝前进行，一般以手指按压不陷为宜，这一遍要求不漏压，把砂眼、孔坑压平；第三遍压光时间以手指按压无明显指痕为宜。当砂浆终凝后（一般 12h）覆盖的草袋或锯末，浇水养护不少于 7d。

### 2. 细石混凝土地面

细石混凝土地面的厚度一般 4cm，坍落度 1～3cm，砂要求中砂或粗砂，石子粒径不大于 15mm，且不大于面层厚度的 2/3。

混凝土铺设时，应预先在地面四周弹面层厚度控制线。楼板应用水冲刷干净，待无明水时，先刷一层水泥砂浆，刷浆要注意适时适量，随刷随铺混凝土，用刮尺赶平，用表面振动器振捣密实或采用滚筒交叉来回滚压 3～5 遍，至表面泛浆为止，然后进行抹平和压光。混凝土面层应在初凝前完成抹平工作，终凝前完成压光工作，最后进行浇水养护。

### 3. 水磨石地面

水磨石地面面层应在完成顶棚和墙面抹灰后再开始施工。其工艺流程如下。

基层清理→浇水冲洗湿润→设置标筋→做水泥砂浆找平层→养护→镶嵌玻璃条（或金属条）→铺抹水泥石子浆面层→养护，初试磨→第一遍磨平浆面并养护→第二遍磨平磨光浆面并养护→第三遍磨光并养护→酸洗打蜡。

铺抹水泥砂浆找平层并养护 2～3d 后，即可进行嵌条分格工作（图 8-13）。

嵌条时，用木条顺线找平，将嵌条紧靠

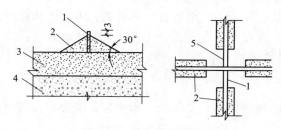

图 8-13　分格嵌条设置

1—分格条；2—素水泥浆；3—水泥砂浆找平层；4—混凝土垫层；5—40～50mm 内不抹素水泥浆

在木条边上，用素水泥浆涂抹嵌条的一边，先稳好一面，然后拿开木条在嵌条的另一边涂抹水泥浆。在分格条下的水泥浆形成八字角，素水泥浆涂抹高度应比分格条低 3mm，俗称"粘七露三"。嵌条后，应浇水养护，待素水泥浆硬化后，铺面层水泥石子浆。

面层水泥石子浆的配比为水泥：大八厘石粒为 1∶2，水泥：大中八厘石粒为 1∶2.5。计量应准确，宜先用水泥和颜料干拌过筛，再掺入石渣，拌和均匀后，加水搅拌，水泥石子浆稠度宜为 3～5cm。

铺设水泥石子浆前，应刷素水泥一道，并随即浇筑石子浆，铺设厚度要高于分格条 1～2mm，先铺分格条两侧，并用抹子将两侧约 10cm 内的水泥石子浆轻轻拍压平实，然后铺分格块中间石子浆，以防滚压时挤压分格条，铺设水泥石子浆后，用滚筒第一次压实，滚压时要及时扫去粘在滚筒上的石渣，缺石处要补齐；2h 左右，用滚筒第二次压实，直至将水泥砂浆全部压出为止，再用木抹子或铁抹子抹平，次日开始养护。

水磨石开磨前应先试磨，以表面石粒不松动方可开磨。水磨石面层应使用磨石机分次磨光，头遍用 60～90 号粗金刚石磨，边磨边加水，要求磨匀磨平，使全部分格条外露。磨后将泥浆冲洗干净，干燥后，用同色水泥浆涂抹，以填补面层所呈现的细小孔隙和凹痕，洒水养护 2～3d 再磨，二遍用 90～120 号金刚石磨，要求磨到表面光滑为止，其他同头遍。三遍用 180～200 号金刚石磨，磨至表面石子颗粒显露，平整光滑，无砂眼细孔，用水冲洗后，涂抹溶化冷却的草酸溶液（热水：草酸＝1∶0.35）一遍，四遍用 240～300 号油石磨，研磨至砂浆表面光滑为止，用水冲洗晾干。普通水磨石面层，磨光遍数不应少于三遍，高级水磨石面层适当增加磨光遍数。

上蜡时先将蜡洒在地面上，待干后再用钉有细帆布（或麻布）的木块代替油石，装在磨石机的磨盘上进行研磨，直至光滑洁亮为止，上蜡后铺锯末进行养护。

4. 陶瓷马赛克地面

1）操作程序　基层处理→贴灰饼、冲筋→做找平层→抹结合层→粘贴陶瓷马赛克→洒水、揭纸→拔缝→擦缝→清洁→养护。

2）施工要点　楼面基底应清理干净，不应有砂浆块，更不应有白灰砂浆，混凝土垫层不得疏松起砂。然后弹好地面水平标高线，并沿墙四周做灰饼，以地漏处为最低处，门口处为最高处，冲好标筋（间距为 1.5～2m）。接着做 1∶3 干硬性水泥砂浆结合层（20mm厚），其干硬度以手捏成团，落地即散为准，用机械拌和均匀。铺浆前，先将基层浇水湿润，均匀刷水泥砂浆一道，随即铺砂浆并用刮尺刮平，木抹子接槎抹平。铺贴马赛克一般从房间中间或门口开始铺。铺贴前，先在准备铺贴马赛克的范围内撒素水泥浆（掺10%～20%的建筑胶），一定要撒匀，并洒水湿润，同时用排笔蘸水将待铺的马赛克砖面刷湿，随即按控制线顺序铺贴马赛克，铺贴时还应用方尺控制方正，当铺贴快到尽头时，应提前量尺预排。铺贴一定面积后，用橡胶锤和拍板依次拍平压实，拍至素水泥浆挤满缝隙为止。铺贴完毕，用喷壶洒水至纸面完全浸湿后 15～30min 可以揭纸，揭纸时应手扯纸边与地面平行方向揭。揭纸后应用开刀将不顺直不齐的缝隙拔直，然后用白水泥嵌缝灌缝擦缝。并及时将马赛克表面水泥砂浆擦净，铺完 24h 后应进行养护，养护 3～5d 后方可上人。

5. 地砖地面

（1）操作程序　基层处理→铺抹结合层→弹线、定位→铺贴。

（2）施工要点　地面砖铺贴前，应先挂线检查并掌握楼地面垫层平整度，做到心中有数然后清扫基层并用水冲刷净，如为光滑的混凝土楼面应凿毛，对于楼、地面的基层表面应提前一天浇水。在刷干净的地面上，摊铺一层 1:3.5 的水泥砂浆结合层（10mm）。根据设计要求再确定地面标高线和平面位置线。可以用尼龙线或棉线在墙面标高点上拉出地面标高线，以及垂直交叉的定位线，据此进行铺贴。

1）按定位线的位置铺贴地砖　用 1:2 的水泥砂浆摊在地砖背面上，再将地砖与地面铺贴，并用橡皮锤敲击砖面，使其与地面压实，并且高度与地面标高线吻合。铺贴数块后应用水平尺检查平整度，对高的部分用橡皮锤敲击调整，低的部分应起出后用水泥浆垫高。对于小房间来说（面积小于 40m²），通常做 T 字形标准高度面。对于房间面积较大时，通常在房间中心按十字形或 X 形做出标准高度面，这样便于多人同时施工（图 8-14）。

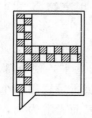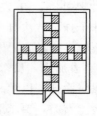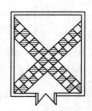

(a) 面积较小的房屋做T字　　(b) 大面积房屋的做法　　(c) 大面积房屋的做法

图 8-14　标准高度面做法

2）铺贴大面　铺贴大面施工是以铺好的标准高度面为标基进行，铺贴时紧靠已铺好的标准高度开始施工，并用拉出的对缝平直线来控制地砖对缝的平直。铺贴时，砂浆应饱满地抹于地砖背面，并用橡皮锤敲实，以防止空鼓现象，并应四边铺边用水平尺检查校正。还需即刻擦去表面水泥砂浆。

对于卫生间、洗手间地面，应注意铺时做出 1:5000 的排水坡度。

整幅地面铺贴完毕后，养护 2d 再进行抹缝施工。抹缝时，将白水泥调成干性团，在缝隙上擦抹，使地砖的对缝内填满白水泥，再将地砖表面擦净。

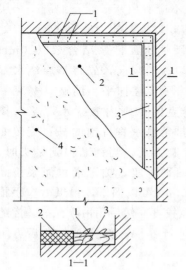

图 8-15　固定式满铺地毯
1—倒刺钉@40；2—泡沫塑料衬垫厚10；
3—木条 25×8；4—尼龙地毯

**6. 地毯地面**

地毯的材质有：纯毛地毯（即羊毛地毯）、混纺地毯、化纤地毯、塑料地毯。地毯的铺设方法分为固定式与不固定式两种；就铺设范围有满铺与局布铺设之分。

不固定式将地毯裁边，粘结接缝成一整片，直接摊铺在地上，不与地面粘结，四周沿墙脚修齐即可。固定式是将地毯裁边，粘结接缝成一整片，四周与房间地面加以固定，一般在木条上钉倒刺钉固定，其施工方法如下。

（1）基层表面处理　平整的表面只需打扫干净，若有油污等物，须用丙酮或松节油擦揩干净，高低不平处须用水泥砂填嵌平整。

（2）在室内四周装倒刺木条　木条宽 20～25mm，厚 7～8mm，具体数据根据衬垫材料而定。即木条厚度应比补垫材料的厚度小 1～2mm，在木条上预先钉好倒刺钉，钉子长 40～50mm，钉尖突出木条 3～4mm，在离墙 5～7mm 处，将倒刺木条用胶或膨胀螺栓固定在水泥地面上，倒刺钉要略倒向墙一侧。与水平面成 60°～75°（图 8-15）。

（3）将地毯平铺在宽阔平整之处，按房间净面积放线裁剪。应注意地毯的伸长率，在裁剪时要扣除伸长量，裁好的地毯卷起来备用。

（4）地毯不够大时可拼装，拼缝用尼龙线缝合，在背面抹接缝胶并贴麻布接缝条。

（5）用泡沫塑料或橡胶作衬垫材料。衬垫铺在倒刺木条之内，其尺寸为木条之间的净尺寸，不够长时可以拼接。将木条内的地面清扫干净，用胶结料将衬垫材料平摊、粘牢。

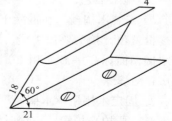

图 8-16　铝合金门口压条

（6）从房间一边开始，将裁好的地毯卷向另一边展开，注意不要使衬垫起皱移位。用撑平器双向撑开地毯。在墙边用木锤敲打，使木条上的倒刺钉尖刺入地毯。四周钉好后，将地毯边掖入木条与墙的间隙内，使地毯不致卷曲翘条。

（7）门口处地毯的敞边外装上门口压力，拆去暂时固定的螺丝，门口压条是厚度为 2mm 左右的铝合金材料（图 8-16），使用时将 18mm 的一面轻轻敲下，紧压住地毯面层，其 21mm 的一面应压在地毯之下，并与地面用螺丝加以固定。

（8）清扫地毯　用吸尘器清洁地毯上的灰尘。

7. 实木地面

实木地面（图 8-17）与基层的固定方法有两种：钉固，胶粘。

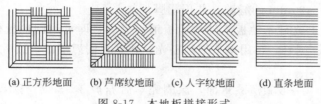

(a) 正方形地面　(b) 芦席纹地面　(c) 人字纹地面　(d) 直条地面

图 8-17　木地板拼接形式

（1）钉固地面　面层有单层和双层两种。单层木板面层是在木搁栅上直接钉直条企口板；双层木板面是在搁栅上钉毛地板（实木板条或木工板、密度板）。木搁栅有空铺和实铺两种形式，空铺式是将搁栅两头搁于墙内的垫木上，木搁栅之间加设剪刀撑；实铺式是将木搁栅铺于钢筋混凝土楼板上或混凝土垫层上（图 8-18）。

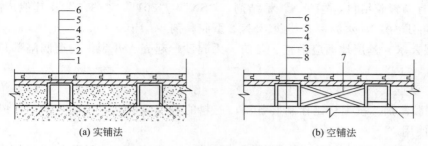

(a) 实铺法　　　　　　　　　(b) 空铺法

图 8-18　双层企口硬木地板构造

1—混凝土基层；2—预埋铁（铁丝或钢筋）；3—木搁栅；4—防腐剂；
5—毛地板；6—企口木地板；7—剪刀撑；8—垫木

1）材料要求　木搁栅要求采用含水率 15% 以内变形小的木材，常用红松和白松等，呈梯形，上面要刨平，规格和间距按设计图纸规定（一般截面宽×高＝30mm×50mm、间距

300mm），要涂刷防腐剂（通常采用刷 1°～2° 水柏油），毛地板常用红松、白松和杉木等，宽 100～150mm，厚 15～20mm，侧边有企口，底面要涂刷防腐剂。硬地板常用水曲柳、樱桃、柚木等。木条须经干燥处理，使其含水率不大于 12%。木条板厚 18～25mm，宽 40～50mm，长度除直条地板为长料外，其余均为短料。侧边也有企口，要求板条的厚度、宽度、企口尺寸和颜色相同。

2）施工工艺

① 安装木搁栅　在混凝土基层上弹出木搁栅中心位置线，并弹出标高控制线，将木搁栅逐根就位，接头要顶头接。用预埋的 φ4 钢筋或 8 号铁丝将木搁栅固定牢。要严格做到整间木搁栅面标高一致，用 2m 直尺检查，空隙不大于 3mm。木搁栅与墙间应留出不小于 30mm 的缝隙。

② 固定木搁栅　木搁栅下用混凝土或干硬性砂浆填实，并用炉渣填平木搁栅之间空隙以隔音，要拍平拍实，空铺时钉以剪刀撑固定。

③ 钉毛地板　毛地板条与木搁栅成 30°或 45°斜角方向铺钉，板间缝隙不大于 3mm，板长不应小于两档木搁栅，接头要错开，要在毛地板企口凸榫处斜着钉暗钉，钉子钉入木搁栅内长度为板厚的 2.5 倍，钉头送入板中 2mm 左右，每块板不小于 2 个钉，毛地板与墙之间应留 10～20mm 的缝隙。

④ 铺钉硬木地板　铺钉硬木地板先由中央向两边进行，后铺镶边，直条硬木地板相邻接头要错开 200mm 以上，钉子长度为板厚的 2.5 倍，相邻两块地板边缘高差不应 1.0mm，木板与墙之间应留 10～20mm 的缝隙，并用踢脚板封盖。

⑤ 刨平、刨光、磨光硬木地板　硬木地板铺钉完后，即可用刨地板机先斜着木纹，后顺着木纹将表面刨光、刨平，再用木工细刨刨光，达到无刨刀痕迹，然后用磨砂皮机将地板表面磨光。

⑥ 刷涂料、打蜡　一般做清漆罩面，涂刷完毕后养护 3～5d 后打蜡，蜡要涂揩得薄而匀，再用打蜡机擦亮隔 1d 后就可上人使用。

（2）胶粘地面　将加工好的硬木条以胶黏剂直接粘结于水泥砂浆或混凝土的基层上。

1）材料要求　条板的规格有：150mm×30mm×9mm，150mm×30mm×10mm，150mm×30mm×12mm 等。其含水率应在 12% 以内，同间地板料的几何尺寸和颜色要相同，接缝的形式有平头接缝、企口接缝。

胶黏剂有沥青胶结料，"PAA"粘结剂，"SN"、"801"、"8311"及其他成品胶黏剂。PAA：填料＝1：0.5，水泥：石英砂：SN-2 型胶黏剂＝1：0.5：0.5。

2）基层要求　基层地面应平整、光洁、无起砂、起壳、开裂。凡遇凹陷部位应用砂浆找平。

3）施工要点

① 配制胶黏剂　按配合比拌制好备用，配料的数量应根据需要随拌随用，成品胶黏剂按使用说明使用。

② 刮抹胶黏剂　胶黏剂要成糨糊状，"PAA"、"801"、"8311"用锯齿形钢皮或塑料刮板涂刮成 3mm 厚楞状，SN-2 型胶黏剂用抹子刮抹。

③ 粘贴地板　随刮胶黏剂随铺地板，人员随铺随往后退，要用力推紧、压平，并随即用砂袋等物压 6～24h，对于板缝中挤出的胶黏剂要及时揩除，PAA 胶黏剂可用 95% 深度的酒精擦去，SN-2 型胶黏剂可用揩布揩净。操作人员要穿软底鞋。

④ 养护　地板粘贴后自然养护 3～5d。

## 四、楼地面施工常用质量标准

（一）整体楼、地面

（1）整体楼、地面面层厚度应符合设计要求。

（2）水泥砼面层表面不应有裂纹、脱皮、底面、起砂等缺陷。

（3）水磨石面层表面应光滑，石粒美，显露均匀，颜色图案一致；不混色；分格条牢固，顺直和清晰。

（4）整体楼、地面工程质量验收标准见表 8-6。

表 8-6　整体楼、地面工程质量验收标准

| 项次 | 项　目 | 允　许　偏　差 | | | | | | 检验方法 |
| --- | --- | --- | --- | --- | --- | --- | --- | --- |
| | | 水泥混凝土面层 | 水泥砂浆面层 | 普通水磨石面层 | 高级水磨石面层 | 水泥钢（铁）屑面层 | 防油渗混凝土和不发火（防爆的面层） | |
| 1 | 表面平度 | 5 | 4 | 3 | 2 | 4 | 5 | 用 2m 靠尺和楔形塞尺检查 |
| 2 | 踢脚线上口平直 | 4 | 4 | 3 | 2 | 4 | 4 | 拉 5m 线和用钢尺检查 |
| 3 | 缝格平直 | 3 | 3 | 3 | 2 | 3 | 3 | |

（二）块材楼、地面

（1）面层使用行块材的品种、质量必须符合设计要求。

（2）面层与下一层的结合（粒结）应牢固，无气鼓。

（3）块材楼、地面工程质量验收标准见表 8-7。

表 8-7　块材楼、地面工程质量验收标准　　　　　单位：mm

| 项次 | 项目 | 允　许　偏　差 | | | | | | | | | | | 检验方法 |
| --- | --- | --- | --- | --- | --- | --- | --- | --- | --- | --- | --- | --- | --- |
| | | 陶瓷锦砖面层、高级水磨石板、陶瓷地砖面层 | 红砖面层 | 水泥花砖面层 | 水磨石板块面层 | 大理石面层和花岗石面层 | 塑料板面层 | 水泥混凝土板块面层 | 碎拼大理石、碎拼花岗石面层 | 活动地板面层 | 条石面层 | 块石面层 | |
| 1 | 表面平整度 | 2.0 | 4.0 | 3.0 | 3.0 | 1.0 | 2.0 | 4.0 | 3.0 | 2.0 | 10.0 | 10.0 | 用 2m 靠尺和楔形塞尺检查 |
| 2 | 缝格平直 | 3.0 | 3.0 | 3.0 | 3.0 | 2.0 | 3.0 | 3.0 | — | 2.5 | 8.0 | 8.0 | 拉 5m 线和用钢尺检查 |
| 3 | 接缝高低差 | 0.5 | 1.5 | 0.5 | 1.0 | 0.5 | 0.5 | 1.5 | | 0.4 | 2.0 | — | 用钢尺和楔形塞尺检查 |
| 4 | 踢脚线上口平直 | 3.0 | 4.0 | — | 4.0 | 1.0 | 2.0 | 4.0 | 1.0 | — | — | — | 拉 5m 线和用钢尺检查 |
| 5 | 板块间隙宽度 | 2.0 | 2.0 | 2.0 | 2.0 | 1.0 | — | 6.0 | — | 0.3 | 5.0 | — | 用钢尺检查 |

（三）卷材楼、地面

（1）塑料卷材品种、规格、颜色、等级应符合设计要求及现行国家标准的规定。面层与下一层的粘结应牢固，不翘边、不脱胶、无溢胶。

（2）地毡的品种、规格、颜色、花色、胶料和辅料及其材质必须符合设计要求和国家现行地质产品标准的规定。

（3）地毯表面不应起鼓、起皱、翘边、卷边、显拼缝，露线和无毛边，绒面毛顺光一致，顺直干净，无污染和损伤。

（四）木质楼、地面

（1）木质楼、地面　用材质合格率必须符合设计要求。木搁栅、垫木等必须做防腐、防蛀处理。

（2）面层制设应牢固；粘结无空鼓。

（3）木质楼、地面工程质量验收标准见表 8-8。

表 8-8　木质楼、地面工程质量验收标准　　　　　　　　单位：mm

| 项次 | 项目 | 允 许 偏 差 | | | | 检验方法 |
| --- | --- | --- | --- | --- | --- | --- |
| | | 实木地板面层 | | | 实木复合地板、中密度（强化）复合地板面层、竹地板面层 | |
| | | 松木地板 | 硬木地板 | 拼花地板 | | |
| 1 | 板面缝隙宽度 | 1.0 | 0.5 | 0.2 | 0.5 | 用钢尺检查 |
| 2 | 表面平整度 | 3.0 | 2.0 | 2.0 | 2.0 | 用 2m 靠尺和楔形塞尺检查 |
| 3 | 踢脚线上口平齐 | 3.0 | 3.0 | 3.0 | 3.0 | 拉 5m 通线，不足 5m 拉通线和用钢尺检查 |
| 4 | 板面拼缝平直 | 3.0 | 3.0 | 3.0 | 3.0 | |
| 5 | 相邻板材高差 | 0.5 | 0.5 | 0.5 | 0.5 | 用钢尺和楔形塞尺检查 |
| 6 | 踢脚线与面层的接缝 | 1.0 | | | | 楔形塞尺检查 |

### 五、楼地面工程安全注意事项

（1）木地面板材备料时要操作人员必须熟练掌握切割机具的操作运用方法，成品料、原材料以及废弃木料都应合理分别堆放，严禁接近火源、电源。

（2）塑料地面材料应储存在干燥洁净的仓库内，防止变形，距热源 3m 以外，温度一般不超过 32℃；在使用过程中不应使烟火、开水壶、炉子等与地面直接接触，以防出现火灾。

（3）采用倒刺固定法固定地毯时，要注意倒刺伤人。

（4）在进行木地板粘贴以及水磨石地面酸洗打蜡等施工，由于会产生一定的有毒气体，所以操作人员施工时应注意通风；必要时要穿工作服、戴口罩、以及防酸护具，如防酸手套、防酸靴等。

# 第四节　饰 面 工 程

饰面工程施工是将块料面层镶帖（或安装）在基层上。其中，小块料采用镶贴的方法，大块料（边长大于 40cm）采用安装的方法。

### 一、大理石（花岗岩、预制水磨石板）饰面

1. 施工方法

1）粘贴法，适用于规格较小（边长 40cm 以下），且安装高度在 1000mm 左右的饰面板。

2）传统湿作业法　即挂式固定和湿料填缝（图 8-19）。

3）改进湿作业法　它省去了钢筋网片作连接件，采用镀锌或不锈钢锚固件与基体锚固，然后向缝中灌入 1：2 水泥砂浆（图 8-20）。

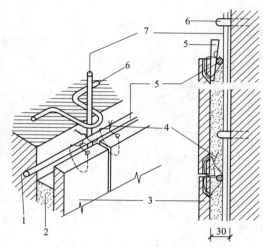

图 8-19　饰面板钢筋网片固定

1—墙体；2—水泥砂浆；3—大理石板；4—铜丝或铅丝；5—横筋；6—铁环；7—立筋

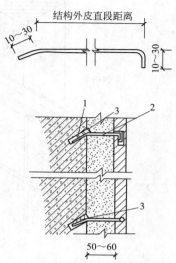

图 8-20　锚固形状及安装构造示意

1—主体结构钻 45°斜孔；2—" [" 形不锈钢钉；3—硬小木楔

4）干挂法　此法具有抗震性能好，操作简单，施工速度快，质量易于保证且施工不受气候影响等优点，这种方法宜用于 30m 以下钢筋混凝土结构，不适用砖墙和加气混凝土墙。干挂方式有钢销式（应用较少，见图 8-21）、短槽式（应用较多，见图 8-22）、背栓式（新技术，见图 8-23）。

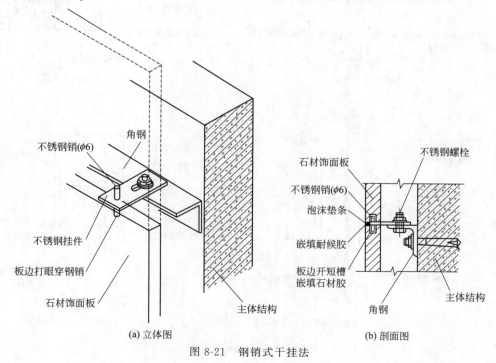

(a) 立体图　　　　　　　　　　(b) 剖面图

图 8-21　钢销式干挂法

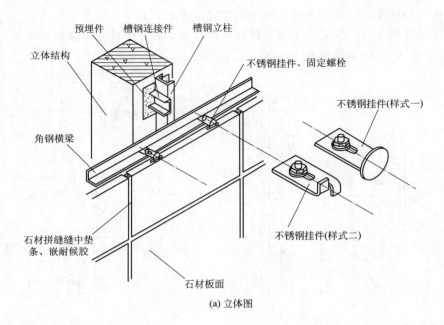

(a) 立体图

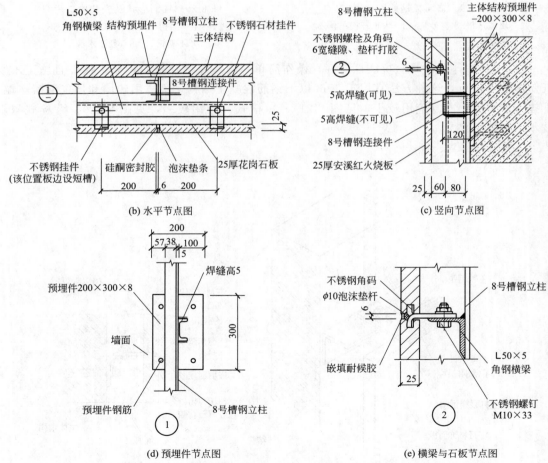

(b) 水平节点图

(c) 竖向节点图

(d) 预埋件节点图

(e) 横梁与石板节点图

图 8-22 短槽式干挂法

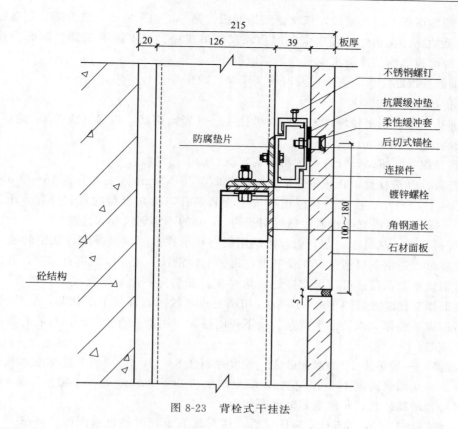

图 8-23　背栓式干挂法

2. 施工准备

1）测量结构的"看面尺寸"计算饰面板排列分块尺寸。

2）选板、试拼。对照分块图检查外观、误差大小，淘汰不合格产品。

3）机具准备。切割机、磨石机、电钻等。

3. 操作程序

1）粘贴法　基层处理→抹底层、中层灰→弹线、分格→选料、预排→对号→粘贴→嵌缝→清理→抛光打蜡。

2）传统湿作业法　基层处理→绑扎钢筋网片→弹饰面看面基准线→预拼编号→钻孔、剔凿、绑扎不锈钢丝（或铜丝）→安装→临时固定→分层灌浆→嵌缝→清洁板面→抛光打蜡。

3）改进湿作业法　基层处理→弹准线→板材检验→预排编号→板面钻孔→就位→固定→加楔→分层灌浆→清理→嵌缝→抛光。

4）干挂法　基层处理→划线→锚固（膨胀）螺栓→连接件安装→挂板→连接件涂胶→嵌缝胶。

4. 操作要点

（1）粘贴法

1）将基体表面灰尘、污垢和油渍清除干净、并浇水湿润。对于混凝土等表面光滑平整的基体应进行凿毛处理。检查墙面平整、垂直度，并设置标筋，作为抹底、中层灰的标准。

2）将饰面板背面和侧面清洗干净，湿润后阴干，然后在阴干的饰面板背面均匀抹上厚度约 2～3mm 的建筑胶水泥砂浆，依据已弹好的水平线镶贴墙面底层两端的两块饰面板，然后在两端饰面板上口拉通线，依次镶贴饰面板，第一层镶贴完毕，进行第二层镶贴，以此类推，直至贴完。在镶贴过程中应随时用靠尺、吊线锤、橡皮锤等工具将饰面板校平、找直。并将饰面板缝内挤出的水泥浆在凝结前擦净。

3）饰面板镶贴完毕，表面应及时清洗干净，晾干后，打蜡擦亮。

（2）传统湿作业法

1）绑扎钢筋网剔出预埋件，焊接或绑扎 $\phi6\sim8$ 竖向钢筋，再焊（或绑 $\phi6$ 的横向钢筋。距离为板高减 $80\sim100mm$）。

2）预拼编号　按照设计进行预拼图案，认可后编号堆放。

3）打眼、开槽挂丝　在板的侧面上钻孔打眼，孔径5mm左右，孔深 $15\sim20mm$，孔位一般在板端 $1/4\sim1/3$，在位于板厚中心线上垂直钻孔，再在板背的直孔位置，距板边 $8\sim10mm$ 打一横孔，使横直孔相通。然后用长约30cm的不锈钢丝穿入挂接。

4）板材安装　从最下一层开始，两端用板材找平找直，拉上横线再从中间或一端开始安装。安装时，先将下口钢丝绑在横筋上，再绑上口钢丝，用托线板靠直靠平，并用木楔垫稳，再将钢丝系紧，保证板与板交接处四角平整。安装完一层，要在找平、找直、找方后，在石板表面横竖接缝处每隔 $100\sim150mm$ 用调整成糊状的石膏浆予以粘贴，临时固定石板，使该层石板成一整体，以防发生位移。余下板的缝隙，用纸和石膏封严，待石膏凝结、硬化后再进行灌浆。

5）灌浆　一般采用1:3水泥砂浆，稠度控制在 $8\sim15cm$，将砂浆徐徐灌入板背与基体间的缝隙，每次灌浆高度150mm左右，灌至离上口 $50\sim80mm$ 处停止灌浆，为防止空鼓，灌浆时可轻轻地捣砂浆，每层灌筑时间要间隔 $1\sim2h$。

6）嵌缝与清理　全部石材安装固定后，用与饰面板相同颜色水泥砂浆嵌缝，并及时对表面进行清理。

（3）改进湿作业法

1）石板块钻孔　将石材直立固定于木架上，用手电钻在距两端 $1/4$ 处距板厚中心钻孔，孔径6mm，深 $35\sim40mm$，板宽小于500mm打直孔2个；板宽 $500\sim800mm$ 打直孔3个；板宽大于800mm打直径4个。然后将板旋转90°固定于木架上，在板两边分别打直孔1个，孔位距板下端100mm，孔径，深 $35\sim40mm$，上下直孔需在板背方向剔出7mm深小槽。

2）基体上钻斜孔　板材钻孔后，按基体放线分块位置临时就位，确定对应于板材上下直孔的基体钻孔位置，用冲击钻在基体钻出与板材平面呈45°的斜孔孔径6mm，孔深 $40\sim50mm$。

3）板材安装与固定　在钻孔完成后，仍将石材板块返还原位，再根据板块直径与基体的距离用 $\phi5$ 的不锈钢丝制成楔固石材板块的U形钉，然后将U形钉一端钩进石材板块直孔中，并随即用硬小木楔上紧，另一端钩进基体斜孔中，同时校正板块准确无误后用硬木楔将钩入基体斜孔的U形钉楔紧，同时用大头木楔张紧安装板块的U形钉，随后进行分层灌浆。

（4）干挂法

1）对基层要求平整度控制在4mm与或2mm以内，墙面垂直度偏差在20mm以内。

2）划线　板与板之间应有缝隙，磨光板材的缝隙除有镶嵌金属装饰条缝外，一般可为 $1\sim2mm$。划线必须准确，一般由墙中心向两边弹放，使误差均匀地分布在板缝中。

3）固定锚固体　打出螺栓孔，埋置膨胀螺栓，固定锚固体。

4）安装固定板材　把连接件上的销子或不锈钢丝，插入板材的预留接孔中，调整螺栓或钢丝长度，当确定位置准确无误后，即可紧固螺栓或钢丝，然后用特种环氧树脂或水泥麻丝纤维浆堵塞连接孔。

5）嵌缝　先填泡沫塑料条，然后用胶枪注入密封胶。为防止污染，在注胶前先用纸胶带覆盖缝两边板面，注胶完后，将胶纸揭去。

## 二、内外墙瓷砖饰面

1. 施工准备

1）基体表面弹水平、垂直控制线，进行横竖预排砖，以使接缝均匀。

2）选砖、分类　放入水中浸泡沫 2～3h，取出晾干备用。

3）工具准备　装板机、橡皮锤、水平靠尺等。

2. 操作程序

1）室内　基层处理→抹底子灰→选砖、浸砖→排砖、弹线→贴标准点→垫底尺→镶贴→擦缝。

2）室外　基层处理→抹底子灰→排砖→弹线分格→选砖、浸砖→镶贴面砖→勾缝、擦缝。

3. 操作要点

（1）室内镶贴

1）基层打好底子灰 6～7 成干后，按图纸要求，结合实际和瓷砖规格进行排砖、弹线。

2）镶贴前应贴标准点，用废瓷砖粘贴在墙上，用以控制整个表面平整度。

3）垫底尺寸　计算好最下一皮砖下口标高，底尺上皮一般比地面低 1cm 左右，以此为依据放好尺。

4）粘贴应自下向上粘贴，要求灰浆饱满，亏灰时，要取下重贴，随时用靠尺检查平整度，随粘随检查，同时要保证缝隙宽窄一致。粘结层厚 8mm，配比 32.5 级水泥：石灰膏：中砂＝1：0.1：2.5；或 3mm 厚 1：1 水泥砂浆＋界面剂 20％水重；或 3mm 厚瓷砖胶。

5）镶贴完，自检合格后，用棉丝擦净，然后用白水泥擦缝，用布将缝子的素浆擦匀，砖面擦净。

（2）室外镶贴

1）吊垂直、套方、找规矩　高层建筑使用经纬仪在四大角、门窗口边打垂直线；多层建筑可使用线坠吊垂直，根据面砖尺寸分层设点，作标志。横向水平线以楼层为水平基线交圈控制，竖向线则以四大角和通天柱、垛子为基线控制，全部都是整砖，阳角处要双面排直，灰饼间距 1.6m。

2）打底应分层进行　第一遍厚度为 5mm，抹后扫毛；待 6～7 层干时，可抹第二遍，厚度 8～12mm；随即用木杠刮平，木抹搓毛。

3）排砖以保证砖缝均匀，按设计图纸要求及外墙面砖排列方式进行排布、弹线，凡阳角部位应选整砖。

4）粘贴　在砖背面铺满粘结砂浆，粘贴后，用小铲柄轻轻敲击，使之与基层粘牢，随时用靠尺找平、找方，贴完一皮后，须将砖上口灰刮平，每日下班前须清理干净。粘结层厚

6mm，配比 32.5 级水泥∶石灰膏∶中砂＝1∶0.2∶2；或 3mm 厚 1∶1 水泥砂浆＋界面剂 20％水重；或 3mm 厚瓷砖胶。

5）分格条应在贴砖次日取出，完成一个小流水后，用 1∶1 的水泥砂浆勾缝，凹进深度为 3mm。

6）整个工程完工后，应加强保护，同时用稀盐酸清洗表面，并用清水冲洗干净。

### 三、饰面工程施工常用质量标准

**1. 石材饰面**

1）饰面板的品种、规格、颜色和性能应符合设计要求。饰面板孔、槽的数量、位置和尺寸应符合设计要求。

2）饰面板表面应平整、洁净、色泽一致，无裂痕和缺损。石材表面应无泛碱等污染。

3）石材饰面工程质量验收标准见表 8-9。

**表 8-9　石材饰面工程质量验收标准**

| 项次 | 项目 | 允许偏差/mm | | | | | | | 检 验 方 法 |
|---|---|---|---|---|---|---|---|---|---|
| | | 石 材 | | | 瓷板 | 木材 | 塑料 | 金属 | |
| | | 光面 | 剁斧石 | 蘑菇石 | | | | | |
| 1 | 立面垂直度 | 2 | 3 | 3 | 2 | 1.5 | 2 | 2 | 用 2m 垂直检测尺检查 |
| 2 | 表面平整度 | 2 | 3 | — | 1.5 | 1 | 3 | 3 | 用 2m 靠尺和塞尺检查 |
| 3 | 阴阳角方正 | 2 | 4 | 4 | 2 | 1.5 | 3 | 3 | 用直角检测尺检查 |
| 4 | 接缝直线度 | 2 | 4 | 4 | 2 | 1 | 1 | 1 | 拉 5m 线，不足 5m 拉通线，用钢直尺检查 |
| 5 | 墙裙、勒脚上口直线度 | 2 | 3 | 3 | 2 | 2 | 2 | 2 | 拉 5m 线，不足 5m 拉通线，用钢直尺检查 |
| 6 | 接缝高低差 | 0.5 | 3 | — | 0.5 | 0.5 | 1 | 1 | 用钢直尺和塞尺检查 |
| 7 | 接缝宽度 | 1 | 2 | 2 | 1 | 1 | 1 | 1 | 用钢直尺检查 |

**2. 瓷砖饰面**

1）瓷砖品种、规格、图案、颜色和性能应符合设计要求，粘贴必须牢固。

2）瓷砖表面应平整、洁净、色泽一致，无裂痕和缺损。

3）瓷砖饰面工程质量验收标准见表 8-10。

**表 8-10　瓷砖饰面工程质量验收标准**

| 项次 | 项 目 | 允许偏差/mm | | 检 验 方 法 |
|---|---|---|---|---|
| | | 外墙面砖 | 内墙面砖 | |
| 1 | 立面垂直度 | 3 | 2 | 用 2m 垂直检测尺检查 |
| 2 | 表面平整度 | 4 | 3 | 用 2m 靠尺和塞尺检查 |
| 3 | 阴阳角方正 | 3 | 3 | 用直角检测尺检查 |
| 4 | 接缝直线度 | 3 | 3 | 拉 5m 线，不足 5m 拉通线，用钢直尺检查 |
| 5 | 接缝高低差 | 1 | 0.5 | 用钢直尺和塞尺检查 |
| 6 | 接缝宽度 | 1 | 1 | 用钢直尺检查 |

### 四、饰面工程安全注意事项

（1）开始工作前应检查外架子是否牢靠，护身栏、挡脚板是否安全，水平运输道路是否平整。

（2）采用外用吊篮进行外饰面施工时，吊篮内材料、工具应放置平稳。

（3）室内施工光线不足时，应采用 36V 低压电灯照明。

（4）操作场地应经常清理干净，做到活完、料净、脚下净。

（5）施工作业人员必须戴安全帽。

（6）外饰面施工时不允许在操作面上砍砖，以防坠砖伤人。

# 第五节　吊顶工程

吊顶主要由支承、基层、面层三部分组成。轻钢龙骨及其配件如图 8-24 所示。吊顶组合示意如图 8-25 所示、图 8-26 所示（双层龙骨，承载力高）。

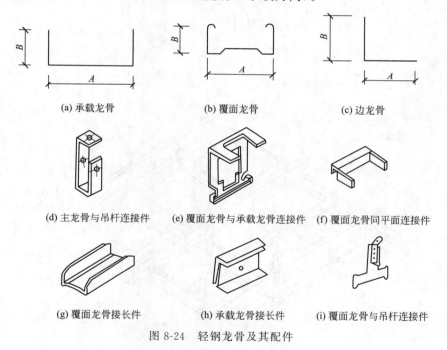

(a) 承载龙骨　　　　　(b) 覆面龙骨　　　　　(c) 边龙骨

(d) 主龙骨与吊杆连接件　　(e) 覆面龙骨与承载龙骨连接件　　(f) 覆面龙骨同平面连接件

(g) 覆面龙骨接长件　　　(h) 承载龙骨接长件　　　(i) 覆面龙骨与吊杆连接件

图 8-24　轻钢龙骨及其配件

### 一、施工要点

吊顶龙骨安装之前，要在墙上四周弹出水平线，作为吊顶安装的标志，对于较大的房间，吊顶应起拱，起拱高度一般为长度的 3‰～5‰，吊顶龙骨的安装，先主龙骨，后次龙骨（龙骨），再横木（横撑龙骨）。

饰面板材用钉子或胶黏剂固定在龙骨与横木组成的方格上，用 25～30mm 宽的压条压缝，并刷浅色油漆。压条可用木质、铝合金、硬塑料等材料，也可用带色的铝板及塑料浮雕花压角。边缘整齐的板材也可不用压条，明缝安装。如用⊥形轻钢骨架则板材可直接安装在骨架翼缘组成的方格内，⊥形缘外露，板材要固定，且可安放各种松散隔音材料在板上。

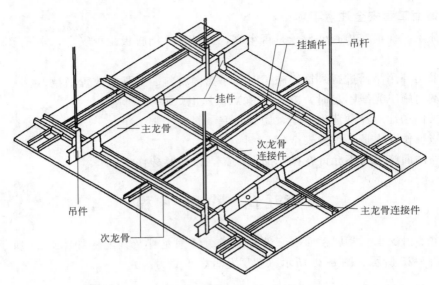

图 8-25　轻钢龙骨吊顶组合示意

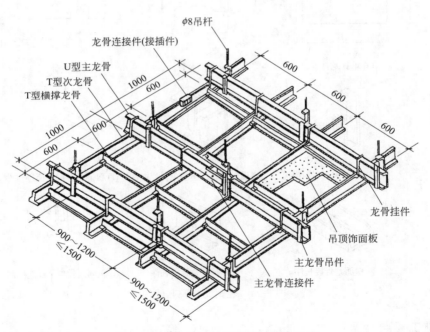

图 8-26　铝合金龙骨双层吊顶组合示意

　　安装龙骨和横木时，也应从中心向四个方向推进，切不可由一边向另一边分格。当平顶上设有开孔的灯具和通风排气孔时，更应通盘考虑如何组成对称的图案排列，这种顶棚都有设计图纸可依循。

　　吊顶应在室内墙板、柱面抹灰及线、灯具的部分零件安装完毕后进行。

　　在混凝土天棚和梁底按设计沿龙骨走向每隔 900～1200mm 用射钉枪射一枚带孔的 50mm 钢钉，通过 18 号铝丝将钢钉与龙骨系住（或打入膨胀螺丝，通过连接件与吊杆连接），用 25mm 的钢钉，以 500～600mm 间距把铝角钉牢于四周墙面，用尼龙线在房间四周拉十字中心线，按吊顶水平位置和天花板规格纵横布设，组成吊顶搁栅托层。安装吊顶龙骨应先安装主龙骨，临时固定，经水平度校核无误后，再安装分格的次龙骨。

## 二、施工常用质量标准

（1）吊顶标高、尺寸、起拱和选型应符合设计要求。

（2）饰面材料的材质、品种、规格、图案和颜色应符合设计要求。

（3）吊杆、龙骨的材质、规格、要求间距及连接方式应符合设计要求。

（4）吊顶工程（明式龙骨）安装允许偏差见表8-11。

**表 8-11　吊顶工程（明式龙骨）安装允许偏差**

| 项次 | 项　　目 | 允许偏差/mm | | | | 检验方法 |
|---|---|---|---|---|---|---|
| | | 石膏板 | 金属板 | 矿棉板 | 塑料板、玻璃板 | |
| 1 | 表面平整度 | 3 | 2 | 3 | 2 | 用2m靠尺和塞尺检查 |
| 2 | 接缝直线度 | 3 | 2 | 3 | 3 | 拉5m线,不足5m拉通线,用钢直尺检查 |
| 3 | 接缝高低差 | 1 | 1 | 2 | 1 | 用钢直尺和塞尺检查 |

## 三、吊顶工程安全注意事项

（1）吊扇、吊灯等较重的设备，应穿过吊顶面层固定在屋架或梁上，不得悬挂在吊顶龙骨上。

（2）当吊顶内安装电气线路、通风管道等设备时，应单设安全工作通道，并有护栏保护，不得在吊顶小龙骨上行走。

（3）吊顶施工人员应戴安全帽。

（4）木质龙骨、罩面板应按品种、规格分类存放于干燥通风处，并避免接近火源。

# 第六节　幕墙工程

## 一、玻璃幕墙

玻璃幕墙工程中采用的玻璃主要有夹丝玻璃、中空玻璃、彩色玻璃、钢化玻璃、镜面反射玻璃等。玻璃厚度有3～10mm等，色彩有无色、茶色、蓝色、灰色、灰绿色等。组合件厚度有6mm、9mm和12mm等规格。其中，中空玻璃是由两片（或两片以上）玻璃和间隔框构成，并带有封闭的干燥空气夹层的组合件。结构轻盈美观，并具有良好的隔热、隔音和防结露性能，应用较为广泛。

现场组装式（另有工厂组装式，与主体结构直接连接）玻璃幕墙是将零散材料运至施工现场，按幕墙板的规格尺寸及组装顺序先预埋好 T 型槽。再装好牛腿铁件，然后立铝合金框架、安横撑、装垫块、镶玻璃、装胶条（或灌注密封料）、涂防水胶、扣外盖板。即完成了幕墙的安装工作。这种幕墙是通过竖向骨架（竖筋）与楼板或梁连接。其分块规格可以不受层高和柱间的限制。竖筋的间距，常根据幕墙的宽度设置。为了增加横向刚度和便于安装，常在水平方向设置横筋。这是目前国内采用较多的一种形式。其中，隐框玻璃幕墙组成及节点如图8-27所示。

现场组装式幕墙的安装工艺流程如图8-28所示。

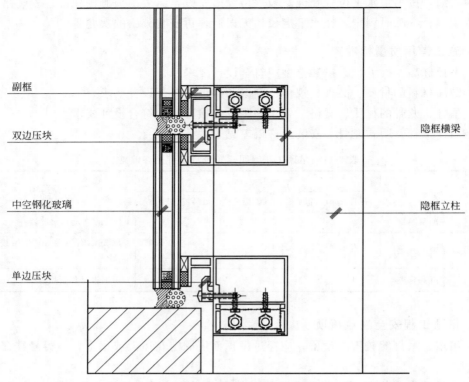

图 8-27　隐框玻璃幕墙纵向节点图

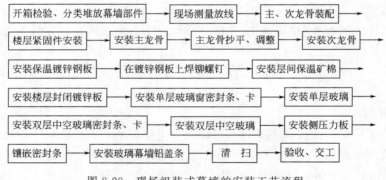

图 8-28　现场组装式幕墙的安装工艺流程

（1）测量放线　在工作层上，用经纬仪依次向上定出轴线。再根据各层轴线定出楼板预埋件的中心线，并用经纬仪垂直逐层校核，再定各层连接件的外边线，以便与主龙骨连接，如果主体结构为钢结构，由于弹性钢结构有一定挠度，故应在低风时测量定位为宜，且要多次测量，并与原结构轴线复核，调整误差。

（2）装配铝合金主、次龙骨　这项工作可在室内进行。主要是装配好竖向主龙骨紧固件之间的连接件、横向次龙骨的连接件、安装镀锌钢板、主龙骨之间接头的内套管、外套管以及防水胶等。装配好横向次龙骨与主龙骨连接的配件及密封橡胶垫等。所有连接件、紧固件表面均应镀锌处理或用不锈钢。

（3）竖向主龙骨安装　主龙骨一般每 2 层 1 根，通过紧固件与每层楼板连接。主龙骨两端与楼板连接的紧固件为承重紧固件；主龙骨中间与楼板连接的紧固件为非承重紧固件。主龙骨安装完一根，即用水平仪调平、固定。主龙骨全部安装完毕，并复验其间距、垂直度后，即可安装横向次龙骨。主龙骨的连接采用套筒法，即用方钢管铁芯将上下主龙骨连接。考虑到钢材的伸缩，接头应留有一定的空隙。接口宜采用15°接口。

（4）横向次龙骨安装　横向次龙骨与竖向主龙骨的连接采用螺栓连接。如果次龙骨两端套有防水橡胶垫，则套上胶垫后的长度较次龙骨位置长度稍有增加（约4mm）。安装时可用木撑将主龙骨撑开，装入次龙骨。拿掉支撑，则将次龙骨胶垫压缩。这样有较好的防水效果。

（5）安装楼层间封闭镀锌钢板（贴保温矿棉层）　将橡胶密封垫套在镀锌钢板四周。插入窗台或顶棚次龙骨铝件槽中，在镀锌钢板上焊钢钉，将矿棉保温层粘在钢板上，并用铁钉、压片固定保温层。

（6）安装玻璃　玻璃安装一般可采用人工在吊篮中进行，用手动或电动吸盘器（如图8-29所示）配合安装。

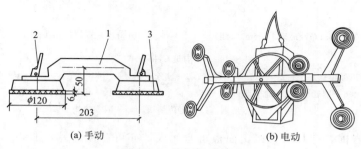

图8-29　吸盘器示意图
1—手把；2—板柄；3—橡胶圆盘

安装时，先在下框塞垫定位块，嵌入内胶条，然后安装玻璃。嵌入外胶条。嵌胶条的方法是先间隔分点嵌塞，然后再分边嵌塞。

## 二、结构玻璃幕墙（又称玻璃墙）

结构玻璃幕墙一般用于建筑物首层或一、二层，是将厚玻璃上端悬挂，下端固定在建筑物首层，玻璃与玻璃之间的竖拼缝采用硅胶粘结，不用金属框架，使外观显得十分流畅、清晰（图8-30）。这种幕墙往往单块面积都比较大，高度达几米或十几米。由于玻璃竖向长、块大、体重，一般应采用机械化施工方法。其主要方法：在叉车上安装电动真空吸盘将玻璃就位，操作人员站在玻璃上端两侧脚手架上，用夹紧装置将玻璃上端安装固定。亦可采用汽车吊将电动真空吸盘吊起，然后用电动真空吸盘将玻璃吸住起吊安装、就位。

## 三、金属幕墙施工

金属幕墙现多见铝塑复合板、铝单板、蜂窝铝板、氟碳铝板材质。

（1）氟碳铝板幕墙安装　氟碳铝板采用铝合金板作基材，其厚度有2.0mm、2.5mm、3.0mm、3.5mm、4.0mm等各种规格，成型铝板最大尺寸可达1600mm×4500mm（其加工工艺好、可加工成平面、弧型面和面球等各种复杂的形状，可根据客户要求制作各种规格形状的异型铝单板）。表面涂层为氟碳喷涂，涂层分为二涂一烤、三涂二烤，客户可根据公司提供色卡选择颜色。金属单板的结构主要由面板、加强筋、挂耳等部件组成。有要求时板

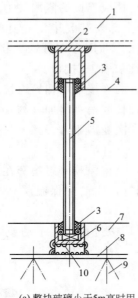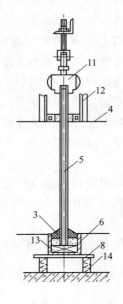

(a) 整块玻璃小于5m高时用　　　　(b) 整块玻璃大于5m高时用

图 8-30　结构玻璃幕墙构造

1—顶部角铁吊架；2—5mm 厚钢顶框；3—硅胶嵌缝；4—吊顶面；5—15mm 玻璃；

6—钢底框；7—地平面；8—铁板；9—M12 螺栓；10—垫铁；11—夹紧

装置；12—角钢；13—定位垫块；14—减震垫块

背面可填隔热矿岩棉，挂耳可直接由面板折弯而成，亦可在板上另外加装。为了确保金属单板在长期使用中的平整度，我们在面板背面装有加强筋，通过螺栓把加强筋和面板相连接，使其形成一个牢固的整体，从而增加其强度和刚性。氟碳铝板以其重量轻、刚性好、强度高、色彩可选性广、装饰效果好，及耐候性和耐腐蚀性好，安装施工方便、快捷等优点，应用于装饰大厦外墙、梁柱、阳台、隔板包饰、室内装饰等处，深受广大客户的喜爱。并且该产品不易沾污，便于清洁、保养；可回收再生处理，有利环保。

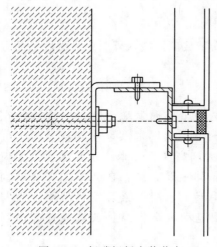

图 8-31　氟碳铝板安装节点

目前生产金属饰面板的厂家较多，各厂的节点构造及安装方法存在一定差异，安装时应仔细了解。固定金属饰面板的方法，常用的主要有两种。一种是将板条或方板用螺丝拧到型钢或木架上，这种方法耐久性较好，多用于外墙；另一种是将板条卡在特制的龙骨上，此法多用于室内。板与板之间的缝隙一般为 10～20mm，多用橡胶条或密封箭弹性材料处理。如图 8-31 所示。

（2）铝塑复合板幕墙安装节点　如图 8-32 所示。

**四、施工常用质量标准**

（1）玻璃幕墙工程所用各种材料、构件和组件的质量，应符合设计要求及国家现行产品标准和工程技术规范的规定。

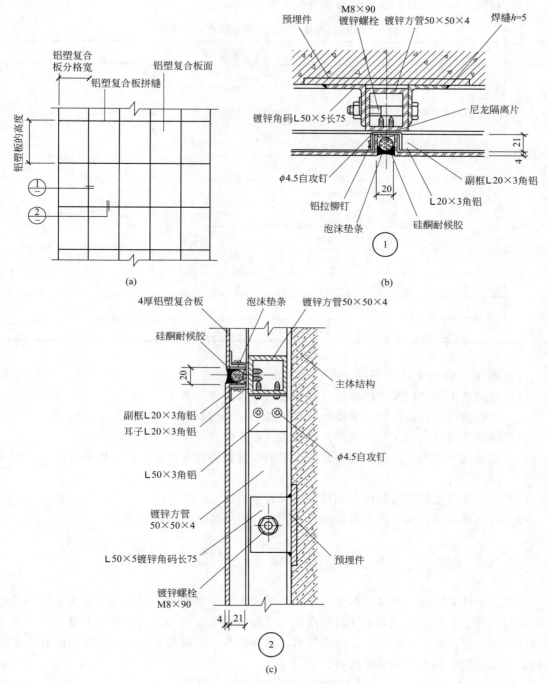

图 8-32 铝塑复合板幕墙安装节点

（2）玻璃幕墙与主体结构连接的各种预埋件、连接件、紧固件必须安装牢固，其数量、规格、位置、连接方法和防腐处理应符合设计要求。

（3）玻璃幕墙表面应平整、洁净；整幅玻璃的色泽应均匀一致；不得有污染和镀膜损坏。

（4）玻璃幕墙的密封胶缝应横平竖直、深浅一致、宽窄均匀，光滑顺直。

（5）玻璃幕墙（外框）安装质量允许偏差见表 8-12。

**表 8-12　玻璃幕墙（明框）安装质量允许偏差**

| 项次 | 项　目 | | 允许偏差/mm | 检验方法 |
|---|---|---|---|---|
| 1 | 幕墙垂直度 | 幕墙高度≤30m | 10 | 用经纬仪检查 |
| | | 30m＜幕墙高度≤60m | 15 | |
| | | 60m＜幕墙高度≤90m | 20 | |
| | | 幕墙高度＞90m | 25 | |
| 2 | 幕墙水平度 | 幕墙幅宽≤35m | 5 | 用水平仪检查 |
| | | 幕墙幅宽＞35m | 7 | |
| 3 | 构件直线度 | | 2 | 用 2m 靠尺和塞尺检查 |
| 4 | 构件水平度 | 构件长度≤2m | 2 | 用水平仪检查 |
| | | 构件长度＞2m | 3 | |
| 5 | 相邻构件错位 | | 1 | 用钢直尺检查 |
| 6 | 分格框对角线长度差 | 对角线长度≤2m | 3 | 用钢尺检查 |
| | | 对角线长度＞2m | 4 | |

### 五、幕墙工程安全注意事项

（1）对高度大的多层及高层建筑，幕墙必须设置防雷系统。

（2）玻璃幕墙与每层楼板、隔墙处的缝隙必须用不燃材料填实。

（3）玻璃幕墙安装施工时，操作人员必须系安全带。

（4）幕墙运至现场，应立即起吊就位，否则应以杉槁搭架存放，四周以苫布围严，以防伤人。

（5）玻璃幕墙立柱安装就位，调整后应及时紧固。

（6）现场焊接或高强螺栓紧固的构件固定后，应及时进行防锈处理。

# 第七节　涂料工程

涂饰于物体表面能与基体材料很好粘结并形成完整而坚韧保护膜的物品称为涂料，它主要由成膜物质、颜料、溶剂和辅助材料构成。涂料按化学成分为无机、有机、复合型；按使用角度分为内墙涂料、顶棚涂料、外墙涂料、地面涂料以及特种涂料；按装饰质感分为薄质涂料、厚质涂料、复合（多彩）涂料。

### 一、基本施涂方法

（1）刷涂　是用毛刷、排笔等工具在物体表面涂饰涂料的一种操作方法。操作程序一般是先左后右、先上后下、先难后易、先边后面。刷时用刷子蘸上涂料，首先在被涂面上直刷几道，每道间距 5～6cm，把一定面积需要涂刷的涂料在表面上摊成几条，然后将开好的涂料横向、斜向涂刷均匀，待大面积刷均刷齐后，用毛刷的毛夹轻轻地在涂料面上顺出纹理，刷均匀物面边缘和棱角上的流料。

（2）滚涂　滚涂是利用长毛绒辊、泡沫塑料辊等辊子蘸匀适量涂料，在待涂物体表面施加轻微压力上下垂直来回滚动，最后用辊筒按一定方向满滚一遍，才算完成大面。对阴阳角及上下口要用毛刷、排刷补刷。

（3）喷涂　喷涂是借助喷涂机具将涂料成雾状或粒状喷出，分散沉积在物体表面上，喷涂施工根据所用涂料的品种、黏度、稠度、最大粒径等确定喷涂机具的种类、喷嘴口径、喷涂压力和与物体表面之间的垂直距离等。

喷涂施工时要求喷涂工具移动应保持与被涂面平行，一般直线喷涂 70～80cm 后，拐弯 180°反向喷涂下一行，两行重叠宽度控制在喷涂宽度的 1/3～1/2。

（4）弹涂　先在基层刷涂 1～2 道底涂层，待其干燥后进行弹涂，弹涂时，弹涂器的出口应正对墙面，距离 300～500mm，按一定速度自上而下，自左至右地弹涂。

（5）抹涂　先在底层上刷涂或滚涂 1～2 道底层涂料，待其干燥后，用不锈钢抹子将涂料抹到已不涂刷的底层涂料上，一般抹一遍成活，抹完间隔 1h 后再用不锈钢抹子压平。

## 二、操作要点

（1）基层处理　混凝土和抹灰基层表面，施涂前应将其缺棱掉角处，用 1:3 水泥砂浆或聚合物水泥砂浆修补；表面麻面及缝隙应用腻子填补齐平；基层表面上的灰尘、污垢、砂浆流痕应清除干净。金属基层表面则应刷防锈漆打底；一般要求基层的含水率小于或等于 12％，碱性 pH 值小于或等于 10。

抹灰或混凝土基层表面刷水性涂料时，一般用 30％的建筑胶打底；刷油性涂料时一般可用熟桐油加汽油配成的清油打底。

（2）打底子　木材表面打底子的目的是使表面具有均匀吸收涂料的性能，以保证面层的色泽均匀一致，木材表面涂刷混色涂料时，一般用自配的清油打底；若涂清漆，则应用油粉或水粉进行调粉。油粉是用大白粉、颜料、熟桐油、松香水等配成，其渗透力强，耐久性好，但价格高，用于木门窗、地板。水粉是由大白粉加颜料再加水胶配成，其着色强，操作容易、价廉，但渗透力弱，不易刷匀，耐久性较差，适的用于室内物面或家具。

（3）刮腻子、磨光　木材表面上的灰尘、污垢等施涂前应清理干净，木材表面的缝隙毛刺、脂囊修整后，应用腻子填补，并用砂纸磨光。节疤处应点漆片 2～3 遍，木制品含水率不得大于 12％。

金属表面施涂前应将灰尘、油渍、鳞皮、锈斑、毛刺等清除干净，潮湿的表面不得施涂涂料。

刮腻子的次数随涂料工程质量等级的高低而定，一般以三道为限。头道要求平整，二、三道要求光洁，每刮一道腻子待其干燥后，都应用砂纸磨光一遍。

（4）施涂涂料　可用刷涂、喷涂、滚涂、弹涂、抹涂等方法施工。

## 三、复层涂料施工

封底涂料可用刷、喷、滚涂的任一方法施工。主层涂料用喷头喷涂，涂花点的大小、疏密，可根据浮雕的需要确定，有大花、中花、小花。在每一分格块中要先边后中喷涂，表面颜色要一致，花纹大小要均匀，不显接槎，花点如需压平时，则应在喷点后适时用塑料或橡胶辊蘸汽油或二甲苯压平，主层涂料干燥后刷二道罩面涂料，其时间间隔为 2h 左右。

#### 四、施工常用质量标准

（1）涂料工程的颜色、图案应符合设计要求。

（2）涂料工程要用涂料的品种、型号和性能应符合设计要求。

（3）涂料工程的基层处理应符合下列要求。

1）新建的建筑物的混凝土抹灰基层在涂饰涂料前应涂刷抗碱封闭底漆。

2）旧墙面的在涂饰涂料前应清除疏松的旧装修层，并涂刷界面剂。

3）基层腻子应平整、竖实、牢固、无粉化、起皮和裂缝。

4）厨房、卫生间墙面必须使用耐水腻子。

（4）薄涂料表面的质量要求见表 8-13。

**表 8-13　薄涂料表面的质量要求**　　　单位：mm

| 项次 | 项　　目 | 普通涂饰 | 高级涂饰 | 检验方法 |
|---|---|---|---|---|
| 1 | 颜色 | 均匀一致 | 均匀一致 | 观　察 |
| 2 | 泛碱、咬色 | 允许少量轻微 | 不允许 | |
| 3 | 流坠、疙瘩 | 允许少量轻微 | 不允许 | |
| 4 | 砂眼、刷纹 | 允许少量轻微砂眼,刷纹通顺 | 无砂眼、无刷纹 | |
| 5 | 装饰线、分色线直线度允许偏差 | 2 | 1 | 拉 5m 线,不足 5m 拉通线,用钢直尺检查 |

（5）厚涂料表面的质量要求见表 8-14。

**表 8-14　厚涂料表面的质量要求**　　　单位：mm

| 项次 | 项　目 | 普通涂饰 | 高级涂饰 | 检验方法 |
|---|---|---|---|---|
| 1 | 颜色 | 均匀一致 | 均匀一致 | 观　察 |
| 2 | 泛碱、咬色 | 允许少量轻微 | 不允许 | |
| 3 | 点状分布 | — | 疏密均匀 | |

（6）复层涂料表面的质量要求见表 8-15。

（7）清漆表面的质量要求见表 8-16。

**表 8-15　复层涂料表面的质量要求**　　　单位：mm

| 项次 | 项　目 | 质　量　要　求 | 检　验　方　法 |
|---|---|---|---|
| 1 | 颜色 | 均匀一致 | 观　察 |
| 2 | 泛碱、咬色 | 不允许 | |
| 3 | 喷点疏密程度 | 均匀,不允许连片 | |

**表 8-16　清漆表面的质量要求**　　　单位：mm

| 项次 | 项　目 | 普通涂饰 | 高级涂饰 | 检验方法 |
|---|---|---|---|---|
| 1 | 颜色 | 基本一致 | 均匀一致 | 观察 |
| 2 | 木纹 | 棕眼刮平、木纹清楚 | 棕眼刮平、木纹清楚 | 观察 |
| 3 | 光泽、光滑 | 光泽基本均匀光滑无档手感 | 光泽均匀一致光滑 | 观察、手摸检查 |
| 4 | 刷纹 | 无刷纹 | 无刷纹 | 观察 |
| 5 | 裹棱、流坠、皱皮 | 明显处不允许 | 不允许 | 观察 |

### 五、涂料工程安全注意事项

（1）施工现场应有良好的通风条件。如在通风条件不好的场地施工须安置通风设备才能施工。

（2）在用钢丝刷、扳等工具清除铁锈、铁鳞、旧漆层时，需戴上防护眼镜。

（3）使用烧碱等清理，必须穿戴上橡皮手套、防护眼镜、橡皮胶裙和胶靴。

（4）在涂刷或喷涂对人体有害的涂料时，要戴上防毒口罩；如对眼睛有害，须戴上密闭式眼镜加以保护。

（5）喷涂硝基漆或其他挥发性、易燃性溶剂稀释的涂料时不准使用明火。

（6）操作人员在施工时感觉头痛、心悸或恶心时，应立即离开工作地点，走到通风换气，如仍不舒畅应去医院治疗。

# 第八节 裱 糊 工 程

## 一、基层处理

### 1. 混凝土和抹灰面基层

1）基层必须具有一定强度，不松散，起粉脱落。墙面允许偏差应在质量标准的规定范围内。

2）墙面基本干燥，不潮湿发毒，含水率不大于8%，湿度较大的房间和经常潮湿的墙表面，应采用具有防水性能的墙纸和胶结剂等材料。

3）基层表面应清扫干净，对表面脱灰、孔洞较大的缺陷用砂浆修补平整；对麻点、凹坑、接缝、裂缝等较小缺陷，用腻子涂刮1～2遍修补填平，干固后用砂纸磨平。

### 2. 木板基层

1）要求接缝严密、接缝处裱糊纱布。

2）表面不露钉头，钉眼处用腻子满刮补平，干后用砂纸打磨平整光滑。

## 二、壁纸裱糊

### 1. 操作要点

（1）弹线 在墙面上弹划出水平、垂直线、作为裱糊的依据，保证壁纸裱糊后横平竖直、图案端正、垂直线一般弹在门窗边附近，水平线以挂镜线为准。

（2）裁纸 量出墙顶（或挂镜线）到踢脚线上口的高度，两端各留出30～50mm的备用量作为下料尺寸。有图案的壁纸，根据对花、拼图的需要，统筹规划、对花、拼图后下料，再编上号，以便按顺序粘贴。

（3）润纸 一般将壁纸放在水槽中浸泡2～3min，取出后抖掉余水，若有吸水面可用毛巾揩掉，然后才能涂胶。也可以用排笔在纸背上刷水，刷满均匀，保持10min也可达到使其充分膨胀的目的，玻璃纤维基材的壁纸、墙布，可在壁纸背面均匀刷胶后，将胶面对胶面对叠，放置4～8min然后上墙。

（4）刷胶 纸背刷胶要均匀，不裹边，不起堆，以防溢出，弄脏壁纸。刷胶方法如下。

1）PVC壁纸 裱糊墙面时，可只在墙面上刷胶，裱糊顶棚时则需在基层与纸背上都刷胶、刷胶时，基层表面涂胶宽度要比壁纸宽约30mm，纸背涂胶后，纸背与纸背反复对叠，可避免污染正面。

2）纸背带胶壁纸 其纸背及墙面均无须涂胶，裱糊墙面时可将裱好的壁纸浸泡于水槽中，然后由底部开始，图案面向外，卷成一卷，1min后可上墙。但裱糊顶棚时，其壁纸背上还应涂刷稀释的胶黏剂。

3）对于较厚的壁纸、墙布应对基层和纸背都刷胶。

（5）裱糊 先贴长墙面，后贴短墙面，每个墙面从显眼的墙面以整幅纸开始，将窄条纸留在不明显的阴角处，每个墙角的第一条纸都要挂垂线。

贴每条纸均先对花，对纹拼缝由上而下进行，不留余量，先在一侧对缝保证墙底粘贴垂直，后对花纹拼缝到底压实后，再抹平整张墙纸。

阴角转角处不留拼缝，包角要压实，并注意花纹，图案与阴角直线的关系，若遇阴角不垂直，其接缝应为搭接缝，墙纸由受侧光墙面向阴角的另一面转5～10mm，压实，不得空鼓，搭接在前一条墙纸的外面。

采用搭口拼缝时，要待胶黏剂干到一定程度后，用刀具裁墙纸，撕去割出部分，现刮压密实，用刀时，一次直落，力量要适当、均匀，不能停，以免出现刀痕搭口，同时也不要重复切割。

墙纸粘贴后，若出现空鼓、气泡、可用针刺放气，再用注射针挤进胶黏剂，用刮板刮压密实。

2. 成品保护

（1）裱糊工程尽量放在最后一道工序。

（2）裱糊时，空气相对湿度不应过高，一般应低于85％，湿度不应剧烈变化。

（3）在潮湿季节裱糊好的墙面竣工以后，应在白天打开门窗，加强通风，夜晚关门闭窗，防止潮气侵袭。同时，要避免胶黏剂未干前，墙壁面受穿堂风劲吹。

（4）基层抹灰层宜具有一定吸水性，混合砂浆和纸筋灰罩面的基层，适宜于裱贴墙纸，若用石膏罩面效果更佳，水泥砂浆抹光基层的裱贴，效果较差。

### 三、施工常用质量标准

裱糊工程完工并干燥后，方可进行质量检查验收。

（1）材料品种、颜色、图案要符合设计要求。

（2）表面色泽一致，不得有气泡、空鼓、翘边、皱折和斑污，斜视无胶痕。

（3）各幅拼接不得露缝，距墙面1.5m处正视，不显接缝。

（4）接缝处的图案和花纹应吻合。

（5）不得有漏贴、补贴和脱层缺陷。

### 四、裱糊工程安全注意事项

（1）裁割刀使用时，应用拇指与食指夹刀，使刀刃同墙面保持垂直，这样切割刀口又小，又完全。

（2）热源切勿靠近裱糊墙面。

（3）高凳必须固定牢固，跳板不应损坏，跳板不要放在高凳的最上端。

（4）在超高的墙面上裱糊时，逐层架子要牢固，要设护身栏。

# 第九章 冬期雨期施工

许多工程项目在建设过程中要经历各种天气,主要是冰冻与降雨。只有选择合理的施工方案,周密地组织,才能取得较好的技术经济效果。

冬期施工特指日平均气温降低到5℃及5℃以下,或者最低气温降低到0℃或0℃以下时,必须采取特殊措施的土木工程施工。我国的冬期施工地区主要在东北、华北和西北。每年有3～6个月的时间处于冬期施工时期。冬期施工期间经常发生质量事故,且具有隐蔽性和滞后性:冬期施工,到了春季才暴露出来。因此冬期施工必须遵守以下原则:保证质量,安全生产,经济合理,节约能源。

## 第一节 土方工程冬期施工

在冬期,土由于遭受冻结,挖掘起来非常困难,施工费用增加,回填质量难以保证,因此事先必须进行技术经济评价,选择合理方案方可进行。

### 一、土的防冻

土的防冻应尽量利用自然条件,以就近取材为原则。其防冻方法主要有三种:地面耕松耙平防冻、覆雪防冻、隔热材料防冻。

1. 地面耕松耙平防冻

此方法是在指定的施工地段,进入冬期之前,将地面耕起25～30cm并耙平。在耕松的土中,有许多孔隙,这些孔隙的存在使土层的导热性降低。

2. 覆雪防冻

在积雪大的地方,可以利用自然条件覆雪防冻。

3. 隔热材料防冻

面积较小的地面防冻,可以直接用保温材料(如:树叶、刨花、锯末、膨胀珍珠岩、草帘等)覆盖。

保温层厚度必须一致。保温层铺出的宽度,应不小于最大的冻结深度。

开挖完的地方,必须防止基槽(坑)的底部受冻或相邻建筑物的地基及其他设施受冻。如挖完后不能及时进行下道工序施工,应在基底标高上预留适当厚度的土层,并覆盖保温材料保温。

### 二、冻土破碎与挖掘

冻土的破碎与挖掘方法一般有爆破法、机械法和人工法三种。

1. 爆破法

爆破法是以炸药放入直立爆破孔或水平爆破孔中进行爆破,冻土破碎后用挖土机挖出,或借爆破的力量向四外崩出,作成需要的沟槽。此法适用于冻土层较厚的土方工程。

2. 机械法

当冻土层厚度为0.25m以内时,可用中等动力的普通挖土机挖掘。

当冻土层厚度不超过 0.4m 时，可用大马力的掘土机开挖土体。

用拖拉机牵引的专用松土机，能够松碎不超过 0.3m 的冻土层。

厚度在 0.6～1m 的冻土，通常是用吊锤打桩机往地里打楔或用楔形锤打桩机进行机械松碎。

厚度在 1～1.5m 的冻土，可以使用强夯重锤。

也可用风镐将冻土打碎，然后用人工或机械运输，此法施工较为简单。

**3. 人工法**

通常用的工具有镐、铁楔子，使用铁楔子挖冻土比用其他手工工具效果要好，效率要高。

采用铁楔子施工时要注意去掉楔头打出的飞刺，以防伤人。掌铁楔的人与掌锤的人不能脸对脸，必须互成 90°。

人工法是一种较落后的方法，一般适用于场地狭小不适宜用大型机械施工的地方。

**4. 冻土的挖掘**

破碎后的冻土可用机械或人工方法挖掘。

由于施工时外界气温较低，如措施不利，常常会使未冻的土冻结，给施工带来麻烦，施工时应周密安排，确保挖土工作连续进行；各种管道、机械设备和炸药、油料等必须采取保温措施；对运输的道路必须采取防滑措施；土方开挖完毕或完成了一段，须暂停一段时间的，如在一天内，可在未冻土上覆盖一层保温材料，以防基土受冻。如间歇时间较长，则应在地基上留一层土暂不挖除，或覆以其他保温材料，待砌基础或埋设管道之前再将基坑或管沟底部清除干净。

**三、冻土融解**

冻土的融解是依靠外加的能量来完成的，所以费用较高，只有在面积不大的工程上采用。通常采用循环针法、电热法和烘烤法。

**1. 循环针法**

循环针分蒸汽循环针与热水循环针两种。其施工方法是一样的。先在冻土中按预定的位置钻孔，然后把循环针插到孔中，热量通过土传导，使冻土逐渐融解。通蒸汽循环的叫作蒸汽循环针，通热水的叫作热水循环针。

**2. 电热法**

电热法主要有垂直电极法和深电极法。此法是以通闭合电路的材料加热为基础，使冻土层受热逐渐融解。电热法耗电量相当大，成本较高。

**3. 烘烤法**

烘烤法就是利用燃料（如锯末、刨花、植物杆、树枝、工业废料等）燃烧释放的热量将冻土融解。冬天风大时需要专人值班，以防发生火灾。

**四、回填土**

由于土冻结后成为硬土块，在回填过程中如不能压实或夯实，土解冻后就会造成土体下沉，所以对于冻土回填应认真对待。室内的基坑（槽）或管沟不得用含有冻土块的土回填；室外的基坑（槽）或管沟可用含有冻土块的土回填，但冻土块的体积不得超过填土总体积的 15%，管沟底至管顶 0.5m 范围内不得用含有冻土块的土回填；位于铁路、有路面的道路和人行道范围内的平整场地的填方，可用含有冻土块的填料填筑，但冻土块体积不得超过填料体积的 30%。冻土块的粒径不得大于 15cm，铺填时冻土块应分散开，并逐层夯实。

在冬期回填土时，应采取以下措施。

1）把回填用土预先保温。在入冬以前，将土堆积一处进行严密保温，等冬期需要回填时，将内部含有一定热量的土挖出来进行回填。

2）在冬期挖土时，应将挖出未冻结的土堆积起来加以覆盖，以备回填用土。

3）回填土方前应将基底清理干净。

4）在保证基底不受冻结前提下，适当减少回填土方量，待春暖时再继续回填。

5）采用人工回填时，每层虚铺厚度比常温减少 25%，每层铺土厚度不得超过 20cm，夯实厚度为 10～15cm。

6）为确保冬期回填土质量，对一些重大工程，必要时可以考虑用砂土进行回填。

7）有工业废料的地方，也可考虑利用其作回填之用。

# 第二节　混凝土工程冬期施工

## 一、混凝土冬期施工原理

混凝土所以能凝结、硬化并取得强度，是由于水泥和水进行水化作用的结果。水化作用的速度在一定湿度条件下主要取决于温度，温度愈高，强度增长也愈快，反之则慢。当温度降至 0℃ 以下时，水化作用基本停止，温度再继续降至 −4～−2℃，混凝土内的水开始结冰，水结冰后体积增大 8%～9%，在混凝土内部产生冰晶应力，使强度很低的水泥石结构内部产生微裂纹，同时减弱了水泥与砂石和钢筋之间的粘结力，从而使混凝土后期强度降低。受冻的混凝土在解冻后，其强度虽然能继续增长，但已不能再达到原设计的强度等级。

试验证明，混凝土遭受冻结带来的危害，与遭冻的时间早晚、水灰比等有关，遭冻时间愈早，水灰比愈大，则强度损失愈多，反之则损失少。

经过试验得知，混凝土经过预先养护达到一定强度后再遭冻结，其后期抗压强度损失就会减少。一般把遭冻结其后期抗压强度损失在 5% 以内的预养强度值定为"混凝土受冻临界强度"。

通过试验得知，混凝土受冻临界强度与水泥品种、混凝土强度等级有关。对普通硅酸盐水泥和硅酸盐水泥配制的混凝土，受冻临界强度为设计的混凝土强度标准值的 30%；对矿渣硅酸盐水泥配制的混凝土，受冻临界强度定为设计的混凝土强度标准值的 40%。

混凝土冬期施工除上述早期冻害之外，还需注意拆模不当带来的冻害。混凝土构件拆模后表面急剧降温，由于内外温差较大会产生较大的温度应力，亦会使表面产生裂纹，在冬期施工中应力求避免这种冻害。

当室外日平均气温连续 5d 稳定低于 5℃ 时，就应采取冬期施工的技术措施进行混凝土施工。因为从混凝土强度增长的情况看，新拌混凝土在 5℃ 的环境下养护，其强度增长很慢。而且在日平均气温低于 5℃ 时，一般最低气温已低于 −1～0℃，混凝土已有可能受冻。

## 二、混凝土冬期施工方法选择

混凝土冬期施工方法分为三类：混凝土养护期间不加热的方法、混凝土养护期间加热的方法和综合方法。混凝土养护期间不加热的方法包括蓄热法、掺化学外加剂法；混凝土养护期间加热的方法包括电极加热法、电器加热法、感应加热法和暖棚法；综合方法即把上述两类方法综合应用，如目前最常用的综合蓄热法，即在蓄热法基础上掺加外加剂（早强剂或防冻剂）或进行短时加热等综合措施。

选择混凝土冬期施工方法，要考虑自然气温、结构类型和特点、原材料、工期限制、能源情况和经济指标。对工期不紧和无特殊限制的工程，从节约能源和降低冬期施工费用考虑，应优先选用养护期间不加热的施工方法或综合方法；在工期紧张、施工条件又允许时才考虑选用混凝土养护期间的加热方法，一般要经过技术经济比较确定。一个理想的冬期施工方案，应当是杜绝混凝土早期受冻的前提下，用最低的冬期施工费用，在最短的施工期限内，获得优良的施工质量。

### 三、混凝土冬期施工一般要求

#### 1. 混凝土材料选择及要求

配置冬期施工的混凝土，应优先选用硅酸盐水泥或普通硅酸盐水泥。水泥强度等级不应低于 42.5 等级，最小水泥用量不宜少于 300kg，水灰比不应大于 0.6。使用矿渣硅酸盐水泥，宜采用蒸汽养护；使用其他品种水泥，应注意其中掺合材料对混凝土抗冻、抗渗等性能的影响。冬期浇筑的混凝土，宜使用无氯盐类防冻剂。对抗冻性要求高的混凝土，宜使用包括引气减水剂或引气剂在内的外加剂，但掺用防冻剂、引气减水剂或引气剂的混凝土施工，应符合现行国家标准《混凝土外加剂应用技术规范》的规定。如在钢筋混凝土中掺用氯盐类防冻剂时，应严格控制氯盐掺量，且一般不宜采用蒸汽养护。

混凝土所用骨料必须清洁，不得含有冰、雪等冻结物及易冻裂的矿物质，在掺用含有钾、钠离子防冻剂的混凝土中，不得掺有活性骨料。

#### 2. 混凝土材料的加热

冬期拌制混凝土时应优先采用加热水的方法，当加热水仍不能满足要求时，再对骨料进行加热，水及骨料的加热温度应根据热功计算确定，但不得超过表 9-1 的规定。

表 9-1　拌和水及骨料最高温度　　　　　　　　　　　　　　　　　单位：℃

| 项　目 | 拌合水 | 骨料 |
|---|---|---|
| 低于 52.5 等级的水泥、矿渣硅酸盐水泥 | 80 | 60 |
| 大于等于 52.5 等级的硅酸盐水泥、矿渣硅酸盐水泥 | 60 | 40 |

#### 3. 混凝土的搅拌

搅拌前应用热水或蒸汽冲洗搅拌机，搅拌时间应较常温延长 50%。投料顺序为先投入骨料和已加热的水，然后再投入水泥，且水泥不应与 80℃ 以上的水直接接触，避免水泥假凝。混凝土拌和物的出机温度不宜低于 10℃，入模温度不得低于 5℃。对搅拌好的混凝土应常检查其温度及和易性，若有较大差异，应检查材料加热温度和骨料含水率是否有误，并及时加以调整。在运输过程中要有保温措施以防止混凝土热量散失和被冻结。

#### 4. 混凝土的浇筑

混凝土在浇筑前，应清除模板和钢筋上的冰雪和污垢；且不得在强冻胀地基上浇筑混凝土，当在弱冻胀地基上浇筑混凝土时，基土不得遭冻；当在非冻胀性地基土上浇筑混凝土时，混凝土在受冻前，其抗压强度不得低于临界强度。

当分层浇筑大体积结构时，已浇筑层的混凝土在被上一层混凝土覆盖前，其温度不得低于按热功计算的温度，且不得低于2℃。

对加热养护的现浇混凝土结构，混凝土的浇筑程序和施工缝的位置，应能防止在加热养护时产生较大的温度应力；当加热温度在40℃以上时，应征得设计同意。

对于装配式结构，浇筑承受内力接头的混凝土或砂浆，宜先将结合处的表面加热到正温；浇筑后的接头混凝土或砂浆在温度不超过40℃的条件下，应养护至设计要求强度；当设计无专门要求时，其强度不得低于设计的混凝土强度标准值的75％；浇筑接头的混凝土或砂浆，可掺用不致引起钢筋锈蚀的外加剂。

### 四、冬期施工方法及热工计算

#### 1. 对混凝土原材料的加热

最简易也是最经济的方法是加热拌和水。水不但易于加热，而且水的比热比砂石大，其热容量也大，约为骨料的五倍。只有当外界温度很低，只加热水而不能获得足够的热量时，才考虑加热骨料。加热骨料的方法，可以在骨料堆或容器中通入蒸汽或热空气，较长期使用的可安装暖气管路，也有用加热的铁板或火坑来加热骨料的，这种方法只适用于分散、用量小的地方。任何情况下都不得加热水泥，原因是加热不易均匀，加热的水泥遇水会导致水泥假凝。

混凝土的搅拌温度，是由外界气温及入模温度所决定的。根据所需要的混凝土温度，选择材料的加热温度。混凝土拌和料的搅拌温度的热工计算，可按下式进行。

$$T_0 = [0.9(m_{ce}T_{ce} + m_{sa}T_{sa} + m_g T_g) + 4.2T_w(m_w - \omega_{sa}m_{sa} - \omega_g m_g) + c_1(\omega_{sa}m_{sa}T_{sa} + \omega_g m_g T_g) - c_2(\omega_{sa}m_{sa} + \omega_g m_g)]/[4.2m_w + 0.9(m_{ce} + m_{sa} + m_g)] \tag{9-1}$$

式中　　　　　　$T_0$——混凝土拌和物的温度，℃；

$m_w$、$m_{ce}$、$m_{sa}$、$m_g$——水、水泥、砂、石的用量，kg；

$T_w$、$T_{ce}$、$T_{sa}$、$T_g$——水、水泥、砂、石的温度，℃；

　　　　　　$\omega_{sa}$、$\omega_g$——砂石的含水率，％；

　　　　　　$c_1$、$c_2$——水的比热容 [kJ/(kg·K)] 及溶解热 (kJ/kg)。

当骨料温度＞0℃时，$c_1 = 4.2$，$c_2 = 0$；

当骨料温度≤0℃时，$c_1 = 2.1$，$c_2 = 335$。

经式(9-1) 所计算出之混凝土拌和料温度 $T_0$ 是个理想值。实际上经搅拌再倾出，要损失一部分热量，因此，混凝土拌和物的出机温度应为：

$$T_1 = T_0 - 0.16(T_0 - T_i) \tag{9-2}$$

式中　$T_1$——混凝土拌和物的出机温度，℃；

　　　$T_i$——搅拌机棚内温度，℃。

#### 2. 混凝土的运输与浇筑

混凝土拌和物经搅拌倾出后，还需经过一段运输距离，才能入模成型。在运输过程中，仍然要有热量损失。经运输到浇筑时温度可按下式计算：

$$T_2 = T_1 - (\alpha t_\tau + 0.032n)(T_1 - T_a) \tag{9-3}$$

式中　$T_2$——混凝土运输至浇筑成型的温度，℃；

　　　$t_\tau$——混凝土自运输至浇筑成型完成的时间，h；

　　　$n$——混凝土的运转次数；

　　　$T_a$——运输时的环境温度，℃；

    $\alpha$——温度损失系数，$h^{-1}$；其值如下所示。

当用混凝土搅拌运输车时，$\alpha = 0.25$；

当用开敞大型自卸汽车时，$\alpha = 0.20$；

当用开敞小型自卸汽车时，$\alpha = 0.30$；

当用封闭式自卸汽车时，$\alpha = 0.10$；

当用人力手推车时，$\alpha = 0.50$。

混凝土拌和料经运输至入模时，考虑模板和钢筋吸热影响，混凝土成型完成时温度公式：

$$T_3 = \frac{C_c m_c T_2 + C_f m_f T_f + C_s m_s T_s}{C_c m_c + C_f m_f + C_s m_s} \tag{9-4}$$

式中    $T_3$——考虑模板和钢筋吸热影响，混凝土成型完成时温度，℃；

$C_c$、$C_f$、$C_s$——混凝土、模板材料、钢筋的比热容，$kJ/(kg \cdot K)$；

    $m_c$——每立方米混凝土质量，$kg$；

$m_f$、$m_s$——与每立方米混凝土相接触的模板、钢筋的质量，$kg$；

$T_f$、$T_s$——模板、钢筋的温度；未预热者可采用当时环境气温，℃。

    从公式看，运输中的温度损失，与运输时间、运输工具的散热程度以及倒运次数有关。为了尽量减少损失，应根据具体情况采取一些必要措施。如尽可能使运输距离缩短，对运输机具采取保温措施，减少倒运次数等。

    混凝土在低温下强度增长应充分利用水泥水化所放热量。为促使水化热能尽早散发，混凝土的入模温度不宜太低，一般取 $15 \sim 20$℃。规范规定，养护前的温度不得低于 2℃。混凝土入模前，应清除模板和钢筋上的冰雪、冻块和污垢。如可用热空气或蒸汽融解冰雪。冰雪融溶后应及时浇筑混凝土，然后立即覆盖保温。

    3. 混凝土的养护

    混凝土的养护有蓄热法、综合蓄热法、蒸汽加热法、电解法、暖棚法等。

    (1) 蓄热法养护    蓄热法就是将具有一定温度的混凝土浇筑后，在其表面用草帘、锯末、炉渣等保温材料并结合塑料布加以覆盖，避免混凝土的热量和水泥的水化热散失太快，以此来维持混凝土在冻结前达到所要求的强度。

    蓄热法适用于室外最低气温不低于 -15℃，表面系数不大于 15 的结构以及地面以下工程的冬期混凝土施工的养护。

    选用蓄热养护时，应进行方案设计，并进行热功计算，满足要求后再施工。

    混凝土蓄热养护开始至任一时刻 $t$ 的温度：

$$T = \eta e^{-\theta v_{ce} \cdot t} - \varphi e^{-\theta v_{ce} \cdot t} + T_{m,a} \tag{9-5}$$

    混凝土蓄热养护开始至任一时刻 $t$ 的平均温度：

$$T_m = \frac{1}{v_{ce} t}\left( \varphi e^{-v_{ce} \cdot t} - \frac{\eta}{\theta} e^{-\theta v_{ce} \cdot t} + \frac{\eta}{\theta} - \varphi \right) + T_{m,a} \tag{9-6}$$

其中 $\theta$、$\varphi$、$\eta$ 为综合参数：

$$\theta = \frac{\omega K \psi}{v_{ce} C_c \rho_c}; \quad \varphi = \frac{v_{ce} c_{ce} m_{ce}}{v_{ce} c_{ce} \rho_c - \omega K \psi}; \quad \eta = T_3 - T_{m,a} + \varphi$$

式中    $T$——混凝土蓄热养护开始至任一时刻 $t$ 的温度，℃；

    $T_m$——混凝土蓄热养护开始至任一时刻 $t$ 的平均温度，℃；

    $t$——混凝土蓄热养护开始至任一时刻的时间，$h$；

$T_{m,a}$——混凝土蓄热养护开始至任一时刻 $t$ 的平均气温，℃；

$\rho_c$——混凝土的质量密度，$kg/m^3$；

$m_{ce}$——每立方米混凝土的水泥用量，$kg/m^3$；

$c_{ce}$——水泥累积最终放热量，$kJ/kg$（见表9-2）；

$v_{ce}$——水泥水化速度系数，$h^{-1}$（见表9-2）；

$\omega$——透风系数（见表9-3）；

$\psi$——结构表面系数，$m^{-1}$，可按式 $\psi = A_c/V_c$ 计算，$A_c$ 是混凝土结构表面积，$V_c$ 是混凝土结构总体积；

$K$——围护层的总传热系数 $[kJ/(m^2 \cdot h \cdot K)]$，可按下式计算：

$$K = \frac{3.6}{0.04 + \sum_{i=1}^{n} \frac{d_i}{k_i}}$$

$d_i$——第 $i$ 围护层的厚度，m；

$k_i$——第 $i$ 围护层的热导率，$W/(m \cdot K)$；

e——自然对数之底，可取 e=2.72。

**表9-2 水泥累积最终放热量 $c_{ce}$ 和水泥水化速度系数 $v_{ce}$**

| 水泥品种及标号 | $c_{ce}/(kJ/kg)$ | $v_{ce}/h^{-1}$ |
|---|---|---|
| 52.5 等级硅酸盐水泥 | 400 | |
| 52.5 等级普通硅酸盐水泥 | 360 | 0.013 |
| 42.5 等级普通硅酸盐水泥 | 330 | |
| 42.5 等级矿渣火山灰粉煤灰水泥 | 240 | |

**表9-3 透风系数 $\omega$**

| 保温层的种类 | 透风系数 $\omega$ | | |
|---|---|---|---|
| | 小风 | 中风 | 大风 |
| 保温层由容易通风材料组成 | 2.0 | 2.5 | 3.0 |
| 在容易透风材料外面包以不易通风材料 | 1.5 | 1.8 | 2.0 |
| 保温层由不易通风材料组成 | 1.3 | 1.45 | 1.6 |

注：小风速 $v_w < 3m/s$，中风速 $3m/s \leqslant v_w \leqslant 5m/s$，大风速 $v_w > 5m/s$。

当施工需要计算混凝土蓄热养护冷却至0℃的时间时，可根据公式（9-3）采用逐次逼近的方法进行计算，如果实际采取的蓄热养护条件满足 $\psi/T_{m,a} \geqslant 1.5$，且 $K\psi \geqslant 50$ 时，也可按下式直接计算：

$$t_0 = \frac{1}{v_{ce}} \ln \frac{\psi}{T_{m,a}}$$

式中 $t_0$——混凝土蓄热养护的冷却至0℃的时间，h。

混凝土蓄热养护开始冷却至0℃的时间 $t_0$ 内的平均温度，可根据公式（9-6）取 $t=t_0$ 进行计算。

利用公式可以算出蓄热养护的冷却时间和混凝土养护的平均温度，从而可以确定在一定气温条件下混凝土是否会受冻，或者可以对所采用的施工方案的合理性进行判断。并且可以计算出混凝土在蓄热养护期间的逐日温度，故而可以估算逐日强度，以指导施工。

（2）综合蓄热法 蓄热法虽是简单易行且费用较低的一种养护方法，但因受到外界气温及结构类型条件的约束，而影响了它的应用范围。目前国内在混凝土冬期施工中，较普遍采用的是综合蓄热法，即根据当地的气温条件及结构特点，将其他有效方法与蓄热法综合应用，以扩大其使用范围。这些方法包括：掺入适当的外加剂，用以降低混凝土的冻结温度并加速其硬化过程；采用高效能保温材料如泡沫塑料等；与外部加热法合并使用，如早期短时间加热或局部加热；以棚罩加强维护保温等。这些方法不一定同时使用。目前工程实践中，以蓄热法加用外加剂的综合法应用较多。

混凝土冬期施工中使用的外加剂有四种类型,即早强剂、防冻剂、减水剂、和引气剂、可以起到早强、抗冻、促凝、减水和降低冰点的作用。这是混凝土冬期施工的一种有效方法。当掺加外加剂后仍需加热保温时,这种混凝土冬期施工方法称为正温养护工艺;当掺加外加剂后不需加热保温时,这种混凝土冬期施工方法称为负温养护工艺。

1) 防冻剂和早强剂 防冻剂的作用是降低混凝土液相的冰点,使混凝土早期不受冻,并使水泥的水化能继续进行;早强剂是指能提高混凝土早期强度,并对后期强度无显著影响的外加剂。

常用的防冻剂有:氯化钠 (NaCl)、亚硝酸钠 ($NaNO_2$)、乙酸钠 ($CH_3COONa$) 等。

早强剂以无机盐类为主,如氯盐 ($CaCl_2$、NaCl)、硫酸盐 ($Na_2SO_4$、$CaSO_4$、$K_2SO_4$)、碳酸盐 ($K_2CO_3$)、硅酸盐等。其中的氯盐使用历史悠久:氯化钙早强作用较好常作早强剂使用;而氯化钠降低冰点作用较好,故常作为防冻剂使用。有机类有:三乙醇胺 $[N(C_2H_4OH)_3]$、甲醇 ($CH_3OH$)、乙醇 ($C_2H_5OH$)、尿素 $[CO(NH_2)_2]$、乙酸钠 ($CH_3COONa$) 等。

氯盐的掺入效果随掺量而异,掺量过高,不但会降低混凝土的后期强度,而且将增大混凝土的收缩量。由于氯盐对钢筋有锈蚀作用,故规范对氯盐的使用及掺量有严格规定,要求如下。

在钢筋混凝土结构中,氯盐掺量按无水状态计算不得超过水泥重量的 1%。

经常处于高湿环境中的结构、预应力及使用冷拉钢筋或冷拔低碳钢丝的结构、具有薄细构件的结构或有外露钢筋预埋件而无防护的部位等,均不得掺入氯盐。

2) 减水剂 减水剂是指在不影响混凝土和易性条件下,具有减水及提高强度作用的外加剂。

常用的减水剂有:木质素磺酸盐类、萘系减水剂、树脂系减水剂、糖蜜系减水剂、腐殖酸减水剂、复合减水剂等。

3) 引气剂 引气剂是指在混凝土中,经搅拌能引入大量分布均匀的微小气泡的外加剂。当混凝土具有一定强度后受冻时,孔隙中部分水被冻胀压力压入气泡中,缓解了混凝土受冻时的体积膨胀,故可防止冻害。

引气剂按材料成分可分为:松香树脂类、烷基苯磺酸盐类、脂肪醇类等。

(3) 蒸汽加热法 蒸汽加热养护分为湿热养护和干热养护两类。湿热养护是让蒸汽与混凝土直接接触,利用蒸汽的湿热作用来养护混凝土,常用的棚罩法、蒸汽套法以及内部通气法等就属这类。而干热养护则是将蒸汽作为热载体,通过某种形式的散热器将热量传导给混凝土使其升温,如毛管法和热模法就属这类。

1) 棚罩法是在现场结构物的周围制作能拆卸的蒸汽室,如在地槽上部盖简单的盖子或在预制构件周围用保温材料(木材、砖、篷布等)做成密闭的蒸汽室,通入蒸汽加热混凝土。本法设施灵活、施工简便、费用较小,但耗气量大,温度不易控制。适用于加热地槽中的混凝土结构及地面上的小型预制构件。

2) 蒸气套法是在构件模板外再用一层紧密不透气的材料(如木板)做成蒸汽套,气套与模板间的空隙约 150mm,通入蒸汽加热混凝土。此法温度能适当控制,加热效果取决于保温构造、设备复杂、费用大,可用于现浇柱、梁及肋形楼板等整体结构加热。

3) 内部通气法是在混凝土构件内部预留直径为 13~50mm 的孔道,再将蒸汽送入孔内加热混凝土。当混凝土达到要求的强度后，排除冷凝水，随即用砂浆灌入孔道内加以封闭。内部通气法节省蒸汽、费用较低，但入气端易过热产生裂缝。适用于梁柱、桁架等结构件。

4）毛管法是在模板内侧做成沟槽（断面可作成三角形、矩形或半圆形），间距 200～250mm，在沟槽上盖以 0.5～2mm 厚的铁皮，使之成为通蒸汽的毛管，通入蒸汽进行加热。毛管法用气少，但仅适用于以木模浇筑的结构，对于柱、墙等垂直构件加热效果好，而对于平放的构件，其加热不易均匀。

5）蒸汽热模法是利用钢模板加工成蒸汽散热器，通过蒸汽加热钢模板，再由模板传热给混凝土。

一般蒸汽养护制度包括升温、恒温、降温三个阶段。整体浇筑的混凝土结构，混凝土的升温和降温速度不得超过有关规定，以减少加热养护对混凝土强度的不利影响，防止混凝土出现裂缝。

（4）暖棚法　它是在被养护的构件和结构外围搭设围护物，形成棚罩，内部安设散热器、热风机或火炉等作为热源，加热空气，从而使混凝土获得正温的养护条件。由于空气的热辐射低于蒸汽，因此，为提高加热效果，应使热空气循环流通，并应注意保持暖棚内有一定的湿度，以免混凝土内水分蒸发过快，使混凝土干燥脱水。

当在暖棚内用直接燃烧燃料加热时，为防止混凝土早期碳化，要注意通风，以排除二氧化碳气体。采用暖棚法养护混凝土时，棚内温度不得低于 5℃。并必须严格遵守防火规定，注意安全。

（5）电热法　它是利用电能作为热源来加热养护混凝土的方法。这种方法设备简单、操作方便、热损失少、能适应各种施工条件。但耗电量较大，冬期施工附加费用较高。按电能转换为热能的方式不同电热法可分为：电极加热法、电热器加热法和电磁感应加热法。

1）电极加热法　它是在混凝土构件内安设电极（φ6～12 钢筋），通以交流电，利用混凝土作为导体和本身的电阻，使电能转化为热能，对混凝土进行加热。

为保证施工安全和防止热量损失，通电加热应在混凝土的外露表面覆盖后进行。所用的工作电压宜为 50～110V。在养护过程中，应注意观察混凝土外露表面的湿度，防止干燥脱水。当表面开始干燥时，应先停电，然后浇温水湿润混凝土表面。

电极加热法的优点是热效率较高，缺点是升温慢，热处理时间较长，电能消耗大，电极用钢量大。对密集钢筋的结构，由于钢筋对电热场的影响，使构件加热不均匀，故只宜用于少筋或无筋的结构。

2）电热器加热法　它是将电热器贴近混凝土表面，靠电热元件发出的热量来加热混凝土。电热器可以用红外线电热元件或电阻丝电热元件制成，外形可成板状或棒状，置于混凝土表面或内部进行加热。由于它是一种间接加热法，故热效率不如电极加热法好，一般耗电量也大，但它不受构件中钢筋疏密与位置的影响，施工较简便。

在大模板工程中，采用电热毯电热器来加热混凝土也可取得较好效果。电热毯是由四层玻璃纤维布中间夹以电阻丝制成。根据大模板背后空档区格的大小，将规格合适的电热毯铺设于格内，外侧再覆盖保温材料（如岩棉板等），这样在保温层与电热毯之间形成的热夹层能有效地阻止冷空气侵入，减少热量向外扩散。

3）电磁感应加热法　它是利用铁质材料在电磁场中会发热的原理，将产生的热量传给混凝土，以达到加热养护混凝土的目的。它可分为工频感应模板加热法和线圈感应加热法。

① 工频感应模板加热法　在钢模板外侧焊上管内穿有导线的钢管，便形成工频感应模

板。当频率为 50Hz（工频）的交流电在钢管内导线中通过时，由于电磁感应作用，使管壁上产生感应电流。这种感应电流为自成闭合回路的环流，成旋涡状，故称为涡流，涡流产生的热效应使钢管发热，热量传给钢模板，再传给混凝土，从而对混凝土进行加热养护。

工频感应模板加热法设备简单，只需要导线和钢管，加热易于控制，混凝土温度比较均匀，适用在日平均气温为 −20～−5℃ 条件下的冬期施工。

② 线圈感应加热法　当交流电通入线圈中时，在线圈内及周围会产生交变磁场。若线圈内放有铁芯，则在铁芯内会产生涡电流而使铁芯发热。如果在梁、柱构件钢模板的外表面缠绕上连续的感应线圈，线圈中通入工频交流电，则处在线圈内的钢模板和钢筋中也会因电磁感应产生涡流而发热，从而将热量传给混凝土，对其进行加热养护。

线圈感应加热法适用于各种负温环境，对于表面系数大于 5 且钢筋密集的梁、柱构件的加热养护以及对钢筋和钢模板的预热等最为有效，其温度分布均匀，混凝土质量良好。

（6）远红外线养护法　是利用远红外辐射器向新浇筑的混凝土辐射远红外线，使混凝土的温度得以提高，从而在较短时间内获得要求的强度。这种工艺具有施工简便、升温迅速、养护时间短、降低能耗、不受气温和结构表面系数的限制等特点，适用于薄壁结构、大模工艺、装配式结构接头等混凝土的加热。产生远红外线的能源除电源外，还可用于天然气、煤气、石油液化气和热蒸气等，可根据具体条件选择。

（7）空气加热法　空气加热法有二种如下。

一是用火炉加热，只用在小型工地上，由于火炉燃烧，放出很多的二氧化碳，可使新浇的混凝土表面碳化。

二是用热空气加热，它是通过热风机将空气加热，并以一定的压力把热风输送到暖棚或覆盖在结构上的覆盖层之内，使新浇的混凝土在一定温度及湿度条件下硬化。

热风机可采用强力送风的移动式轻型热风机，它与保暖设施和暖棚相结合，设备简单，施工方便，费用低廉。

### 五、混凝土工程温度测定

混凝土工程冬期施工必须做好测温工作，具体做法如下。

1）室外空气温度及周围环境温度，每天测定四次；

2）水、骨料和混凝土出罐温度，每工作班测定四次；

3）蓄热法养护的混凝土，养护期间每天测定四次；

4）采用加热法养护的混凝土，升温和降温期间每小时测定一次，恒温期间每 2 小时测定一次；

5）负温养护的混凝土每天测定两次。

测温工作必须定时定点进行，全部测温孔均应进行编号，绘制布置图，做好测温记录。测温的温度表应与外界妥善隔离，温度表在测温孔内停留 3～5min，再进行读数。测温孔应设置在混凝土温度较低和有代表性的部位。采用不加热养护方法时，应设置在易冷却的部位；采用加热养护方法时，应选在离热源距离远近不同的部位；对于厚大结构应设置在表面和内部有代表性的部位。

### 六、混凝土强度估算

在冬期施工中，需要及时了解混凝土强度的发展情况。例如当采用蓄热法养护时，混凝土冷却至 0℃ 前是否已达到受冻临界强度；当采用人工加热养护时，在停止加热前混凝土是否已达到预定的强度；当采用综合蓄热法养护时，混凝土预养时间是否足够等。在施工现场留置同条件养护的试块很难做到与结构物保持相同的温度，因此代表性较差。又由于模板未拆，也不能使用任何非破损方法进行检验。因此采用计算的方法对混凝土进行强度估算或预测是较为实用的。

对混凝土强度进行估算的方法较多，这里介绍一种方法叫成熟度法。成熟度法的原理是：相同配合比的混凝土，在一定温度范围内，在不同的温度-时间下养护，只要成熟度相等，其强度大致相同。本法适用于不掺外加剂在50℃以下正温养护和掺外加剂在30°以下正温养护的混凝土，也可用于掺防冻剂的负温混凝土。本法适用于估算混凝土强度标准值60%以内的强度值。采用本法估算混凝土强度，需要用实际工程使用的后天内原材料和配合比，制作至少5组混凝土标养试块，得出1d、2d、3d、7d、28d的强度值。其步骤如下。

1）用标准养护试件1～7d龄期强度数据，经回归分析拟合下列形式曲线方程：

$$f = a \, \mathrm{e}^{\frac{b}{D}} \qquad (9\text{-}7)$$

式中　　$f$——混凝土立方体抗压强度，$N/mm^2$；

　　　　$D$——混凝土养护龄期，d；

　$a$、$b$——参数。

2）根据现场的实测混凝土养护温度资料，用公式（9-8）计算混凝土已达到的等效龄期（相当于20°标准养护的时间）。

$$t = \sum \alpha_T t_T \qquad (9\text{-}8)$$

式中　$t$——等效龄期，h；

　$\alpha_T$——温度为$T$的等效系数；

　$t_T$——温度为$T$的持续时间，h。

3）以等效龄期$t$代替$D$代入公式（9-7）可算出强度。

# 第三节　砌体工程冬期施工

当室外日平均气温连续5d稳定低于5℃时或当日最低气温低于0℃时，砌体工程应采取冬期施工措施。冬期施工时，砌体砂浆会在负温下冻结，停止水化作用，失去粘结力。解冻后，砂浆的强度虽仍可继续增长，但其最终强度将显著降低，而且由于砂浆的压缩变形大，使砌体的沉降量大，稳定性随之降低。实践证明，砂浆的用水量越多，遭受冻结越早，冻结时间越长，灰缝厚度越厚，其冻结的危害程度越大；反之，越小。而当砂浆具有20%以上设计强度后再遭冻结，解冻后砂浆的强度降低很少。因此，砌体在冬期施工时，必须采取有效的措施，尽可能减少砌体的冻结程度。冬期施工常用的方法有氯盐砂浆法、冻结法和暖棚法，而应以氯盐砂浆法为主。

## 一、材料要求

砖和砌块在砌筑前，应清除表面污物、冰雪等，遭水浸后冻结的砖或砌块不得使用。砂浆宜优先采用普通硅酸盐水泥拌制，因其早期强度发展较快，有利于砂浆在冻结前具有一定的强度。石灰膏、黏土膏等应防止受冻，如遭冻结，应经融化后方可使用，若石灰膏已脱水粉化，则不得使用。拌制砂浆所用的砂不得含有冰块和直径大于10mm的冻结块。为使砂浆有一定的正温，可将水、砂加热，但水的温度不得超过80℃，砂的温度不得超过40℃。

当水温超过规定时，应将水、砂先行搅拌，再加水泥，以防出现假凝现象。普通砖在正温条件下砌筑时，应适当浇水湿润，可用喷壶随浇随砌；在负温条件下砌筑时，可不浇水。但砂浆的稠度必须比常温施工时适当增加，可通过增加石灰膏或黏土膏的办法来解决。严禁使用已遭冻结的砂浆，不准以热水掺入冻结砂浆内重新搅拌使用，也不宜在砌筑时向砂浆内掺水使用。

### 二、氯盐砂浆法

氯盐砂浆法是将砂浆的拌和水加热，砂和石灰膏在搅拌前也保持正温，使砂浆经过搅拌、运输，于砌筑时仍具有 5℃以上的正温。并且在拌和水中掺入氯盐，以降低冰点，使砂浆在砌筑后可以在负温条件下不冻结，继续硬化，强度持续增长，因此不必采取防止砌体沉降变形的措施。这种方法施工工艺简单、经济、可靠，是砌体工程冬期施工广泛采用的方法。但由于氯盐对钢材的腐蚀作用，在砌体中埋设的钢筋及钢预埋件，应预先做好防腐处理。

砂浆中氯盐掺量，视气温而定：在 -10℃以内时，掺氯化钠为用水量的 3%，-15～-11℃时为 5%，-20～-16℃时为 7%；气温在 -15℃以下时可掺用双盐，在 -20～-16℃时掺氯化钠 5% 和氯化钙 2%。低于 -20℃时分别掺 7% 和 3%。如设计无特殊要求，当日最低气温等于或低于 -15℃时，砌筑承重砌体的砂浆强度等级应按常温施工时提高一级。砌体的每日砌筑高度不得超过 1.2m。

由于掺盐砂浆会使砌体产生析盐、吸湿现象，故氯盐砂浆不得在下列情况下采用：对装饰工程有特殊要求的建筑物；处于潮湿环境的建筑物；配筋、铁埋件无可靠的防腐处理措施的砌体；变电所、发电站等接近高压电线的建筑物；经常处于地下水位变化范围内，而又没有防水措施的砌体。

## 第四节　装饰工程冬期施工

装饰工程的冬期施工，有两种施工方法，即热作法和冷作法。

热作法是利用房屋的永久热源或设置临时热源来提高和保持操作环境的温度，使装饰工程在正温条件下进行。

冷作法是在砂浆中掺入防冻剂，使砂浆在负温条件下硬化。

饰面、油漆、刷浆、裱糊、玻璃和室内抹灰均应采用热作法施工，室外大面积抹灰也应采用热作法，室外零星抹灰可采用冷作法施工。

### 一、热作法施工

1) 在进行室内抹灰前，应将门窗口封好，门窗口的边缝及脚手眼、孔洞等亦应堵好。施工洞口、运料口及楼梯间等处搞好封闭保温。在进行室外施工前，应尽量利用外架子搭设暖棚。

2) 施工环境温度不应低于 5℃，以地面以上 50cm 处为准。

3) 需要抹灰的砌体，应提前加热，使墙面保持在 5℃以上，以便湿润墙面时不致结冰，使砂浆与墙面粘结牢固。

4) 用冻结法砌筑的砌体，应提前加热进行人工开冻，待砌体已经开冻并下沉完毕后，再行抹灰。

5）用临时热源（如火炉等）加热时，应当随时检查抹灰层的湿度，如干燥过快发生裂缝时，应当进行洒水湿润，使其与各层（底层、面层）能很好地粘结，防止脱落。

6）用热作法施工的室内抹灰工程，应在每个房间设置通风口或适当开放窗户，进行定期通风，排除湿空气。

7）用火炉加热时，必须装设烟囱，严防煤气中毒。

8）抹灰工程所用的砂浆，应在正温度的室内或临时暖棚中制作。砂浆使用时的温度，应在5℃以上。为了获得砂浆应有温度，可采用热水搅拌。

9）装饰工程完成后，在7d内室（棚）内温度仍不应低于5℃。

## 二、冷作法施工

1）冷作法施工所用砂浆，必须在暖棚中制作。砂浆使用时的温度，应在5℃以上。

2）砂浆中掺入亚硝酸钠作防冻剂时，其掺量可参考表9-4。

**表 9-4　砂浆内亚硝酸钠掺量**（占用水量的％）

| 室外气温/℃ | 0～－3 | －4～－9 | －10～－15 | －16～－20 |
|---|---|---|---|---|
| 掺量/％ | 1 | 3 | 5 | 8 |

3）砂浆中掺入氯化钠作防冻剂时，其掺量可参考表9-5。氯盐防冻剂禁用于高压电源部位和油漆墙面的水泥砂浆基层。

4）防冻剂应有专人配制和使用，配制时先制成20％浓度的标准溶液，然后根据气温再配制成使用浓度溶液。

**表 9-5　砂浆内氯化钠掺量**（占用水量的％）

| 项　　目 | 室外气温/℃ | |
|---|---|---|
| | －5～0 | －10～－5 |
| 挑檐、阳台、雨罩、墙面等抹水泥砂浆 | 4 | 4～8 |
| 墙面为水刷石、干贴石水泥砂浆 | 5 | 5～10 |

5）防冻剂的掺入量。是按砂浆的总含水量计算的，其中包括石灰膏和砂子的含水量。石灰膏中的含水量可按表9-6计算。

6）采用氯盐作防冻剂时，砂浆内埋设的铁件均需涂刷防锈漆。

7）抹灰基层表面如有冰霜雪时，可用与抹灰砂浆同浓度的防冻剂热水溶液冲刷，将表面杂物清除干净后再行抹灰。

**表 9-6　石灰膏的含水量**

| 石灰膏稠度/cm | 含水率/％ | 石灰膏稠度/cm | 含水率/％ |
|---|---|---|---|
| 1 | 32 | 8 | 46 |
| 2 | 34 | 9 | 48 |
| 3 | 36 | 10 | 49 |
| 4 | 38 | 11 | 52 |
| 5 | 40 | 12 | 54 |
| 6 | 42 | 13 | 56 |
| 7 | 44 | | |

# 第五节　冬期施工安全注意事项

（1）冬期施工时，要采取防滑措施。

（2）雪后应将架子上的雪清扫干净，并检查马道平台，如有松动下沉现象，务必及时处理。

（3）施工时如接触汽源、热水，要防止烫伤；使用氯化钙、漂白粉时，要防止腐蚀皮肤。

（4）亚硝酸钠有毒，应严加保管，防止发生食物中毒。

（5）现场火源要加强保管；使用天然气、煤气时要防止爆炸；使用焦炭炉、煤炉或天然气、煤气时应注意通风换气，防止气体中毒。

（6）电源开关，控制箱等设施要加锁，并设专人负责管理，防止发生漏电触电现象。

# 第六节　雨　期　施　工

## 一、雨期施工准备

由于雨期施工持续时间较长，而且雨期施工带有突然性，因此应及早作好雨期施工的准备工作。

（1）合理组织施工。根据雨期施工的特点，将不宜在雨期施工的工程提前或延后安排对必须在雨期施工的工程制定有效的措施突击施工；晴天抓紧室外工作，雨天安排室内工作；注意天气预报，作好防汛准备工作。

（2）现场排水。施工现场的道路、设施必须做到排水畅通。要防止地表水流入地下室、基础、地沟内；要防止滑坡、塌方，必要时加固在建工程。

（3）做好原材料、成品、半成品的防雨防潮工作。

（4）在雨期前对现场房屋及设备加强排水防雨措施。

（5）备足排水所用的水泵及有关器材，准备好塑料布、油毡等防雨材料。

## 二、各分部分项工程雨期施工注意事项

雨期施工主要解决雨水的排除，对于大中型工程的施工现场，必须作好临时排水的总体规划，其中包括阻止场外水流入现场和使现场内的水排出场外两部分。其原则是上游截水，下游散水，坑底抽水，地面排水。

1. 土方和基础工程

雨期开挖基坑（槽）或管沟时，应注意边坡稳定。应放足边坡或架设支撑。

临近雨期开挖基坑（槽），工作面不宜过大，应分段进行。已开挖基坑（槽）如不能及时砌（浇）筑基础时，应较设计基底标高少挖 5～10cm，待施工基础前再挖至设计标高，这样可避免雨水浸泡坑（槽）后，清理基底时超挖土方影响设计基底标高。基础挖到设计标高后，及时验收并浇筑混凝土垫层。

为防止泡槽，开挖时要在坑内作好排水沟、集水井。

基础施工完毕，应抓紧进行基坑四周的回填工作。

2. 砌筑工程

砌块在雨期应集中堆放，不宜浇水。砌块湿度大时不可上墙，每日砌筑高度不宜超

过 1.2m。

遇到大雨时必须停工。大雨过后受雨水冲刷的新砌墙体应翻砌最上面的两层砌块。

砌筑工程要有遮蔽或铺一层混合砂浆在砌体表面，雨后施工时应先清除雨淋的表层砂浆，重铺新浆。

内外墙要尽量同时砌筑，转角及丁字墙间的连接要同时跟上。

雨后继续施工，须复核已完工砌体的垂直度和标高。

3. 混凝土工程

大雨天禁止浇筑混凝土，已浇筑部位要加以覆盖。现浇混凝土应根据结构情况，多考虑几道施工缝的留设位置。

模板涂刷隔离剂应避开雨天。支撑模板的地基要密实。并在模板支撑和地基间加好垫板，雨后及时检查有无下沉。

雨期施工时，应加强对混凝土粗细骨料含水量的测定，及时调整混凝土搅拌时的用水量。并须在有遮蔽的情况下运输、浇筑。雨后要排除模板内的积水，并将雨水冲掉砂浆部分的松散砂、石清除掉，然后按施工缝接槎处理。

大体积混凝土浇筑前。要了解 2～3d 的天气预报，尽量避开大雨。混凝土浇筑现场要预备大量的防雨材料，以备浇筑时突然遇雨加以覆盖。

4. 吊装工程

构件堆放地点要严整坚实，周围要做好排水工作，严禁构件堆放区集水、浸泡，防止泥土粘到预埋件上。

大型构件底的堆放，应按设计受力状态支垫平稳，特别要防止支垫处发生沉陷变形，导致构件损坏。

塔式起重机的路基，必须高出地面 15cm，严禁雨水浸泡路基。

雨后吊装时，要先做试吊，将构件吊至 1m 左右，往返数次，稳定后再进行吊装工作。

5. 屋面工程

卷材屋面应尽量在雨期前施工，并同时安装屋面的水落管。

雨天严禁油毡屋面施工，油毡、保温材料不能淋雨。

雨期屋面工程宜采用"湿铺法"施工工艺，所谓"湿铺法"就是在"潮湿"的基层上铺贴卷材，先喷刷 1～2 道冷底子油，喷刷工作应在水泥砂浆凝结初期进行操作，以防止基层浸水。

6. 抹灰工程

雨天不得进行室外抹灰，至少应预计 1～2d 的大气变化情况。对已经施工的墙面，应注意防止雨水的污染。

室内抹灰应尽量在做完屋面后进行，至少做完屋面找平层，并铺一层油毡。

雨天不宜做罩面油漆。

7. 机械防雨

所有的机械棚要搭设牢固，防止漏水倒塌。电机设备应采取防雨、防淹措施，安装接地安全装置。电闸箱的漏电保护装置要可靠。

**三、防雷设施**

雨期施工时，为了防止雷击造成的事故，在施工现场高出建筑物的塔吊、人货电梯、钢脚手架等必须安装防雷装置。

施工现场的防雷装置一般由避雷针、接地线和接地体三部分组成。

避雷针装在高出建筑物的塔吊、人货电梯、钢脚手架的最高端上。

接地线可用截面积不小于 16mm$^2$ 的铝导线，或用截面积不小于 12mm$^2$ 的铜导线，也可用直径不小于 8mm 的圆钢。

接地体有棒形和带形两种。棒形接地体一般采用长度为 1.5m、壁厚不小于 2.5mm 的钢管或∟5mm×50mm 的角钢。带形接地体可采用截面积不小于 50mm$^2$，长度不小于 3m 的扁钢，平卧于地下 500mm 处。

防雷装置避雷针、接地线和接地体必须焊接，焊接的长度应为圆钢直径的 6 倍或扁钢厚度的 2 倍以上，电阻不宜超过 4Ω。

# 第十章　路桥施工关键技术

## 第一节　道路施工关键技术

### 一、路基施工

路基工程，涉及范围广，影响因素多，灵活性亦较大，尤其是岩土内部结构复杂多变，设计阶段难以尽善，施工过程中必须进一步完善。路基土石方工程量大、分布不均匀，不仅与路基工程相关的设施，如路基排水、防护与加固等相互制约，而且同公路工程的其他工程项目，如桥涵、隧道、路面及附属设施相互交错。土质路基包括路堤与路堑，基本操作是挖、运、填。

公路施工是野外操作，边远山区自然条件差，运输不便，设备与施工队伍的供应与调度难；路基工地分散，工作面狭窄，遇有特殊地质不良现象时，使一般的技术问题变得复杂化。城市道路路基施工条件一般比公路好，但城市路基施工亦有不利的方面，集中表现在：地面拆迁多、地下管线多、配套工程多、施工干扰多。此外，路基施工中还存在：场地布置难、临时排水难、用土处置难、土基压实难等不利的因素。

路基施工的基本方法可分为：人工及简易机械化、综合机械化、水力机械化和爆破方法等。人力施工是传统方法，使用手工工具、劳动强度大、功效低、进度慢、工程质量亦难以保证，但限于具体条件，短期内还必然存在并适用于地方道路和某些辅助性工作。机械化施工和综合机械化施工，是保证高等级公路施工质量和施工进度的重要条件，对于路基土石方工程来说，更具有迫切性。以挖掘机开挖土路堑为例，如果没有足够的汽车配合运输土方，或者汽车运土填筑路基，如果没有相应的摊平和压实机械配合，或者不考虑相应的辅助机械为挖掘机松土和创造合适的施工面，整个施工进度就无法协调，难以紧凑作业，功效亦势必达不到应有的要求，所以实现综合机械化施工，科学地严密组织施工，是路基施工现代化的重要途径。

水力机械化施工是运用水泵、水枪等水力机械，喷射强力水流，冲散土层并流运至指定地点沉积，例如采集砂料或地基加固等。水利机械适用于电源和水源充足，挖掘比较松散的土质及地下钻孔等。对于砂砾填筑路堤或基坑回填，还可起到密实作用（称为水夯法）。

爆破法是石质路基开挖的基本方法，如果采用钻岩机钻孔与机械清理，亦是岩石路基机械化施工的必备条件。除石质路堑开挖而外，爆破法还可用于冻土、泥沼等特殊路基施工，以及清除路面、开石取料与石料加工等。

上述施工方法的选择，应根据工程性质、施工期限、现有条件等因素而定，而且应因地制宜和各种方法综合使用。高速公路、一级公路以及在特殊地区或采用新技术、新工艺、新材料进行路基施工时，应采用不同的施工方案做试验路段，从中选出路基施工的最佳方案指导全线施工。试验路段位置应选择在地质条件、断面形式均具有代表性的地段，路段长不宜小于 100m。

1. 路堤填筑

土质路堤（包括石质土），按填土顺序可分为分层平铺和竖向填筑两种方案。分层平铺是基本的方案如符合分层填平和压实的要求，则效果较好，且质量有保证，有条件时应尽量采用。竖向填筑是在特定条件下，局部路堤采用的方案。

分层平铺，有利于压实，可以保证强度不同用土按规定层次填筑。图 10-1 所示为不同用土的组合方案，其中正确方案要点是：不同用土水平分层，以保证强度均匀；透水性差的用土，如黏性土等，一般宜填于下层，表面成双向横坡，有利于排除积水，防止水害；同一层次有不同用土时，接搭处成斜面，以保证在该层厚度范围内，强度比较均匀，防止产生明显变形。不正确的方案主要是指：未水平分层，有反坡积水，夹有冻土块和粗大石块，以及有陡坡斜面等，其主要问题亦在于强度不均匀和排水不利。此外，还应注意用土不含有害杂质（草木、有机物等）及未经处治的劣土（细粉土、膨胀土、盐渍土与腐殖土等）。桥涵、挡土墙等结构物的回填土，以砂性土为宜，防止不均匀沉降，并按有关操作规程回填和夯实。

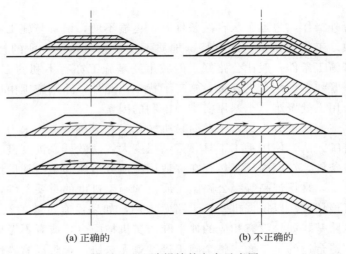

(a) 正确的　　　　　　　　　　　　(b) 不正确的

图 10-1　土路堤填筑方案示意图

竖向填筑，指沿路中心线方向逐步向前深填，如图 10-2 所示。路线跨越深谷或池塘时，地面高差大，填土面积小，难以水平分层卸土，以及陡坡地段上半挖半填路基，局部路段横坡较陡或难以分层填筑等，可采用竖向填筑方案。竖向填筑的质量在于密实程度，为此宜采用必要的技术措施。如选用振动式或锤式夯击机，选用沉陷量较小及粒径较均匀的砂石填料；路堤全宽一次成型；暂不修建较高级的路面，容许短期内自然沉落。此外，尽量采用混合填筑方案，即下层竖向填筑，上层水平分层，必要时可考虑参照地基加固的注入、扩孔或强夯等措施，以保证填土具有足够的密实度。

2. 路堑开挖

土质路堑开挖，根据挖方数量大小及施工方法的不同，按掘进方向可分为纵向全宽掘进和横向通道掘进两种，同时又可在高度上分单层或双层和纵横掘进混合等（以上掘进方向，依路线纵横方向命名）。

纵向全宽掘进是在路线一端或两端，沿路线纵向向前开挖，如图 10-3 所示。单层掘进的高度，即等于路堑设计深度。掘进时逐段成型向前推进，运土由相反方向送出。单层纵向掘进的高度，受到人工操作安全及机械操作有效因素的限制，如果施工紧迫，对于较深路堑，可采用双层掘进法，上层在前，下层随后，下层施工面上留有上层操作的出土和排水通道。

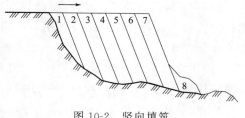

图 10-2　竖向填筑

　　横向通道掘进，是先在路堑纵向挖出通道，然后分段同时向横向掘进，如图 10-4 所示。此法为扩大施工面，加速施工进度，在开挖长而深的路堑时用。施工时可以分层和分段，层高和段长视施工方法而定。该法工作面多，但运土通道有限制，施工的干扰性增大，必须周密安排，以防在混乱中出现质量或安全事故。个别情况下，为了扩大施工面，加快施工进度，对土路堑的开挖，还可以考虑采用双层式纵横通道的混合掘进方案，同时沿纵横的正反方向，多施工面同时掘进，如图 10-4（b）所示。混合掘进方案的干扰性更大，一般仅限于人工施工，对于深路堑，如果挖方工程数量大及工期受到限制时可考虑采用。

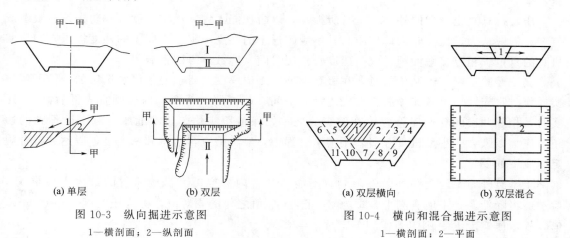

(a) 单层　　　　　　　(b) 双层　　　　　　　　　　(a) 双层横向　　　　(b) 双层混合

图 10-3　纵向掘进示意图　　　　　　　　　图 10-4　横向和混合掘进示意图

1—横剖面；2—纵剖面　　　　　　　　　　　1—横剖面；2—平面

### 3. 机械化施工

　　常用的路基土方机械，有松土机、平土机、推土机、铲运机和挖掘机（配以汽车运土），此外还有压实机具及水力机械等。各种土方机械可进行单机作业，例如平土机、推土机及铲运机等；以挖掘机为代表的主机，需要配以松土、运土、平土及压实等相应机具，相互配套，综合完成路基施工任务。

　　各种土方机械，按其性能，可以完成路基土方的部分或全部工作。选择机械种类和操作方案，是组织施工的第一步，为能发挥机械的使用效率，必须根据工程性质、施工条件、机械性能及需要与可能，择优选用。

　　工程实践证明，再多再好的机械设备，如果使用不当，组织管理不善，配合不协调，机械化施工就显示不出其优越性，甚至适得其反，造成浪费。

　　各种机具设备，均有其独特性能和操作技巧，应配有专职人员使用与保养，严格执行操作规程。从整个施工组织管理，以及指挥调度方面而言，组织机械化施工，应注意以下几点。

　　1) 建立健全施工管理体制与相应组织机构。一般宜成立专业化的机械施工队伍，以便统一经营管理，独立经济核算。

2）对每项路基工程，应有严密的施工组织计划，并合理选择施工方案，在服从总的调度计划安排下，各作业班组或主机，均编制具体计划。在综合机械化施工中，尤其是要加强作业计划工作。

3）在机具设备有限制的条件下，要善于抓重点，兼顾一般。所谓重点，是指工程重点，在网络计划管理中，重点就是关键线路，在综合机械化作业中，重点就是主机的生产效率。

4）加强技术培训，坚持技术考核，开展劳动竞赛，鼓励技术革新，实行安全生产、文明施工，把提高劳动生产率、节省能源、减少开支等指标具体化、制度化。

4. 路基压实

土基压实机具的类型较多，大致分为碾压式、夯击式和振动式三大类型。碾压式（又称静力碾压式），包括光面碾（普通的两轮和三轮压路机）、羊足碾和气胎碾等几种。夯击式中除人工使用的石硪、木夯外，机动设备中有夯锤、夯板、风动夯及蛙式夯机等。振动式中有振动器、振动压路机等。此外，运土工具中的汽车、拖拉机以及土方机械等，亦可用于路基压实。

压实机具对土施加的外力，应有所控制，以防功能太大，压实过度，并防失效、浪费或有害。一般认为，压实时的单位压力，不应超过土的强度极限。不同土的强度极限，与压实机具的重量、相互接触面积、施荷速度及作用时间（遍数）等因素有关。

实践经验证明：土基压实时，在机具类型、土层厚度及行程遍数已经选定的条件下，压实操作时宜先轻后重、先慢后快、先边缘后中间（超高路段等需要时，则宜先低后高）。压实时，相邻两次的轮迹应重叠轮宽的三分之一，保持压实均匀，不漏压，对于压不到的边角，应辅以人力或小型机具夯实。压实全过程中，经常检查含水量和密实度，以达到符合规定压实度的要求。

土基野外施工，受种种条件限制，不能达到室内标准击实试验所得的最大干容重 $\gamma_0$，应予适当降低。令工地实测干容重为 $\gamma$，它与 $\gamma_0$ 值之比的相对值，称为压实度 $K$，已知 $\gamma_0$ 值，规定压实度 $K$，则工地实测干容重 $\gamma = K\gamma_0$。

填石路堤，包括分层填筑和倾填爆破石块的路堤，不能用土质路基的压实度来判定路基的密实程度。其判定方法目前国内外各国规范尚无统一规定。我国城市道路路基工程施工及验收规范规定，填石路堤须用重型压路机或振动压路机分层碾压，表面不得有波浪、松动现象，路床顶面压实度标准是 $12\sim15t$ 压路机的碾压轮迹深度不应大于 5mm。国外填石路堤有采用在振动压路机的驾驶台上装设的压实计反映的计数值来判定是否达到要求的紧密程度。但无定量值的规定，且只限于有此种装置的压路机。

我国《公路路基施工技术规范（JTJ 033—95）》参考了城市道路的方法，但将碾压后轮迹改为零作为密实状态的判定，这是因为石块本身是不能压缩的，只要石块之间大部分缝隙已紧密靠拢，则重型压路机进行压实时，路堤应可达到稳定，不能有下沉轮迹。故可判为密实状态。

土质路基的压实度试验方法可采用灌砂法、环刀法、灌水法（水袋法）或核子密度湿度仪法。采用核子仪法时，应先进行校正和对比试验。

**二、路面基层施工**

1. 石灰土底基层施工

（1）路拌法

1）摊铺

① 摊铺土料前，应先在土基上洒水湿润，但不应过分潮湿而造成泥泞。

② 用平地机或其他合适的机具将土料均匀地摊铺在预定的宽度上，表面应力求平整，并有规定的路拱。

③ 摊铺过程中，应将土中超尺寸颗粒及其他杂物清除干净。

④ 检验松铺土料层的厚度，不符合要求时，应进行减料或补料。

⑤ 除了洒水车外，严禁其他车辆在土料层上通行。

⑥ 如黏土过干，应事先洒水闷料，使它的含水量略小于最佳值（一般至少闷料一夜）。

⑦ 石灰应摊铺均匀，石灰摊铺完后，应量测石灰土的松铺厚度。并校核石灰用量是否合适。

2）拌和与洒水

① 石灰土拌和应采用拌和机（宝马机或功效与之相当的其他型号拌和机）。

② 拌和机应先将拌和深度调整好，由两侧向中心拌和，每次拌和应重叠 10～20cm，防止漏拌。先干拌一遍，然后视混合料的含水情况，碾压时按最佳含水量的要求，考虑拌和后碾压前的蒸发，适当洒水（一般可比最佳含水量大 1％左右），再进行补充拌和，以达到混合料颜色一致，没有灰条、灰团和花面为止。

③ 在路基上铺拌时应随时检查拌和深度，严禁在底部留有"素土"夹层，也应防止过多破坏土基表面，以免影响混合料的石灰剂量及底部压实。

④ 洒水要求用喷管式洒水车，并及时检查含水量。洒水车起洒处和另一端"调头"处都应超出拌和段 2m 以上。洒水车不应在进行拌和的以及当天计划拌和的路段上"调头"和停留，以防局部水量过大。

⑤ 在两工作段的搭接部分，应在前一段拌和后留 5～8m 不进行碾压，待后一段施工时，将前段留下未压部分一起再进行拌和。

⑥ 拌和机械及其他机械不宜在已压成的石灰土层上"调头"，如必须在上进行"调头"时，应采取措施保护"调头"部分，使石灰土表层不受破坏。

（2）场拌（或集中场拌）法施工

1）拌和

① 石灰稳定土应在中心站用强制式拌和机，双转轴桨叶式拌和机等稳定土石拌和设备进行集中拌和。

② 在正式拌制稳定土混合料之前，应先调试所用的施拌设备，使混合料的配比和含水量都达到规定要求。

③ 稳定土混合料正式拌制时，应将土块粉碎，必要时，筛除原土中＞15mm 的土块；配料要准确，各料（石灰、土、加水量）可按重量配比，也可按体积配比；拌和要均匀；加水量要略大于最佳含水量的 1％左右，使混合料运至现场摊铺后碾压时的含水量能接近最佳含水量。

④ 成品料露天堆放时，应减少临空面（建议堆成圆锥体），并注意防雨水冲刷。对屡遭日光暴晒或受雨淋的料堆表面层材料应在使用前清除。

⑤ 上路摊铺前，应检测混合料中有效 $CaO+MgO$ 含量，如达不到要求时，应在运料前加料（消石灰）重拌。成品料运达现场摊铺前应覆盖，以防水分蒸发。

2）摊铺

① 可用稳定土摊铺机、沥青混凝土摊铺机或水泥混凝土摊机摊铺混合料；如没有上述摊铺机，也可用摊铺箱摊铺。如石灰土层分层摊铺时，应先将下层顶面拉毛，再摊铺下层混合料。

② 拌和机与摊铺机的生产能力应互相协调。如拌和机的生产能力较低时，在用摊铺箱摊铺混合料时，应尽量采用最低速度摊铺，减少摊铺机停机待料的情况。

③ 石灰土混合料摊铺时的松铺系数应视摊铺机机械类型而异，必要时，通过试铺碾压求得。

④ 场拌混合料的摊铺段，应安排当天摊铺当天压实。

3）整型

① 路拌混合料拌和均匀后或场拌混合料运到现场经摊铺达预定的松厚之时，即应进行初整型，在直线段，平地机由两侧向路中进行刮平；在平曲线超高段，平地机由内侧向外刮平。

② 初整型的灰土可用履带拖拉机或轮胎压路机稳压 1～2 遍，再用平地机进行整型，并用上述压实机械再碾压一遍。

③ 对局部低洼处，应用齿耙将其表层 5cm 以上耙松，并用新拌的灰土混合料找补平整，再用平地机整型一次。

④ 在整型过程中，禁止任何车辆通行。

4）碾压

① 混合料表面整型后应立即开始压实，混合料的压实含水量应在最佳含水量的 ±1% 范围内，如因整型工序导致表面水分不足，应适当洒水。

② 用 12～15t 三轮压路机碾压时，每层压实厚度不应超过 15cm；用 18～20t 三轮压路机或相应功能的滚动压路碾压时，每层压实厚度不应超过 20cm。压实厚度超过上述规定时，应分层铺筑，每层的最小压实厚度为 10cm。

③ 直线段由两侧路肩向路中心碾压，超高段由内侧肩向外侧路肩碾压，碾压时后轮应重叠 1/2 的轮宽，后轮必须超过两段的接缝处。后轮（压实轮）压完路面全宽时，即为一遍。一般需碾压 6～8 遍。压路机碾压速度，头两遍采用 1 档（1.5～1.7km/h）为宜，以后用 2 档（2.0～2.5km/h）。路面两侧应多压 2～3 遍。

④ 严禁压路机在已完成的或正在碾压的路上"调头"和急刹车，以保证灰土表面不受破坏。如确有必要时，应采取措施（如覆盖 10cm 厚的砂或砂砾）保护"调头"部分的灰土表面。

⑤ 碾压过程中，石灰土的表面应始终保持湿润，如表面水分蒸发太快，应及时补充洒水，以防表面开裂。

⑥ 石灰土碾压中如出现"弹簧"、松散、起皮等现象，应及时翻开晾晒或换新混合料重新拌和碾压。

⑦ 在碾压结束之前，用平地机再终平一次，使其纵向顺适、路拱和超高符合设计要求。终平时必须将局部高出部分刮除，并扫出路外。

⑧ 一个作业段完成之后，应按 JTJ 057 第 3 章方法检查灰土的压实度。检查频率：开始阶段，每一作业段检查 6 次，然后用碾压遍数与检查相结合每 1000m 为 6～10 次。如果在铺一层或工程验收之前被检验的石灰土材料没达到所需的压实度，则必须返工。

⑨ 不管路拌或场拌，其拌压时间不得多于 2d。

5）养生

① 刚压实成型的石灰土底基层，在铺筑基层之前，至少在保持潮湿状态下养生 7 天。养生方法可视具体情况采用洒水、覆盖砂等。养生期间石灰土表层不应忽干忽湿，每次洒水后应用两轮压路机将表层压实。

② 在养生期间未采用覆盖措施的石灰土底基层上，除洒水车外，应封闭交通；在采用覆盖措施的石灰土底基层上，不能封闭交通时，应当限制车速不得超过 30km/h。

2. 石灰土底基层施工

（1）拌和方法和摊铺

① 混合料应在中心拌和厂拌和，可采用间歇式或连续式拌和设备。

② 所有拌和设备都应按比例（质量比或体积比）加料，配料要准确，其加料方法应便于监理工程师对每盘的配合比进行核实。

③ 拌和要均匀，含水量要略大于最佳值，使混合料运到现场摊铺碾压时的含水量不少于最佳值，运距远时，运送混合料的车厢应加覆盖，以防水分损失过多。

④ 用平地机或摊铺机按松铺厚度摊铺，但摊铺要均匀，如有粗细料离析现象，应以人工或机械补充拌匀。

（2）整型

对二级以下公路的混合料在摊铺后，立即用平地初步平和整型。在直线段，平地机由两侧向路中心进行刮平；在平曲线段，平地机由内则向外侧进行刮平。需要时再返回刮一遍。

（3）碾压

① 整型后，当混合料的含水量等于或略大于最佳含水量时，立即用停震的振动压路机在全宽范围内先静压 1～2 遍，然后打开振动器均匀压实到规定的压实度。碾压时振动轮必须重叠。通常除路面的两侧应多压 2～3 遍以外，其余各部分碾压到的次数尽量相同。

② 严禁压路机在已完成的，或正在碾压的路段上"调头"和急刹车。

③ 碾压过程中，水泥稳定碎石的表面应始终保持潮湿，如表层蒸发过快，应尽快被洒少量的水。

④ 碾压过程中，如有"弹簧"松散、起皮等现象，应及时翻开重新拌和（如加少量的水泥）或其经方法处理，使其达到质量要求。

⑤ 在碾压过程结束之前，用平地机再终平一次，使其纵向顺适，路拱和标高符合规定要求，终平时应仔细用路拱板校正，必须将高出部分刮除，并扫出路外。

（4）接缝处理

① 当天两工作段的衔接处，应搭接拌和，即先施工的前一段尾部留 5～8m 不进行碾压，待第二段施工时，对前段留下未压部分要再加部分水泥，重新拌和，并与第二段一起碾压。

② 应十分注意每天最后一段末端缝（即工作缝）的处理，工作缝应成直线，而且上下垂直，经过摊铺整形的水泥稳定碎石当天应全部压实，不留尾巴。第二天铺筑时为了使已压成型的稳定边缘不致遭受破坏，应用方木（厚度与其压实后厚度相同）保护，碾压前将方木提出，用混合料回填并整平。

（5）养生及交通管制

① 每一段碾压完成后应立即开始养生，不得延误。

② 在整个养生期间都应使水泥稳定碎石层保持潮湿状态，养生结束后，须将覆盖物清

理干净。

③ 在养生期间未采用覆盖措施的水泥稳定碎石层上，除洒水车外，应封闭交通，在采用覆盖措施的水泥稳定碎石层上不能封闭交交通时，应限制重车通行，其他车辆车速不得超过 30km/h。

④ 水泥稳定碎石层上立即铺筑沥青面层时，不需太长的养生期，但应始终保持表面湿润，至少洒水养生三天。

### 三、路面施工

1. 沥青路面施工

（1）洒铺法　用洒铺法施工的沥青路面面层，包括沥青表面处治和沥青贯入式两种。其施工过程分述如下。

1）沥青表面处治　由于沥青表面处置层很薄，一般不起提高强度作用，其主要作用是抵抗行车的磨耗，增强防水性，提高平整度，改善路面的行车条件。沥青表面处治宜在干燥和较热的季节施工，并应在雨季及日最高温度低于 15℃ 到来以前半个月结束，使表面处置层通过开放交通压实，成型稳定。

沥青表面处治可采用拌和法或层铺法施工，采用层铺法施工时按照洒布沥青及铺撒矿料的层次多少。单层式为洒布一次沥青，铺撒一次矿料，厚度为 1.0～1.5cm；双层式为洒布二次沥青，铺撒二次矿料，厚度为 2.0～2.5cm；三层式为洒布三次沥青，铺撒三次矿料，厚度为 2.3～3.0cm。

沥青表面处治所用的矿料，其最大粒径应与所处治的层次厚度相当。矿料的最大与最小粒径比例应不大于 2，介于两个筛孔之间颗粒的含量应不少于 70%～80%。

当采用乳化沥青时，应减少乳液流失，可在主层集料中掺加 20% 以上较小粒径的集料，沥青表面处治施工后，应在路侧另备碎石或石屑，粗砂或小砾石作为初期养护用料，其中，碎石的规格为 S12（5～10mm），粗砂或小砾石的规格为 S14（3～5mm），其用量为每 1000m²，2～3m³。城市道路的初期养护料，在施工时应与最后一遍料一起撒布。

沥青表面处治可采用道路石油沥青、煤沥青或乳化沥青铺筑。

层铺法沥青表面处治施工，一般采用所谓"先油后料"法，即先洒布一层沥青，后铺撒一层矿料。以双层式沥青表面处治为例，其施工程序如下：备料→清理基层及放样→浇洒透层沥青→洒布第一次沥青→铺撒第一层矿料→碾压→洒布第二次沥青→铺撒第二层矿料→碾压→初期养护。

单层式和三层式沥青表面处治的施工程序与双层式相同，仅需相应地减少或增加一次洒布沥青、铺撒矿料和碾压工序。

层铺法施工各工序的要求分述如下。

① 清理基层　在表面处治施工前，应将路面基层清扫干净，使基层的矿料大部分外露，并保持干燥。对有坑槽、不平整的路段应先修补和整平，若基层整体强度不足，则应先予补强。

② 洒布沥青　沥青要洒布均匀，不应有空白或积聚现象，以免日后产生松散或拥包和推挤等病害。采用汽车洒布机洒布沥青时，应根据单位面积的沥青用量选定洒布机排挡和油泵机挡。洒布汽车行驶的速度要均匀。若采用手摇洒布机洒布沥青，应根据施工气温和风向调节喷头离地面的高度和移动的速度，以保证沥青洒布均匀，并应按洒布面积来控制单位沥

青用量。沥青的浇洒温度应根据施工气温及沥青标号选择，石油沥青的洒布温度宜为130～170℃，煤沥青的洒布温度宜为80～120℃，乳化沥青可在常温下洒布，当气温偏低，破乳及成型过慢时，可将乳液加温后洒布，但乳液温度不得超过60℃。沥青浇洒的长度应与集料撒布机的能力相配合，应避免沥青浇洒后等待较长时间才撒布集料。

③ 铺撒矿料　洒布沥青后应趁热迅速铺撒矿料，按规定用量一次撒足，矿料要铺撒均匀。局部有缺料或过多处，应适当找补或扫除。矿料不应有重叠或漏空现象。当使用乳化沥青时，集料撒布应在乳液破乳之前完成。

④ 碾压　铺撒矿料后随即用60～80kN双轮压路机或轮胎压路机及时碾压。碾压应从一侧路缘压向路中心。碾压时，每次轮迹重叠约30cm，碾压3～4遍。压路机行驶速度开始为2km/h，以后可适当提高。

⑤ 初期养护　碾压结束后即可开放交通，但应禁止车辆快速行使（不超过20km/h），要控制车辆行驶的路线，使路面全幅宽度获得均匀碾压，加速处置层反油稳定成型。对局部泛油、松散、麻面等现象，应及时修整处理。

2）沥青贯入式路面　沥青贯入式路面具有较高的强度和稳定性，其强度的构成，主要依靠矿料的嵌挤作用和沥青材料的粘结力。沥青贯入式路面适用于二级及二级以下的公路、城市道路的次干道及支路。沥青贯入式层也可作为沥青砼路面的联结层。由于沥青贯入式路面是一种多孔隙结构，为了防止水的浸入和增强路面的水稳定性，其面层的最上层必须加铺封层。沥青贯入式路面宜在干燥和较热的季节施工，并宜在雨季及日最高温度低于15℃到来以前半个月结束，使贯入式结构层通过开放交通碾压成型。

沥青贯入式路面在初步碾压的矿料层上洒布沥青，再分层铺撒嵌缝料、洒布沥青和碾压，并借行车压实而成的。其厚度一般为4～8cm。乳化沥青贯入式路面的厚度不宜超过5cm，当贯入式层上部加铺拌和的沥青混合料面层时，路面总厚度为7～10cm，其中拌和层的厚度宜为3～4cm。

沥青贯入式路面所用的集料应选择有棱角、嵌挤性好的坚硬石料。

沥青贯入式面层的施工程序如下：整修和清扫基层→浇洒透层或粘层沥青→铺撒主层矿料→第一次碾压→洒布第一次沥青→铺撒第一次嵌缝料→第二次碾压→洒布第二次沥青→铺撒第二次嵌缝料→第三次碾压→洒布第三次沥青→铺撒封面矿料→最后碾压→初期养护。

对沥青贯入式路面施工要求与沥青表面处治基本相同，除注意施工各工序紧密衔接不要脱节之外，还应根据碾压机具，洒布沥青设备和数量来安排每一作业段的长度，力求在当天施工的路段当天完成，以免因沥青冷却而不能裹覆矿料和产生尘土污染矿料等不良后果。

适度的碾压在贯入式路面施工中极为重要。碾压不足会影响矿料嵌挤稳定，且易使沥青流失，形成层次上、下部沥青分布不均。但过度的碾压，则矿料易于压碎、破坏嵌挤原则，造成空隙减少，沥青难以下渗，形成泛油。因此，应根据矿料的等级、沥青材料的标号、施工气温等因素来确定各次碾压所使用的压路机重量和碾压遍数。

（2）路拌沥青碎石路面施工　路拌沥青碎石路面是在路上用机械将热的或冷的沥青材料与冷的矿料拌和，并摊铺、压实而成。

路拌沥青碎石路面的施工程序为：清扫基层→铺撒矿料→洒布沥青材料→拌和→整形→碾压→初期养护→封层。

在清扫干净的基层上铺撒矿料，矿料可在整个路面的宽度范围内均匀铺撒，随后用沥青洒布车按沥青材料的用量标准分数次洒布，每次洒布沥青材料后，随即用齿耙机或圆盘耙把矿料与沥青材料初步拌和，然后改用自动平地机做主要的拌和工作。拌和时，平地机行程的次数视施工气温、路面的层厚、矿料粒径的大小和沥青材料的黏稠度而定，一般需往返行程20～30次方可拌和均匀。沥青与矿料翻拌后随即摊铺成规定的路拱横截面，并用路刮板刮平。由于路拌沥青混合料的塑性较高，故在碾压时，应先用轻型压路机碾压3～4遍后，再用重型压路机碾压3～6遍。路面压实后即可开放交通。通车后的一个月内应控制行车路线和车速，以便路面进一步压实成形。

（3）热拌沥青混合料路面施工　热拌沥青混合料适用于各种等级道路的沥青面层。高速公路、一级公路和城市快速路、主干路的沥青面层的上面层、中面层及下面层应采用沥青混凝土混合料铺筑，沥青碎石混合料仅适用于过渡层及整平层。其他等级道路的沥青面层的上面层宜采用沥青混凝土混合料铺筑。热拌沥青混合料材料种类应根据具体条件和技术规范合理选用。应满足耐久性、抗车辙、抗裂、抗水损害能力、抗滑性能等多方面要求，同时还需考虑施工机械、工程造价等实际情况。沥青混凝土混合料面层宜采用双层或三层式结构，其中应有一层及一层以上是Ⅰ型密级配沥青混凝土混合料。当各层均采用开级配沥青混合料时，沥青面层下必须做下封层。

厂拌法沥青路面包括沥青混凝土、沥青碎（砾）石等，施工过程可分为沥青混合料的拌制与运输及现场铺筑两个阶段。

1）沥青混合料的拌制与运输　在工厂拌制混合料所用的固定式拌和设备有间歇式和连续式两种。前者系在每盘拌和时计量混合料各种材料的重量，而后者则在计量各种材料之后连续不断地送进拌和器中拌和。

为保证沥青混合料的质量更稳定，沥青用量更准确，高速公路和一级公路的沥青混凝土宜采用间歇式拌和机拌和。

用固定式拌和机拌制沥青混合料的工艺流程如图10-5所示。

在拌制沥青混合料之前，应根据确定的配合比进行试拌。试拌时对所用的各种矿料及沥青应严格计量。通过试拌和抽样检验确定每盘热拌的配合比及其总重量（对间歇式拌和机）

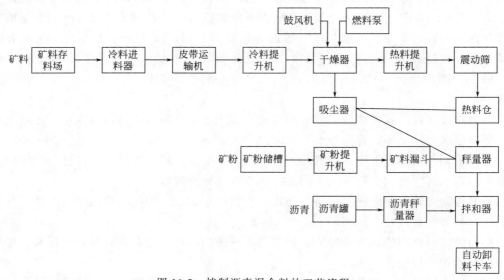

图 10-5　拌制沥青混合料的工艺流程

或各种矿料进料口开启的大小及沥青和矿料进料的速度（对连续式拌和机）、适宜的沥青用量、拌和时间、矿料和沥青加热温度以及沥青混合料出厂的温度。对试拌的沥青混合料进行试验之后，即可选定施工的配合比。

为使沥青混合料拌和均匀，在拌制时，需要控制矿料和沥青的加热温度与拌和温度。经过拌和后的混合料应均匀一致，无细料和粗料分离及花白、结成团块的现象。

2) 铺筑　热拌法沥青混合料路面的铺筑工序如下。

① 基层准备和放样　面层铺筑前，应对基层或旧路面的厚度、密实度、平整度、路拱等进行检查。基层或旧路面若有坎坷不平、松散、坑槽等，必须在面层铺筑之前整修完毕，并应清扫干净。为使面层与基层粘结好，在面层铺筑前 4～8h，在粒料类的基层洒布透层沥青。透层沥青用油 AL（M)-1、2 或油 AL（S)-1、2 标号的液体石油沥青，或用 T-1 标号的煤沥青。透层沥青的洒布量：液体石油沥青为 0.8～1.0kg/m²；煤沥青为 1.0～1.2kg/m²。若基层为旧沥青路面或水泥混凝土路面，则在面层铺筑之前，在旧路面上洒布一层粘层沥青。粘层沥青用油 AL（M)-3、4、5 标号的液体石油沥青，或用 T-4、5 标号的软煤沥青。粘层沥青的洒布量：液体石油沥青为 0.4～0.6kg/m²；煤沥青为 0.5～0.8kg/m²。若基层为灰土类基层，为加强面层与基层的粘结，减少水分浸入基层，可在面层铺筑前铺下封闭层。即在灰土基层上洒布 0.7～0.9kg/m² 的液体石油沥青或 0.8～1.0kg/m² 的煤沥青后，随即撒铺 3～8mm 颗粒的石屑，用量为 5m³/1000m²，并用轻型压路机压实。

为了控制混合料的摊铺厚度，在准备好基层之后进行测量放样，沿路面中心线和四分之一路面宽处设置样桩，标出混合料的松铺厚度。采用自动调平摊铺机摊铺时，还应放出引导摊铺机运行走向和标高的控制基准线。

② 摊铺　沥青混合料可用人工或机械摊铺，高等级公路沥青路面应采用机械摊铺。

a. 人工摊铺　将汽车运来的沥青混合料先卸在铁板上，随即用人工铲运，以扣铲方式均匀摊铺在路上，摊铺时不得扬铲远甩，以免造成粗细粒料分离，一边摊铺一边用刮板刮平。刮平时做到轻重一致，往返刮 2～3 次达到平整即可，防止反复多刮使粗粒料刮出表面。摊铺过程中要随时检查摊铺厚度、平整度和路拱，如发现有不妥之处应及时修整。

沥青混合料摊铺厚度为沥青路面设计厚度乘以压实系数。压实系数随混合料的种类和施工方法而异，用人工摊铺时，沥青混凝土混合料为 1.25～1.50，沥青碎石为 1.20～1.45。

沥青混合料的摊铺顺序，应从进料方向由远而近逐步后退进行。应尽可能在全幅路面上摊铺，以避免产生纵向接缝。如路面较宽不能全幅摊铺，可按车道宽度分成两幅或数幅分别摊铺，但接缝必须平行路中心线，纵缝搭接要密切，以免产生凹槽。操作过程应满足施工规范的要求。

b. 机械摊铺　沥青混合料摊铺机有履带式和轮胎式两种。二者的构造和技术性能大致相同。沥青摊铺机的主要组成部分为料斗、链式传送器、螺旋摊铺器、振捣板、摊平板、行使部分和发动机等。

沥青混合料摊铺机摊铺的过程中，自动倾卸汽车将沥青混合料卸到摊铺机料斗后，经链式传送器将混合料往后传到螺旋摊铺器，随着摊铺机向前行驶，螺旋摊铺器即在摊铺带宽度上均匀地摊铺混合料，随后由振捣板捣实，并由摊平板整平。

3) 碾压　沥青混合料摊铺平整之后，应趁热及时进行碾压。碾压的温度应符合规定。压实后的沥青混合料应符合压实度及平整度的要求，沥青混合料的分层压实厚度不得大于 10cm。

沥青混合料碾压过程分为初压、复压和终压三个阶段。初压用 60～80kN 双轮压路机以 1.5～2.0km/h 的速度先碾压 2 遍，使混合料得以初步稳定。随即用 100～120kN 三轮压路机或轮胎式压路机复压 4～6 遍。碾压速度：三轮压路机为 3km/h；轮胎式压路机为 5km/h。复压阶段碾压至稳定无显著轮迹为止。复压是碾压过程最重要的阶段，混合料能否达到规定的密实度，关键全在于这阶段的碾压。终压是在复压之后用 60～80kN 双轮压路机以 3km/h 的碾压速度碾压 2～4 遍，以消除碾压过程中产生的轮迹，并确保路面表面的平整。

碾压时压路机开行的方向应平行于路中心线，并由一侧路边缘压向路中。用三轮压路机碾压时，每次应重叠后轮宽的 1/2；双轮压路机则每次重叠 30cm；轮胎式压路机亦应重叠碾压。由于轮胎式压路机能调整轮胎的内压，可以得到所需的接触地面压力，使骨料相互嵌挤咬合，易于获得均一的密实度，而且密实度可以提高 2％～3％。所以轮胎式压路机最适宜用于复压阶段的碾压。

热拌沥青混合料的压实机械应符合下列规定。

① 双轮钢筒式压路机为 6～8t；

② 三轮钢筒式压路机为 8～12t 或 12～15t；

③ 轮胎压路机为 12～20t 或 20～25t。

4）接缝施工　沥青路面的各种施工缝（包括纵缝、横缝、新旧路面的接缝等）处，往往由于压实不足，容易产生台阶、裂缝、松散等病害，影响路面的平整度和耐久性，施工时必须十分注意。

① 纵缝施工　对当日先后修筑的两个车道，摊铺宽度应与已铺车道重叠 3～5cm，所摊铺的混合料应高出相邻已压实的路面，以便压实到相同的厚度。对不在同一天铺筑的相邻车道，或与旧沥青路面连接的纵缝，在摊铺新料之前，应对原路面边缘加以修理，要求边缘凿齐，塌落松动部分应刨除，露出坚硬的边缘。缝边应保持垂直，并需在涂刷一薄层粘层沥青之后方可摊铺新料。

纵缝应在摊铺之后立即碾压，压路机应大部分在已铺好的路面上，仅有 10～15cm 的宽度压在新铺的车道上，然后逐渐移动跨过纵缝。

② 横缝施工　横缝应与路中线垂直。接缝时先沿已刨齐的缝边用热沥青混合料覆盖，以资预热，覆盖厚度约 15cm，待接缝处沥青混合料变软之后，将所覆盖的混合料清除，换用新的热混合料摊铺，随即用热夯沿接缝边缘夯捣，并将接缝的热料铲平，然后趁热用压路机沿接缝边缘碾压密实。

双层式沥青路面上下层的接缝应相互错开 20～30cm，做成台阶式衔接。

2. 水泥混凝土路面施工

混凝土板的施工程序为：①安装模板；②设置传力杆；③混凝土的拌和与运送；④混凝土的摊铺和振捣；⑤接缝的设置；⑥表面整修；⑦混凝土的养生与填缝。

（1）边模的安装　在摊铺混凝土前，应先安装两侧模板。如果采用手工摊铺混凝土，则边模的作用仅在于支撑混凝土，可采用厚约 4～8cm 的木模板，在弯道和交叉口路缘处，应采用 1.5～3cm 厚的薄模板，以便弯成弧形。条件许可时宜用钢模，这不仅节约木材，而且保证工程质量。钢模可用厚 4～5mm 的钢板冲压制成，或用 3～4mm 厚钢板与边宽 40～50mm 的角钢或槽钢组合构成。

当用机械摊铺混凝土时，轨道和模板的安装精度直接影响到轨道式摊铺机的施工质量和施工进度，安装前应先对轨道及模板的有关质量指标进行检查和校正，安装中要用水平仪、经纬仪、皮尺等定出路面高程和线型，每 5～10m 一点，用挂线法将铺筑线型和高程固定下来。

侧模按预先标定的位置安放在基层上，两侧用铁钎打入基层以固定位置。模板顶面用水准仪检查其标高，不符合时予以调整。模板的平面位置和高程控制都很重要，稍有歪斜和不平，都会反映到面层，使其边线不齐，厚度不准和表面呈波浪形。因此，施工时必须经常校验，严格控制。模板内侧应涂刷肥皂液、废机油或其他润滑剂，以便利拆模。

（2）传力杆设置　当两侧模板安装好后，即在需要设置传力杆的胀缝或缩缝位置上设置传力杆。混凝土板连续浇筑时设置胀缝传力杆的做法，一般是在嵌缝板上预留圆孔以便传力杆穿过，嵌缝板上面设木制或铁制压缝板条，其旁再放一块胀缝模板，按传力杆位置和间距，在胀缝模板下部挖成倒 U 形槽，使传力杆由此通过。传力杆的两端固定在钢筋支架上，支架脚插入基层内（见图 10-6）。

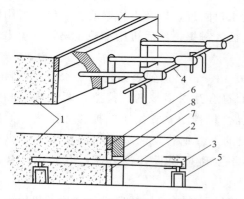

图 10-6　胀缝传力杆的架设（钢筋支架法）

1—先浇的混凝土；2—传力杆；3—金属套管；4—钢筋；5—支架；6—压缝板条；7—嵌缝板；8—胀缝模板

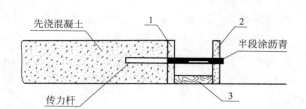

图 10-7　胀缝传力杆的架设（顶头模固定法）

1—端头挡板；2—外侧定位模板；3—固定模板

对于不连续浇筑的混凝土板在施工结束时设置的胀缝，宜用顶头木模固定传力杆的安装方法。即在端模板外侧增设一块定位模板，板上同样按照传力杆间距及杆径钻成孔眼，将传力杆穿过端模板孔眼并直至外侧定位模板孔眼。两模板之间可用按传力杆一半长度的横木固定（见图 10-7）。继续浇筑邻板时，拆除挡板、横木及定位模板，设置胀缝板、木制压缝板条和传力杆套管。

（3）制备与运送混凝土混合料　混合料的制备可采用两种方式：①在工地由拌和机拌制；②在中心工厂集中制备，而后用汽车运送到工地。

在工地制备混合料时，应在拌和场地上合理布置拌和机和砂石、水泥等材料的堆放地点，力求提高拌和机的生产率。拌制混凝土时，要准确掌握配合比，特别要严格控制用水量。每天开始拌和前，应根据天气变化情况，测定砂、石材料的含水量，以调整拌制时的实际用水量。每拌所用材料应过秤。量配的精确度对水泥为 ±1.5%，砂为 ±2%，碎石为 ±3%，水为 ±1%。每一工班应检查材料量配的精确度至少 2 次，每半天检查混合料的坍落度 2 次。拌和时间为 1.5～2.0min。

当用机械摊铺混凝土时须进行匀料，匀料工序的主要任务是用匀料机将运输车卸下的混凝土均匀分布在铺筑路段内，并使其大致平整，留有一定的虚高，以保证混凝土经振实、整平后与路面施工厚度相同，预留虚高的大小，与混凝土的压（振）实系数、混凝土的级配组成、坍落度及振实机械的性能等有关，顶留虚高应试验确定，在一般情况下，当坍落度为1～5cm 时，匀料机匀料的松铺厚度按振实后路面厚度 1.15～1.25 倍控制。

混合料用手推车、翻斗车或自卸汽车运送。合适的运距视车辆种类和混合料容许的运输时间而定。通常，夏季不宜超过 30～40min，冬季不宜超过 60～90min。高温天气运送混合料时应采取覆盖措施，以防混合料中水分蒸发。运送用的车厢必须在每天工作结束后，用水冲洗干净。

（4）摊铺和振捣　当运送混合料的车辆运达摊铺地点后，一般直接倒向安装好侧模的路槽内，并用人工找补均匀。要注意防止出现离析现象。摊铺时应考虑混凝土震捣后的沉降量，虚高可高出设计厚度约 10%，使震实后的面层标高同设计相符。

混凝土混合料的震捣器具，应由平板震捣器（2.2～2.8kW）、插入式震捣器和震动梁（各 1kW）配套作业。混凝土路面板厚在 0.22m 以内时，一般可一次摊铺，用平板震捣器震实，凡震捣不到之处，如面板的边角部、窨井、进水口附近，以及设置钢筋的部位，可用插入式震捣器进行震实；当混凝土板厚较大时，可先插入震捣，然后再用平板震捣，以免出现蜂窝现象。

平板震捣器在同一位置停留的时间，一般为 10～15s，以达到表面震出浆水，混合料不再沉落为宜。平板震捣后，用带有震捣器的、底面符合路拱横坡的震捣梁，两端搁在侧模上，沿摊铺方向震捣拖平。拖震过程中，多余的混合料将随着震捣梁的拖移而刮去，低陷处则应随时补足。随后，再用直径 75～100mm 长的无缝钢管，两端放在侧模上，沿纵向滚压一遍。必须注意，当摊铺或震捣混合料时，不要碰撞模板和传力杆，以避免其移动变位。

当用机械摊铺混凝土时，摊铺工序包括用螺旋摊铺器或叶桨摊铺器将匀料后的松铺混凝土表面进一步摊铺平整，并通过机械的自重对混凝土进行压实，为振实工序提供平整的外形和更为准确的虚高，摊铺作业时要将 VOGELE 机型的叶桨摊铺器的底面调节到弧形振动梁的前沿并保持在同一高度，C-450X 机型的螺旋摊铺器旋转直径比整平滚筒的直径小 3cm，已经考虑了部分虚高，调节的范围较小，施工中，摊铺器前必须保持一定高度的混凝土拥料，以保证有足够的料来找平，拥料高度以 5～15cm 控制比较合适。振实工序的工作内容主要是用插入式振捣机组或弧形振动梁对摊铺整平后的混凝土进行振捣密实、均匀，使混凝土路面成形后获得尽可能高的抗折、抗压强度。本工序是路面内在质量的关键，影响振实效果的主要因素有混凝土坍落度、集料级配组成，粗集料最大粒径及振捣方式等，采用VOGELE机型施工，混凝土坍落度，粗集料最大粒径对振 效果的影响最为敏感，混凝土坍落度较大时容易振实，较小时则不易振实，最大粒径为 40mm 时边部振实比较困难，因此，当砼坍落度小于 2cm 时，须用插入式振捣器对边部进行预振才能保证混凝土的密实和均匀性，振实机械的工作速度对混凝土的振实效果也有影响，当混凝土坍落度为 2～3cm 时VOGELE机型振实机的工作速度为 0.3m/min 比较适合，随着坍落度的增减，工作速度可适当加快或减慢，国产 C-450X 机型改进后的插入式振捣机组，振实效果好，对坍落度的适用范围较宽，但在设置钢筋的部位振捣时须特别小心，施工中应根据传力杆、拉杆的设置情况准确地将部分振捣器提起或落下，并辅以平板振捣器振实，以保证振实效果。

（5）筑做接缝

1）胀缝，先浇筑胀缝一侧混凝土，取去胀缝模板后，再浇筑另一侧混凝土，钢筋支架浇在混凝土内。压缝板条使用前应涂废机油或其他润滑油，在混凝土震捣后，先抽动一下，而后最迟在终凝前将压缝板条抽出。抽出时为确保两侧混凝土不被扰动，可用木板条压住两侧混凝土，然后轻轻抽出压缝板条，再用铁抹板将两侧混凝土抹平整。缝隙上部浇灌填缝料，留在缝隙下部的嵌缝板是用沥青浸制的软木板或油毛毡等材料制成。

2）横向缩缝，即假缝。用下列两种方法筑做。

① 切缝法，在混凝土捣实整平后，利用震捣梁将 T 形震动刀准确地按缩缝位置震出一条槽，随后将铁制压缝板放入，并用原浆修平槽边。当混凝土收浆抹面后，再轻轻取出压缝板，并即用专用抹子修整缝缘。这种做法要求谨慎操作，以免混凝土结构受到扰动和接缝边缘出现不平整（错台）。

② 锯缝法，在结硬的混凝土中用锯缝机（带有金刚石或金刚砂轮锯片）锯割出要求深度的槽口。这种方法可保证缝槽质量和不扰动混凝土结构。但要掌握好锯割时间，过迟因混凝土过硬而使锯片磨损过大且费工，而且更主要的可能在锯割前混凝土会出现收缩裂缝。过早混凝土因还未结硬，锯割时槽口边缘易产生剥落。合适的时间视气候条件而定，炎热而多风的天气，或者早晚气温有突变时，混凝土板会产生较大的湿度或温度坡差，使内应力过大而出现裂缝，锯缝应早在表面整修后 4h 即可开始。如天气较冷，一天内气温变化不大时，锯割时间可晚至 12h 以上。

3）纵缝，筑做企口式纵缝，模板内壁做成凸榫状。拆模后，混凝土板侧面即形成凹槽。需设置拉杆时，模板在相应位置处要钻成圆孔，以便拉杆穿入。浇筑另一侧混凝土前，应先在凹槽壁上涂抹沥青。

（6）表面整修与防滑措施　混凝土终凝前必须用人工或机械抹平其表面。当用人工抹光时，不仅劳动强度大、工效低，而且还会把水分、水泥和细砂带至混凝土表面，致使它比下部混凝土或砂浆有较高的干缩性和较低的强度。而采用机械抹面时可以克服以上缺点。目前国产的小型电动抹面机有两种装置：装上圆盘即可进行粗光；装上细抹叶片即可进行精光。在一般情况下，面层表面仅需粗光即可。抹面结束后，有时再用拖光带横向轻轻拖拉几次。

为保证行车安全，混凝土表面应具有粗糙抗滑的表面。最普通的做法是用棕刷顺横向在抹平后的表面上轻轻刷毛；也可用金属丝梳子梳成深 1～2mm 的横槽。近年来，国外已采用一种更有效的方法，即在已硬结的路面上，用锯槽机将路面锯割成深 5～6mm、宽 2～3mm、间距 20mm 的小横槽。也可在未结硬的混凝土表面塑压成槽，或压入坚硬的石屑来防滑。

（7）养生与填缝　为防止混凝土中水分蒸发过速而产生缩裂，并保证水泥水化过程的顺利进行，混凝土应及时养生。一般用下列两种养生方法。

1）湿治养护，混凝土抹面 2h 后，当表面已有相当硬度，用手指轻压不现痕迹时即可开始养生。一般采用湿麻袋或草垫，或者 20～30mm 厚的湿砂覆盖于混凝土表面。每天均匀洒水数次，使其保持潮湿状态，至少延续 14d。

2）塑料薄膜或养护剂养生，当混凝土表面不见浮水，用手指按压无痕迹时，即均匀喷洒塑料溶液，形成不透水的薄膜黏附于表面，从而阻止混凝土中水分的蒸发，保证混凝土的水化作用。

填缝工作宜在混凝土初步结硬后及时进行。填缝前，首先将缝隙内泥砂杂物清除干净，然后浇灌填缝料。

理想的填缝料应能长期保持弹性、韧性，热天缝隙缩窄时不软化挤出，冷天缝隙增宽时能胀大并不脆裂，同时还要与混凝土粘牢，防止土砂、雨水进入缝内，此外还要耐磨、耐疲劳、不易老化。实践表明，填料不宜填满缝隙全深，最好在浇灌填料前先用多孔柔性材料填塞缝底，然后再加填料，这样夏天胀缝变窄时填料不致受挤而溢至路面。混凝土强度必须达到设计强度的 90% 以上时，方能开放交通。

# 第二节　桥梁施工关键技术

桥梁是跨越河流、道路、峡谷以及其他一切障碍的通道。桥梁工程是道路工程的关键节点。本节对梁桥、拱桥、斜拉桥以及悬索桥等桥型施工关键技术进行阐述。

## 一、梁桥施工

钢筋混凝土和预应力混凝土梁桥的施工，主要可分为现场浇筑和预制安装两大类。现场浇筑不需要预制场地，无须大型运输、吊装设备，结构整体性好，但需要搭设支架，工期比较长，施工质量也不如预制结构容易控制，对于预应力混凝土梁由于收缩徐变引起的应力损失也比较大。采用预制安装施工方法，桥梁上部、下部结构可以平行施工，工期较短，构件质量易控制，有利于工业化制造，另外，混凝土收缩徐变影响较小，但这种施工方法需要预制场地，需配备必要的运输、吊装设备，结构整体性不如现浇结构。

近年来，随着吊运设备能力的不断提升，预应力工艺的日趋完善，预制安装的施工方法在国内外等到了逐渐推广。

1. 满堂支架法

满堂支架就地浇筑施工是一种应用很早的施工方法，它是在支架上安装模板，绑扎及安装钢筋骨架，预留预应力筋孔道（对于预应力混凝土梁桥），并在现场浇筑混凝土，待养护成型达到一定的强度后，再穿束并张拉预应力束的施工方法。如图 10-8 所示。

图 10-8　满堂支架施工简支梁桥

2. 悬臂施工法

按照梁体的制作方式，悬臂施工法可分为悬臂浇筑和悬臂拼装两大类。

（1）悬臂浇筑法　悬臂浇筑施工目前主要采用挂篮悬臂浇筑施工。挂篮悬臂浇筑施工系利用悬吊式的活动脚手架（或称挂篮）在墩柱两侧对称平衡浇筑梁段混凝土（每段长 2～5m），每浇筑完一对梁段，待混凝土达到规定强度后张拉预应力筋并锚固，然后向前移动挂篮，进行下一梁段的施工，悬臂段不断伸长，直至合拢。如图 10-9 所示。

图 10-9　悬臂浇筑施工连续刚构桥

（2）悬臂拼装法　在工厂或桥位附近将梁体沿轴线划分成适当的块件进行预制，然后用船或平板车从水路或从已建成部分桥位上运至架设地点，并用活动吊机等起吊后向墩柱两侧对称均衡地拼装就位，张拉预应力筋，重复这些工序直至拼装完悬臂梁全部块件为止。其基本工序是：梁段预制、移位、堆放和运输、梁段起吊拼装和施工预应力。如图 10-10 所示。

图 10-10　悬臂拼装施工梁桥

3. 吊车架梁法

在桥梁不高，同时施工场地设置行车便道的情况下，可用自行式吊车（汽车吊车或履带吊车）架设中、小跨径的桥梁。该施工方法视吊装质量不同，可采用单吊或双吊两种，其特

图 10-11    履带吊车施工 T 梁桥

点是机动性能好，不需要额外的动力设备，不需要准备作业，架梁速度快。如图 10-11 所示。

**4. 移动模架法**

所谓移动模架施工方法即采用机械化的支架和模板逐跨移动并进行现浇混凝土的一种施工方法。采用移动模架施工法就像构建了一座沿桥梁跨径方向封闭的桥梁制造工厂，随着施工进程不断移动连续浇筑施工。自 20 世纪 50 年代在德国首次应用以来，这种施工方法在国内外得到了广泛应用。如图 10-12 所示。

这种施工方法的主要特点是：①完全不需设置地面支架，施工不受河流、道路、桥下净空和地基等条件的影响；②机械化程度高，劳动力少，质量好，施工速度快，而且安全可靠；③只要下部结构稍提前施工，之后上下部结构可同时平行施工，可缩短工期；④施工从一端推进，梁一建成就可用作运输便道；⑤模板支架周转率高，工程规模愈大经济效益愈好。

**5. 移动支架拼装法**

节段预制拼装施工工艺适合这种时代的要求应运而生。节段预制拼装施工技术是将梁体在纵向划分为若干个节段，在梁场预制后，运输到现场进行组装，并通过施加预应力使之成为整体。在梁场中预制梁段主要有如下的一些优点：①梁体分段在梁场预制，施工质量好；②节段的养护时间长，加载龄期晚，成桥后梁体的徐变变形及预应力的长期损失都较现浇梁要小；③与整孔预制梁相比，节段重量较轻，尺寸较小，运输方便；④下部结构施工与上部梁段预制可以同步进行，并且拼装成桥速度快；⑤对环境影响小，并适宜桥下有特殊要求的桥梁施工。

根据具体施工方法的不同，节段预制拼装施工主要分为以下两种。

图 10-12    移动模架施工连续梁桥

（1）平衡悬臂拼装施工 将桥墩两侧节段逐对、对称安装并张拉预应力，直至最大悬臂状态，再进行跨中合龙，如图 10-13 和图 10-14 所示。

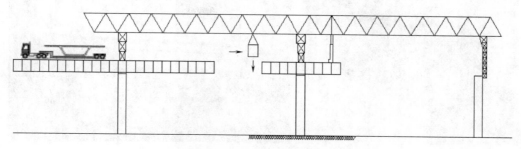

图 10-13 平衡悬臂拼装施工示意

图 10-14 移动支架悬臂拼装施工连续梁

（2）逐跨拼装施工 将整孔的预制节段全部由架设设备承担，待张拉预应力将节段组成整体结构后，架设梁再前移至下一跨施工。待一联施工完毕后，再吊装或浇筑墩顶节段，进行结构体系转换，如图 10-15 和图 10-16 所示。

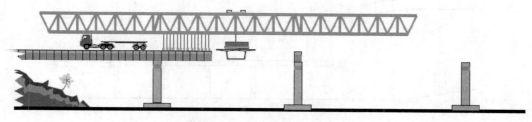

图 10-15 逐跨拼装施工示意

6. 顶推施工法

顶推施工法源自于钢桥架设中的纵向拖拉法，但由于混凝土结构自重大，滑动设备过于庞大，而且配置承受施工中变号内力的预应力筋也比较复杂，因而这种方法未能很早实现，知道 20 世纪 60 年代，德国首创了此法架设预应力混凝土桥梁而获得成功，从而在世界各国得到了广泛的应用。如图 10-17、图 10-18 所示。

顶推法施工原理及程序：①台后开辟预制场地；②分节段预制梁身；③张拉力筋连成整

图 10-16 移动支架逐跨拼装施工连续梁

图 10-17 顶推法施工连续梁桥

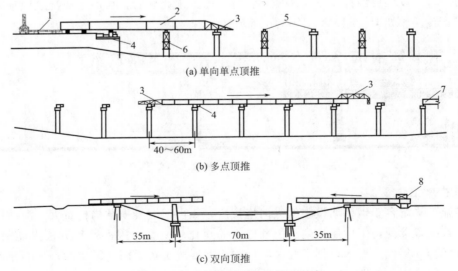

(a) 单向单点顶推

(b) 多点顶推

(c) 双向顶推

图 10-18 连续梁桥顶推法施工示意

1—制梁地段；2—梁段；3—导梁；4—千斤顶装置；5—滑道支承；6—临时墩；7—已架设梁体；8—平衡配重

体；④通过水平千斤顶施力，逐段顶进；⑤就位后落架；⑥更换正式支座。

## 二、拱桥施工

拱桥的施工方法，是影响拱桥方案能否成立、能否被采用的最关键技术问题。目前，拱桥施工方法主要可分为有支架施工和无支架施工两大类。其中，有支架施工常用于石拱桥、混凝土预制块拱桥以及现浇混凝土拱桥；无支架施工多用于肋拱、箱拱、钢管混凝土拱和桁架拱桥等。无支架施工，使拱桥恢复了竞争能力，是拱桥施工的发展方向。

### 1. 有支架施工法

有支架施工法又称拱架法，其施工工序是先采用木材、钢材（构件）等形成拱架，然后在拱架上浇注或拼装主拱圈，最后落架并完成其余部分的施工。拱架的用途只是用以支承逐步浇注或拼装的混凝土拱的重量，在拱建成以后，就将它拆除。在20世纪70年代以前，建造大跨度混凝土拱桥大多采用这种方法。我国目前采用支架法施工的最大跨度的钢筋混凝土拱桥为2001年建成的跨度220m的河南许沟大桥。如图10-19～图10-24所示。

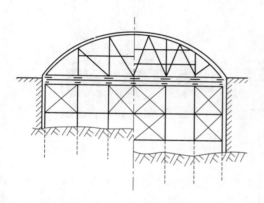

图 10-19　满布式拱架

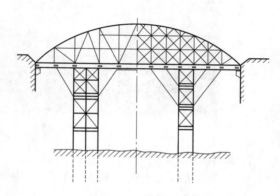

图 10-20　撑架式拱架

图 10-21　支架预压

图 10-22　安装底模、钢筋

### 2. 少支架施工法

少支架施工法是一种采用少量支架集中支承预制构件的拱桥预制安装施工工艺，这种施工方法常应用于中小跨径的整体式拱桥、肋拱桥等，与拱架施工方法不同的是，少支架施工方法利用了拱肋预制件的受力能力，使其成为拱桥施工的拱架。如图10-25所示。

图 10-23 浇注混凝土

图 10-24 先浇注顶板混凝土

图 10-25 少支架法施工拱桥

3. 缆索吊装法

缆索吊装法施工方法是我国最广泛采用的无支架施工方法,如图 10-26~图 10-28。其施工工序为:在预制场预制拱肋(箱)和拱上结构,将它们通过平车等运输设备移运至缆索吊装位置,将分段预制的拱肋(箱)调运至安装位置,利用扣索对分段拱肋进行临时固定,吊装合拢拱肋(箱),对各段拱肋(箱)进行轴线调整,主拱圈合拢后,安装拱上结构。该方法具有跨越能力大、水平和垂直运输机动灵活,适应性广,施工比较稳妥方便等特点,因

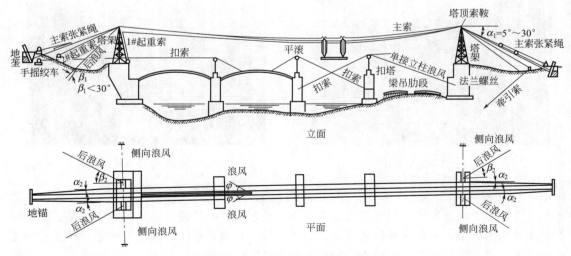

图 10-26 缆索吊装设备及其布置形式

图 10-27　缆索吊施工菜园坝大桥

图 10-28　缆索吊装拱肋

此在拱桥施工中被广泛采用。我国一般采用 3～7 段吊装，个别多到 11 段，而且广泛用于多孔。1979 年建成的主孔跨度 150m 的四川宜宾马鸣溪大桥是国内采用缆索吊装施工跨度最大的钢筋混凝土箱形拱桥，全拱圈横向分 5 个箱室（预制组合薄腹单室箱），纵向分 5 段预制，缆索吊装就位后再组合整体箱，最大吊重达 70t。

4. 劲性骨架法

劲性骨架法施工拱桥就是在事先形成的桁式拱骨架上分环分段浇注混凝土，最终形成钢筋混凝土箱板拱或肋拱，如图 10-29～图 10-32。桁式拱架在施工过程中起支架作用，在拱

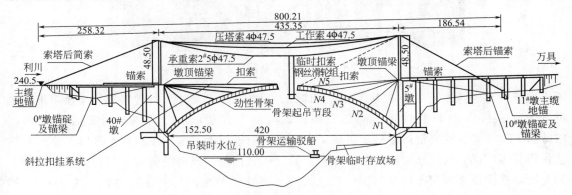

图 10-29　劲性骨架吊装示意（重庆万县长江大桥）

图 10-30　劲性骨架吊装施工（重庆万县长江大桥）

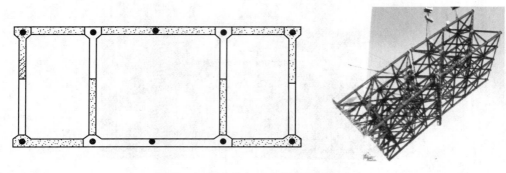

图 10-31　万县长江大桥主拱圈截面

图 10-32　重庆万县长江大桥

圈形成后被埋于混凝土中并成为截面的一部分，因此劲性骨架法又称埋置式拱架法，国外也称米兰（melan）法，劲性骨架法是一种较老的施工方法，1942 年西班牙就建成了跨度 210m 的 Esla 双线铁路钢筋混凝土拱桥，由于其用钢量较大，施工控制技术落后等原因，该法使用并不广泛。我国从 20 世纪 80 年代开始，随着高强、经济的骨架材料和施工控制技术的发展，在大跨度混凝土拱桥施工中广泛采用了劲性骨架法，其中最有代表性的是 1996 年建成的跨度 312m 的广西邕宁邕江大桥和 1997 年建成的跨度 420m 的重庆万县长江大桥，这两座拱桥均是采用钢管混凝土作为劲性骨架，然后在其上分环分段现浇混凝土箱（肋）拱而成。

5. 转体施工法

转体施工法是 20 世纪 40 年代以后发展起来的拱桥工艺，一般适用于各类单孔或三孔拱桥的施工，其基本原理是：将拱圈或整个上部结构分为两个半跨，分别在两岸利用地形或简单支架现浇或预制装配半拱，然后利用动力装置将其两半跨拱体转动至桥轴线位置（或设计标高）合拢成拱，如图 10-33～图 10-37。根据其转动方位的不同分为水平转动、竖向转体

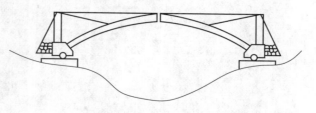

图 10-33　水平转体施工示意

和平竖结合转体三种。该法的优点是：减少施工费用和机具设备，变复杂的、技术性强的水上高空作业为岸边陆上作业，施工速度快，不但施工安全、质量可靠，而且不影响通航、不中断通车，具有良好的技术经济效益和社会效益。1989 年建成主跨 200m 的四川涪陵乌江大桥采用无平衡重双箱对称同步转体施工，先在两岸上、下游组成 3m 宽的边箱，待转体合拢后再吊装中箱顶、底板，最后组成三室箱。

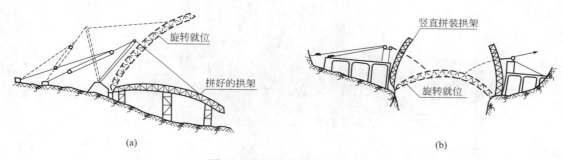

(a)　　　　　　　　　　　　　(b)

图 10-34　竖向转体施工示意

图 10-35　水平转体施工拱桥

图 10-36　钢拱肋转体施工

图 10-37　丫髻沙大桥转体施工（平竖结合转体）

6. 悬臂施工法

悬臂施工法又称分段施工法，由钢桥的悬臂拼装发展而来，最早主要用于修建预应力 T

形刚构桥，由于其优越性，后来被广泛推于预应力混凝土悬臂梁桥、连续梁桥、斜腿刚构桥、桁架桥、拱桥及斜拉桥等。根据桥梁结构上部的制作方式，分为悬臂浇注和悬臂拼装两大类。

悬臂浇注法也可分为悬臂桁架法浇注和塔架斜拉索法悬臂浇注。前者是采用拱圈、拱上立柱和桥面板齐头并进，边浇注边构成桁架的施工方法，施工时用预应力钢筋或钢绞线作为桁架的临时斜拉杆和桥面板的临时明索，将桁架锚固在后面桥台上，该方法适合于修建上承式拱桥。1966 年克罗地亚建成的跨度 246m 的 Sibenik 桥和 2004 年西班牙建成的跨度 255m 的 Tilos 桥都是采用这种施工方法。后者则是利用拱座或修建临时墩作为斜拉索的临时支撑，如有需要还在墩顶架设临时塔架，利用临时斜拉索扣住已浇注好的拱圈节段，采用移动挂篮从拱脚开始对称逐段悬臂浇注拱圈混凝土，直至拱顶合拢。该方法适合于修建上、中、下承式拱桥。1983 年南非建成的跨度 272m 的 Bloukrans 桥和 2005 年日本建成的跨度 265m 的富士川桥都是采用这种方法。如图 10-38 所示。

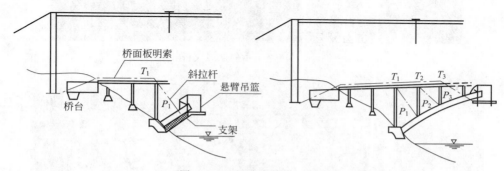

图 10-38　悬臂浇筑施工示意

悬臂拼装法又可分为悬臂桁架拼装和塔架斜拉扣挂悬臂拼装。前者是将拱圈的各个组成部分（侧板、顶底板等）事先预制，然后将整孔桥跨的拱肋（侧板）、立柱通过斜压杆（或斜拉杆）和上弦拉杆组成桁架拱片，沿桥跨分作多段框构，由两端向跨中逐段悬臂拼装合拢。我国主跨 330m 的贵州江界河大桥和克罗地亚主跨 390m 的 KrK 桥都是采用悬臂桁架拼装而成。后者则是利用缆索吊装拱圈节段并用塔架斜拉索临时扣挂，待拱圈合拢后拆除临时塔架斜拉索，我国 1999 年建成的跨度 180m 的广西来宾磨东红水河桥即采用该法。如图 10-39～图 10-41 所示。

7. 组合施工法

组合施工法即两种或多种施工方法结合起来完成整个拱圈的施工。目前国内外采用的组

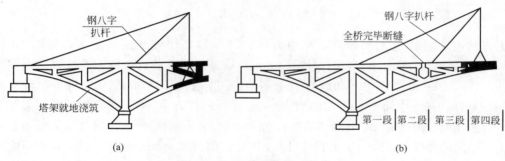

图 10-39　悬臂拼装施工示意

图 10-40　施工中的江界大桥

图 10-41　江界大桥

合施工方法有：悬臂施工和劲性骨架组合法、转体和劲性骨架组合法等，如图 10-42～图 10-45。日本从 20 世纪 80 年代开始采用各种组合施工法修建许多座大跨度钢筋混凝土拱桥，如：1982 年采用悬臂扣挂和劲性骨架组合法建成跨度 204m 的宇佐川桥，其两侧各 50m 采用悬臂扣挂，中间 100m 采用劲性骨架合拢；1989 年和 2000 年采用悬臂桁架和劲性骨架组合法相继建成跨度 235m 的别府明矾桥和跨度 260m 的高松大桥，其两侧采用悬臂桁架施工，中间用劲性骨架合拢。我国于 1993 年建成的跨度 130m 的江西德兴太白箱肋刚架拱桥采用平转和劲性骨架组合法施工，先在岸边的简易支架上组装钢管混凝土骨架并现浇

图 10-42 涪陵乌江大桥（转体组合吊装）

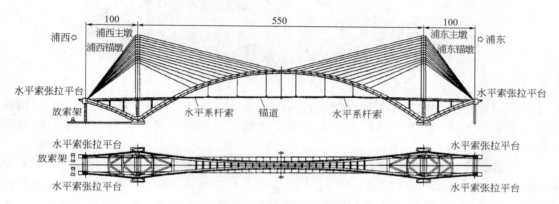

图 10-43 卢浦大桥施工示意（塔架斜拉索组合悬臂拼装）

图 10-44 施工中的卢浦大桥（拱肋吊装）

10cm 底板混凝土，转动就位之后，灌筑钢管混凝土并分环分段浇注混凝土。2003 年我国建成的跨度 140m 的赣龙铁路吊钟岩大桥，也是采用劲性骨架转体而成。1996 年，法国 Millau 高架桥的竞标方案之一为主跨 602m 的钢筋混凝土拱桥，施工方法拟采用拱脚段悬

图 10-45　施工中的卢浦大桥（钢箱梁吊装）

臂架设、拱顶段吊装劲性骨架合拢的组合施工方法。日本于 1999 年开始进行 600m 钢筋混凝土拱桥的可行性研究，也提出了拱脚悬臂架设、拱顶段悬拼劲性骨架合拢的组合施工方法。

上述钢筋混凝土拱桥施工方法中，劲性骨架法造价高、施工工艺烦琐、施工工期相对较长；转体法要求一定的施工场地和较好的场地条件，且该法一般仅适用于肋拱桥；预制拼装法要求施工单位具有较强的吊装能力和较大预制施工场地，接头多，施工质量不易保证。而悬臂浇注施工具有不受桥下地形条件限制、不中断桥下通航和通车、对设备的起重能力要求不高、易于控制施工变形、结构整体性好、对环境的破坏较小等特点和优点，从而被广泛用于国内外的混凝土梁桥和斜拉桥的建设中。国外也广泛将其用于修建大跨度钢筋混凝土拱桥，尤其是近年，悬臂浇注法在国外得到了迅速发展。

### 三、斜拉桥施工

斜拉桥常用的施工方法是悬臂施工（悬臂浇筑或者悬臂拼装），一般施工工序为：先施工桩基础，再施工塔柱和桥墩，在塔柱施工完毕后或塔柱锚固区施工至一半时，开始施工主梁，斜拉索随主梁往塔柱两侧不断延伸而逐步安装、张拉和锚固，直至全桥合拢，如图 10-46 所示。斜拉桥是高次超静定结构，斜拉索的恒载张力是决定全桥受力的主要因素，因此如何确定合理张拉索力及如何将索力张拉到位是斜拉桥施工的关键所在。

悬臂浇筑法主要用于预应力混凝土斜拉桥，其主梁混凝土的悬臂浇筑与一般预应力混凝土梁式桥类似，这种方法的优点是结构的整体性好，施工中不需要大吨位的悬臂吊机和运输预制节段的驳船，其缺点是在施工过程中须严格控制挂篮的变形和混凝土收缩徐变的影响，相对于悬臂拼装法而言，其施工周期较长，一般用于中小跨径斜拉桥施工。

悬臂拼装法主要用于钢梁（钢桁梁或钢箱梁）斜拉桥施工。钢梁先在加工厂制作，再运至施工现场桥位处吊装就位，如图 10-47 所示。这种施工方法的优点是钢梁和索塔可以同时在不同场地平行施工，因此施工速度快。现在的大跨度斜拉桥均采用该种施工方法。

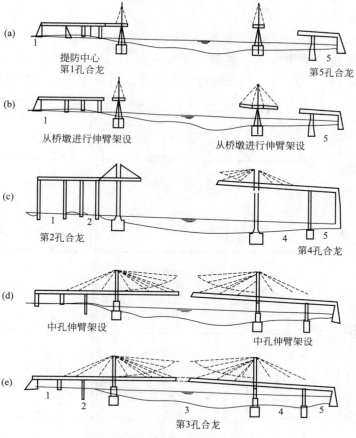

(a)
1
提防中心
第1孔合龙
5
第5孔合龙

(b)
1
从桥墩进行伸臂架设
从桥墩进行伸臂架设
5

(c)
1 2
第2孔合龙
4
第4孔合龙
5

(d)
中孔伸臂架设
中孔伸臂架设

(e)
1
2
3
第3孔合龙
4
5

图 10-46 斜拉桥悬臂浇筑示意

图 10-47 斜拉桥悬臂拼装施工

### 四、悬索桥施工

悬索桥适用于超大跨径桥梁的主要原因除了充分利用了材料强度之外，独特的施工方法使超大跨径桥梁的架设成为可能。悬索桥常规的施工工序一般为：桩基础施工、塔柱及锚锭施工、猫道架设、主缆施工、安装索夹及吊杆、吊装主梁等，如图 10-48～图 10-52 所示。

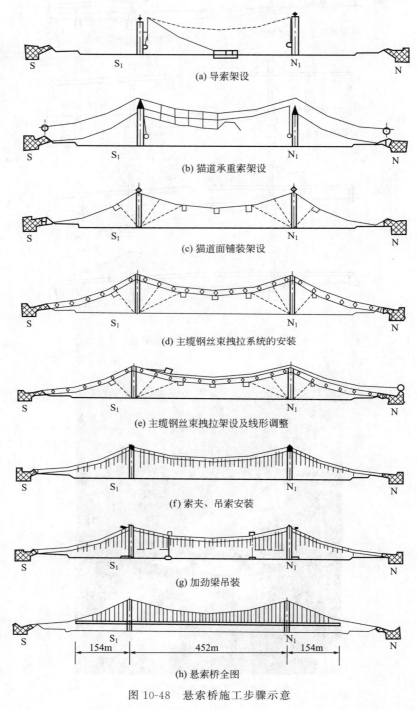

(a) 导索架设

(b) 猫道承重索架设

(c) 猫道面铺装架设

(d) 主缆钢丝束拽拉系统的安装

(e) 主缆钢丝束拽拉架设及线形调整

(f) 索夹、吊索安装

(g) 加劲梁吊装

(h) 悬索桥全图

图 10-48　悬索桥施工步骤示意

图 10-49　悬索桥塔柱施工

图 10-50　悬索桥猫道架设

图 10-51　悬索桥主缆架设

图 10-52　悬索桥主梁吊装

# 习　　题

### 第一章

某基坑底面积为 35m×20m，深 4.0m，地下水位在地面下 1m，不透水层在地面下 9.5m，地下水为无压水，渗透系数 $K=15$m/d，基坑边坡为 1:0.5。现拟用轻型井点系统降低地下水位，井点管长 6m、距坑边 1m、外露 0.2m，滤管直径 50mm、长 1m，h 取 0.5m，$\Delta h=1$m，$i=\dfrac{1}{10}$，总管接口间距 0.8m，$s'$ 计至管底不降低埋设面，试求：①井点系统的平面和剖面布置；②井点系统涌水量、井点管根数和间距；③真空泵轻型井点抽水设备参数。

### 第三章

框架结构主体施工阶段，采用 $\phi$48.3×3.6 钢管搭设 25m 高双排扣件式脚手架，脚手板采用竹笆脚手板，考虑脚手架上两个作业层同时施工，连墙件采用 $\phi$48.3×3.6 钢管。连墙布置两步三跨，竖向间距 3m，水平间距 4.5m。脚手架搭设尺寸：立杆横距 $l_b=0.95$m、立杆纵距 $l_a=1.8$m、步距 $h=1.5$m，脚手架内侧距外墙 0.35m，不铺脚手板。密目安全立网全封闭，自重 0.01kN/m$^2$、挡风系数 0.8。地面粗糙程度 B 类，基本风压 $w_0=0.25$kN/m$^2$。试验算底层立杆承载力。

### 第四章

1. 计算图示钢筋的下料长度。

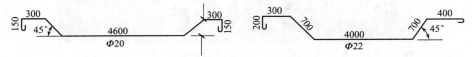

2. 某混凝土试验室配合比为 1:2.12:4.37，$W/C=0.62$，每立方米混凝土水泥用量为 290kg，实测现场砂含水率 3%，石含水率 1%。试求：①施工配合比；②当用 250L（出料容量）搅拌机搅拌时，每拌投料水泥、砂、石、水各多少。

3. 某高层建筑钢筋混凝土基础底板长×宽×厚＝25 m×14 m×1.2m，要求连续浇筑混凝土，不留施工缝。搅拌站设三台 250L 搅拌机，每台实际生产率为 5m$^3$/h，混凝土运输时间为 25min，气温为 25℃，混凝土初凝时间公式(4-1)中算法。混凝土强度等级 C20，浇筑分层厚 300mm。试求：①混凝土浇筑方案斜面分层倾角 45°；②完成浇筑工作所需时间。

4. 框架结构现浇钢筋混凝土楼板，厚 150mm，支模尺寸为 3.5m×4.95m，楼层高为 4.5m，采用组合钢模及钢管支架（对接钢管）支模。试作配板设计，并验算支柱承载力。

### 第五章

1. 某先张法空心板，用冷拔丝 $\phi^b4$ 作预应力筋，强度标准值 $f_{puk}=650$N/mm$^2$，控制应力 $\sigma_{con}=0.7f_{puk}$。采用单根张拉，张拉程序为：$0\rightarrow1.03\sigma_{con}$，试求张拉力。

2. 某先张法预应力吊车梁，$\phi25$ 预应力筋强度标准值 $f_{pyk}=500$N/mm$^2$，$\sigma_{con}=0.9f_{pyk}$，用 YC-60 千斤顶张拉（活塞面积为 20000 mm$^2$）。求张拉力和油泵油表读数（不计千斤顶的摩阻力）为多少？若采用 $0\rightarrow1.05\sigma_{con}$ 程序，求相应阶段油泵油表读数。

3. 某 30m 跨预应力混凝土屋架，其下弦孔道长 29.8m，两端为螺丝端杆锚具，螺丝端杆长 370mm，外露长 150mm，实测钢筋冷拉率为 4%，弹性回缩率 0.4%。预应力筋由三段钢筋对焊，加上两端螺杆共计 4 个焊头，每个焊头烧化压缩留量为 20mm，试计算钢筋下料长度。

4. 某预应力屋架下弦配 4Φ25 预应力筋，$f_{pyk}=500N/mm^2$，$\sigma_{con}=0.85f_{pyk}$，采用 0→1.03$\sigma_{con}$ 张拉程序。今现场仅一台张拉设备，采用分批对称张拉，后批张拉时，在先批张拉的钢筋重心处混凝土中产生压应力 1.2N/mm²，问这时先批张拉的钢筋应力降低多少？宜采用什么方法使先批张拉的钢筋达到规定的应力（是补张拉，还是加大拉力，为什么）？设混凝土的弹性模量 $E_c=2.8\times10^4N/mm^2$，钢筋的弹性模量 $E_s=1.8\times10^5N/mm^2$。

### 第六章

1. 某厂房柱的牛腿标高 8m，吊车梁长 6m，高 0.8m，当起重机停机面标高为 0.3m，锁具高 2.0m（自梁底计）。试计算吊装吊车梁的起重高度。提示：$h_2=0.3m$。

2. 某车间跨度 24m，柱距 6m，天窗架顶面标高 18m，屋面板厚度 240mm，试选择履带式起重机的最小臂长（停机面标高-0.2m，起重臂枢轴中心距地面高度 2.1m）。

3. 某车间跨度 21m，柱距 6m，吊柱时，起重机沿跨内一侧开行。当起重半径为 7m，开行路线距柱纵轴线为 5.5m 时，试对柱作"三点共弧"布置，并确定停机点。绑扎点至柱脚距离为 5m。要求按比例画图，厂房纵轴线过柱边缘。

4. 单层工业厂房跨度 18m，柱距 6m，9 个节间，选用 W1-100 型履带式起重机进行结构吊装，吊装屋架时的起重半径为 9m，试按比例绘制②轴线屋架斜向就位图。$A=2.5m$。

### 第九章

已知混凝土每立方米的材料用量为 42.5 级普通硅酸盐水泥 300kg、水 160kg、砂 600kg、石子 1350kg。材料温度分别为：水 75℃，砂子 50℃，石子-5℃，水泥 5℃。砂子含水率 5%，石子含水率 2%。搅拌棚内温度为 5℃。混凝土拌和物用人力手推车运输，倒运 1 次，运输和成型共历时 0.5h。每立方米混凝土接触的钢模板为 320kg、钢筋为 50kg，模板未预热。混凝土用蓄热法施工，围护层采用 20mm 厚草帘、3mm 厚油毡，其热导率分别为 $K_1=0.047W/(m\cdot K)$、$K_2=0.175W/(m\cdot K)$。考虑平均气温为-5℃。透风系数 $W=1.45$，混凝土结构表面系数 $\Psi=12.1m^{-1}$。求混凝土冷却至 0℃的时间及其平均温度。钢材比热容 $C_s=0.48kJ/(kg\cdot K)$，水泥水化速度系数 $V_{ce}=0.013h^{-1}$，水泥累积最终放热量 $C_{ce}=330kJ/kg$，混凝土拌和物比热容 $C_c=0.9kJ/(kg\cdot K)$。

# 附录 1  模板结构计算公式

## 附录 1.1  常用截面几何特性计算公式

| 截面简图 | 截面积 $A$ | 形心轴至边缘距离 | 惯性矩 $I$、回转半径 $i$ |
|---|---|---|---|
| | $bh$ | $y=\dfrac{h}{2}$ | $I_x=\dfrac{bh^3}{12}, i_x=0.289h$ |
| | $h_w t_w+2bt$ | $y=\dfrac{h}{2}$ | $I_x=\dfrac{1}{12}\left[bh^3-(b-t_w)h_w^3\right]\dfrac{bh^3}{12},$ $i_x=\sqrt{\dfrac{I_x}{A}}$（以下同理） |
| | $bh-\dfrac{b-t_w}{2}(h_0+h_w)$ | $y=\dfrac{h}{2}$ | $I_x=\dfrac{1}{12}\left[bh^3-\dfrac{h_w^4-h_0^4}{4\dfrac{h_w-h_0}{b-t_w}}\right]$ |
| | $b_1t_1+h_w t_w+b_2t_2$ | $y_1=\dfrac{1}{2}\left[\dfrac{h^2 t_w+(b_1-t_w)t_1^2}{b_1t_1+h_w t_w+b_2t_2}+\dfrac{(b_2-t_w)(2h-t_2)t_2}{b_1t_1+h_w t_w+b_2t_2}\right]$ | $I_x=\dfrac{1}{3}\left[b_1y_1^3+b_2y_2^3-(b_1-t_w)(y_1-t_1)^3-(b_2-t_w)(y_2-t_2)^3\right]$ |
| | $bh-(b-t_w)h_w$ | $x_1=\dfrac{1}{2}\left[\dfrac{2b^2 t+h_w t_w^2}{bh-(b-t_w)h_w}\right]$ | $I_x=\dfrac{1}{12}\left[bh^3-(b-t_w)h_w^3\right]$ $I_y=\dfrac{1}{3}(2tb^3+h_w t_w^3)-\left[bh-(b-t_w)h_w\right]x_1^2$ |
| | $bh-\dfrac{b-t_w}{2}(h_0+h_w)$ | $x_1=\dfrac{1}{2}\left[\dfrac{2b^2 t+h_w t_w^2}{bh-(b-t_w)h_w}\right]+\dfrac{1}{3}\left[\dfrac{(b-t_w)^2(b+2t_w)\tan\alpha}{bh-(b-t_w)h_w}\right]$ $\tan\alpha=(h_w-h_0)/2(b-t_w)$ | $I_x=\dfrac{1}{12}\left[bh^3-\dfrac{h_w^4-h_0^4}{8\tan\alpha}\right]$ $I_y=\dfrac{1}{3}\left[2tb^3+h_0 t_w^3+\dfrac{\tan\alpha}{2}(b^4-t_w^4)\right]$ $\tan\alpha=(h_w-h_0)/2(b-t_w)$ |
| | $\dfrac{\pi(d^2-d_1^2)}{4}$ | $y=\dfrac{d}{2}$ | $I_x=\dfrac{\pi(d^4-d_1^4)}{64}$ |

## 附录 1.2　等截面梁的内力和挠度计算公式

| 计算简图 | 弯　矩 | 剪　力 | 挠　度 |
|---|---|---|---|
| 简支梁，跨中集中荷载 F | $M_{max}=\dfrac{Fl}{4}$ | $V_A=\dfrac{F}{2}$ | $f_{max}=\dfrac{Fl^3}{48EI}$ |
| 简支梁，集中荷载 F（a，b） | $M_{max}=Fa$ | $V_A=F$ | $f_{max}=\dfrac{Fal^2}{24EI}\left(3-4\dfrac{a^2}{l^2}\right)$ |
| 简支梁，均布荷载 q | $M_{AB}=\dfrac{ql^2}{8}$ | $V_A=\dfrac{ql}{2}$ | $f_{AB}=\dfrac{5ql^4}{384EI}$ |
| 两跨，均布荷载 | $M_{AB}=0.07ql^2,\ M_B=0.125ql^2$ | $V_A=0.375ql,\ V_B=0.625ql$ | $f_{AB}=0.521\times\dfrac{ql^4}{100EI}$ |
| 两跨，跨中集中荷载 | $M_{AB}=0.156Fl,\ M_B=0.188Fl$ | $V_A=0.312F,\ V_B=0.688F$ | $f_{AB}=0.911\times\dfrac{Fl^3}{100EI}$ |
| 两跨，集中荷载 | $M_{AB}=0.222Fl,\ M_B=0.333Fl$ | $V_A=0.667F,\ V_B=1.333F$ | $f_{AB}=1.466\times\dfrac{Fl^3}{100EI}$ |
| 三跨，均布荷载 | $M_{AB}=0.08ql^2,\ M_{AB}=0.025ql^2,$ $M_B=0.1ql^2$ | $V_A=0.4ql,\ V_{B左}=0.6ql,\ V_{B右}=0.5ql$ | $f_{AB}=0.677\times\dfrac{ql^4}{100EI},\ f_{BC}=0.052\times\dfrac{ql^4}{100EI}$ |
| 三跨，集中荷载 | $M_{AB}=0.175Fl,\ M_{BC}=0.1Fl,$ $M_B=0.15Fl$ | $V_A=0.35F,\ V_{B左}=0.65F,\ V_{B右}=0.5F$ | $f_{AB}=1.146\times\dfrac{Fl^3}{100EI},\ f_{BC}=0.208\times\dfrac{Fl^3}{100EI}$ |
| 三跨，集中荷载 | $M_{AB}=0.244Fl,\ M_{BC}=0.067Fl,$ $M_B=0.267Fl$ | $V_A=0.733F,\ V_{B左}=1.267F,\ V_{B右}=1F$ | $f_{AB}=1.883\times\dfrac{Fl^3}{100EI},\ f_{BC}=0.216\times\dfrac{Fl^3}{100EI}$ |

续表

| 计算简图 | 弯 矩 | 剪 力 | 挠 度 |
|---|---|---|---|
| | $M_{AB}=0.077ql^2, M_{AB}=0.036ql^2,$ $M_B=0.107ql^2, M_C=0.071ql^2$ | $V_A=0.393ql, V_{B左}=0.607ql, V_{B右}=0.536ql,$ $V_{C左}=0.464ql, V_{C右}=0.464ql$ | $f_{AB}=0.632\times\dfrac{ql^4}{100EI}, f_{BC}=0.052\times\dfrac{ql^4}{100EI}$ |
| | $M_{AB}=0.169Fl, M_{BC}=0.116Fl,$ $M_B=0.161Fl, M_C=0.107Fl$ | $V_A=0.339F, V_{B左}=0.661F, V_{B右}=0.554F,$ $V_{C左}=0.446F, V_{C右}=0.446F$ | $f_{AB}=1.079\times\dfrac{Fl^3}{100EI}, f_{BC}=0.409\times\dfrac{Fl^3}{100EI}$ |
| | $M_{AB}=0.238Fl, M_{BC}=0.111Fl,$ $M_B=0.286Fl, M_C=0.191Fl$ | $V_A=0.714F, V_{B左}=1.286F, V_{B右}=1.095F,$ $V_{C左}=0.905F, V_{C右}=0.905F$ | $f_{AB}=1.64\times\dfrac{Fl^3}{100EI}, f_{BC}=0.573\times\dfrac{Fl^3}{100EI}$ |
| | $M_{AB}=\dfrac{q}{8}(l^2-4a^2)$ | | $f_{AB}=1.3\dfrac{ql^4}{100EI}\left(1-4.8\dfrac{a^2}{l^2}\right)$ $f_{A'}=4.09\dfrac{qal^3}{100EI}\left(3\dfrac{a^3}{l^3}+6\dfrac{a^2}{l^2}-1\right)$ |
| | $M_{AB}=\dfrac{ql^2}{128}\left(36\dfrac{a^4}{l^4}-28\dfrac{a^2}{l^2}+9\right)$ | | $f_{AB}=0.542\dfrac{ql^2}{100EI}(l^2-3a^2)$ $f_{A'}=2.08\dfrac{qa}{100EI}(6a^3+6a^2l-l^3)$ |
| | $M_{AB}=\dfrac{q}{50l^2}(l+a)(2l+3a)\times$ $(2l^2-5al+3a^2)$ $M_{BB1}=\dfrac{q}{40}(l^2+4a^2)$ | | $f_{AB}=0.689\dfrac{ql^2}{100EI}(l^2-3.69a^2)$ $f_{A'}=2.5\dfrac{qa^2}{100EI}(5a^2+al-l^2)$ |
| | $M_{AB}=0.077ql^2$ $\left(1-3.21\dfrac{a^2}{l^2}+2.68\dfrac{a^4}{l^4}\right)$ $M_{BC}=0.036q(l^2-a^2)$ $M_B=\dfrac{q}{28}(3l^2-4a^2)$ $M_C=\dfrac{q}{14}(a^2+l^2)$ | | $f_{AB}=0.632\dfrac{ql^2}{100EI}(l^2+3.53a^2)$ $f_{BC}=0.186\dfrac{ql^2}{100EI}(l^2+2.39a^2)$ $f_{A'}=0.595\dfrac{qal^3}{100EI}\left(21\dfrac{a^3}{l^3}+24\dfrac{a^2}{l^2}-4\right)$ |

## 附录 1.3　截面剪应力

$$\tau_{\max}=\frac{QS_{z\max}}{I_z b}\left(=\frac{3Q}{2A},\ \text{对矩形};\ =\frac{Q}{\pi r_0 \delta},\ \text{对环形}\right)$$

式中　$Q$——截面剪力；

　$S_{z\max}$——中性轴一侧的截面积对中性轴的面积矩，$S_{z\max}=\displaystyle\int_0^{\frac{h}{2}或 r_0+\frac{\delta}{2}} y\mathrm{d}A$（$h$ 为矩形截面的高，$y$ 为微面积 $\mathrm{d}A$ 到 $z$ 轴距离）；

　$I_z$——截面对中性轴的惯性矩；

　$b$——中性轴处截面宽；

　$A$——截面积；

　$r_0$——环平均半径（计至壁厚中线），环形截面积 $=2\pi r_0 \delta$；

　$\delta$——环壁厚。

# 附录 2　试卷样卷及答案

## 试卷（100 分钟）

**一、填空题**（本题 30 空，每空 1 分，共 30 分）

1. 防水涂料施工用_____等法检测涂膜厚度。

2. 基坑降水方法一般分为_____、_____。

3. 防治流砂的方法主要是从_____、_____、_____动水压力入手。

4. 填土的压实方法一般有_____、_____、_____等。

5. 用于开挖停机平面以上的土、需设置进出口通道，这种机械是_____。

6. 钢筋混凝土灌注桩常用成孔方法有_____、_____、_____、_____、_____等。

7. 钢筋混凝土预制桩常用沉桩方法有_____、_____、_____。

8. 水下浇筑混凝土的方法有_____、_____等；其中，常用_____。

9. 砌筑砖砌体的一般工艺过程包括_____、_____、_____、_____。

10. 砖墙与构造柱相接处砌成_____槎。

11. 早拆模板体系是在楼板混凝土浇筑后_____d、强度达到设计强度的 50% 时，即可拆除楼板模板与托梁，但仍保留一定间距的支柱。

**二、简答题**（本题共 5 小题，共 38 分）

1. 影响填方压实效果的主要因素有哪些？这些因素如何影响压实效果？（9 分）

2. "建筑桩基技术规范"（JGJ 94—94）规定的打桩顺序。（8 分）

3. 现浇混凝土结构施工时对模板的要求。（8 分）

4. 大体积混凝土全面分层浇筑方案应满足的关系式，并对符号作出说明。（7 分）

5. 先张法预应力筋的放张顺序。（6 分）

**三、计算题**（本题共 3 小题，共 32 分）

1. 钢筋混凝土剪力墙高 3m，混凝土浇注速度 9m/h，绘制新浇混凝土对模板侧面的压力标准值图形。混凝土重力密度 24kN/m³，新浇混凝土初凝时间 3h，不掺外加剂，混凝土坍落度影响修正系数为 1。提示：$F = 0.22\gamma_c t_o \beta_1 \beta_2 V^{\frac{1}{2}}$，$F = \gamma_c H$。（8 分）

2. 某车间跨度 24m，柱距 6m，天窗架顶面距停机面的高度 18m，屋面板厚 240mm，计算跨中吊装屋面板的最小起重臂长。停机面标高 -0.2m，起重臂下铰点至停机面高度 2.1m，安装间隙 0.4m，吊钩至吊升的屋面板顶面 2.5m。提示：$\alpha = \mathrm{arctg}[h/(f+g)]^{1/3}$，$L_{min} = h/\sin\alpha + (f+g)/\cos\alpha$，$g = 1\mathrm{m}$。（10 分）

3. 某工程设备基础施工基坑底长 12m，宽 8m，深 4m，边坡坡度为 1:0.5。经地质钻探查明，在靠近天然地面处有厚 0.5m 的粉质黏土层，此土层下面为厚 8m 的细砂层，再下面是不透水的黏土，地下水位在地面下 1m。现决定用一套轻型井点设备进行人工降低地下水位（井点管直径 50mm，井管距基坑边 1m，滤管长度 1m，水头损失 1m，不下挖埋设面，地下水位降至坑底以下 0.5m，井点管外露 0.2m），然后开挖土方。按扬水试验测得该细砂层的渗透系数 $K = 5\mathrm{m/d}$。试对该井点系统进行设计（要求布置井点系统、计算涌水量、计算井点管数量和间距、计算真空泵轻型井点抽水设备参数）。（14 分）

# 试卷答案

**一、填空题**（每空 1 分，共 30 分）

1. 针刺（或取样）。

2. 集水井降水法（或明排水法）、井点降水法。

3. 消除（或从方向上改变）、减小、平衡。

4. 碾压（包括振动碾压）、夯实、振动压实。

5. 正铲挖土机。

6. 钻、挖、冲孔、套管成孔、爆扩成孔之 4。

7. 锤击沉桩、振动沉桩、静力沉桩。

8. 导管法、挠性软管法、泵送法；导管法。

9. 摆砖、立皮数杆、盘角和挂线、砌筑、楼层轴线标高控制、抄平弹线之 5。

10. 马牙。

11. 3～4

**二、简答题**（共 38 分）

1.（9 分）答：

含水量、分层厚度、压实功（以上各 1 分）

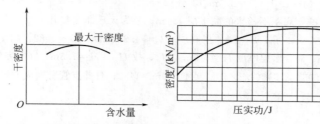

分层厚度大，底部压不实；分层厚度小，浪费压实功。（以上各 2 分）

2.（8 分，每条 2 分）答：

1）密集桩群自中央向两边或四周打。

2）当一侧毗邻建筑物时，由毗邻建筑物处向另一方向施打。

3）根据桩的设计标高，先深后浅。

4）根据桩的规格，先大后小，先长后短。

3.（8 分，至少答出 4 点，每点 2 分）答：

①保证结构和构件各部分形状、尺寸和相互间位置的正确性；②具有足够的强度、刚度和稳定性；③装拆方便，能多次周转使用；④接缝严密，不易漏浆；⑤选用材料应经济、合理、成本低。

4. 答：（7 分）答：$Fh/Q \leqslant t$（3 分）

式中，$F$—构件底面积；$h$—分层厚度；$Q$—浇注强度；$t$—初凝时间—运输时间。（4 分，每一符号注释 1 分）

5.（6 分，每条 2 分）答：

1）轴心受预压的构件（如拉杆、桩等），所有预应力筋应同时放张；

2）偏心受预压的构件（如梁等），应先同时放张预压力较小区域的预应力筋，再同时放张预压力较大区域的预应力筋；

3）如不能满足"1）、2）"两项要求时，应分阶段、对称、交错地放张。

**三、计算题**（共 32 分）

1.（8 分，图形 4 分）解：

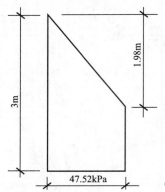

（47.52kPa、1.98m 各 2 分

2.（10 分）解：

$$\alpha = \arctan[h/(f+g)]^{1/3} = \arctan[(18.2(18)-2.1)/(3+1)]^{1/3} = 57.8°(57.7°)\ (5\ 分)$$

$L_{\min} = h/\sin\alpha + (f+g)/\cos\alpha = 16.1(15.9)/\sin57.8(57.7°) + 4/\cos57.8(57.7°) = 26.53(26.34)\text{m}$（5 分）

3.（14 分，画线处为采分点）解：

（1）井点系统布置（共 5 分）

基坑上口尺寸为 12m×16m。井点管所围成的面积为 14m×18m（2 分）。故按环形井点布置。

$H \geqslant H_1 + h + lL = 4 + 0.5 + 1/10 \times 14/2 = 5.2\text{m}$（2 分）。令井点管 6m 长，外露 0.2m，实际埋深 6.0－0.2=5.8m。故采用一级井点系统即可。

基坑中心降水深度 $S = (4-1) + 0.5 = 3.5\text{m}$（1 分）。

令滤管长度为 1m，则滤管底距不透水的黏土层 1.7m，故为无压非完整井。

井点管中水位降落值 $S' = 4.8\text{m}$，$l = 1\text{m}$。$S'/(S'+l) = 4.8/(4.8+1) = 0.82$，则 $H_0 = 1.85(S'+l) = 1.85 \times (4.8+1)\text{m} = 10.73\text{m}$；而含水层厚度 $H = 7.5\text{m} < H_0$，故 $H_0 = H = 7.5\text{m}$（即非完整井按完整井计算）。

$R = 1.95S(HK)^{1/2} = 1.95 \times 3.5 \times (7.5 \times 5)^{1/2} = 41.79\text{m} > 14/2$；且井点管所围成的矩形长宽比 18/14＜5。所以不必分块布置。

（2）涌水量计算（2 分）

$$X_0 = (14 \times 18/\pi)1/2 = 8.95\text{m}$$

$$Q = 1.366 \times 5 \times (2 \times 7.5 - 3.5)3.5/(\lg41.79 - \lg8.95) = 410\text{m}^3/\text{d}(2\ 分)$$

（3）计算井点管数量和间距（3 分）

单根井点管出水量

$$q = 65\pi \times 0.05 \times 1 \times \sqrt[3]{3} = 17.34\text{m}^3/\text{d}（2\ 分）$$

所以井点管的数量

$$n = 1.1 \times 410/17.34 = 26.01\ 根$$

则井点管的平均间距

$$D = (14+18) \times 2/26.01 = 2.46\text{m}（1\ 分），取\ D = 1.6\text{m}。$$

按井点管间距 1.6m 调整井点管的数量：$n = (14+18) \times 2/1.6 = 40$（不分边）。

（4）计算抽水设备参数（共 4 分）

抽水设备所带动的总管长度为 64m；所需最低真空度为：$h_k = 10 \times (6+1) = 70\text{kPa}$。（2 分）

水泵所需流量：$Q_1 = 1.1Q = 1.1 \times 410 = 451\text{m}^3/\text{d}$；水泵的吸水扬程：$h_s = 6.0\text{m} + 1\text{m} = 7\text{m}$。（2 分）

# 附录3　课程设计任务书

## 1. 课程设计应达到的目的

1) 进一步巩固和加深学生所学的土木工程施工技术理论知识，培养学生设计、计算、绘图、计算机应用、文献查阅、报告撰写等基本技能。

2) 培养学生独立分析和解决工程实际问题的能力。看懂建筑施工图及结构施工图，编制典型构件钢筋配料单，设计模板系统。

3) 培养学生的团队协作精神、创新意识、严肃认真的治学态度和严谨求实的工作作风。

## 2. 课程设计题目

某商住楼施工技术设计。

## 3. 课程设计依据

某商住楼建筑施工图1套(含建筑、结构；地下室、一至二层为框架，三至六层为砖混。本书略，建设选择多层框架或底层框架砖混结构建筑施工图)。

## 4. 课程设计任务及要求

(1) 设计任务和技术要求

1) 看懂建筑施工图及结构施工图，在课程设计说明书书写看图笔记，内容可以为一张图中各线代表什么构件或图中交代不明之处或图中错误等。

2) 概括工程概况。

3) 选择施工方案。

① 典型构件钢筋配料单(画一张2号图，图纸内容：所选构件钢筋配料单、典型构件结构施工图及相关的标准构造详图、接长及锚固等与下料有关的构造要求文字说明。课程设计说明书对下料单中每一数字的来历进行详细说明)，并设计钢筋接长方法。

布置课程设计时，按以下构件单元表(表1~表7)给学生分配任务。让每一个学生的设计涉及所有构件类别，并尽量与其他同学任务不相同(任务相同但设计成果应不雷同，并可借助答辩区分成绩等级)。构件类别有：a. 筏基(共19个不同的单元任务)；b. 框架柱(地下室7，一、二层5，三~六层5；共3种层高)；c. 梁；d. 板；e. 构造柱；f. 圈梁(梁、板，含圈梁、构造柱，共44个不同的单元任务；构造柱共3个不同的单元任务：十字、丁字、转角)；g. 楼梯(共4个不同的单元任务)。

表1　基础单元划分(LPB含悬挑及四周基础梁)

| 序号 | 1 | 2 | 3 | 4 | 5 | 6 | 7 |
| --- | --- | --- | --- | --- | --- | --- | --- |
| 单元 | AC-14 | AC-46 | AC-68 | AC-811 | AC-1114 | AC-1416 | AC-1821 |
| 序号 | 8 | 9 | 10 | 11 | 12 | 13 | 14 |
| 单元 | CD-13 | CE-35 | CE-57 | CE-79 | CD-911 | CD-1113 | CE-1315 |
| 序号 | 15 | 16 | 17 | 18 | 19 | 20 | 21 |
| 单元 | CE-1517 | CE-1719 | CD-1921 | D-2123 | AD-2123 | | |

表2　地下室结构单元划分(含所划范围内的梁)

| 序号 | 1 | 2 | 3 | 4 | 5 | 6 | 7 |
| --- | --- | --- | --- | --- | --- | --- | --- |
| 单元 | AC-14 | AC-46 | AC-68 | AC-811 | AC-1114 | AC-1416 | AC-1618 |
| 序号 | 8 | 9 | 10 | 11 | 12 | 13 | 14 |
| 单元 | AC-1821 | CD-13 | CE-35 | CE-57 | CE-79 | CD-911 | CD-1113 |
| 序号 | 15 | 16 | 17 | 18 | 19 | 20 | 21 |
| 单元 | CE-1315 | CE-1517 | CE-1719 | CD-1921 | AD-2123 | | |

表3　地下室柱单元划分(含在本结构图注明的8.400标高以下所有柱高)

| 序号 | 1 | 2 | 3 | 4 | 5 | 6 | 7 |
| --- | --- | --- | --- | --- | --- | --- | --- |
| 单元 | KZ1 | KZ1-a | KZ2 | KZ2-a | KZ3 | KZ4 | KZ5 |

续表

表4 一、二层结构单元划分(含所划范围内的梁)

| 序号 | 1 | 2 | 3 | 4 | 5 | 6 | 7 |
|---|---|---|---|---|---|---|---|
| 单元 | 1～2 | 2～4 | 4～6 | 6～8 | 8～10 | 10～11 | 11～12 |
| 序号 | 8 | 9 | 10 | 11 | 12 | 13 | 14 |
| 单元 | 12～14 | 14～16 | 16～18 | 18～20 | 20～21 | 21～23 | |

表5 一、二层柱单元划分(算一、二层所有柱)

| 序号 | 1 | 2 | 3 | 4 | 5 | 6 | 7 |
|---|---|---|---|---|---|---|---|
| 单元 | KZ1 | | KZ2 | | KZ3 | KZ4 | KZ5 |

表6 三～六层结构单元划分(含所划范围内的构造柱、圈梁)

| 序号 | 1 | 2 | 3 | 4 | 5 | 6 | 7 |
|---|---|---|---|---|---|---|---|
| 单元 | 1～2 | 2～4 | 4～6 | 6～8 | 8～10 | 10～11 | 11～12 |
| 序号 | 8 | 9 | 10 | 11 | 12 | 13 | 14 |
| 单元 | 12～14 | 14～16 | 16～18 | 18～20 | 20～21 | | |

表7 楼梯结构单元划分(含楼梯平板)

| 序号 | 1 | 2 | 3 | 4 | 5 | 6 | 7 |
|---|---|---|---|---|---|---|---|
| 单元 | −3.000～ −0.450 | −0.450～ ±0.000 | ±0.000～ 8.400 | 8.400～ 20.400 | | | |

注:表中"AB-12"表示4轴线间板块。

②模板系统设计(画柱、梁、板、梯模板构造;一张2号图,图纸内容:配板图,含支撑,注明规格、尺寸。课程设计说明书对楼板模板支撑规格、尺寸的计算过程进行详细说明。满堂脚手架以参数区分每个学生的任务)。

布置设计时,按以上构件单元表给学生分配不同的任务。构件类别:a. 筏基(共1个不同的单元任务);b. 框架柱(地下室7,一、二层5,三～六层5;共3种层高;c. 梁;d. 板(梁、板,含圈梁,选作一间即可,共44个不同的单元任务);e. 构造柱(共3个不同的单元任务:十字、丁字、转角);f. 圈梁;g. 楼梯(共4个不同的单元任务)。

③选作:主要分项工程施工工艺流程、质量标准、通病防治:a. 土方工程;b. 基础工程;c. 钢筋工程;d. 模板工程;e. 混凝土工程;f. 砌筑工程;g. 防水工程;h. 装饰工程。

布置设计时,按以上学生分配的不同任务分配分项工程的施工工艺流程、质量标准、通病防治。

(2)工作量的要求及其他设计要求

1)学生应有学习的积极性和主动性,这对于像课程设计的实践教学环节很重要。

2)教师考勤并在一周中间验收阶段成果,对不能完成任务、情节严重者,取消其设计资格。

3)图纸、资料不宜随便写、画。

4)主要设计内容不与别人雷同。

5)设计说明书有问题、有分析、有措施,计算过程明了、完整、正确,重要内容和观点等要注明参考文献号,字迹清楚。

6)绘制白图纸铅笔线图或墨线图,或计算机绘图。2#图为主,图面整洁,使用仿宋字,按比例绘制。

7)设计说明书,字数不少于0.4万字(不包括选作内容)。统一封面,要有目录。

8)画图不少于2张。

5. 课程设计主要参考文献

(1)混凝土结构施工图平面整体表示方法制图规则和构造详图(现浇混凝土框架、剪力墙、框架剪力墙、梁、板,16G101-1).

(2)混凝土结构施工图平面整体表示方法制图规则和构造详图(现浇混凝土板式楼梯,16G101-2).

(3)混凝土结构施工图平面整体表示方法制图规则和构造详图(独立基础、条形基础、筏形基础、桩基础,16G101-3).

(4)多层砖房钢筋混凝土构造柱抗震节点详图(03G363).

(5)手册编写组. 建筑施工手册. 北京:中国建筑工业出版社,2003.

(6)手册编写组. 建筑结构静力计算手册(第二版). 北京:中国建筑工业出版社,1998.

6. 课程设计进度安排

| 时间 | 工作内容 |
| --- | --- |
| 第一天 | 布置设计任务,识图 |
| 第二天 | 典型构件钢筋配料单及草图 |
| 第三天 | 模板系统设计及草图 |
| 第四天 | 典型构件钢筋配料单画图,模板系统设计画图 |
| 第五天 | 成果整理,答辩 |

7. 课程设计成绩考核办法

按课程设计教学大纲

8. 课程设计指导书

另附

# 参 考 文 献

[1] 侯君伟．近 20 年来我国建筑技术的创新．建筑技术，2001.11：728-731.

[2] 王铁宏．展望我国建设行业科技发展应对 WTO 的机遇与挑战．广州建筑，2002.3：3-7.

[3] 方先和．建筑施工．武汉：武汉大学出版社，2001.

[4] 《建筑施工》编写组．建筑施工．第二版．北京：中国建筑工业出版社，1990.

[5] 孙沛平．建筑施工技术．北京：中国建筑工业出版社，2000.

[6] 张厚先等．高层建筑施工．北京：北京大学出版社，2006.

[7] 刘宗仁．建筑施工技术．北京：北京科学技术出版社，1993.

[8] 建筑施工手册（缩印本）．北京：中国建筑工业出版社，1992.3.

[9] 建筑施工手册（第三版）编写组．建筑施工手册．第三版．北京：中国建筑工业出版社，1997.

[10] 刘建航，侯学渊．基坑工程手册．北京：中国建筑工业出版社，2004.4.

[11] 《桩基工程手册》编写委员会．桩基工程手册．北京：中国建筑工业出版社，1995.

[12] 杜荣军．建筑施工脚手架实用手册（含垂直运输设施）．北京：中国建筑工业出版社，1994.

[13] 林文虎，姚刚．混凝土结构工程施工手册．北京：中国建筑工业出版社，1999.

[14] 潘鼎．模板工程施工图册．北京：中国建筑工业出版社，1993.

[15] 杨嗣信．高层建筑施工手册．北京：中国建筑工业出版社，2002.

[16] 丁浩民等．建筑装饰工程施工．第 2 版．上海：同济大学出版社，2004.

[17] 中国建筑工程总公司．建筑装饰装修工程施工工艺标准．北京：中国建筑工业出版社，2003.

[18] 浙江大学．建筑结构静力计算实用手册．北京：中国建筑工业出版社，2009.

[19] 秦春芳．建筑施工安全技术手册．北京：中国建筑工业出版社，1991.

[20] GB 50007—2011 建筑地基基础设计规范．

[21] JGJ 94—2008 建筑桩基技术规程．

[22] GB 50010—2010 混凝土结构设计规范．

[23] GB 50009—2012 建筑结构荷载规范．

[24] GB 50666—2011 混凝土结构工程施工规范．

[25] JGJ 162—2008 建筑施工模板安全技术规范

[26] JGJ 130—2011、J 84—2011 建筑施工扣件式钢管脚手架安全技术规范．

[27] GB/T 50107—2010 混凝土强度检验评定标准．

[28] 李继业等．现代建筑装饰工程手册，北京：化学工业出版社，2006.

[29] 中国建筑标准设计研究院．16G101-1 混凝土结构施工图平面整体表示法制图规则和构造要求（现浇混凝土框架、剪力墙、梁、板），北京：中国计划出版社，2011.8.

[30] 中国建筑标准设计研究院．16G101-2 混凝土结构施工图平面整体表示法制图规则和构造要求（现浇混凝土板式楼梯），北京：中国计划出版社，2011.9.

[31] 中国建筑标准设计研究院．16G101-3 混凝土结构施工图平面整体表示法制图规则和构造要求（独立基础、条形基础、筏形基础、桩基础）．北京：中国计划出版社，2011.9.

[32] 中国建筑标准设计研究院．03G363 多层砖房钢筋混凝土构造柱抗震节点详图．北京：中国计划出版社，2006.9.

[33] 姚玲森．桥梁工程．第二版．北京：人民交通出版社，2008.

[34] 邵旭东．桥梁工程．第二版．北京：人民交通出版社，2007.